차세대 방송통신 시스템

남상엽 · 강민구 · 백종호 · 황 준 공저

도서출판 상 학 당

Preface

최근 들어 첨단 통신기술의 발전으로 통신 서비스 분야에서 '융합화'는 더 이상 새로운 개념이 아닌 기본적인 것으로 인식되고 있다. 특히 유비쿼터스 환경이 가까운 미래에 도래할 것으로 기대되고 있는 상황에서 융합화 현상은 유비쿼터스 환경으로 나가는 중간과정이다.

즉, 융합화(Convergence)란 디지털 기술의 발전과 전송망의 광대역화에 따라 기존에 통신과 방송으로 각각 분리되었던 콘텐츠, 네트워크, 단말기 및 서비스의 경계가 허물어지는 현상이라 정의할 수 있다. 방송분야와 통신분야의 경계가 모호해지면서 방송과 통신 네트워크 및 서비스 시장간 융합현상이 나타나는 방송과 통신의 융합화(Broadcasting-Telecom Convergence)는 대표적인 융합화의 큰 흐름을 보여주는 현상이다.

디지털 컨버전스 환경에서 방송통신 산업은 디지털화로 정보의 형태가 통일됨으로써, 같은 목적을 가진 두 가지 매체 간 경쟁구도의 양상을 보여준다. 즉, 디지털 기술이전에는 같은 목적의 산업으로 매체의 기반설비에 따른 다른 정보의 형태를 소유해온 반면 융합에서는 여러 매체 혹은 산업에 적용 가능하게 된다.

첨단 정보통신기술의 발전으로 인해 통신 서비스 분야에서 '컨버전스(Convergence)'는 더 이상 새로운 개념이 아니라 이제는 서비스 및 제품개발에서 가장 기본적인 키워드가 되고 있다. 또한 언제, 어디서나 사용자가 원하는 서비스를 이용할 수 있는 '유비쿼터스' 시대의 가장 기본개념으로 여겨지고 있다.

"융합(Convergence)이란 단일의 전송 / 분배 플랫폼을 통하여 음성, 영상 데이터 등 여러 가지 서비스들을 제공하는 것을 의미"한다고 하며, "융합이란 서로 다른 네트워크 플랫폼이 본질적으로 유사한 서비스들을 수행할 수 있는 것 또는 전화 / TV / PC와 같은 소비자단말기들이 결합하는 것"으로 정의하고 있다.

즉 방송통신 융합이라 함은 디지털 기술의 발전 및 네트워크의 광대역화 진전에 따라 콘텐츠 형식이 다양화하고 네트워크 및 단말기가 융복합화되어 기존 방송과 통신의 경계가 허물어지는 현상을 의미한다.

방송통신 융합은 콘텐츠, 네트워크, 단말기 간의 가치사슬을 새롭게 재편, 21세기 신산업의 중추적 영역으로 부상하고 있다.

Preface

통신방송 융합 서비스가 본격화되는 가운데 IPTV에 대한 관심이 뜨거워지고 있다. IPTV는 활성화 정도에 따라 통신 및 방송 산업뿐만 아니라 콘텐츠 및 가전 산업에까지 적지 않은 영향을 줄 것으로 전망된다.

무선 분야의 통신방송 융합 서비스로 DMB(Digital Multimedia Broadcasting)가 있다면, 유선 분야에는 IPTV(Internet Protocol Television)가 있다. IPTV란 IP망, 즉 초고속 인터넷을 통해 정보 서비스, 동영상 콘텐츠 및 방송 등을 TV로 제공하는 서비스를 의미한다.

유무선 통합기술은 다양한 액세스 네트워크에서 혼재하는 차세대 이동통신망과 기존의 이동통신망 환경에서 서비스 이용자가 이종 액세스 네트워크 간의 이동 시에 심리스 핸드오버 서비스 제공과 단말의 글로벌 이동성을 보장하기 위하여 IP 기반의 이동성을 동시에 지원하기 위한 이동성 제공기술이다.

차세대 이동통신망에서 이동 서비스 제공을 위한 핵심 표준기술인 모바일 관리 표준기술과 통신, 방송, 인터넷이 융합된 품질보장형 BcN 서비스 및 BcN망 구축을 위한 표준 기술의 통합으로 국내외 차세대 통신관련 사업자 및 장비업체의 경쟁력을 획기적으로 강화한다. 모바일 관리기술은 차세대 이동통신의 핵심기술이나 아직 그 기술개발 및 표준화가 초기단계이다.

Apple의 iPhone은 차별화된 UI를 통해 마니아층을 형성시켜 iPod에 이어 Apple의 휴대 단말의 성공을 이끌어냈다. Google의 Android는 인터넷 서비스 업체인 Google이 만들어낸 개방형 플랫폼으로 제품 출시 전부터 SDK를 공개하여 많은 개발자를 확보해 나가고 있다. WIPI, BREW, J2ME, Symbian, Windows Mobile 등 기존의 모바일 플랫폼 영역에 두 플랫폼이 새로 등장하여 모바일 플랫폼 경쟁은 더욱 심화되었다.

최근 초고속 통신망 인프라와 멀티미디어 서비스에 대한 욕구는 방송 콘텐츠 및 멀티 미디어 콘텐츠의 Anytime/Anywhere 서비스에 대한 욕구가 증가함에 따라 새로운 방송통신이 융합된 비즈니스 모델의 출현 감지되고 있으며, 현재 방송통신 융합의 대표적인 서비스인 IPTV 역시 향후 유선과 무선이 결합되는 유무선 결합형 IPTV로 발전하고 있다.

IP 기반의 개인방송은 원격 개인방송 릴레이 서비스는 현재 슬링박스라는 제품으로 시행되고 있으나, 단순히 개인방송에 국한된 서비스이며 방송품질이 보장되지 않고 있으며, 서버와 연동된 부가 서비스를 제공하는 솔루션이 없다. IP 기반의 개인방송기기는 인터넷을 이용한 댁내 방송 서비스 이용장치로 원격지에서 댁내에 있는 방송장비를 액세스하여 인터넷을 통하여 원격지 PC를 통하여 방송 서비스를 무료로 이용할 수 있다.

차세대 WWR는 고품질 오디오 서비스는 물론, 교통, 증권 및 영상 등 다양한 부가 데이터 서비스를 언제, 어디서나 제공할 수 있는 차세대 디지털 라디오 방송이다. 이러한 차세대 WWR는 다양한 디지털 라디오 서비스 방식은 대륙별, 국가별로 서로 다른 방식이 채택되어 진행되고 있으며, 특히 최근 아날로그에서 디지털로의 변환 시점과 맞물려 인프라 및 관련 산업시장이 급격히 증가되는 추세이다.

스마트 TV란 TV와 휴대폰, PC 등 3개 스크린을 자유자재로 넘나들면서 데이터의 끊김없이 동영상을 볼 수 있는 TV를 말하며, '인터넷 TV' 또는 '커넥티드 TV'라고도 한다.

스마트 TV는 콘텐츠를 인터넷에서 실시간으로 다운받아 볼 수 있고, 뉴스·날씨·이메일 등을 바로 확인할 수 있는 커뮤니케이션센터의 역할을 한다. 온라인 검색 서비스를 제공하고 컴퓨터나 스마트폰을 위한 운용체계(OS)를 만드는 구글이 TV를 만든 TV이기도 하다.

U-Health(유비쿼터스 헬스)는 보건의료에 유무선 네트워킹 기술을 접목시켜 병원을 찾지 않더라도 언제, 어디서나 건강상태의 평가, 진단 및 치료, 건강관리를 받을 수 있도록 하는 의료서비스를 지칭한다. RFID 같은 U-Health 장비나 서비스를 일부 도입해 U-Health 병원으로 변신중이다.

최근 정보통신기술의 발전과 융합 환경으로 차량과 IT기술의 융합이 급격하게 진행되고 있다. 그동안 차량과 이동통신기술을 접목한 차량교통정보통신 시스템(VICS, vehicle information and communication system)은 자동차 정보화를 목적으로 통합화한 위치정보통신 시스템과 통신계 매체, 측위계 매체, 방송계 매체 등을 통합한 시스템이었다.

Preface

그러나 차세대 차량 IT개발은 완성 자동차 회사가 주도함으로써 운전자에게 다양한 편의기능을 제공하는 플랫폼이 도입되고 있다.

차세대 멀티 방송(DxB : Digital any x Broadcasting) 표준화 기술은 이동환경 중 언제, 어디서나, 누구나, 저렴한 비용으로 다양한 멀티미디어 서비스가 가능한 유비쿼터스 시대의 새로운 통합방송 표준기술이다.

방송과 통신의 융합이 불러온 매체 환경의 변화는 '원 소스 멀티 유즈'나 '크로스 미디어'와 같이 콘텐츠의 생산방식과 유통구조, 이용자의 콘텐츠 소비양식 등에 많은 영향을 미치고 있다. 현재의 방송통신·인터넷이 융합·연계되고 있는 상황은 방송통신 융합 1.0환경으로 본다. 그리고 미래 차세대의 사물 인터넷, 시간망, 공간망이 동기화되어 탄생할 새로운 디지털 미디어의 생태계를 방송통신 융합 2.0으로 본다.

새로운 네트워크 혁신이 방송통신 융합 2.0시대의 미디어 빅뱅을 선도하는 심층기반(Deep Infrastructure)으로 보고 차세대를 목표로 하는 방송통신 융합대국의 기본전략을 제시하는데 있다. 네트워크, 컴퓨팅, 인프라의 관점에서 각각 중장기적 발전방향을 서술하고 이 과정을 통하여 만물지능 네트워크(AToN : All Things on Network)의 선제적 구축 필요성을 제안함과 동시에 방송통신 융합으로 진입하는데 요구되는 '만물지능 통신망' 개념과 구축전략 그리고 정책방향성 등을 서술한다.

이러한 유비쿼터스 시대에 기초적인 차세대방송통신 시스템 기술력이 필요해짐에 따라 ≪차세대 방송통신 시스템≫을 이론과 사례 중심으로 구성하여 발간하게 되었다.

이 교재에서는 각 과정의 핵심적인 기본이론을 숙지하고 기초적인 차세대 방송통신 시스템 기술동향과 시장 환경의 이해를 통하여 이론을 검증하는 데 주안점을 두었다. 또한 컴퓨터, 전자, 제어, 통신 분야 관련 학생 및 초보 개발자를 대상으로 한 차세대 방송통신 시스템에 대한 기본학습을 위한 교재로서 처음 차세대 방송통신 시스템을 접하는 학생에게 쉽고 빠르게 접근할 수 있도록 하는 데 초점을 맞추어 편찬되었다.

따라서 차세대 방송통신 시스템 기술 및 시장동향에 대한 이론을 통해 차세대 방송통신 시스템의 기술과 시장에 대한 이해와 감각을 키우는 데 부족함이 없을 것이라 생각된다. 단지 전반적인 이해를 위하여 차세대 방송통신 시스템의 타깃 시스템을 통해 구현과 응용을 접목해 보면 보다 많은 이해 및 능력향상에 도움이 될 것으로 판단된다.

이 교재의 주요 구성은 다음과 같다.

제I부는 방송통신 융합기술로서 제1장 방송통신 융합기술의 개요, 제2장은 IP 셋톱박스와 방송통신 융합

제II부는 차세대 통신 시스템으로써 제3장 차세대 인터넷, 제4장 차세대 이동통신

제III부에는 차세대 방송 시스템으로써 제5장 디지털 TV방송, 제6장 IP 개인방송기기 및 서비스, 제7장 디지털 라디오 방송, 제8장 스마트 TV, 제9장 모바일 방송, 제10장 개방형 STB 기반의 U-Health, 제11장 차량용 방송통신 시스템,

제IV부는 차세대 미디어 융합기술으로써 제12장 차세대 방송통신 융합기술, 제13장 방송통신 융합과 디지털 콘텐츠 기술, 제14장 미래의 방송통신 융합으로 구성되어 있다.

끝으로 이 책을 집필하는 데 많은 도움을 주신 (사)한국인터넷정보학회 회장단 임원 등 관계자 여러분과 도서출판 상학당의 관계자 여러분에게 감사의 마음을 전한다. 이 교재를 집필하면서 차세대 방송통신 시스템 관련 기존 도서를 출판하신 교수님들, 기존 방송통신업체 관계자 여러분 및 방송통신 관련 분야의 전문가의 조언과 자료제공에 대하여 깊이 감사드린다. 이 교재는 보다 많은 방송통신 시스템의 인력 양성에 힘이 되어주기 바란다.

저자 씀

Contents

Contents

Contents

Contents

I부 방송통신 융합기술

제 1 장

방송통신 융합기술의 개요

최근 들어 첨단 통신기술의 발전으로 통신 서비스 분야에서 '융합화'는 더 이상 새로운 개념이 아닌 기본적인 것으로 인식되고 있다. 특히 유비쿼터스 환경이 가까운 미래에 도래할 것으로 기대되고 있는 상황에서 융합화 현상은 유비쿼터스 환경으로 나가는 중간과정이다. 즉, 융합화(Convergence)란 디지털 기술의 발전과 전송망의 광대역화에 따라 기존에 통신과 방송으로 각각 분리되었던 콘텐츠, 네트워크, 단말기 및 서비스의 경계가 허물어지는 현상이라 정의할 수 있다.

1. 유선과 무선의 융합화

초고속 인터넷을 배경으로 안정적이고 빠른 유선인터넷 서비스와 이동성을 바탕으로 무선인터넷 서비스의 결합이 유무선 통합기술에 의해 실현되는 유선과 무선의 융합화(Fixed Mobile Convergence)이다.

2. 음성과 데이터의 융합화

전화선으로만 서비스되던 기존의 유선전화는 IP망을 통한 인터넷전화(VoIP : Voice over Internet Protocol)로 진화하고 있으며, 이를 통한 음성신호가 패킷(네트워크를 통해 전송하기 쉽도록 자른 데이터의 전송단위)화되어 데이터망을 타고 흐르는 것을 의미하는 음성과 데이터의 융합화(Voice-Data Convergence)이다.

3. 방송과 통신의 융합화

방송분야와 통신분야의 경계가 모호해지면서 방송과 통신 네트워크 및 서비스 시장 간 융합현상이 나타나는 방송과 통신의 융합화(Broadcasting-Telecom Convergence)는 대표적인 융합화의 큰 흐름을 보여주는 현상이다.

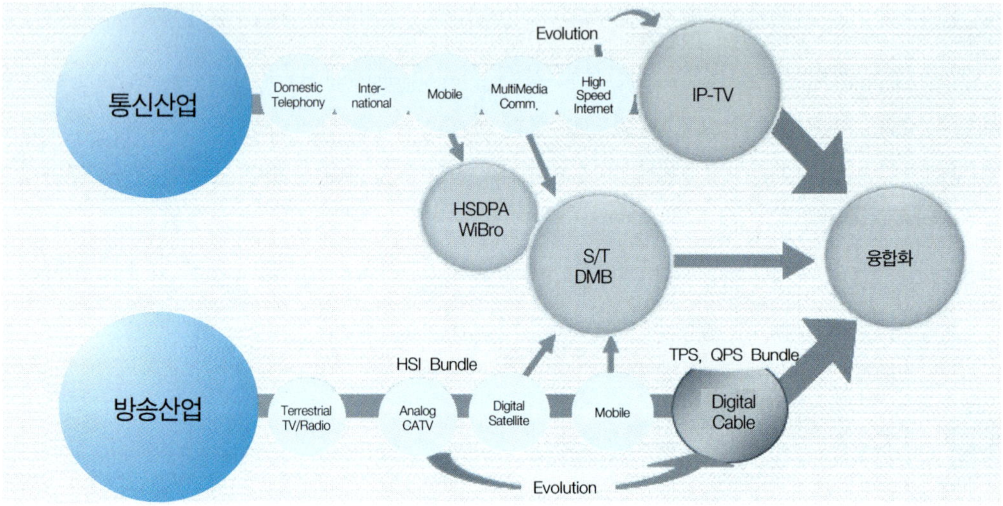

그림 1-1 ‹‹‹ 방송통신 패러다임 변화의 진화과정

01 유선과 무선의 융합화

개인의 정보통신에 대한 수요 증가와 더불어 음성에서 데이터로 유선통신에서 무선통신으로 그 무게 중심이 이동되고 있다. 그리고 무선통신에 있어서도 음성중심에서 데이터 중심으로 이동하면서 등장한 것이 인터넷과 이동통신의 결합인 무선인터넷이다.

특히, 20세기 말에 이어 21세기 화두를 장식하고 있는 정보통신기술의 양대 축은 인터넷과 무선통신이라고 할 수 있다. 이러한 두 개의 축이 하나로 합쳐서 부르는 새로운 정보통신 서비스가 무선인터넷인 것이다.

무선인터넷이란 전화선이나 전용선 등의 유선을 컴퓨터에 연결하여 사용하는 유선인터넷과 대별되는 것으로 선 없이 무선단말기나 무선모뎀 등을 통해 인터넷 서비스를 사용하는 것이다.

무선인터넷은 최근 인터넷과 이동전화의 인기가 불붙기 시작하면서 각광받기 시작했지만, 과거부터 WLL(Wireless Local Loop) 서비스나 IS95 규격을 이용한 무선 데이터 서비스가 존재해 왔다. 최근 무선 인터넷은 그 특별한 장비 및 기기가 필요치 않은 휴대용 단말기를 중심으로 대중화될 것으로 전망되며, 향후 다양한 접속기기로 발전해 갈 것으로 예상한다.

1. 무선인터넷의 정의

무선인터넷(Mobile Internet 또는 Wireless Internet)이란 무선단말기와 무선데이터 통신망을 통해 인터넷에 접속하여 데이터 통신이나 인터넷 서비스를 이용하는 것으로 정의할 수 있다. 즉, 유선인터넷과 달리 케이블링이 필요하지 않는 무선(Wireless) 연결방식이면서 한 곳에 고정(Fixed)되지 않고 이동(Mobile)하면서 언제, 어디서나 인터넷 서비스를 이용할 수 있다는 두 가지 의미를 동시에 갖는다. 이러한 무선인터넷은 기술방식에 따라 무선랜으로 대표되는 고정무선 접속계열과 이동통신망을 이용한 이동전화계열로 나눌 수 있다.

고정무선 접속계열의 경우 한정된 거리 내에서만 무선접속이 가능하여 이동성에 한계가 있기 때문에 일반적으로 광의의 무선인터넷에는 포함되지만 '이동성'을 강조하는 협의의 무선인터넷 개념에는 포함되지 않는다.

그러나 최근보다 넓은 커버리지를 제공하는 휴대인터넷(WiBro), WiMAX 등 3.5세대 광대역 무선인터넷 접속 서비스가 개발되면서 고정무선 접속계열의 '제한된 이동성'이라는 한계가 극복되고 있다. 또한, 이동전화계열 역시 HSDPA 등의 3.5세대 이동통신 서비스가 제공되면서 기존보다 빠른 고속의 데이터 전송이 가능해졌다.

WCDMA/HSDPA는 이동통신망을 통한 광대역 무선인터넷 서비스로 이동전화(SKT 3G+, KTF 쇼)로 직접 접속하거나 USB 형태의 전용 모뎀(SKT T로그인, KTF 아이플러그)을 노트북 PC, PDA 등에 연결하여 인터넷 서비스를 이용한다.

	음성 서비스	데이터 서비스
무선	이동전화	무선인터넷
유선	시내전화 시외전화 국제전화	초고속 인터넷

	비면허주파수	면허주파수
이동전화 계열		무선인터넷
고정무선 접속계열	블루투스 무선 LAN	LMDS/MMDS

그림 1-2 ‹‹‹ 무선인터넷 서비스의 정의

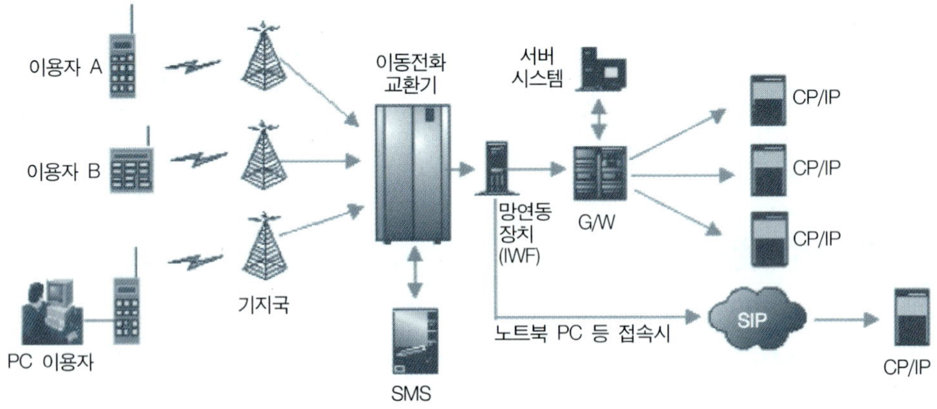

그림 1-3 ‹‹‹ 무선인터넷 시스템 구성도

와이브로(휴대인터넷)는 무선데이터 통신망을 통한 광대역 무선인터넷 서비스로, 와이브로 전용단말기나 USB 형태의 전용모뎀(KT 와이브로, SKT T로그인)을 노트북 PC, PDA 등에 연결하여 인터넷 서비스를 이용한다.

이처럼 새로운 무선인터넷 서비스가 개발됨에 따라 이동전화계열과 고정무선 접속계열의 경계가 모호해지고 있으며, 기존의 이동성을 강조하던 무선인터넷의 정의도 이동전화계열에서 고정무선 접속계열로까지 확대할 필요성이 제기되고 있다.

무선인터넷은 유선인터넷만큼의 광대역 통신이 어려웠지만, 무선통신기술의 급격한 발달로 인해 진정한 광대역 무선인터넷 구현이 가능할 것으로 기대되고 있다. 궁극적으로 차세대 무선인터넷 기술은 광대역 데이터 전송이 가능한 지역화, 사물이나 기기의 구분능력을 가질 수 있는 센서 네트워크의 출현, 모든 사물과의 정보 공유가 가능하며 근거리부터 원거리까지 휴대이동성이 보장되는 무선인터넷 기술로 발전해 나갈 전망이다.

무선인터넷에 대한 정의는 통상 휴대폰이나 PDA 등의 무선단말기를 통해 무선상에서 인터넷에 접속해 데이터 통신이나 인터넷 서비스를 제공받을 수 있는 아키텍처와 기술, 그리고 서비스를 말한다.

넓은 의미로는 무선 LAN이나 B-WLL을 포함해 무선으로 인터넷에 접속하는 것이고, 좁은 의미로는 웹이나 WAP 브라우저를 통해 이동전화 단말기로 인터넷에 접속하는 것이다. 즉, PDA는 물론 노트북 PC 같은 모든 휴대용 단말기로 인터넷에 접속하여 이용이 가능한 기술을 말한다.

이러한 무선인터넷의 의미는 차세대 무선인터넷(Next Generation Wireless Internet)으로 보다 확장되고 있는데 유비쿼터스(Ubiquitous) 환경구현을 위한 '언제, 어디서나 어떤 단말기'를 통해서도 인터넷 서비스를 제공할 수 있는 의미까지 포함하고 있다.

최근에는 차세대 무선인터넷이라는 용어의 의미가 자주 이용되는 관계로 광대역 무선이동인터넷(Broadband Mobile Wireless Internet) 또는 휴대인터넷(Portable Internet)이라는 용어로 표현하는 사람도 있다.

어쨌든 컴퓨팅과 커뮤니케이션 기능이 탑재된 모든 전자기기와 사용자가 착용할 수 있는 물체 간에 수동 및 능동 네트워크 서비스를 구축해 일상생활 속에서 언제, 어디서든 어떠한 통신환경에서도 이용자가 선호하는 서비스를 제공받을 수 있는 인터넷 서비스를 차세대 인터넷으로 정의한다.

2. 무선인터넷 기술

그림 1-4와 같이 무선인터넷 방식은 기존 인터넷 방식에 무선에 맞는 프로토콜로의 변환과 데이터의 변복조를 수행하는 프록시 서버를 둔 형태이다. 이는 WAP(Wireless Application Protocol) 방식의 무선인터넷으로 1997년 6월 Ericsson, Nokia, Motorola, Phone.com 등 4개사를 중심으로 WAP 포럼의 결성으로 표준화가 급진전하게 되었다.

현재 WAP 포럼 진영은 Alcatel, BT Cellnet, C&W, Deutsche Telekom Mobilnet GmbH, France Telecom 등 유럽의 주요 사업자 및 제조업체를 비롯하여 AT&T Wireless, China Telecom 등 500여개 업체들이 참여하여 무선인터넷 표준 제정을 위한 활동을 전개하고 있다.

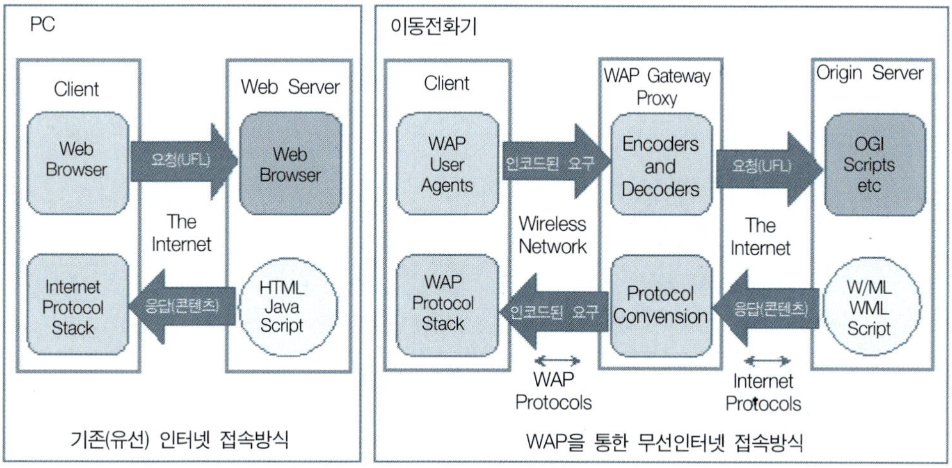

그림 1-4 ‹‹‹ 유무선 인터넷 방식의 비교

무선통신은 유선통신에 비해 낮은 전송속도(IS95B의 경우 57.6kbps, IMT-2000의 경우 2Mbps), 작은 화면, 저성능의 단말기 등의 약점으로 인해 기존 인터넷 포맷을 전부 수용하기 어렵다. 따라서 WAP 방식은 이러한 약점을 커버하기 위해 새로운 프로토콜과 새로운 표현언어를 사용하게 된다. 하지만, 이러한 연유로 인해 WAP은 기존 HTML 문서를 새로운 WML이라는 문서로 변환해야 하는 부수적인 작업이 필요한 단점을 안고 있다.

따라서 기존 HTML 문서를 그대로 수용할 수 있는 무선인터넷 방식이 선보이기 시작하였으며, 가장 대표적인 방식으로 일본 NTT DoCoMo가 채택하여 가장 성공적인 무선인터넷 서비스로 평가받고 있는 i-mode와 퀄컴과 마이크로소프트사에서 발표한 Stinger를 꼽을 수 있다. 1999년 2월에 선보인 i-mode는 Compact NetFront라는 브라우저가 내장된 단말기를 이용해 NTT DoCoMo의 i-mode 인터넷 서버에 접속하여 다양한 정보를 제공한다.

NTT DoCoMo는 서비스 개시 1년 만에 560만 가입자를 확보하는 성공을 거두었다. i-mode 방식은 HTML4.0의 서브셋인 C-HTML이라는 표현언어를 사용하며, 9.6kbps 패킷 통신망을 통해 인터넷에 접속하는 방식이다. i-mode의 특징은 사용시간에 따라 과금하는 WAP 방식과는 달리 콘텐츠 전송에 적합하도록 데이터양에 따라 과금하는 방식을 취하고 있다.

Stinger는 퀄컴과 마이크로소프트사가 제휴하여 작년 10월에 발표한 방식으로 별도의 프로토콜을 정의하지 않고 기존 TCP/IP 기반의 솔루션을 그대로 이용함으로써 유선인터넷 기술을 그대로 채택할 수 있는 장점이 있다.

표 1-1 ‹‹‹ 유무선 인터넷 방식의 비교 무선인터넷 솔루션 비교

항 목	WAP	Mobile Explorer	I-mode
개발주도업체	Nokia Phone com Ericsson Motorola 등	Microsoft Qualcomm	NTT Docomo
주요 서비스 지역	전 세계	한국, 영국	일본
콘텐츠 기술언어	WML/WML Script	m-HTML	C-HTML
전송 프로토콜	WSP/WTP/WDP	HTTP	HTTP
단말기 브라우저	WAP 브라우저	Mobile Explorer	Compect NetFront
보안 메커니즘	WTLS	SSL	SSL
특징	• 코드단위 전송 • 무선기반 기술로 재정의 • Low-bend에 강함 • 프록시 서버의 프로토콜 변환시 일시적인 보안 결핍	• 아스키코드로 전송 • 기존 유선인터넷 기술에 기반 • HTML 기반 사이트에 대한 호환성 부여 • 기존 PC 기반 스크립트 확장이 용이 • 단 대 단 보안으로 보안성이 뛰어남	

표 1-2 ‹‹‹ 유선인터넷과 무선인터넷 비교

구 분	유선인터넷	무선인터넷
네트워크 구조	• CP가 인터넷/전용선에 직접 연결된 구조로 되어 있어 유선으로 인터넷에 접속이 가능한 상황이면 모든 CP가 제공하는 서비스를 이용할 수 있는 구조	• CP가 인터넷/전용선에 직접 연결된 구조로 되어 있는 점에서는 유선인터넷과 동일하나, 이와 연결을 위한 이동통신망이 존재하고, 이동통신망과 유선인터넷망이 게이트웨이로 연결된 구조이며 현재 게이트웨이 개방으로 인해 다양한 CP 콘텐츠 이용 가능
서비스 제공 대상	• 불특정 다수	• 불특정 다수
ISP 게이트웨이 접속 필요성	• 접속 게이트웨이 경유가 필요 없는 상황	• 개방된 이동통신사의 게이트웨이 접속 필요함
서비스 제공 구조	• 하나의 인터넷 접속망에 다수의 ISP들이 서비스하는 구조	• 이동통신 S사의 개방된 게이트웨이에 각각 접속하여 서비스 제공
단 말	• 일반 단말(PC, 노트북)에 따른 개방성	• 이동통신사의 전용단말(SKT의 Nate, KTF의 Magicⓝ, LGT의 ez-i)에 따른 폐쇄성
사이트 접속	• 각종 포털사이트 등이 여러 가지 옵션과 자동 업데이트를 통해 사용자의 첫 화면을 확보하려 하고 있음(이용자의 CP, 포털 및 ISP 선택권 무제한) • URL 입력을 통해 모든 사이트에 접속할 수 있어 기술적으로 '개방성' 보장	• 사용자가 가입한 이동통신사에서 제공하는 포털사이트와 외부 포털 및 CP 콘텐츠 이용이 가능 • URL 입력, 초기 메뉴, WINC 및 검색을 통하여 접속 가능하나 콘텐츠의 다양성은 유선 대비 부족한 상황

특히, 마이크로소프트는 무선인터넷용 브라우저인 Mobile Explorer를 개발한 상태이며, 운영체제로도 Win CE와 더불어 향후 Stinger OS를 통하여 무선인터넷 시장을 장악할 예정이다.

현재 WAP이 관련 제품의 개발과 콘텐츠 개발이 지속적으로 이루어지고 있고, 사실상의 업계 표준으로 자리를 잡아가고 있다. 하지만, 일본의 i-mode나 마이크로소프트의 Stinger가 비록 늦게 출발하였지만, 그 영향력을 무시할 수 없는 실정이라 향후 표준 간 경쟁이 치열해질 전망이다.

기존 정의를 보면 휴대폰이나 PDA 등을 통해 인터넷에 접속하는 것을 무선이동 인터넷이라 하고, 블루투스(Bluetooth)나 무선 LAN, B-WLL 등을 이용하여 인터넷에 접속하는 것을 무선고정 인터넷이라 했다. 또한, 일반적인 개념에서 무선인터넷이라 하면 무선이동 인터넷을 의미한다.

무선인터넷은 이동통신과 인터넷의 특성을 동시에 가지는 것으로 이동통신의 이동성,

양방향성, 개인화적 특성과 인터넷의 탈중심적, 개방적, 양방향적인 특성을 모두 가지고 있다. 그러나 무선이동 인터넷의 경우 현재까지 무선의 한계로 인해 유선인터넷만큼의 광대역 인터넷 통신이 불가능하지만 최근 무선통신기술의 급격한 발달로 인해 진정한 광대역 무선이동 인터넷의 구현이 가능할 것으로 기대되고 있다. 무선인터넷은

① 이동통신 사업자들 간의 경쟁심화에 따른 통신요금 하락에 의한 새로운 수익창출원을 모색하는 측면

② 인터넷과 PC, 전화 및 비디오를 합한 차세대 이동통신 IMT-2000으로 넘어가기 위한 관문으로서 이동통신 사업자들의 선점을 위한 공급자 측면에서 주도되어 시작되었으나, 현재는 인터넷의 붐과 함께 사용자들의 요구를 반영하여 발전하고 있다.

이러한 이유로 무선인터넷은 이동통신 사업자 및 인터넷 CP(Content Provider), 통신장비업체, 이동통신 단말기업체, 솔루션 업체, SW를 비롯하여 주요 IT 산업을 바꾸는 전기가 될 것으로 전망된다.

3. 무선인터넷망의 진화

무선인터넷은 ISM-WLAN 중심의 무선고정 인터넷과 IS-95B 및 1xEVDO 중심의 무선이동 인터넷으로 분류된다. 그러나 무선고정 인터넷과 무선이동 인터넷의 차이점은 광대역의 무선통신이 가능한가 또는 이동에 제약조건이 없는가로 구분한다.

따라서 무선고정 인터넷의 특징은 이동성이 제한된 반면 전송용량 및 속도에서 우위를 가지며 무선 멀티미디어 서비스가 제공 가능하다는 것이다. 무선이동 인터넷은 이동성은 좋으나 전송용량 및 속도에 대한 제약이 높다. 이러한 특징은 이동성을 포함한 광대역 무선통신에 대한 기술구현이 가능해지면서 휴대인터넷 서비스도 이루어지게 되었다. 휴대인터넷 서비스의 경우 아직까지 실제 서비스되고 있지는 않지만, 구현 가능한 기술이며 향후 무선인터넷 서비스 개념을 바꿀만하다.

특히 IMT-2000 이후의 기술인 4G가 휴대인터넷이 추구하는 광대역 이동인터넷 서비스 구현을 목표로 하고 있기 때문에 휴대인터넷 서비스를 Pre-4G로 명명하는 사람들도 있다. 휴대인터넷 서비스를 위해 현재까지 제시된 다양한 기술들은 표 1-3과 같이 나타낼 수 있다.

휴대인터넷 기술은 아직 검증되지는 않았지만 다양한 기술 접근을 통해 가까운 미래에는 다양한 휴대 이동인터넷 서비스가 가능할 것으로 보인다.

표 1-3 휴대인터넷 서비스의 다양한 기술

	flash OFDM	Band	Rlpwave	Burst	DVB-T/ DVB-RCT	WLAN	HPI	CDMA2000 1xEV/DO	HSDPA
다중접속 다중화 방식	FH-OFDMA/ TDMA	OFDMA/ TDMA	MC-SCDMA	SDMA/ TONA	OFDMA/ TONA	CSMA/CA	OFDMA/ TONA	CDMA TDM/CDM	CDMA TO
듀플렉싱	FDD	TDD	TDD	TDD	FDD	TDD	TDD	FDD	FDD/TDD
표준규격	IEEE 802.20	IEEE 802.16	UNITS TOS-CDMA	IEEE 802.20	DVB-RCT. IEEE 802.16a	IEEE 802.11a/b/g	IEEE 802.16	3GPP-2	3GPP
원천 기술사	Flarion	Broadstorm	Navini	ArrayComm	Runcom	OPEN	ETRI	Qualcomm	OPEN

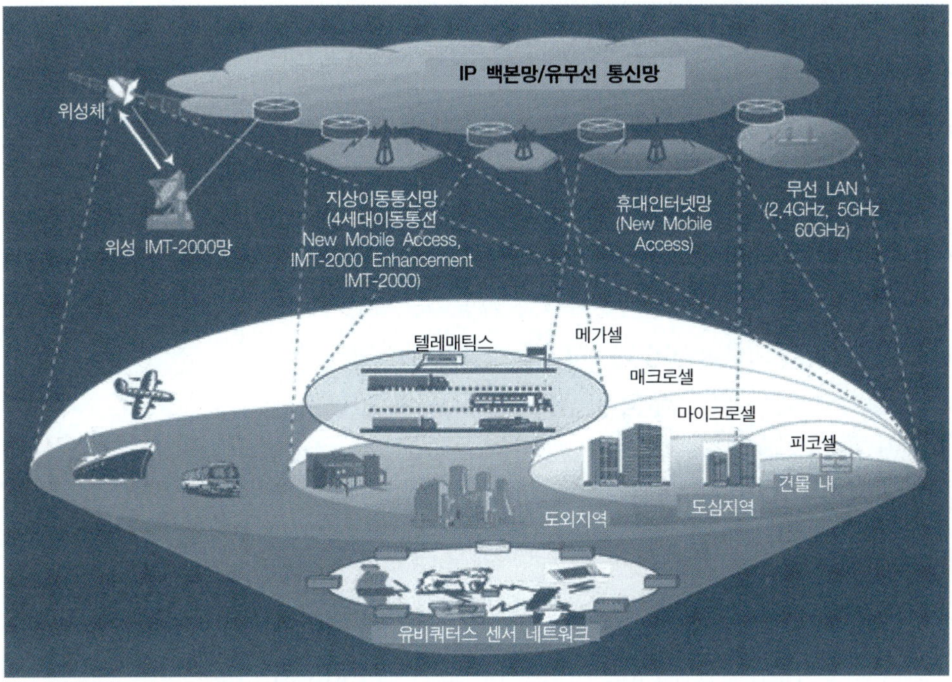

그림 1-5 IP 기반 유비쿼터스 네트워크

현재까지 무선인터넷을 대표하고 있는 이동통신망의 기술진화를 살펴보면 1995년 이전에 초기 1세대 AMPS망을 이용한 CDPD에서 우리나라와 북미 중심의 2세대인 IS-95 방식과 유럽 중심의 GSM을 거쳐 2000년부터 2001년까지는 우리나라 중심의 CDMA2001x와 유럽중심의 EDGE 기술이 형성됐다. 2003년 현재는 1xEVDO 릴리즈 A와 W-CDMA 기술인 3세대 IMT-2000 기술로 발전중에 있다.

이동통신 기반망 진화와 함께 현재 2세대 이동통신망에서 서비스 기반으로 인식되었던 WAP, ME, I-Mode 등의 무선용 프로토콜은 차세대 이동통신망인 All-IP망에서는 기본적으로 XML 기반의 무선접속 프로토콜로 진화되고 있다.

그러나 무선단말기를 통한 인터넷 서비스는 단말기 자체의 인터페이스 제약, 무선망 환경의 제한 등 다양한 서비스를 하기에 여전히 한계가 따른다. 무선단말기를 이용한 이동성과 휴대성에 적합한 서비스는 크게 3가지 종류로 나눌 수 있다.

1) 개인정보관리 및 통신 서비스

이메일, 팩스 등을 포함하는 개인정보관리 및 통신 서비스가 가능하다. 이는 유럽, 미국, 일본에서는 매우 중요한 서비스로 중앙에서 사용자의 개인 DB를 관리해 이동통신 사업자는 가입자들의 이탈방지 및 매출증대를 유발할 수 있도록 한다.

2) 문자정보 서비스

여러 부가정보를 문자로 제공하는 문자정보 서비스이다. 교통, 여행, 기상, 뉴스 등의 정보제공 서비스와 단말기 간의 문자통신 서비스는 젊은 계층 사이에 넓게 퍼지고 있다. 특히 교통 및 도로 이용상황의 경우 LBS 개념을 포함한 멀티미디어 통신 서비스로 확대되고 있으며 그 기능 활용이 최근 급속히 확산되고 있다.

3) 전자상거래 서비스

이동중의 전자상거래이다. 이동통신 서비스의 이동성을 고려해 시간, 장소에 구애됨이 없이 전자상거래를 할 수 있는 수단을 제공한다. 주식거래, 은행입출금 및 잔고확인, 전자지갑 등이 이런 서비스에 속한다.

4. 무선인터넷 서비스의 발전

이동전화 같은 무선단말기를 통한 인터넷 서비스는 단말기 자체의 인터페이스 제약과 무선망 환경의 제한이 따르지만, 현재 이동통신망의 빠른 진화와 무선인터넷 서비스의 다양화, 특히 카메라 폰과 같은 다기능 폰의 보급이 활성화되면서 무선인터넷 서비스의 보편화가 이루어지고 있다. 이러한 무선인터넷 서비스의 진화로 IP 기반 유비쿼터스 네트워크 환경이 가능하며 서비스는 사용자 관점과 시스템 관점으로 접근할 수 있다.

먼저 사용자 관점에서 보면 이동(Mobility) 서비스, 대화(Interactive) 서비스, 분배(Distribution) 서비스 등이 있으며, 시스템 관점에서는 위치기반 서비스, 실시간 서비스, 음성기반 서비스, 개인화 서비스 등 4가지 항목으로 구분해 정리할 수 있다.

사용자 관점에서 언급된 이동, 대화, 분배 서비스의 경우는 이미 차세대 무선인터넷의 핵심기술에 포함되어 IMT-2000이나 향후 4G에 적극적으로 반영될 것으로 분석되고 있다. 특히 광대역 이동 무선인터넷 구현이 가능해지면 이러한 3가지 기능은 모두 보편화될 것으로 기대되고 있다.

또 시스템 관점에서 구분한 서비스의 경우 시스템 구현과 서비스 제공에 필요한 기술들의 발전이 가속되고 있다.

1) 위치기반 서비스

위치기반 서비스(Location Based Service)는 보통 사용자의 위치에 기반하여 관련된 정보나 콘텐츠를 제공받을 수 있다. 예를 들어 군가의 위치정보를 알고 싶거나 도로상에서 어느 방향으로 가야 할지에 대한 정확한 정보가 없는 경우, 또는 어떤 상점 앞을 지나갈 때 그 상품에 대한 정보를 받는 서비스도 포함하고 있다.

2) 실시간 서비스

실시간 서비스(Real Time Service)는 자신의 관심 분야에 대한 정보를 시간 및 장소에 구애됨이 없이 제공받을 수 있는 서비스를 포함한다. 현재 유선인터넷상에서 푸시 방식으로 긴급속보 정보를 받거나 언제, 어디서든 무선인터넷에 접속해 실시간 정보를 얻을 수 있게 하는 서비스가 포함된다.

3) 음성기반 서비스

음성기반 서비스(Voice Based Service)의 경우 현재는 무선단말기의 인터페이스에 대한 제약으로 입력에 어려움이 있고, 또한 조그만 액정으로 인해 디스플레이에도 정보를 충분히 전달하는데 애로가 따른다. 그러므로 차후에는 음성인식을 통해 입력하고 음성으로 들려주는 인터페이스 방식의 서비스가 포함될 것이다.

4) 개인 서비스

개인 서비스(Personalized Service)는 모든 사람에게 동일한 서비스를 제공하고 있지만 사용자마다 기호에 따라 불필요한 정보는 줄이고 기호에 맞는 정보를 더욱 많이 제공하는 서비스를 요구한다. 그러므로 앞으로는 개인 서비스의 경우 다양한 서비스 기술을 통해 개인에게 맞는 맞춤정보 서비스로 발전할 것이다.

5. 무선인터넷 발전방향

유선인터넷은 이미 우리나라 도시지역의 경우 가가호호 광대역 및 초고속화가 이루어져 있으며 무선인터넷의 경우 이동통신기반으로 보편화돼 있다. 그러나 유무선을 통한 인터넷 서비스는 무선의 한계로 인해 끊김없는 정보의 공유가 원활히 이루어지지 않고 있다. 따라서 일반적인 통신 시스템 기능 외에 모든 사물과 기기에 대한 효율적 관리와 정보의 상호 교환을 통한 종합적인 유무선 인터넷 서비스가 이뤄져야 한다.

궁극적으로 차세대 무선인터넷 기술은 현재의 기능에서 벗어나 광대역 데이터 전송이 가능한 지역화(Localization)와 사물 및 기기의 구분능력을 가질 수 있는 센서 네트워크의 발달, 모든 사물과 정보 공유가 가능하고 근거리부터 원거리까지 휴대이동성이 보장되는 무선인터넷 기술로 발전할 것이다.

1) 무선단말기의 진화

무선단말기는 기존 음성 서비스 위주의 이동통신 단말기로부터 초고속 데이터 전송이 가능한 스마트 단말기까지 다기능화된 시스템이 등장해 있다. 이러한 무선단말기는 사물과 기기 간의 통신이 가능한 유비쿼터스 인터넷 서비스가 가능하도록 발전할 것이다. 뿐만 아니라 유비쿼터스 인터넷 서비스가 보편화되기 위해서는 사용하기 편리한 인터페이스가 제공되어야 하기 때문에 복잡한 단말기와 무선인터넷 네트워크 간의 상호운용성이 보장돼야 한다. 따라서 보다 인간의 오감에 가까운 프로세서와 연계되어 발전하는 것이 당연하며 현재 기술동향의 경우 부착 컴퓨팅(Wearable computing)을 위한 단말기 진화가 한 가지 예일 것이다.

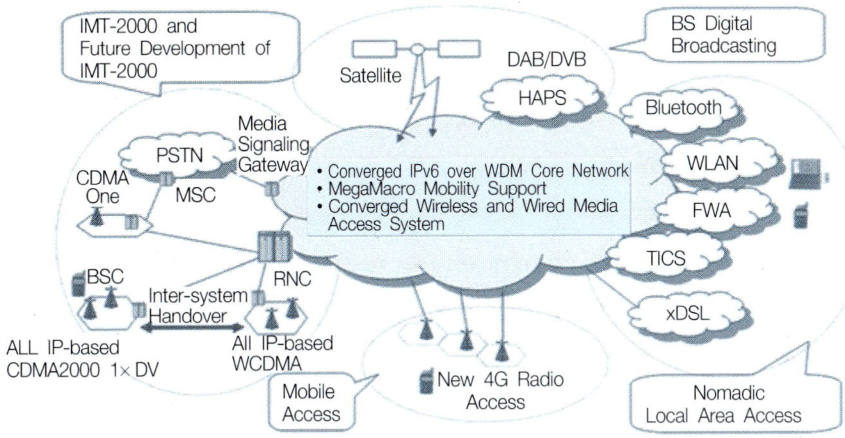

그림 1-6 ‹‹‹ Beyond IMT2000에서 무선접속 네트워크 구조

2) 무선인터넷 네트워크 진화

ITU-R WP8F에서 정의한 무선인터넷 네트워크 종류는 5개 이상의 복잡한 구조로 되어 있다. 위성인터넷 서비스의 예를 봐도 단순히 위성통신을 이용한 인터넷 서비스 네트워크 기반에서 성층권 무선통신 시스템(HAPS), DVB, DAB 등 비정지궤도의 이동위성을 이용한 시스템으로 발전하고 있다.

유비쿼터스 센서 네트워크 기반의 무선인터넷 기술은 보다 더 복잡한 구조로 되어 있다. 뿐만 아니라 자동차나 비행기 등 이동체를 통한 텔레매틱스 서비스(ITS, TICS 등) 네트워크가 본격적으로 개발되면 보다 더 복잡한 구조를 가질 수도 있을 것이다.

3) 기타 무선인터넷 기술들의 진화

무선인터넷 서비스와 유비쿼터스 서비스에서 없어서는 안될 항목으로 기기의 다양화로 인해 발생하는 기기 정보의 자동확인(Auto ID) 기능이 매우 중요하다. 더불어 단순 메시지 교환뿐 아니라 대용량의 스트림(Stream) 서비스까지를 원활히 하기 위해서는 시스템 간 주소관리는 필수적으로 여겨지고 있다.

이미 조금씩 무선인터넷의 기반요소로 작용하고 있는 기술로 IPv6를 대표할 수 있다. IP의 경우 차세대 무선인터넷의 핵심망을 대표하고 있기 때문에 IPv4에서 IPv6로의 전이는 매우 중요한 사항이다.

따라서 진정한 IPv6 구현이 가능해지면 Always-Connected된 세계 속에서 에어컨과 자동차, 냉장고와 같은 인터넷이 가능한 장치들이 아닌 다른 차원의 거대한 인터넷 이용자들이 생겨날 것이며 어마어마한 제3의 인터넷 물결이 출렁일 것이다.

6. IEEE 802.11 표준

IEEE 802.11과 와이파이라는 용어가 번갈아 사용되기도 하지만 와이파이 얼라이언스는 "와이파이"라는 용어를 다른 집합의 표준으로 정의하고 있다. 따라서 IEEE 802.11과 와이파이는 동의어가 아니다.

IEEE 802.11은 현재 주로 쓰이는 유선 LAN 형태인 이더넷의 단점을 보완하기 위해 고안된 기술로, 이더넷 네트워크의 말단에 위치해 필요 없는 배선작업과 유지 관리비용을 최소화하기 위해 널리 쓰이고 있다.

보통 폐쇄되지 않은 넓은 공간(예를 들어, 하나의 사무실)에 하나의 핫스팟을 설치하며, 외부 WAN과 백본 스위치, 각 사무실 핫스팟 사이를 이더넷 네트워크로 연결하고, 핫스팟부터 각 사무실의 컴퓨터는 무선으로 연결함으로써 사무실 내에 번거로이 케이블을 설치하고 유지보수를 하지 않아도 된다.

무선인터넷 케이블 대신 전파를 이용하는 무선통신을 기반으로 인터넷을 하는 것을 통칭하며, 무선인터넷 규약(Wireless Internet Protocol)에 의해 사용하는 WAP과 넷스팟 등의 무선랜을 사용하는 방법이 있다.

IEEE 802.11은 흔히 무선랜, 와이파이(Wi-Fi)라고 부르는 좁은 지역(Local Area)을 위한 컴퓨터 무선 네트워크에 사용되는 기술로, IEEE의 LAN/MAN 표준위원회(IEEE 802)의 11번째 워킹 그룹에서 개발된 표준 기술을 의미한다.

1) 핫스팟

핫스팟(Hot Spot)은 이더넷 허브와 비슷한 역할을 하는 장비로, 하부구조(인프라스트럭처) 네트워크 모델에서 핫스팟 주변에 위치한 무선 클라이언트들을 하나의 네트워크로 묶어 서로 통신할 수 있게 하며, 핫스팟에 연결된 이더넷 회선을 통해 다른 핫스팟, 백본이나 WAN 망으로 연결할 수 있도록 해준다. 각 핫스팟에는 고유의 SSID와 BSSID가 부여되어 있어 클라이언트가 특정한 핫스팟에 연결할 수 있게 도와준다. 하나의 핫스팟은 장애물이 없는 지역에서 최대 100미터, 최대 20여대까지 네트워크를 구성할 수 있다.

2) 하부구조(인프라스트럭처) 네트워크와 애드혹 네트워크

IEEE 802.11 네트워크 환경은 인프라(Infrastructure) 방식과 애드혹(Ad-Hoc) 방식으로 구성할 수 있다. 핫스팟에 여러 대의 클라이언트가 접속해 네트워크를 구성한다면 인프라망(하부구조 네트워크)이라고 하고, 각 클라이언트가 핫스팟 없이 서로 데이터를 주고받는다면 애드혹 네트워크라고 한다. 보통 인프라망에는 핫스팟이 필요하므로 초기 설치비용이 많이 들지만, 더 많은 클라이언트를 받아들일 수 있고 더 넓은 접속 반경을 제공해 주기 때문에 자주 쓰인다.

3) 보 안

IEEE 802.11 네트워크를 구성하는 장비들은 암호화되지 않은 상태로 통신할 수도 있고 64비트, 128비트의 WEP 암호화를 사용해 보안성을 높일 수도 있다. 하지만 WEP 자체의 구조적 취약점 때문에 WEP로 암호화된 데이터는 쉽게 해독될 수 있어서 잘 쓰이지 않는다. 지금은 발전된 형태의 WPA, IEEE 802.11i(WPA2), IEEE 802.1x 등의 보안책을 사용한다.

4) 전송방식 표준

(1) IEEE 802.11(초기 버전)

IEEE 802.11은 2Mbps의 최고속도를 지원하는 무선 네트워크 기술로, 적외선 신호나 ISM 대역인 2.4GHz 대역 전파를 사용해 데이터를 주고받으며 여러 기기가 함께 네트워크에 참여할 수 있도록 CSMA/CA 기술을 사용한다. 하지만, 규격이 엄격하게 정해지지 않아서 서로 다른 회사에서 만들어진 IEEE 802.11 제품 사이에 호환성이 부족했고 속도가 느려서 널리 사용되지 않았다.

(2) IEEE 802.11b

IEEE 802.11b는 IEEE 802.11 규격을 기반으로 더욱 발전시킨 기술로, 최고 전송속도는 11Mbps이나 실제로는 CSMA/CA 기술의 구현과정에서 6～7Mbps 정도의 효율을 나타내는 것으로 알려졌다.

표준이 확정되자마자 시장에 다양한 관련 제품이 등장했고, 이전 규격에 비해 현실적인 속도를 지원해 기업이나 가정 등에 유선 네트워크를 대체하기 위한 목적으로 폭넓게 보급되었으며, 공공장소 등에서 유상·무상 서비스를 제공하는 업체도 생겨났다.

(3) IEEE 802.11a

세 번째로 등장한 전송방식인 IEEE 802.11a는 5GHz 대역의 전파를 사용하는 규격으로, OFDM 기술을 사용해 최고 54Mbps까지의 전송속도를 지원한다.

5GHz 대역은 2.4GHz 대역에 비해 다른 통신기기(무선 전화기, 블루투스 기기 등)와의 간섭이 적고, 더 넓은 전파대역을 사용할 수 있다는 장점이 있지만, 신호의 특성상 장애물이나 도심 건물 등 주변환경의 영향을 쉽게 받고, 2.4GHz 대역에서 54Mbps 속도를 지원하는 IEEE 802.11g 규격이 등장하면서 현재는 널리 쓰이지 않고 있다.

(4) IEEE 802.11g

네 번째로 등장한 IEEE 802.11g 규격은 a 규격과 전송속도가 같지만 2.4GHz 대역 전파를 사용한다는 점만 다르다. 널리 사용되고 있는 802.11b 규격과 쉽게 호환되어 현재 널리 쓰이고 있다.

(5) IEEE 802.11n

IEEE 802.11n은 상용화된 전송규격이다. 2.4GHz 대역과 5GHz 대역을 사용하며 최고 300Mbps까지의 속도를 지원하고 있다. 대한민국은 기술규격 내 주파수 점유대역폭의 문제(2개의 채널점유)로 135~144Mbps로 속도가 제한되었으나, 2007년 10월 17일 전파연구소의 기술기준고시로 300Mbps까지 사용할 수 있게 되었다. IEEE 802.11n은 현재 대한민국에서 상용화되었으나 이 기술의 표준안은 최근 제정되었다. 다른 규격보다 승인규격이 엄격하고 출력 규제가 심하여 일부 회사에서는 이 규제를 지키지 않고 있다.

02 음성과 데이터의 융합화

VoIP는 PSTN망을 통해 회선 교환방식으로 이루어지던 음성 서비스를 인터넷 프로토콜(IP : Internet Protocol)을 사용하여 패킷 교환방식으로 제공 가능하도록 하는 기술로, 음성과 데이터 정보를 IP 기술을 이용하여 동시 전송이 가능하게 한다고 해서 "음성 데이터 통합기술"이라는 말로 많이 불리어 왔다.

1. 음성 패킷망의 개요

음성 패킷망은 인터넷을 통해 통화할 수 있는 통신기술로써 기존부터 사용되고 있는 데이터 통신용 패킷망을 인터넷폰에 이용하는 것으로 VoIP(Voice over Internet Protocol)라고 한다.

음성 데이터를 인터넷 프로토콜 데이터 패킷으로 변화하여 일반 전화망에서의 통화를 가능하게 해주는 통신 서비스 기술이다. 케이블을 통하여 여러 명이 동시에 사용할 수 있고 확장성도 뛰어나며 기존 전화에 비하여 요금도 훨씬 저렴하다.

프로토콜은 H.323와 SIP · MGCP · MEGACO가 있는데, 우리나라에서 사용되는 VoIP 장비는 현재 대부분 H.323으로 되어 있다. 세계기술표준은 VoIP를 비롯해 VoFR · VoATM 등 3가지가 있다. 구축하는 방법은 다이얼 패드처럼 단순히 컴퓨터만 있으면 되는 경우도 있고, 시스코(CISCO) 등 전문 네트워크 장비회사에서 판매하는 IP전화기나 전용 라우터 등을 사용할 수도 있다.

2. VoIP 단말 구성요소

VoIP는 인터넷 프로토콜을 이용하여 음성전화 서비스를 기본으로 하며 다양한 멀티미디어 서비스를 제공하는 통신기술로서, 인터넷망이 PSTN망과 연동되면서 다양한 VoIP 장비들에 의해 여러 가지 형태의 응용 서비스를 개발해 나가고 있다.

VoIP 서비스를 제공받기 위해 통신망과 단말에서 설치 운용되는 장비로는 VoIP 이용자 단말, 액세스/게이트웨이 그리고 VoIP 서비스 사업자 장치로 나누어진다.

VoIP 사용자 단말에는 IP폰, IP 팩스, PDA, 웹 클라이언트, DSL 모뎀, 케이블 모뎀 등 다양한 형태의 단말들로 구성될 수 있으며, 액세스/게이트웨이는 VoIP 게이트웨이, 라우터/스위치 등으로 이루어지고, VoIP 서비스 사업자 장치로는 SS7 시그널링 게이트웨이, 소프트스위치 및 IP-PBX 등이 있다.

VoIP 서비스를 제공하기 위해 사용되는 프로토콜은 ITU-T에서 표준화하고 있는 H.323, IETF의 SIP(Session Initiation Protocol)가 있으며, 미디어 게이트웨이 컨트롤러와 미디어 게이트웨이 간의 프로토콜로 IETF의 MGCP(Media Gateway Control Protocol), ITU-T와 IETF의 공동 표준인 H.248/MEGACO(MEdia Gateway Control protocol)을 이용되고 있다. 현재 대부분의 장비업체들이 H.323과 SIP 프로토콜을 동시에 지원하고 있으며 MGCP에 이어 향후 H.248/MEGACO도 널리 지원될 것으로 예상된다.

VoIP 단말로 대표적인 IP 폰은 음성통신과 데이터 네트워킹을 위한 기능을 가지며 기존 PSTN 전화기와 동일한 형상으로 IP망을 통해 음성 서비스를 제공하며 독립적으로 사용되거나 PC와 함께 IP를 공유할 수 있는 구조를 갖고 있다.

그림 1-7은 다양한 네트워크 기능을 갖는 IP폰의 기능 구성도를 나타내며, IP폰 단말의 구성형태에 따라 IrDA, USB, WLAN, ATM 등 다양한 네트워크 인터페이스를 갖는다.

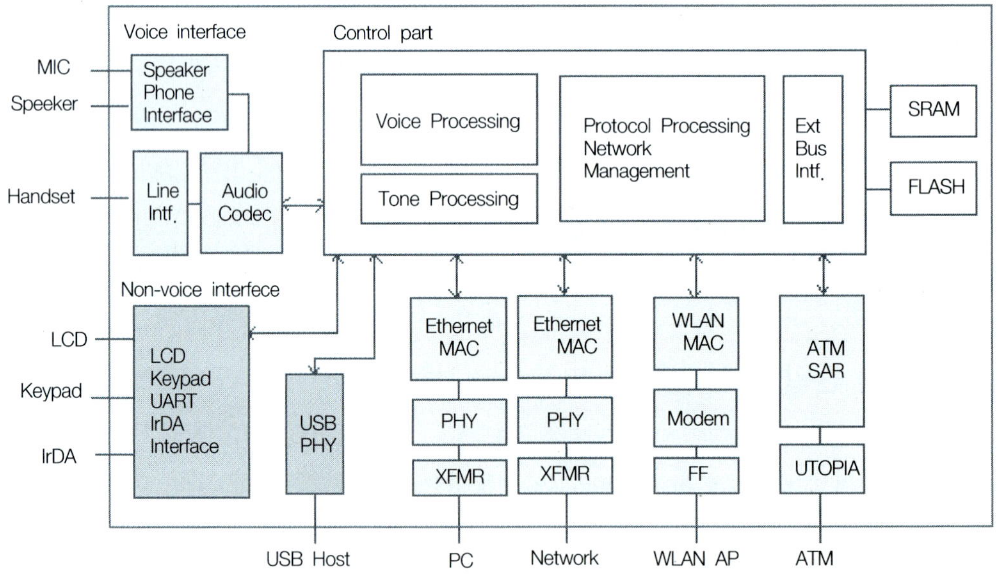

그림 1-7 <<< IP폰 단말구성도

3. VoIP 기술 환경변화

1) VoIP의 주요 환경변화

초고속 인터넷의 성장과 함께 등장한 인터넷전화 서비스는 PC기반의 서비스에서 현재 기존의 유선전화를 보완하는 상품으로 포지셔닝하고 있다. All-IP 네트워크의 진화와 차세대 무선인터넷 기술의 발전과 더불어 인터넷전화 서비스는 이동성과 다양한 부가 서비스 기능이 결합된 신규 서비스로 부상할 것이다.

모바일 VoIP 구현을 위한 기술 및 장비가 발달하면서 각국에서는 서비스를 제공하기 위한 준비가 한창이다.

모바일 VoIP 서비스는 향후 점차적으로 기존의 이동전화 음성통화 시장을 대체해 나갈 것이다. 핫스팟 VoIP 서비스는 핫스팟 지역 내에서 있는지의 여부에 따라 사용자가 수동적으로 스위치를 변경해 주어야 하는 사용상의 복잡성이 존재한다.

2) VoIP 기술변화의 유인

(1) 네트워크 기술의 발전 : IP망으로의 전이 및 융합화

통신시장은 네트워크 기술의 발전을 통해 기존의 서킷망에서 효율성 증대된 IP망으로 전이되고 있는 과도적 단계에 있다. 별도의 망이었던 음성·데이터, 방송통신, 유선·무선망이 IP 기반 네트워크로 통합되고 있다.

망 융합 환경에 따라 통신사업자들은 단말장치, 네트워크 요소 등을 IP망 기반에 적합한 형태로 업그레이드하기 위해 준비중이다. All-IP가 진전됨에 따라 서킷 기반 음성통화에서 완전한 IP망에서 구현되는 패킷 기반의 음성통화로 점진적으로 전이될 것이다.

(2) 무선인터넷에 대한 사용자 필요의 증대

실제적인 물리공간과 사이버 전자공간의 통합환경에서 이동성 있는 무선인터넷을 사용하는 소비자들의 필요가 증대되며 다양화되고 있다. 사용자들은 이동하면서 단순히 음성통화뿐만 아니라, 음악, 게임, 영화, 텔레매틱스 등과 같은 다양한 콘텐츠를 이용하기를 원한다. 향후 콘텐츠의 다양성은 디지털 컨버전스의 영향으로 쇼핑, 금융 등의 산업 영역으로까지 꾸준히 증가할 것이다.

(3) 자원의 효율적 사용

망 활용시 패킷 음성은 서킷 음성보다 효율적이다. 모바일 VoIP를 통해 이동전화 사업자는 전송망을 효율적으로 사용할 수 있다. 서킷망은 송·수신회선이고 정적이므로, 비통화시에도 일정망을 계속 점유하고 있어야 한다. 패킷망은 데이터를 패킷 형태의 소단위의 패킷으로 분류하여, 라우터가 지정하는 최적경로로 IP주소를 전송한다. 따라서 패킷 전송시 만회선을 점유하므로 빈 공간이 없는 망활용이 가능하다.

(4) 소비자 효용증진

원가 우위 측면에서 패킷망은 서킷망에 비해 소비자에게 보다 저렴하게 음성 통화요금을 제공한다. 패킷망은 모든 트래픽이 패킷의 형태로 전송되므로, 다양한 유형의 부가 서비스 구현이 가능하다. 대표적인 부가 서비스로는 세 명 이상의 음성통화가 가능한 컨퍼런싱 기능, 토의시 사용 가능한 스프레드 시트 기능이 있다. 음성통화시 사진전송이 가능한 혼성 세션기능, SMS와 전자우편을 통합한 메시지 기능 등도 포함된다. 이는 이동전화 사업자의 ARPU에 긍정적으로 영향을 줄 수 있다.

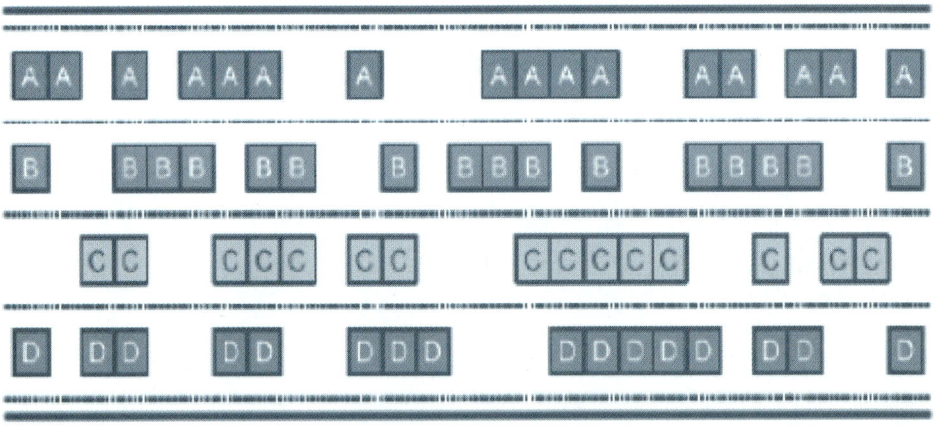

그림 1-8 ‹‹‹ 서킷화된 음성

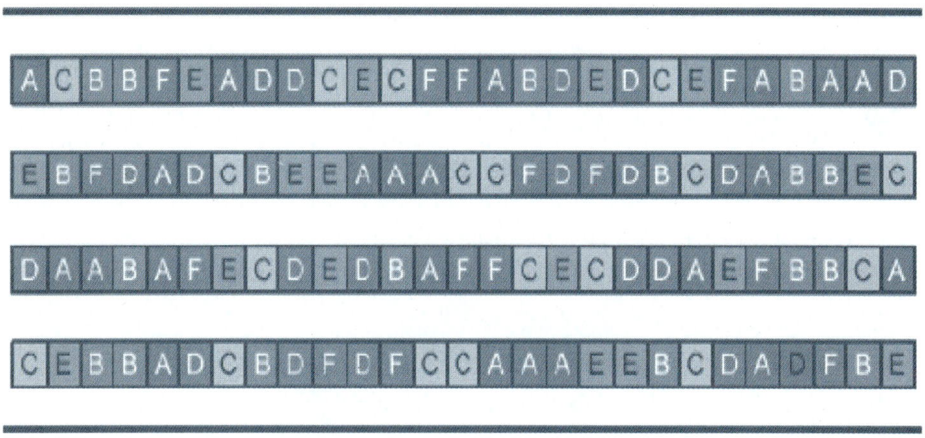

그림 1-9 ‹‹‹ 패킷화된 음성

4. VoIP 미래 통신 서비스

VoIP 서비스는 3G, WLAN 및 WiMAX 등 다양한 무선기술을 통해 제공되면서 시장 수요가 증대됨에 따라 네트워크 사업자, 기기 벤더, 이해관계자들에게 상당한 비즈니스 기회를 제공하나 음성 서비스의 이용이나 수익에 미치는 영향은 불확실한 상태이다.

미래 통신시장이 UC 환경으로 진화함에 따라 인터넷전화(VoIP)는 여러 단말과 서비스들의 통합과 공유가 가능한 전 영역에 걸친 통합 서비스의 제공이 가능해질 것으로 전망된다.

그림 1-10에서 보는 바와 같이 VoIP가 이메일, PTT, IM, 동영상 공유 등 거의 모든 커뮤니케이션 애플리케이션에 포함될 것이다. 즉 단순히 통화기능 형태에서 개별 서비스와 애플리케이션에 자연스럽게 녹아 들어감으로써 모든 커뮤니케이션 영역에서 핵심적인 역할을 담당할 것이다.

VoIP는 커뮤니케이션 영역 외에 웹 2.0으로 대표되는 정보 및 미디어 분야와 IPTV, 게임과 음악 등의 엔터테인먼트 영역에서도 활용될 것이다. 또한, 상품과 자본을 기여하는 커머스, 금융 영역과의 연계로 용도가 확장될 것이다.

결론적으로 향후 인터넷으로 제공되는 모든 콘텐츠와 애플리케이션을 생산, 소비, 유통하는 전 과정에서 VoIP가 핵심적인 의사소통의 매개체 역할을 하게 될 것으로 전망된다.

차세대 통신망인 NGN / BcN, B3G 등이 All IP 기반으로 구축됨에 따라 IP 기반의 다양한 멀티미디어 응용 서비스를 지원하기 위해 MoIP(Multimedia over IP) 기술에 대한 종합적인 표준개발이 요구되고 있다.

MoIP 기술은 NGN, BcN, 3G/4G 이동통신망 등의 차세대 통신망 환경에서 IP 멀티미디어 응용 서비스의 유무선 통합을 위한 핵심기술로 부각되고 있으며 현재 IETF, ITU 등을 중심으로 활발한 국제표준화 작업이 추진되고 있다.

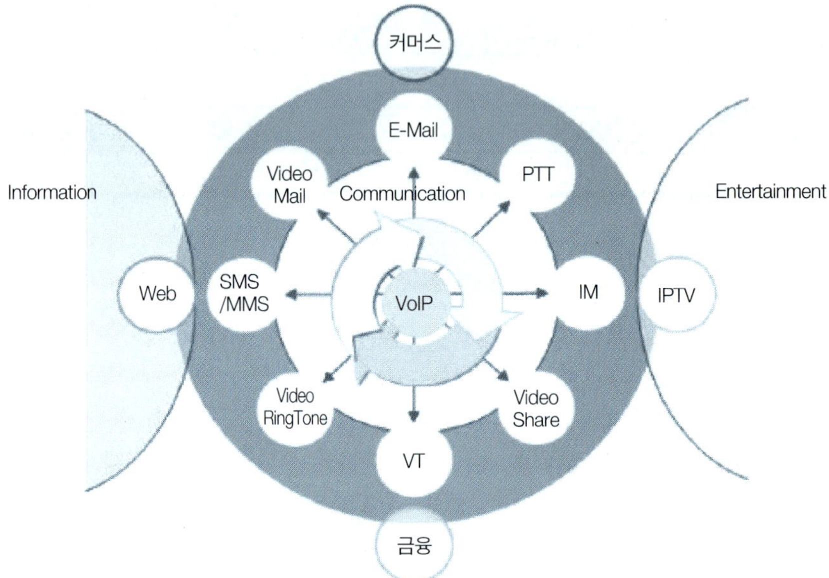

그림 1-10 ‹‹‹ 미래 통신 서비스 영역에서의 VoIP 위상

국내 BcN 및 차세대 이동통신망으로의 진화계획과 연계하여 VoPN 핵심 프로토콜 및 응용 서비스에 대한 국내표준의 체계적 정립이 요구되며, 서비스 활성화를 위한 공공안전기술에 대한 표준화 작업이 요구된다. 최근 3GPP에 의해 제안된 IMS를 기반으로 NGN 국제 표준화 작업이 추진되고 있으나 이에 대한 국내 대응이 미흡하고, 국내 BcN, 3G/4G 이동통신망 구축과 연계하여 IMS 이후 단계를 목표로 하는 차세대 VoPN 기술에 대한 선행 표준기술 확보 및 국제표준화를 통한 국내 산업경쟁력 기반확보를 위한 표준화 노력이 요구된다.

03 방송과 통신의 융합화

1. 방송과 통신의 융합 환경

방송과 통신은 개념에서 차이가 나타날 뿐 아니라 정책적 측면에서는 규제논리나 규제근거의 차이를 보이고 있으며, 산업이나 기업 측면에서는 사업 분류나 가치창출 방향에서 많이 다른 부분이 있다.

피들러는 미디어 산업을 대인 커뮤니케이션, 방송 커뮤니케이션, 문자 혹은 문서 커뮤니케이션의 세 가지 형태로 분류하였다.

여기서, 대인 커뮤니케이션은 양방향 정보교환이 가능하고, 방송 커뮤니케이션은 일방적 정보교환이 가능하며, 문자 혹은 문서 커뮤니케이션은 휴대 가능한 시각정보 배포의 특징을 가진다고 하였다.

방송은 방송법을 기초로 방송 프로그램 콘텐츠를 기획, 편성 또는 제작하여 불특정 다수의 공중을 대상으로 전기통신설비를 통해 단방향으로 송신한다(방송법 제2조). 방송은 통신보다 전파의 공공재, 주파수의 희소성 및 사회적 영향력을 감안하여 엄격한 진입규제와 콘텐츠 편성·운영에 대한 규제가 따르며, 주요 방송사업자로는 지상파 방송, 종합유선방송, 위성방송, 방송채널사용사업으로 구성되어 있다.

통신은 전기통신기본법과 전기통신사업법을 기초로 유선·무선·광선 및 전자적 방식을 통해 특정 사용자를 대상으로 양방향성 음성 및 데이터 정보를 송수신한다(전기통신기본법 제2조). 통신은 선택된 참여자들 간의 원활한 커뮤니케이션을 위한 물리적 도구로서 경제적 산업적 측면이 강조되며 효율성과 시장원리가 적용된다. 따라서 기술 및 독과점 규제, 공정경쟁 환경조성이나 통신비밀보호 등과 같은 이용자 보호에 관한 기술적, 경제적 규제가 중요하다. 주요 통신사업자로는 기간통신, 별정통신, 부가통신 사업자로 구성되어 있다.

요컨대, 방송은 과거 희소한 전파자원을 통한 사회전체의 이익에 기여하는 '공익성'에 근거하고, 통신은 개인적 차원의 복지 및 정보교환의 '효율성'에 근거하고 있다.

상기한 차이점이 존재함에도 불구하고, 방송과 통신은 '특정 정보의 전달'이라는 공통점으로 인해 융합의 필요성이 증대되고 있다.

2. 방송과 통신 융합의 개념

디지털 컨버전스 환경에서 방송통신 산업은 디지털화로 정보의 형태가 통일됨으로써 같은 목적을 가진 두 가지 매체 간 경쟁구도의 양상을 보여 준다. 즉, 디지털 기술 이전에는 같은 목적의 산업으로 매체의 기반설비에 따른 다른 정보의 형태를 소유해온 반면 융합에서는 여러 매체 혹은 산업에 적용 가능하게 된다.

Analog 시대의 방송통신		디지털화 광대역화 개인화	Digital 101101010010 시대의 방송통신
방송	통신		방송통신
지상파 TV(영상정보)	유선전화(음성정보)	대표 서비스	IPTV 등 융합 서비스(영상, 음성, 데이터)
일방적 내용편성	통화단순매개	특징	이용자 주도의 내용 선택 및 양방향성
사회문화적 독점규제	경제적 독점규제	규제내용	공정경쟁 및 이용자 보호
방송위원회	정보통신부	규제기구	일원적 정책 · 규제기구

그림 1-11 ‹‹‹ 방송통신 융합의 개념

방송통신의 융합기술의 유형을 네 가지로 분류하면 다음과 같다.

① 유선통신과 방송 간 융합(A영역)

② 무선통신과 방송 간 융합(B영역)

③ 유선통신과 무선통신 간 융합(C영역)

④ 유선통신, 무선통신, 방송 세 영역이 교차하는 융합(D영역)으로 분류된다.

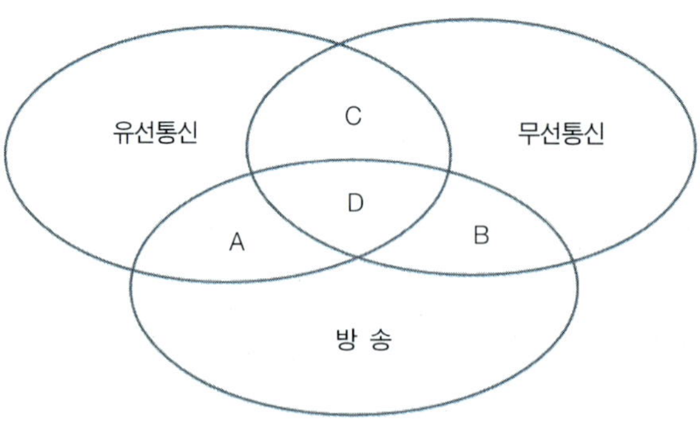

그림 1-12 ‹‹‹ 방송통신 융합 산업구조

영역별 관련 사례들을 살펴보면 다음과 같다.

(1) 유선통신과 방송의 융합

유선통신과 방송의 융합인 A영역의 해당 서비스로는 국내의 경우 현재 IPTV(KT 등이 추진), D-TV(케이블 사업자들이 추진), TPS(Triple Play Service)(KT와 케이블 방송사업자들이 추진)가 여기에 속한다.

(2) 무선통신과 방송의 융합

무선통신과 방송의 융합인 B영역의 대표적인 서비스에는 국내 이동통신 산업에서 지배적 사업자인 SKT가 제공하고 있는 위성 DMB(Digital Multimedia Broadcasting), 텔레매틱스(Telematics), 휴대폰 방송 서비스가 있다.

(3) 유선통신과 무선통신의 융합

유선통신과 무선통신의 융합인 C영역의 서비스 사례는 KT의 '원폰' 서비스를 들 수 있다.

(4) 유선통신, 무선통신, 방송영역이 교차하는 융합

모든 영역의 교차부문인 D영역은 세 개의 산업이 겹치는 유선통신, 방송, 무선통신의 융합영역이다. 여기에 해당하는 서비스는 KT와 SKT 등의 홈네트워크 서비스(HNS: Home Network Service)가 대표적이다.

HNS 서비스는 초고속 인터넷과 무선이동통신과 같은 유무선 네트워크 인프라를 기반으로 댁내 A/V, 데이터 통신, 정보기기 및 가전기기들이 상호 네트워크 연결되어 시간과 공간에 구애받지 않는 다양한 홈서비스를 제공하기 때문에 전혀 새로운 IT 융합기술의 결정체라 할 수 있다.

3. 방송통신 융합의 범위

첨단 정보통신기술의 발전으로 인해 통신 서비스 분야에서 '컨버전스(Convergence)'는 더 이상 새로운 개념이 아니라 이제는 서비스 및 제품개발에서 가장 기본적인 키워드가 되고 있다. 또한 언제, 어디서나 사용자가 원하는 서비스를 이용할 수 있는 '유비쿼터스' 시대의 가장 기본개념으로 여겨지고 있다. 최근의 IT 동향을 보면 컨버전스의 흐름이 산업내, 산업간, 기술간 컨버전스의 세 가지로 전개되고 있다.

1) 산업 내 컨버전스

'산업 내 컨버전스'는 소위 디지털 컨버전스라는 개념으로 인식되고 있으며 이는 디지털 기술을 매개로 하여 컴퓨터, 가전기기, 통신기기 등의 여러 기기들이 기능적으로 통합되는 현상을 의미한다. 이에 대한 예로는 DVD 플레이어와 기존의 비디오 플레이어가 복합된 DVD 콤보제품, 팩스, 프린터 그리고 복사기 기능이 융합된 복합기 등이 있다.

2) 산업 간 컨버전스

'산업 간 컨버전스'는 IT 기술의 활용범위가 증가되면서 이종 산업간의 서비스가 융합되는 것을 의미한다. 현재 일반화되어 있는 인터넷뱅킹, 모바일뱅킹은 IT 산업과 금융산업이 융합된 예이고, IPTV는 통신과 방송기술의 융합 서비스이다.

3) 기술 간 컨버전스

'기술 간 컨버전스'는 서로 다른 기술요소들이 결합하여 새로운 특성을 갖는 신기술을 탄생시키는데 이때, 개별 기술요소들의 특성이 상실되는 개념을 의미한다. 이에 대한 예로는 IT 기술과 BT 기술이 접목된 다생체 정보처리기술 그리고 IT 기술과 기계기술이 접목된 메카트로닉스 기술 등이 있으며, 이러한 기술간 컨버전스는 단기적인 측면보다는 장기적인 측면에서 계속 연구되고 개발되어야 할 분야이다.

최근 통신사업자들을 중심으로 포화된 국내 이동통신시장을 극복하고자 하는 방안들이 다각도로 검토되고 있다. 이를 위해 통신사업자들은 기존에 구축된 통신 인프라를 통해 새로운 서비스를 제공하겠다는 신규 비즈니스모델을 발굴하기 위한 노력을 계속하고 있다. 이러한 노력의 일환으로 통신채널과 방송 미디어의 결합 서비스인 IPTV와 같은 통신방송 융합의 신규 서비스들이 소비자에게 제공되고 있다. 이러한 통신과 방송의 결합 서비스를 '통신×방송융합(통신방송 융합)' 또는 '방송×통신융합(방송통신 융합)'이라는 용어로 소개하고 있는데, 이 교재에서는 일반적으로 많이 쓰이는 '통신×방송융합'이라는 용어로 통일하여 사용하기로 한다. 통신과 방송의 기본적인 개념을 살펴봄으로써 두 서비스의 본질이 무엇인지를 이해하고 통신×방송융합의 개념에 및 유형에 대해서 살펴본다.

04 통신과 방송의 기본개념

통신과 방송의 융합을 이해하기 전에 두 서비스가 갖는 기본적인 정의 및 특성들을 표 1-4를 통해 서비스적인 측면에서 살펴보기로 하자.

표 1-4 ‹‹‹ 통신과 방송의 구분(서비스적인 측면)

	통신	방송
법적 정의	유선, 무선, 광선 및 기타의 전자적 방식에 의하여 부호, 문언, 음향 또는 영상을 송신하거나 수신하는 것(기본법2조)	방송 프로그램을 기획, 편성 또는 제작하고 이를 전기통신설비에 의하여 공중(개별계약에 의한 수신자 포함)에게 송신하는 것(방송법2조)
네트워크	• 양방향 • 1대 1 • 유선망에서 무선망으로 확대	• 단 향 • 1대 多 • 무선망에서 유선망으로 확대
서비스종류	이용자가 음성정보	음성 및 영상방송 프로그램
이용자	선택한 참여자(주로 두 사람간)만 사용(통신비밀의 보호 필요성 대두)	불특정 다수의 공중을 대상 (프로그램의 내용 규제의 필요성 대두)
수익원	전달(Delivery)	내용물(Content)

표 1-4에서 통신과 방송의 기본적인 개념을 설명하고 있는데, 두 서비스의 가장 큰 차이는 네트워크 항목에 있다 즉. 통신은 수신자와 송신자가 1 : 1로 통신하는 양방향 통신을 기본으로 하고 있으며 전화가 대표적인 예이다. 진화방향을 살펴보면 기존의 유선통신에서 무선통신으로 진화하고 있으며, 최근에는 기술의 발전으로 인해 다자간 통화도 가능하게 되었다. 이에 반해 방송은 단방향 통신을 기본적인 서비스 형태로 하고 있으며, 송신자가 일방적으로 신호를 전송하고 불특정 다수의 수신자가 서비스를 이용하는 1 : 多 구조로 되어 있다.

또한 네트워크 매체도 기존의 무선망에서 다양한 채널 서비스를 위한 유선망(케이블) 구조로 확대되고 있다. 통신은 기본적으로 두 사람간의 대화를 대상으로 서비스되고 있기 때문에 비밀에 대한 보호가 필요하고 이를 구현하기 위해서 양자간의 암호화 기술이 단말기에 구현되어 있다.

반면 방송은 불특정 다수를 대상으로 하기 때문에 공중파 방송은 수신측에서 프로그램 내용을 선별하기 어려운 형태를 띄고 있다.

따라서 송신측에서 심의에 맞는 프로그램을 전송하는 규제정책이 필요하다.

다음으로 통신과 방송을 정책적인 측면에서 구분하여 비교해 보자.

표 1-5 ‹‹‹ 통신과 방송의 구분(정책적인 측면)

	통 신	방 송
정책기조	경제적, 산업적 측면 강조 (효율성과 시장원리가 바탕)	규범적, 공익적 측면 강조 (희소한 전파를 다수의 복리증진을 위해서 사용)
정책원칙	• 전송의 효율성 등 경제논리 중시 • 정부의 규제의 최소화 • 정치적 독립추구 : 정치로부터 독립	• 엄격한 진입, 편성, 운영 관련 규제 • 내용의 사회 · 문화 · 도덕적 가치확보 중시 • 정치적 중립추구 : 정치세력간의 균형
규제체계	행정부형	위원회형
관련법령	• 기본법, 사업법, 전파법 • 정보통신망이용촉진 등에 관한 법률	방송법

05 미디어 융합의 개념 및 유형

"융합(Convergence)이란 단일의 전송/분배플랫폼을 통하여 음성, 영상 데이터 등 여러 가지 서비스들을 제공하는 것을 의미"한다고 하며, "융합이란 서로 다른 네트워크 플랫폼이 본질적으로 유사한 서비스들을 수행할 수 있는 것 또는 전화/TV/PC와 같은 소비자 단말기들이 결합하는 것"으로 정의하고 있다.

즉 방송통신 융합이라 함은 디지털 기술의 발전 및 네트워크의 광대역화 진전에 따라 콘텐츠 형식이 다양화하고 네트워크 및 단말기가 융복합화되어 기존 방송과 통신의 경계가 허물어지는 현상을 의미한다.

방송통신 융합은 콘텐츠, 네트워크, 단말기 간의 가치사슬을 새롭게 재편, 21세기 신산업의 중추적 영역으로 부상하고 있다. 1990년대 '통신과 컴퓨터의 결합' 단계에서 진화하여 '콘텐츠와 네트워크의 결합'으로 산업의 새로운 성장 동력으로 부상하고 있는 것이다.

최근 통신기술과 방송기술의 발전으로 인해 기존의 통신분야와 방송분야의 경계가 모호해지고 있다.

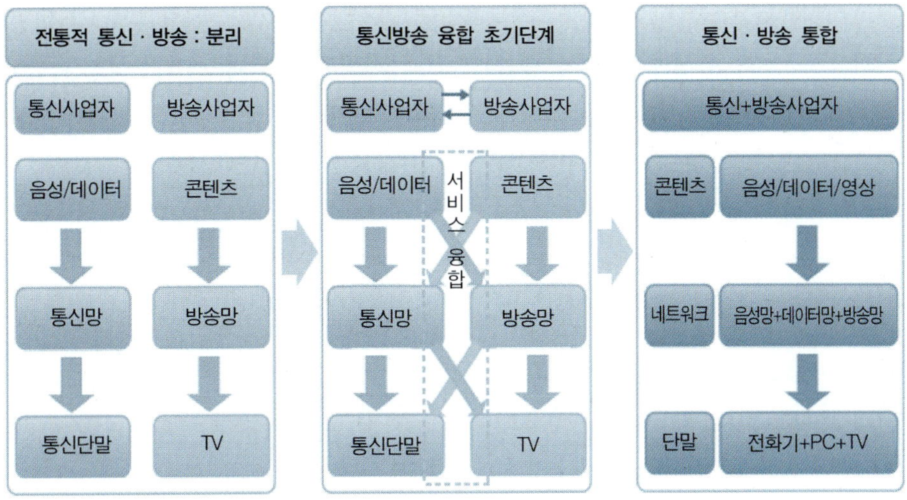

그림 1-13 ‹‹‹ 증류장치 통신방송 융합의 전개방향

그림 1-13은 전통적인 통신과 방송의 개념이 컨버전스 후에는 어떻게 변화하는지를 보여주고 있다.

그림 1-13에서 보여주고 있듯이 전통적인 통신 서비스에서는 소스인 음성 및 데이터가 통신망을 통해 수신측의 통신단말로 전송된다. 반면 전통적인 방송 서비스는 방송 프로그램을 소스로 하여 방송망을 타고 텔레비전을 통해 서비스된다. 여기에 컨버전스의 개념이 도입되면서 통신망은 더 이상 음성/데이터의 전송통로로만 전용되지 않고 방송 프로그램을 전송할 수도 있게 된다.

방송망도 마찬가지이다. 기존에 방송 프로그램 전송기능을 담당했던 방송망도 컨버전스를 통해 통신 서비스인 음성/데이터의 전송이 가능하게 된다. 단말기 역시 기존에 각각 통신 서비스와 방송 서비스 전용 단말기가 컨버전스화되어 두 서비스를 모두 지원하는 컨버전스 단말기의 형태로 진화하고 있다.

방송통신 융합은 사회 전 영역에 변혁을 가속화해 생산방식, 여가활용 방식, 소비행태 등 생활양식의 변화를 초래하는 주요 요인으로 작동하고 있다. 융합은 금융, 가전, 유통, 교육 의료 등 타 산업과의 2차 융합을 촉진하는데 TV/모바일 뱅킹, 스마트 홈, T-커머스 U-런닝, U-헬스케어 등이 그 예이다.

방송과 통신은 전혀 다른 역무범위에서 전혀 다른 가치사슬을 보유한 시장참여자간 이질적 시장이었으나, 기술의 진전, 사업자의 신규 시장에 대한 진출 열망, 소비자의 새로운 서비스에 대한 욕구증진 등으로 인해 점차 그 범위를 좁혀가고 있다.

휴대 단말의 발달 등 시장 내 요소가 기존 방송사업자는 통신시장으로, 통신사업자는 방송시장으로 상호 경쟁할 수밖에 없는 구조로 전이되고 있다.

융합 미디어시장은 다음과 같은 형태로 나타나고 있다.

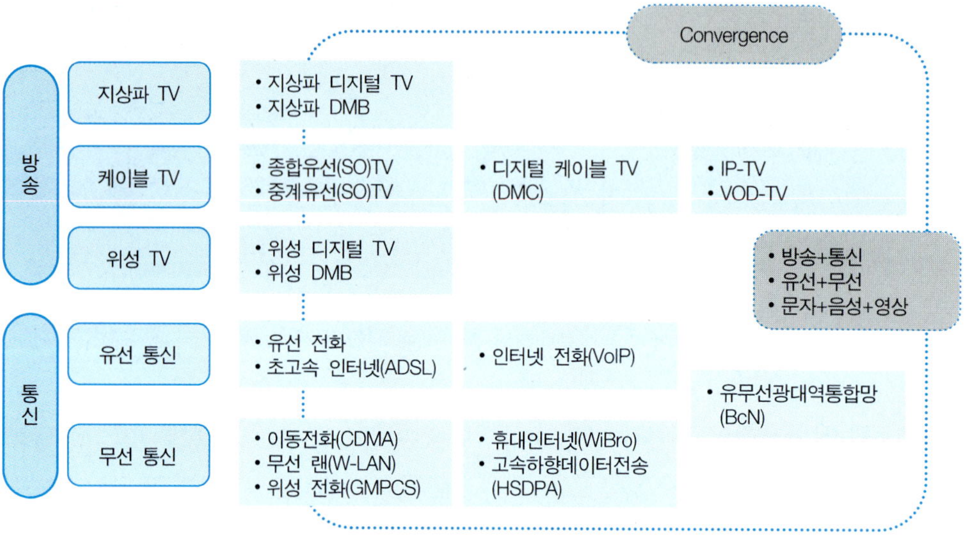

그림 1-14 ‹‹‹ 융합 미디어 진화과정

통신×방송 융합은 다음과 같이 크게 네 가지 유형으로 구분된다.

표 1-6 ‹‹‹ 통신방송 융합의 유형

망융합	통신망을 통한 방송 서비스, 방송망을 통한 통신 서비스 제공 –xDXL 망을 이용한 일반 TV방송 시청 –케이블 TV망을 이용한 초고속 인터넷 서비스
서비스 융합	통신과 방송의 특성을 모두 가진 서비스의 출현 –웹 캐스팅, VoD, 데이터 방송, IP–Casting
사업자 융합	통신사업자의 방송 서비스 진출 및 방송사업자의 통신 서비스 진출 –통신사업자 : 새로운 방송사업 진입, 방송사업자 M&A –방송사업자 : 초고속 인터넷사업 진입
기기간 융합	통신단말기를 통한 방송 서비스 수신 또는 텔레비전을 통한 통신 서비스 –셀룰러폰을 통한 DMB 수신 –텔레비전을 통한 IPTV 양방향통신

1) 네트워크 융합

통신×방송 융합의 첫번째 유형은 기존 네트워크의 용도의 경계가 불분명해지는 Network Convergence이다. 이에 대한 예로 KT, 하나로통신과 같은 기존의 통신사업자들이 준비하고 있는 IPTV를 예로 들 수 있다.

IPTV의 영상자체는 방송의 형태이고 방송사 또는 방송 콘텐츠 제작업체로부터 제공받는다. 서비스되는 방송 콘텐츠는 통신사업자의 백본망 및 가입자단 초고속인터넷망을 통해 최종사용자에게 전송되게 된다. 미국의 IPTV 사례[4]를 살펴보면 미국의 2위 통신사업자인 버라이즌이 이미 IPTV 서비스를 시작했고 최근 1위 통신사업자인 AT&T가 IPTV 시장에 가세하면서 본격적인 IPTV 시대를 열고 있다.

IPTV가 서비스되기 위해서는 가입자단의 네트워크 전송속도가 약 20Mbps 이상이 되어야 하며, 이를 위해서는 가입자단에 고속의 VDSL 또는 광통신망 구축과 같은 대규모의 투자가 필요하다. 따라서 IPTV 서비스는 케이블 TV 사업자들보다는 대규모의 자금력을 동원할 수 있는 통신사업자들이 위주가 되어 서비스되고 있는 추세이다.

표 1-7 ‹‹‹ 방송통신 및 융합 네트워크의 특징

구분	방송	통신	융합
전달방식	1 : 多數	1 : 1	1 : 多數 또는 1 : 1 또는 多數 : 多數
제공방식	push	pull	pull
방향성	일방향	양방향	일방향+일방향
수용자	수동적	능동적	수동적+능동적
사회적 영향	크다	적다	양적으로 작지만 질적으로는 크다
규제	내용규제	기술(경제적)규제	시장규제+내용규제

※ 출처 : 황근, 〈방송통신 융합 규제기구 통합의 필요성〉, 한국언론정보학회 세미나 자료, 2005, p.13.

2) 서비스 융합

서비스 융합(Convergence of Service)이란 방송 서비스와 통신 서비스의 구분이 불분명해지는 것을 말한다. 또한 방송과 통신의 속성을 모두 가진 새로운 서비스가 제공되는 것을 의미한다.

유선, 무선 및 방송, 통신 등의 매체나 네트워크에 의한 분리된 서비스가 아닌 사용자가 어느 방식에 선택하던지 간에 결합의 형태를 가지며, 콘텐츠의 원활한 유통이 가능한 통합된 융합 서비스로 One Source Multi User가 가능한 모습이다. 전체적인 디지털 컨버전스 환경에서의 서비스 융합형태는 그림 1-15와 같다.

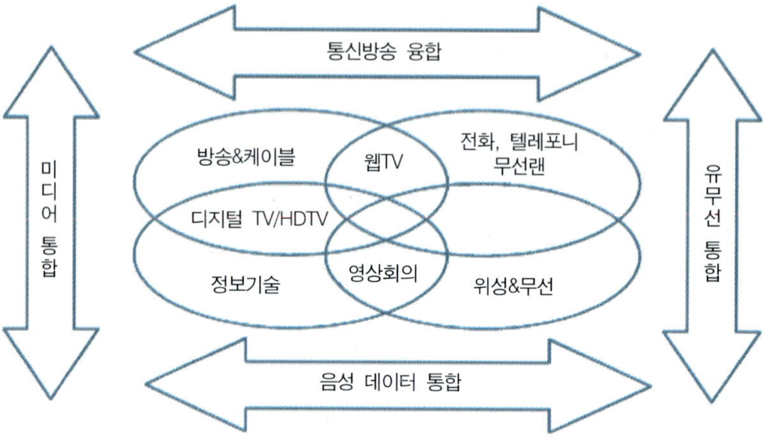

※ 출처 : 변동식, 디지털 타임즈, 2005. 6. 8(수)

그림 1-15 ‹‹‹ 디지털 컨버전스 환경에서의 서비스 융합형태

사업자는 초고속 인터넷망, 이동망, 공중유선망, 위성망 및 방송망 등을 활용해 복합적으로 융합된 서비스를 효율적으로 지원할 수 있는 환경을 구축하는 것이 필요하다. 향후 서비스 융합은 금융 서비스, 오락관련 서비스, 통합 메신저 서비스 등에서도 본격적으로 진행될 것으로 예측된다. 그렇지만 향후 여러 망이 통합되어 다양한 융합 서비스를 제공하기 위해서는 서비스 계층과 통신망 사이에 표준화된 인터페이스인 독립적인 Open API(Application Programming Interface)가 도입되어야 한다.

표 1-8은 융합적 서비스의 특성표이다.

통신×방송 융합의 두 번째 유형은 Service Convergence(서비스 융합)이다. 이 유형의 대표적인 예로는 Webcasting 기반의 인터넷 방송이 있다. 사용자들은 VoD, 영화 등의 멀티미디어 자료를 인터넷 통신망을 통해 실시간으로 다운로드받거나 재생하는 서비스를 이용한다. 이 경우 제작되는 콘텐츠가 DMB와 같은 방송 콘텐츠일 수도 있는 반면, VoD와 같은 데이터 콘텐츠일 수도 있다.

표 1-8 ‹‹‹ 통신방송 융합 서비스 특성

구분	방송 서비스	통신 서비스	융합적 서비스
주요 서비스	지상파 방송, 케이블 TV 위성방송 등	전화, 이동통신, 인터넷 등	DMB, 데이터 방송, VoD 인터넷 방송 등
사업자	지상파 방송사업자	통신사업자	방송 혹은 통신사업자
규제정책	진입규제, 내용규제, 소유규제	• 진입규제, 소유규제 • 내용규제 : 사실상 없음	• 규제정책 서비스별 상이 • 규제근거 마련 미흡
서비스 특징	• 일방향적 정보제공 • 정보제공자의 편성권 보장	• 양방향적 정보제공 • 정보제공자의 편성권 일부 인정	• 일방향적 정보제공 바탕에 양방향적 서비스 제공 • 정보제공자 편성권 인정
이용요금	• 지상파 무료/광고 • 케이블 TV 등 일부 유료	유료서비스	유료(수신료)/광고
이용행태	• 집단 시청 • 수동적 이용	• 개인적 이용 • 능동적 이용	• 개인적 시청과 이용 • 능동적 이용

※ 출처 : 백용대, 디지털 타임즈, 2004. 12. 6(월)

3) 사업자 융합

통신과 방송이 사업자간에도 통신과 방송의 경계를 넘나드는 융합이 진행되고 있다. 이러한 예는 크게 통신사업자의 방송 서비스 제공과 방송사업자의 통신 서비스 제공 두 가지로 나눌 수 있다.

첫 번째로 통신사업자의 방송 서비스 제공에는 통신사업자인 KT의 방송 서비스 제공을 들 수 있다. KT는 위성방송 Skylife의 1 대주주로 방송 서비스 사업을 진행하고 있으며, 또한 IPTV의 기술 및 서비스 개발을 통해 통신방송 융합 서비스를 제공하기 위한 준비를 하고 있다. 이러한 IPTV는 초고속 인터넷 통신사업자인 하나로 텔레콤에서도 추진하고 있다. SKT는 자회사인 TU 미디어를 통해 이미 위성 DMB 방송 서비스 분야에 진출하고 있는 등 통신사업자들의 방송 서비스 제공이 활발하게 진행 또는 추진되고 있다.

다음으로 방송사업자의 통신 서비스의 진출의 예를 살펴보면 대표적인 사례가 SO업체들의 초고속 인터넷 서비스 제공이다.

4) 기기 간 융합

통신방송 융합의 또 다른 유형으로는 기기간의 융합을 의미하는 Device Convergence를 들 수 있다. 기존에 방송용으로만 사용되던 텔레비전에 셋톱박스를 장착하여 양방향 인터랙티브 통신을 가능하게 하는 방송기기의 통신 서비스 융합도 IPTV 서비스를 통해 추진되고 있다.

통신과 방송 서비스를 모두 하나의 단말기를 통해 이용할 수 있도록 단말기도 급속히 발전하고 있다. 궁극적으로 통신방송 융합은 모든 형태의 콘텐츠가 모든 형태의 네트워크나 단말기를 통해 전송될 수 있는 형태로 진화될 전망이다.

유선이나 무선에 상관없이 방송망이든지 통신망이든지에 상관없이 하나의 단말기에서 다양한 형태의 서비스를 제공받기를 원하는 요구가 증가되고 있다. 음성·데이터·동영상 등의 멀티미디어 서비스가 어떤 네트워크든지 관계없이 방송 및 통신 콘텐츠를 양방향이 가능한 단말기 개발이 계속되고 있다. 이로 인해 단말기 기능 변화가 나타나고 있다. 이러한 단말기 융합은 본질적으로 이용자의 매체 소비행태의 융합을 의미하는 것이기도 하다.

하나의 단말기, 즉 이동 멀티미디어 방송 기능을 가진 휴대전화기가 등장하고 있으며, TV 수신기를 이용한 인터넷 접속이 가능해지며, PDA, 텔레매틱스, 디지털 방송 수신기능을 가진 PC의 등장 등이 대표 사례라고 할 수 있다.

가입자 측면에서의 융합 현상은 이용자 요구를 실현한 기술혁신에 의한 것으로 다양한 영상정보를 양방향으로 보고자 하는 이용자들의 욕구가 증대됨에 따라서 통신과 방송의 두 매체 사이의 기능적 대체(substitutive)와 보완(complementary) 관계는 콘텐츠를 중심으로 변화할 것이다. 단말기 융합은 향후 All-in-One 형태로 진화할 것으로 생각된다.

5) 기능적인 측면에서의 수신기 구분

- 고정 수신 : 일반 가정의 대형 TV
- 휴대 수신 : 노트북 PC와 같이 대략 16인치 이하의 TV(PC 겸용)
- 이동 수신 : 소형 차량 및 화물차량의 부착형(9인치 이하)
- 보행 수신 : 휴대폰, PDA(5인치 이하)
- 차량 TV수신 : 보통 14인치 이상의 큰 화면(버스, 철도 지하철 등)

06 방송통신 융합의 IPTV 동향

방송과 통신의 독자적인 영역을 고집해 온 시대를 벗어나 이제는 방송의 디지털화로 인해 방송과 통신의 구분이 어려운 융합현상이 우리의 생활을 파고들고 있다.

정보통신기술의 발달로 방송과 통신을 분리해서 구분 짓는 것은 사실상 무의미해졌으며 전문가들은 방송통신의 융합 현상을 크게 3 가지 형태로 유형을 나누고 있다.

첫째 기술적 융합

둘째 서비스 융합

셋째 사업자의 융합

이다. 이러한 융합을 통해 방송과 통신의 영역 및 경계는 무너지고 있으며, 유비쿼터스 시대를 대비해야 할 것이다.

통신은 보도통신, 우편통신 및 전기통신으로 크게 구분되며 이 중 전기통신은 전화를 비롯하여 전자적인 방식이나 광기술로 정보를 송수신하는 것을 말한다. 반면에 방송이라 함은 전기통신기술을 기반으로 하여 불특정 다수인에게 정보를 일방적으로 보내주는 것을 말한다. 즉 방송을 수신할 수 있는 수신기를 소유하고 있는 자는 누구든지 방송국에서 송출되는 정보를 수신할 수 있는 것이다.

제 2 장

IP 셋톱박스와 방송통신 융합

01 서 론

통신방송 융합 서비스가 본격화되는 가운데, IPTV에 대한 관심이 뜨거워지고 있다. IPTV는 활성화 정도에 따라 통신 및 방송 산업뿐만 아니라 콘텐츠 및 가전산업에까지 적지 않은 영향을 줄 것으로 전망된다. 무선 분야의 통신방송 융합 서비스로 DMB (Digital Multimedia Broadcasting)가 있다면, 유선 분야에는 IPTV(Internet Protocol Television)가 있다. IPTV란 IP망, 즉 초고속 인터넷을 통해 정보 서비스, 동영상 콘텐츠 및 방송 등을 TV로 제공하는 서비스를 의미한다.

IPTV는 초고속 인터넷으로 서비스를 제공받기 때문에 소비자들이 IPTV를 이용하기 위해서는 IPTV 셋톱박스가 필요하다. IPTV는 비디오를 비롯한 방송 콘텐츠를 제공한다는 점에서는 일반 케이블 방송이나 위성방송과 별다른 차이점이 없다. 하지만, IPTV는 쌍방향성이 추가돼 소비자에게는 새로운 경험을 제공한다. 공급자는 신규 콘텐츠와 서비스를 개발·공급해 선택권이 다양해진 소비자를 유인해야 하는 과제를 안게 된다.

IPTV는 최근 '통신 서비스인가 방송 서비스인가'하는 논란에도 불구하고 기술과 콘텐츠의 발전으로 인해 통신 및 방송 산업에서 중요한 서비스의 한 축으로 자리잡을 것으로 예상된다. IPTV가 각광을 받게 된 배경과 향후 IPTV가 통신과 방송시장에 미칠 영향 그리고 활성화에 필요한 과제를 살펴본다.

02 IPTV 기술동향과 시장분석

1. IPTV의 시장동향 분석

1) IPTV 국내시장 분석

1990년대 말 초고속 인터넷 서비스가 최초로 국내에 보급되기 시작한 이래 지난 4~5년에 걸친 폭발적인 성장세에 있다.

또한, IT기술의 발달로 정보통신산업에서 방송의 디지털화, 통신의 브로드밴드화, 방송과 통신의 융합이라는 3가지 키 트렌드가 일어나고 있다. 방송의 디지털화는 지상파, 위성, 케이블 TV 등 모든 부문에서 진행되고 있다.

방송의 디지털화는 하이비전 방송이나 데이터 방송, 그리고 쌍방향형 TV방송뿐만 아니라 TV에 하드디스크를 탑재하는 것을 전재로 한 축적형 방송 서비스도 가능하다. 즉 TV의 컴퓨터화이다.

(1) 국내시장 현황

표 2-1 ‹‹‹ IPTV 국내시장 분석현황

구분	낙관적	중도적	보수적
서비스	• 2005년 서비스 본격화 • VDSL이나 이더넷망을 통한 초고속 인터넷 보편화 및 FTTH 확산 • 2009년 초고속 인터넷 서비스 가입자의 33%	• VDSL이나 이더넷망을 통한 초고속 인터넷 보편화, FTTH 도입 시작 • 2009년 초고속 인터넷 서비스 가입자의 23%	• VDSL이나 이더넷망을 통한 초고속 인터넷 보편화, FTTH 도입 지연 • 2009년 초고속 인터넷 서비스 가입자의 15%
콘텐츠	• 방송 콘텐츠 재전송 가능 • IPTV 전용 콘텐츠의 활발한 제공	• 방송 콘텐츠 재전송 허용 지연 • IPTV 전용 콘텐츠 개발 진행	• 방송 콘텐츠 재전송 허용 지연 • IPTV 전용 콘텐츠의 제한된 개발 및 제공
단말기 (셋톱박스)	• IPTV 셋톱박스 보급을 위해 보조금 지급 • 초고속 인터넷 모뎀, VoIP 등의 지원 필요 • 황후 DVR, A/V 기기 등과 결합된 다양한 복합 셋톱박스 출시로 수요 진작		

국내의 경우 초고속 인터넷의 높은 보급률(초고속 인터넷 서비스의 가입자의 57%가 xDSL망을 이용하고, 34%가 케이블망을 이용하고 있음)로 인해서 IPTV 사업을 하기 좋

은 조건을 갖추고 있다.

그리고 BcN망을 조기에 구축하려는 계획을 입안하여 진행하고 있다. BcN은 통신, 방송, 인터넷을 하나의 통합망으로 묶는 차세대 통신 인프라로 지금보다 최고 50배(50~100Mbps) 이상 빠르게 서비스 가능하게 한다.

한편 한국의 경우 1,600만 가구 중에서 1,200만 가구에 케이블 TV에 가입하여 75%의 높은 가입률을 보이고 있고, 현재 HFC를 통한 케이블 방송 서비스는 1300만 가구에 보급되어 있으며, 이중 400만이 넘는 가구에게 HFC를 통해 인터넷이 전달되고 있고 그 숫자가 계속적으로 늘어나고 있다.

한국은 유료방송의 가입률이 높다는 측면에서 IPTV의 전망이 밝다고 할 수 없다. 그리고 케이블 TV 사업자들도 디지털화를 진행하고 있고, 디지털화된 HFC망을 통해서 VoIP는 물론이고 IPTV를 제공할 수도 있다.

한편, 통신사업자뿐 아니라 삼성전자와 LG전자와 같은 가전업체는 TV포털 사업을 진행중이거나 계획을 발표하였고, NHN, 다음커뮤니케이션 등 포털업체들도 TV포털을 준비하고 있다.

NHN은 IPTV가 활성화될 경우 게임이 각광받는 콘텐츠가 될 것이라 판단하여 이미 테트리스, 맞고, 포커 등의 게임을 TV화면에 맞도록 재개발하였으며, 메일과 뉴스, 날씨, 생활정보 등을 제공할 예정이다.

다음커뮤니케이션도 DaumTV.net이라는 브랜드로 TV포털 사업을 전개해 기존 PC기반 포털과 모바일까지 아우르는 종합 포털 시스템을 구축할 계획이며, 이미 삼성전자와 공동으로 노래방, 채팅서비스, 콘솔성 게임, 동영상 커뮤니티 등의 시범 서비스를 진행 중이다.

KTH가 최근 선보인 포털 '파란닷컴'은 TV포털 서비스로 전환하기 위한 바람몰이로, 인터넷 콘텐츠 강화를 통해 포털 경험을 축적하고 나아가 스카이라이프와 기존 콘텐츠를 결합하여 IPTV 기반의 홈 엔터테인먼트 시장을 장악한다는 계획이다.

TV포털은 TV에 인터넷을 연결해서 다양한 콘텐츠를 검색하고 활용할 수 있게 하는 사업으로, 인터넷망의 성능만 받쳐주면 기존의 TV급 화질을 제공받을 수 있다. 가전업체와 포털 업체의 TV포털과 통신사업자(또는 SO)의 IPTV는 서로 경쟁하는 가운데 발전할 것으로 예상된다.

가입자를 TV포털과 IPTV 중 가입자를 선점한 사업자가 타 영역의 서비스가 구현될 수 있도록 시스템을 설계하여 서로 상생하기를 바란다. 만약 그렇지 않고 서로 배타적인 입장을 취할 경우에 TV포털과 IPTV의 미래는 어두울 것이다. 초고속 인터넷의 높은 보급률로 인해서 IPTV 사업을 하기 좋은 조건을 갖추고 있다.

(2) 국내 서비스 제공 사례

하나로텔레콤도 자사 초고속 인터넷 가입자를 대상으로 IP망을 통해 고화질 EBS 수능방송을 제공하는 'IPTV 시범 서비스'를 방송한다.

하나로텔레콤은 이번 시범 서비스를 통해 IPTV 서비스에 대한 이용자 호응도와 관심을 적극 유도하고, 본격 상용 서비스에 나서고 있다. 하나로텔레콤은 이번 시범 서비스의 비디오 압축기술로 H.264를 국내 최초로 적용, WMV9 기반의 기존 EBS 인터넷 수능방송에 비해 약 4배의 선명한 화질을 제공할 방침이다.

H.264는 ITU-T(국제전기통신연합)에서 제정한 비디오 압축기술 표준으로, IP망에서 SDTV급 화질을 제공하게 된다. 특히, H.264는 한국정보통신기술협회(TTA) 표준으로 제정된 IP 셋톱박스 스트리밍서비스 표준의 비디오 표준으로 채택되는 등 향후 IPTV 서비스가 비디오 압축기술로 사용될 것으로 예상된다.

하나로텔레콤은 가입자들에게 제공할 IPTV 셋톱박스를 자체 개발하는 등 IPTV부문에서 강세를 보이고 있다. 이 셋톱박스는 ETRI 임베디드 센터에서 개발한 H.264 복호화기(디코더 · 인코더를 통해 부호화된 신호를 원래의 신호로 복구하는 장치)를 탑재하고 있으며, 웹브라우징 · 자바 요소처리 및 고화질 재생을 지원하는 점이 특징이다. 또한 128MB급 메모리를 장착하고 있으며, 리모트 컨트롤러를 통해 제어된다.

하나로텔레콤은 셋톱박스 운영체제로 공개 소프트웨어인 임베디드 리눅스를 채택, 국내 IPTV 셋톱박스의 경쟁력을 높일 수 있을 것으로 기대하고 있다. 이 회사는 IPTV의 쌍방향성을 살릴 수 있는 실시간 질의응답 등 맞춤형 콘텐츠를 확보, 향후 IPTV의 경쟁력을 높여간다는 복안이다.

한편, 600만 명의 초고속 인터넷 가입자를 보유하고 있는 KT도 IPTV 시범 서비스를 제공하는 방안을 적극 추진하고 있어 앞으로 IPTV 선점 경쟁이 더욱 치열해질 것으로 예측된다.

2) IPTV 해외시장 분석

(1) 해외시장 현황

세계적으로 성공적인 IPTV 사업자로 홍콩의 PCCW 및 이탈리아의 FestWeb을 들 수 있다. PCCW는 홍콩내 유선계 최대 사업자로 기준 200만 명의 초고속 인터넷 가입자를 확보하고 있으며, 최근 NOW Broadband-TV라는 브랜드로 IPTV 서비스를 출시하고 공격적인 마케팅을 전개한 결과 현재 약 100만 명의 가입자를 보유하고 있다.

홍콩에서의 통신과 방송 관련 규제는 매우 개방적으로 PCCW는 Pay-TV 사업권을 보유하고 있다. PCCW의 목적은 시장점유와 가입자당 평균수입(ARPU)를 유지하는 데 있다.

이탈리아의 FastWeb은 초고속 인터넷 서비스 제공업체이며 현재 약 200만 명의 초고속 인터넷 가입자를 확보하고 있는 e.Biscom의 IPTV 서비스 전담 자회사로 최근 약 100만이 IPTV 서비스 가입자들이다.

이탈리아 FastWeb은 케이블 방송 서비스가 전무하고 위성방송 서비스인 SKY의 콘텐츠를 원가수준에서 이용할 수 있는 이탈리아 내 우호적인 사업환경에 힘입어 비교적 성공적인 사업실적을 기록하고 있다.

FastWeb은 3년에 걸쳐 이 서비스를 개발해왔다. 처음에는 VoD 서비스로 출발해 점차 방송채널과 위성 다채널 서비스를 부가하였다. 최근에 극적인 성장을 보였는데, 이는 2003년부터 이탈리아 축구 챔피언십 경기를 무료로 제공하는 대중적인 프로모션의 결과이다.

(2) 미국시장 특성분석

IT 시장조사 전문기관 JupiterResearch가 최근 발간한 보고서 "IPTV : Simple Benefits, Not New Technology, Most Effectively Compete Against Cable"에 따르면 미국 소비자의 52%는 동일한 채널 선택권을 보장하면서 더 나은 가격조건을 제시한다면 기꺼이 현재의 유료 TV 서비스를 전환할 용의가 있는 것으로 조사되고 있다.

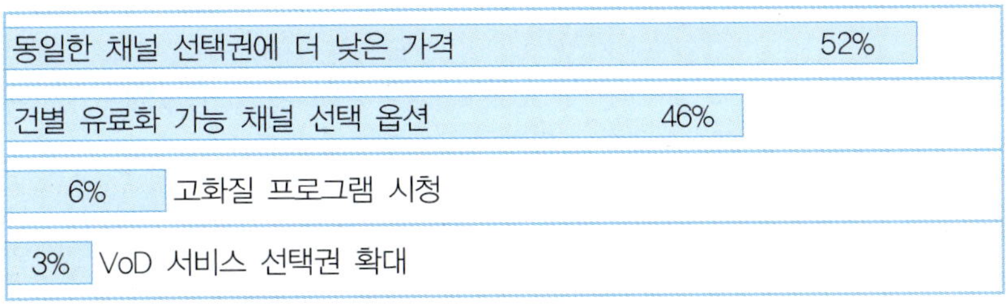

※ 자료 : JupiterResearch, 2008년 2월

그림 2-1 ‹‹‹ 미국 소비자들의 TV 서비스 전환이유 조사

이는 기술이 아니라 가격정책이 TV 서비스들 간에 가장 중요한 차별화 요소가 될 것임을 시사한다.

- IPTV 지지자들은 이 기술의 미래가 제시하는 가능성에 매료되어 있는 반면, 소비자들은 TV 서비스에서 중요한 것이 무언인지에 대해 냉정하고 현실적인 판단을 하고 있다. IPTV를 추진하고 있는 사업자들은 미래의 TV에 초점을 맞추어 소비자를 현혹하기 보다 현재의 TV라는 관점에서 실제적으로 어떤 혜택을 제공할 수 있는지에 초점을 맞추고 있다.
- 낮은 가격 다음으로 타 유료 TV 서비스로 전환하는 가장 큰 동기는 건별로 비용을 지불할 수 있는 채널 선택권이다.

미국 IPTV 시장에 새로 뛰어든 사업자들은 현재 쉽지 않은 도전에 직면해 있다. 인프라 건설을 위해 수십억 달러를 투자하고 가입자를 유치할 수 있는 서비스를 고안해내야 할 뿐더러 유료 TV 가입자의 66%가 현재의 서비스에 만족하고 있다는 현실도 직시해야 한다.

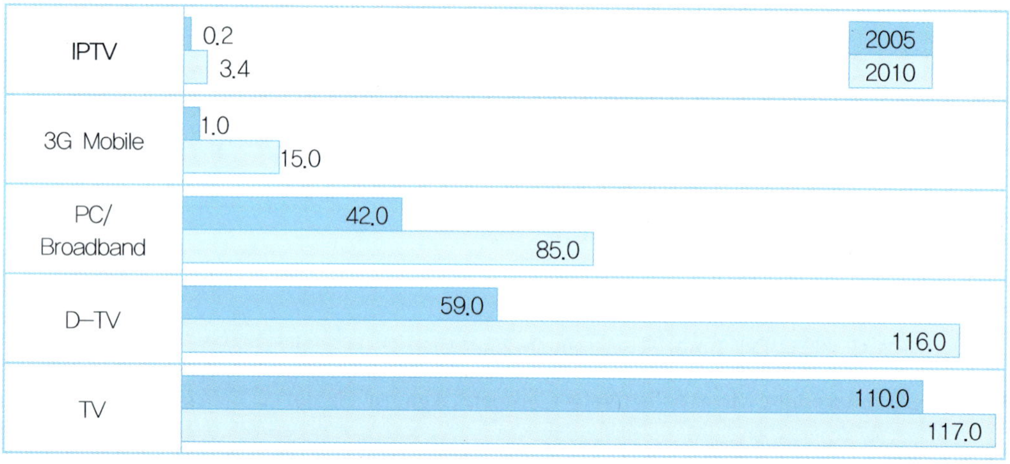

※ 자료 : eMarketer, 2008년 1월

그림 2-2 ‹‹‹ 미국 소비자들의 TV 콘텐츠 이용 채널 비교

미국 IPTV 산업이 수익을 얻기까지는 상당한 시일이 걸릴 전망이고 eMarketer에 따르면 최근 미국 내 IPTV 보급 가정은 50만명 가구에 불과하며, 2011년 이후에도 340만 가구 이상일 것으로 전망되고 있으며, 이는 물론 괄목할 만한 성장세이기는 하나 거대시장을 형성하기에는 여전히 부족한 규모이다.

Harris Interactive의 최신 보고서에 따르면 한정된 보급률에도 불구하고 미국 성인의

56%가 IPTV에 대해 들어본 적이 있으며, 이중 상당수는 TV나 PC를 통한 IPTV 서비스 가입에 관심을 보인다.

- IPTV에 대한 기대중 가장 높은 수치를 보인 항목은 서비스 전환이유와 마찬가지로 비용절감 가능성이었는데, 이는 IPTV가 케이블이나 위성방송에 비해 비용이 저렴할 것으로 기대되기 때문이다.
- 응답자의 상당수가 IPTV 가입에 관심이 있으며, 26%의 성인은 TV를 통한 IPTV 이용에 매우 관심이 있고, 19%는 PC를 통한 서비스 이용에 높은 관심을 보이며, 4%는 휴대폰을 통한 IPTV 서비스에 높은 관심을 보인다.
- 응답자의 12%는 PC를 통해서도 서비스가 이용 가능하다면 지금 즉시 가입하겠다는 의사를 표시했으며, 과반수는 기다려보겠다는 유보 입장을 표명하고 있다.

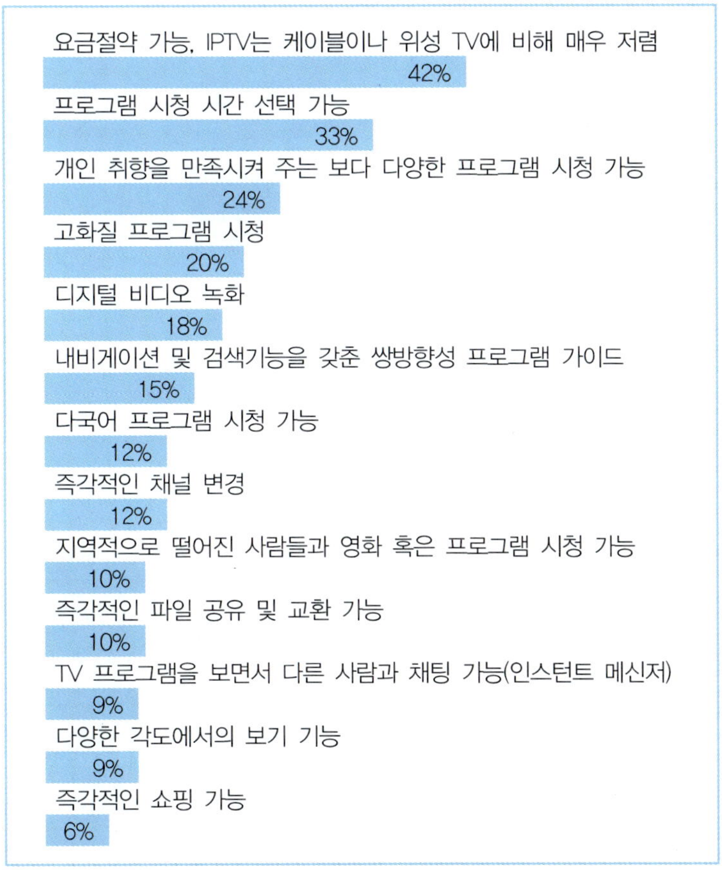

자료 : Harris Interactive, 2008년 2월

그림 2-3 ‹‹‹ IPTV 양방향성 중 선호기능 조사

2. IPTV와 셋톱박스 기술동향

IPTV 서비스는 그림 2-4에서 보다시피 IP망이 셋톱박스를 통해 우리에게 제공된다. 통신, 방송의 융합으로 탄생한 IPTV를 시청하려면 IP 셋톱박스가 꼭 필요하다. 셋톱박스를 설치해야 TV상에서 양방향 방송이 시청가능하며 프로그램 중간에 날씨 및 교통정보를 볼 수 있고, 실시간으로 이메일도 보낼 수가 있다.

영화를 보다가 배우의 약력 및 개인신상정보를 볼 수 있고, 나아가 그 배우의 의상이라든지 멋진 촬영장소를 검색해서 구매 및 여행도 갈 수 있다. 지금의 단방향적인 방송이 아니라 양방향 TV를 사용하려면 필수품이 IP 셋톱박스이다.

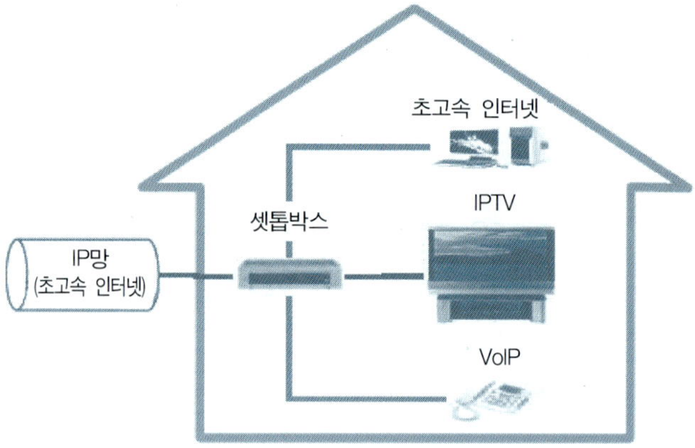

그림 2-4 ‹‹‹ IPTV서비스를 위한 IP 셋톱박스 구성도

(1) 셋톱박스

STB(Set Top Box)는 방송매체에 따라 케이블 TV용, 지상파용, 위성방송용 및 IP용으로 구분된다. 사업자 성격에 따라서는 Closed Market, Open Market, Semi-closed Market으로 구분이 가능한데, 현재 세계 시장의 80%가 Closed Market으로 대부분 대형 업체들이 시장을 지배하고 있다.

최근 방송사업자의 재정상황이 악화되고 PVR과 같이 고기능 수요가 높아지면서 Semi-Closed Market으로의 이행이 점차 늘어나는 추세이다. 수신제한 기능 유무에 따라서는 FTA(Free to Air), CAS(Conditional Access System), CI(Common Interface) 등으로 구분할 수 있고, CI는 수신제한장치 모듈과 스마트카드를 꽂기 위한 슬롯이 장착된 범용 제품으로 모듈과 스마트카드만 꽂으면 유료방송을 시청할 수 있다.

CAS는 출시될 때부터 수신제한장치가 내장된 제품이다. 최근에는 수많은 방송내용을 취향에 따라 녹화·저장하여 원하는 시간에 보고자 하는 수요의 발생으로 셋톱박스에 하드디스크 드라이브를 추가하여 녹화기능이 가능한 PVR(Personal Video Recorder)이 주목을 받기 시작했다.

(2) PVR

PVR이란 마그네틱테이프에 영상기호를 저장하는 VCR과는 달리 셋톱박스에 하드디스크 드라이브를 추가하여 정보를 기록하여 재생하는 신개념의 디지털 녹화기기이다. PVR은 최대 30시간의 텔레비전 프로그램을 저장하고, 동시에 많은 프로그램을 녹화할 수 있다. 또한 채널을 선택하면 자동으로 하드드라이브에 현재 방송되는 신호가 디지털로 저장되고 동시에 재생된다. 따라서 개인적인 선택과 취향에 따라 프로그램 시청스케줄을 짤 수 있다.

(3) 액세스 시스템

① ADSL(Asymmetric Digital Subscriber Line) : 기존의 구리선 전화선을 이용하여 고속 데이터 통신을 가능하게 하는 통신수단

② VDSL(Very high bit rate Digital Subscriber Line) : 전화선을 이용한 초고속 디지털 전송기술

③ Fast Ethernet : 100Mbps에서 구동되는 Ethernet의 한 종류

④ DSLAM(Digital Subscriber Line Access Multiplexer) : 디지털 가입자 회선접속 다중화기

(4) 비디오 압축기술(MPEG)

① MPEG-1 : 1991년 ISO(국제표준화기구) 11172로 규격화한 영상압축기술이다. CD-ROM과 같은 디지털 저장매체에 VHS 테이프 수준의 동영상과 음향을 최대 1.5Mbps로 압축·저장할 수 있다.

② MPEG-2 : 1994년 ISO 13818로 규격화한 영상압축기술이다. 디지털 TV, 대화형 TV, DVD 등은 높은 화질과 음질을 필요로 하는 분야로 높은 전송속도 처리가 필요한데 영상 및 음향을 압축하기 위해 MPEG1을 개선한 것이다.

③ MPEG-3 : MPEG2를 완성한 후 후속작업으로 고화질 TV 품질에 해당하는 고선명

도의 화질을 얻기 위해 개발한 기술이다. 그러나 이후에 MPEG2에 흡수·통합되어 규격으로는 존재하지 않는다.

④ MPEG-4 : 멀티미디어 통신을 전제로 만들고 있는 영상압축기술로 1998년 완성되었다. 낮은 전송률로 동화상을 보내고자 개발된 데이터 압축과 복원기술에 대한 새로운 표준을 말한다. 매초 64kbps, 19.2kbps의 저속전송으로 동화상을 구현할 수 있다.

⑤ MPEG-7

MPEG-7에서는 먼저 멀티미디어 콘텐츠에 있어서 고유한 시청각 특성을 표현하는 메타데이터를 표준화하고 있다. 정지영상에 대해서는 모양, 색, 텍스처 등의 특징을 효과적으로 표현하는 기술을 다루며, 동영상에 대해서는 Zoom, Panning, Tracking과 같은 카메라 움직임, 객체가 어떤 경로로 움직이었나를 나타내는 움직임 궤적(Motion Trajectory), 그리고 동영상 내에서 얼마나 활발한 움직임이 있는가를 나타내는 움직임 활동(Motion Activity) 등의 특징을 표현한다.

소리에 대해서는 멜로디, 박자, 음색 등의 사람의 청각인식에 관련된 메타데이터와 더불어 신호의 세기, 주파수, 피치 등 신호수준에서의 메타데이터 기술을 다룬다. 또한, MPEG-7에서는 멀티미디어 콘텐츠에 일반적으로 적용되는 데이터 모델을 MDS라는 이름으로 표준화하고 있다. MDS는 멀티미디어 콘텐츠의 계층적 구조체계, 개념적 구조체계 및 이들의 관계체계, 멀티미디어 콘텐츠의 요약기술, 사용자 선호도 기술, 전송/저장매체 및 매개변수 메타데이터 기술 등이 표준화된다.

⑥ MPEG-21

MPEG-21은 멀티미디어에 관련된 모든 사용자(콘텐츠 제작자, 편집자, 중간상인, 최종사용자)가 멀티미디어를 제작, 편집, 판매, 전송, 사용 등을 통합적으로 할 수 있는 틀의 표준화를 목적으로 하며, 네트워크, 단말기, 디지털 저작권관리, 전자 지불, 데이터 부호화 기술, 메타데이터 기술, 전송기술 등이 요소기술이며, 이를 사용자에게 통합적으로 제공하는 틀을 표준화한다. 즉 MPEG-21의 비전은 여러 단체에서 사용되는 광범위한 네트워크와 장비에서 멀티미디어 자원을 투명하게 그리고 다양하게 사용할 수 있는 멀티미디어 프레임 워크(Multimedia Framework)를 정의하는 것이다.

멀티미디어 콘텐츠 생성, 제작, 전달과 소비를 지원할 수 있는 하부구조를 구축하기 위해서는 우선 콘텐츠를 개별적으로 식별(Identify)할 수 있어야 하고, 기술(Describe), 관리(Manage) 그리고 보호(Protect)할 수 있어야 한다. 콘텐츠의 전송과 전달은 서로 다른 종류의 터미널과 네트워크를 통해 이루어지며, 여기서 발생하는 행위(Event)에 대한 추적 및 보고 기능도 필요하다. 이러한 보고 기능에는 신뢰성 있는 전달, 사용자의 프라이버시를 담고 있는 개인 데이터와 기호(Preference)의 관리 그리고 금융체결 관리 등이 포함된다.

⑦ H.264

가. H.264는 이전 방식에 비해 현저히 큰 압축률을 제공하는 새로운 비디오 압축 표준으로서 MPEG-4 AVC라고 불린다. H.264 표준은 기존의 MPEG-4 ASP보다 두 배 정도 더 많은 압축률과 보다 개선된 인식 품질을 제공할 것으로 기대된다. H.264 표준은 1Mbps 이하의 속도에서 DVD 수준의 고품질 비디오를 제공할 수 있으며, 무선이나 위성 및 ADSL 인터넷 접속을 통해 동작을 완벽하게 재생하는 비디오를 제공할 수 있을 것으로 여겨지고 있다.

나. H.264의 강화된 압축과 인식 품질

- 시간적 중첩성을 최소화해주는 동작 추정
- 공간적 중첩성을 최소화해주는 내부 추정
- 동작 추정 및 내부 추정을 주파수 영역으로 변환하는 기술
- 압축 구조의 단순화
- 자주 출현하는 부호에 적은 수의 비트를 할당하고 가끔 출현하는 부호에는 더 많은 수의 비트를 할당하는 엔트로피 부호화 기술

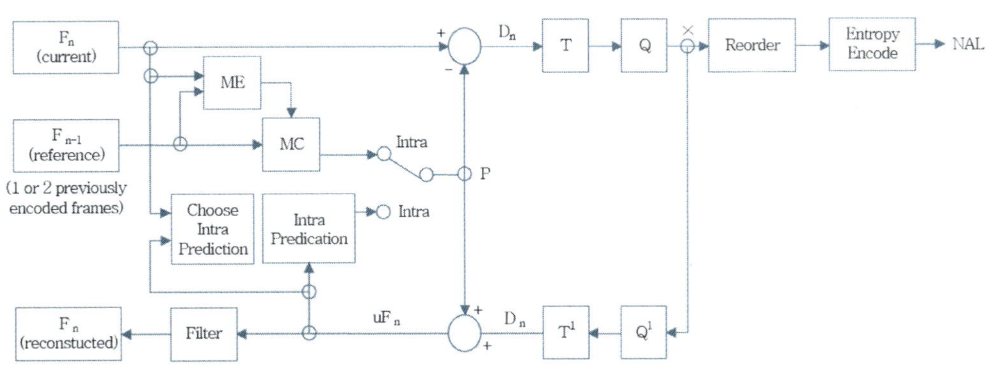

그림 2-5 ‹‹‹ H.264 부호화기 블록도

2003년 7월 완료된 1차 표준화 작업 이전의 H.264 기술은 우리나라에서 학계나 기업, 연구소 그리고 비디오 전문가들에게 알려진 바와 같이 여러 개의 블록 코딩 모드와 다중 참조 픽처 등의 특징을 사용하여 MPEG-2보다 두 배의 압축률, MPEG-4 ASP 보다 40%의 압축률로 동일한 화질을 구현하는 비디오 압축기술이다.

H.264/AVC의 부호화기 구조는 그림 2-5와 같으며 각 모듈의 세부적인 알고리즘을 제외하면 기존 비디오 코덱의 구조와 크게 다를 바 없어 보인다. 그러나 H.264/AVC는 기존 비디오 코덱들에서 채택되지 않은 많은 신기술들과 많은 참조 픽처 혹은 블록들의 사용으로 압축효율을 극적으로 높였는데, 특히 하인리히 헤르쯔 연구소(HHI)의 토마스 위간드(Thomas Wiegand)에 의해 제안된 Rate-Distortion Optimization 방식은 H.264의 성능을 크게 향상시켜 MPEG-2를 대체하는 새로운 기술로 H.264를 대중화시키는 데 기여하게 된다.

H.264 코덱의 기본 개발원칙은 다음과 같다.

① 비디오 코덱의 기본으로 돌아간 기술개발로서 객체 부호화나 스케일러 빌러티 등은 도입하지 않는다.

② 높은 압축률을 표준화의 최대 목표로 한다.

③ 시간지연의 자유도를 높여 여러 서비스에 적용 가능하도록 한다.

④ 네트워크 친화성이 높아야 한다.

⑤ 에러 내성에 강해야 한다.

⑥ 부호화기와 복호화기의 규격을 스케일러블하게 변경할 수 있어야 한다.

⑦ 복호기 간에 복호값이 같아야 한다.

⑧ 고화질 응용 시스템도 고려한다.

⑨ 저장 매체용 파일 기록 포맷을 정의한다.

이러한 원칙하에 이루어진 표준화 작업결과 현재 일반적으로 알려져 있는 H.264/ AVC의 특징들로 구현되었으며, 가능한 한 고압축률과 고화질을 위해 많은 기술들을 표준으로 채택하여 부호화 및 복호화에 있어 높은 복잡도를 지니게 되어 "매머드 코덱"이라는 별칭을 가지게 되었다.

이 때문에 H.264/AVC 코덱의 성능이 널리 알려져 H.264/ AVC 코덱의 실제 구현이 광범위하게 시도되었음에도 ASIC 하드웨어 혹은 대규모 병렬 DSP 방식 외에는 부호화 및 복호화가 모두 어려울 것으로 예상되어 소프트웨어적인 접근보다는 주로 ASIC에 의한 하드웨어 접근과 DSP를 사용한 접근이 주류를 이루었다.

이 과정에서 SD급 테스트 영상뿐 아니라 HD급 영상에 대한 테스트가 이루어지면서 H.264/AVC 코덱의 성능이 유감없이 발휘되자 JVT에서는 HD급 영상에 H.264/AVC 코덱 적용을 위한 표준화 작업에 들어간다.

FRExt로 알려진 HD급을 위한 표준화 작업에서는 주로 Main 프로파일을 확장하여 HD급 영상에 대응하기 위한 High 프로파일의 제정과 H.264 코덱의 약점으로 알려진 색상 공간의 보정 및 확장에 주안점이 주어져 다음과 같은 특징을 가지게 되었다.

① YUV 4 : 2 : 0을 기본으로 하되 4 : 2 : 2 및 4 : 4 : 4 포맷을 지원하며 보다 선명한 색상 복원을 위해 Alpha blending을 지원할 수 있다.
② 1pixel의 기본단위는 8bit나 10, 12bit를 지원한다.
③ Loseless 코딩 및 Stereo 코딩을 지원한다.
④ 기존 4×4 정수 DCT 연산에 부가하여 정수 8×8 DCT 연산을 추가한다.
⑤ Loseless 코딩을 위해 새로운 Intra prediction 모드를 추가한다(I_PCM).
⑥ 새로운 정수 색상공간을 지원한다.(Y, Cg, Co)
⑦ 보다 고품질의 영상복원을 위한 양자화 매트릭스를 선택적으로 입력할 수 있다.

이러한 H.264 FRExt의 특징들은 기존 HD급 영상 장비와의 호환성을 염두에 둔 것으로서 많은 HD급 영상 장비들이 주로 10bit 데이터 처리를 하며 Alpha blending을 수행하는 것에 대응하기 위해서이다.

또한, 무손실 부호화를 위한 I-PCM 방식이 FRExt의 주요 특징으로 채택되어 부호화기는 어떤 기준에 부합하다고 판단될 경우 참조 픽처의 대블록을 그대로 복사하여 복원할 수 있는 모드가 추가되어 극단적인 고화질 영상, 예를 들어 디지털 시네마와 같은 매우 높은 비트 레이트를 필요로 하는 멀티미디어 서비스에 응용될 수 있게 되었다.

한편 H.264 코덱의 약점으로 알려져 있던 색상 부호화 부분에 있어 새로운 색상 공간을 도입하고 4 : 2 : 2, 4 : 4 : 4 부호화 및 복호화가 가능하도록 하여 색상 부호화의 효율을 높이는 동시에 HD급 영상 장비와의 호환성을 높이도록 하였다.

마지막으로 새로운 정수 8 × 8 DCT 연산이 도입되었는데, 이는 기존의 4×4 DCT 연산이 개발자들의 생각 이상으로 많은 연산 부하를 필요로 하고 하드웨어의 발전에 따라 정수 연산을 도입하였다고 해서 특별히 연산속도가 빨라지지 않으며 기존 부동소수점 8×8 DCT에 익숙한 코덱 개발자들에게 보다 친숙한 DCT 연산을 도입한다는 취지에서 정수형 8×8 DCT가 도입되었다.

03 IPTV 정의와 특징

IPTV는 IP 기반의 통신망을 통하여 전달되는 다양한 콘텐츠를 기존의 TV 기술을 이용하여 제공받을 수 있는 서비스 또는 기술을 의미한다.

기존의 TV에 MPEG-2 및 MPEG-4 기술로 압축된 디지털 정보를 전송하며, 전용모델과 셋톱박스를 연결하면 인터넷 검색, 영화감상, 홈뱅킹 및 예약 서비스 등 다양한 부가 서비스가 가능한 TPS(Triple Play Service)를 실현시킬 수 있는 킬러 애플리케이션으로 여겨지고 있다.

- 인터넷 프로토콜 텔레비전(IPTV : Internet Protocol Television)의 약자
- 초고속 인터넷을 이용하여 정보 서비스, 동영상 콘텐츠 및 방송 등을 텔레비전 수상기로 제공하는 서비스
- 인터넷과 텔레비전의 융합이라는 점에서 디지털 컨버전스의 한 유형

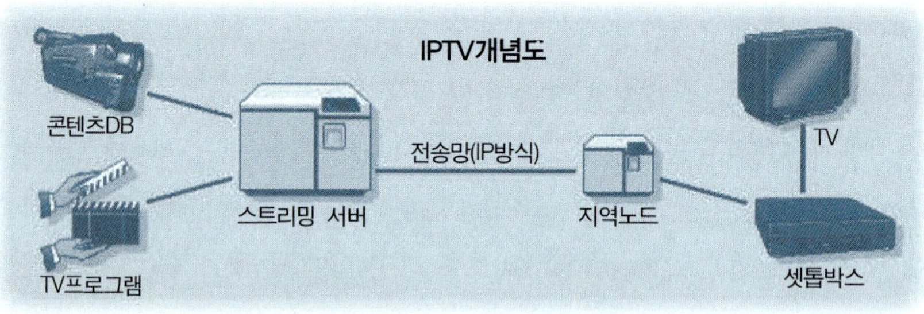

그림 2-6 ‹‹‹ IPTV 방송 서비스 개념도

국내에서도 KT나 하나로텔레콤 등 통신사업자들을 중심으로 서비스가 가시화되고 있으나, 기존의 아날로그 TV와 전용모뎀을 연결하여 통신망을 이용해 방송 서비스를 제공하는 형태로서, 방송 서비스를 수용하기에는 충분한 단말 환경이다.

기존의 PC를 사용하여 받을 수 있었던 서비스를 모두 수용하기에는 환경적으로 다소 부족한 면을 가지고 시작하고 있다. 하지만 IPTV의 전략적 중요성이나 풍부한 활용 가능성에 대해 통신업계가 발 빠르게 움직이는 것과 달리, 방송사와 시청자들의 IPTV와 그에 대한 서비스에 대한 인식은 그리 높은 편이 아니다.

1. IPTV의 등장배경

IPTV의 등장배경은 기술적, 경제적, 전략적 관점의 공급측 요인과 쌍방향성, 편리성 관점의 수요측 요인으로 나누어 볼 수 있다.

1) 공급측 요인

첫째, 초고속 인터넷 기술의 발전으로 인한 데이터 전송속도 증가가 IPTV의 가장 큰 성장 동력이 되고 있다. 등장 초기만 해도 약 1Mbps에 머물던 초고속 인터넷 속도가 최근에는 VDSL(Very high bit-rate Digital Subscriber Line), 아파트 랜과 같은 다양한 기술 방식에 의해 최대 100Mbps에 이르고 있다.

이에 따라 동영상 콘텐츠를 스트리밍 형태로 제공하는 것이 점차 일반화되고 있다. HD급 방송이나 VoD(Video on Demand)를 재생하기 위해 약 20Mbps의 대역폭이 필요한 것을 감안하면 현재의 VDSL이나 랜 방식의 초고속 인터넷도 일반방송뿐만 아니라 HD급 방송도 충분히 제공할 수 있을 정도이다.

향후 BcN(Broadband convergence Network)이 완성되고 100Mbps 이상의 속도를 내는 FTTH(Fiber to the Home)가 보편화되면 초고속 인터넷을 통한 동영상 서비스는 더욱 활성화될 것으로 전망된다.

둘째, 통신사업자들이 기존의 인프라를 최대한 활용하여 범위의 경제효과를 누리기 위해 IPTV 제공에 적극적이라는 점이다.

국내 초고속 인터넷 가입자는 최근 기준으로 약 2000만 가구 이상 넘어서며 약 90% 이상의 보급률을 보이고 있다. 사업자들은 안정된 가입자 기반 위에 이미 투자된 초고속 인터넷을 통해 동영상, 방송 등의 부가 서비스를 제공함으로써 매출을 확대하는 동시에 설비 활용도를 제고시키는 일석이조의 효과를 얻을 수 있게 된다.

셋째, 통신사업자는 방송시장에 진입함으로써 방송사업자를 압박하는 무기로 IPTV를 활용하려고 한다. 초고속 인터넷은 통신사업자뿐만 아니라 케이블 방송사업자에게도 새로운 사업영역을 개척해 주었다.

그런데 케이블 방송사업자들은 VoIP(Vocie over IP)를 이용하여 통신사업자들의 고유영역으로 인식되던 음성통신 시장에 진출하는 상황에 이르렀다. 이러한 방송사업자들의 전략에 맞서 통신사업자들은 역으로 방송사업자를 공격하는 전략을 취하고 있다.

또한 IPTV는 초고속 인터넷 시장의 성숙기 진입 및 경쟁 심화에 따라 가입자 이탈을 방지하는 효과도 낳을 것으로 예상된다.

2) 수요측 요인

첫째, 사용자들이 원하는 콘텐츠만 선택해서 보는 쌍방향 서비스에 익숙하다는 점이 IPTV의 출현을 앞당기고 있다.

인터넷의 등장과 함께 소비자들은 원하는 정보와 콘텐츠를 적극적으로 찾아보고 있으며 게임과 같은 쌍방향 서비스에 몰입하고 있다. 방송의 경우에도 소비자는 모든 사람에게 동일하게 제공되는 콘텐츠에 만족하지 않고, 원하는 방송을 원하는 시간에 골라서 보는 것을 원한다.

둘째, 소비자들이 융합형 서비스의 편리성을 요구하고 있다는 점도 IPTV의 등장을 촉진하고 있다. 지금까지 소비자들은 전화, 초고속 인터넷, 방송을 다른 사업자들로부터 다른 기술을 통해 제공받고 각기 다른 요금통지서를 받아왔다.

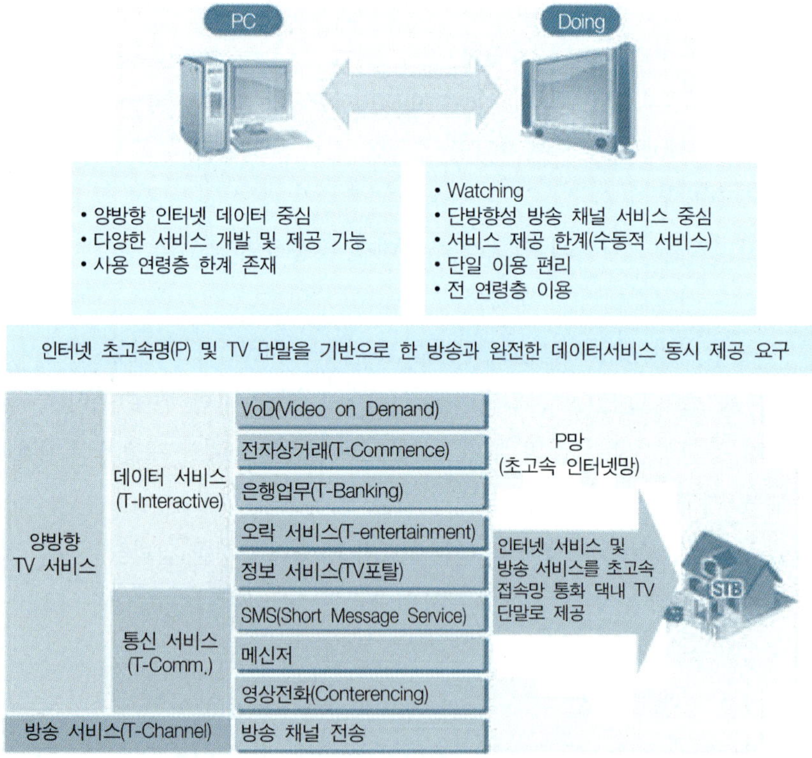

그림 2-7 ‹‹‹ IPTV 특징

하지만, 초고속 인터넷이 가정에 필수적인 인프라가 되면서 전화(VoIP)까지 한꺼번에 제공받을 수 있게 되었다. 여기에 방송까지 구현되는 IPTV가 제공되면 통합 빌링, 가격 할인, 원스톱 A/S까지 제공받을 수가 있어 소비자들의 편리성은 한층 더 제고될 것이다.

2. IPTV의 특성

(1) 쌍방향 서비스 가능

쌍방향(Interactive) 서비스가 가능해 소비자가 원하는 대로 비디오 서비스(VoD)뿐만 아니라 T-Commerce 구현이 용이하다.

(2) 개인화 서비스 가능

Point-to-Point 전달방식으로 개인화된 채널을 볼 수 있으며, 개인화된 TV포털이 등장한다.

(3) 번들 서비스가 용이

초고속 인터넷, VoIP와의 결합을 통해 번들 서비스가 용이해 TPSwprhd이 가능하다. 또한 번들 서비스를 통해 강력한 소비자 Lock-in 효과를 제공할 수 있다.

(4) 기타 특징점

- IPTV를 이용하기 위해서는 텔레비전 수상기와 셋톱박스, 인터넷 회선만 연결되어 있으면 가능하다.
- 리모컨을 이용하여 간단하게 인터넷 검색은 물론 영화 감상, 홈쇼핑, 홈뱅킹, 온라인 게임, MP3 등 인터넷이 제공하는 다양한 콘텐츠 및 부가 서비스를 제공받는다.
- 비디오를 비롯한 방송 콘텐츠를 제공한다는 점에서 일반 케이블 방송이나 위성방송과 별다른 차이점은 없지만 양방향성이 추가된다는 점이 특징이다.

(5) IPTV의 장점

- 기존의 유료방송(위성방송 및 케이블 TV)에서 볼 수 없는 장점이 많다.
- 시청자가 자신이 편한 시간에 자신이 보고싶은 프로그램만 볼 수 있다(TV방송의 주도권이 방송사나 중계업자에서 시청자로 넘어간다).

- 실시간으로 제공되는 프로그램에 대해서 중간에 자신의 의견을 전달할 수 있다.
- 리모컨 조작이라는 간편한 방법으로 다양한 서비스를 제공받을 수 있다.
- 인터넷과 TV가 결합하여 편리한 기능을 제공한다.

(6) IPTV의 단점 : IPTV 확산의 걸림돌

① 안정된 품질에 대한 의문

끊기지 않는 동영상 서비스가 핵심이 될 IPTV의 경우 초기에 품질이 보장되지 않는다면 소비자를 끌어들이기가 쉽지 않을 것으로 보인다.

② 쉽지 않은 콘텐츠 차별화

장기적으로 IPTV가 실시간 방송을 제공한다해도 케이블 방송이나 위성방송조차도 일부 채널을 제외하고는 지상파 및 주요 영화 채널 등 중복으로 거의 차별성이 없다.

③ 낮은 방송 ARPU(Average Revenue Per User, 가입자당 월평균 매출)

국내 방송시장의 ARPU가 낮고 기존 방송가입자의 전환비용이 높아 IPTV 투자비 회수가 쉽지 않을 것으로 예상된다.

④ 높은 시청자 전환비용

IPTV 서비스를 위해서는 셋톱박스가 필수적이라는 점도 시청자 전환비용을 높이는 요인이다.

⑤ 불확실한 신사업

방송 및 VoD와 같은 영상 서비스에만 머무르고 있으며 이렇다 할 신규 서비스에 대한 확실한 사업 모델을 제공하지 못하고 있다.

(6) 단점의 해결방안

- 품질이 보장되는 서비스를 위해서는 관련 사업자 간 협업이 필요하다.
- 방송 콘텐츠만으로는 차별화가 쉽지 않아 쌍방향 콘텐츠의 개발이 수반되어야 한다.
- 낮은 ARPU를 개선하기 위해서는 상품 구성력을 강화하는 것이 필요하다.

04 IPTV 기술

IPTV(Internet Protocol Television) 기술은 크게 헤드엔드, 네트워크, 단말기술로 나눌 수 있다.

헤드엔드 기술은 시스템 관련 기술로 방송 콘텐츠를 수신하고 분배하는 베이스밴드, 수신된 영상신호를 망의 효율에 맞게 압축하고, 데이터 신호와 다중화한 후 암호화(스크램블링) 및 IP 패킷화하여 전송하는 압축다중화 시스템, 실시간 채널에 대한 암호화 및 VoD 콘텐츠의 사전 암호화를 수행하여 시청 권한을 제어하고 콘텐츠를 보호하는 수신제한 시스템, 각 시스템들과 유기적인 결합을 통해 정보흐름을 통합 관리하는 미디어 종합관리 시스템, 영상신호의 송출 및 각종 양방향 부가 서비스 구현을 위한 데이터 방송 시스템, VoD 서비스를 위한 VoD 시스템, 정산 및 고객관리를 위한 프로비저닝(Provisioning) 시스템 기술 등으로 세분화된다.

그리고 네트워크 기술에는 헤드엔드와 셋톱박스 간의 신뢰성 있는 콘텐츠 전달을 위해 필요한 멀티캐스팅, QoS 기술 등이 있다. 단말기술에는 가입자에게 고화질을 제공하기 위한 영상 코덱 기술과 양방향 데이터 서비스 제공을 위한 미들웨어 기술이 필요하다.

IPTV를 위한 네트워크 기술은 NGN(Next Generation Network) 구축의 영향으로 ADSL에서 VDSL에 걸친 xDSL과 FTTx에서 각각 진화하여 발전되고 있다. 광대역폭 확보를 위해 향후 FTTH(Fiber To The Home)와 같은 광통신 기반 가입자망으로 발전될 전망이지만, H.264 및 VC1 등의 고압축 코덱 기술발전으로 xDSL의 기술활용도 두드러질 전망이다.

특히, ADSL2+ 기술은 2003년 1월 G.992.5로 ITU-T에서 승인된 표준으로서 하향 20Mbps, 상향 1Mbps의 대역폭을 지니며, 잡음누화를 감소시켜 현재 Triple/Quad Play 서비스 제공이 가능하다. 또한, VDSL2 long 및 short는 G.993.2로 2005년 ITU-T에 비준되어 향후 멀티채널 및 HDTV 서비스를 이끌 기술이 될 전망이다.

기존 IP 또는 케이블망에서 제한된 대역폭에 대한 부담을 감소시키고 IPTV의 서비스 품질을 크게 향상시킨 동영상 압축기술은 현재 VC1과 MPEG4-Part10(H.264/AVC)이 대표적이다.

VC1은 마이크로소프트의 독자적 방식으로 SMPTE(Society of Motion Picture and Television Engineers)를 통해 표준 제정이 진행중인 반면, H.264/AVC는 ITU-T와

ISO/IEC JTC1의 두 표준화 기구가 공동으로 JVT(Joint Video Team)를 결성하여 2003년에 표준화되었다. VC1은 마이크로소프트의 Windows Media 9를 방송용으로 변경한 것으로 MS-TV2 및 MS-DRM과 호환성이 우수하고 홈네트워킹에 장점을 활용할 수 있으나 로열티와 비표준에 따른 투명성 논란이 있다.

반면 H.264/AVC는 객체기반 고품질 고압축 미디어 포맷의 오픈소스로 기존 MPEG2 방송 시스템과의 호환성이 우수하다. H.264의 전송표준과 압축률은 VC1과 유사한 정도로 MPEG2-TS, SD 1～2Mbps, HD 5～7Mbps를 나타내며, 국제표준으로 국가 및 기업 등에서 호평을 받고 있다.

양방향 데이터 방송기술은 독립형, 대화형 및 A/V 프로그램 연동형의 다양한 부가 서비스를 제공하기 위해 필요한 미들웨어 기술이다. 이 기술은 크게 저작/검증기술, 송출기술, 응답기술로 나누어지며, 저작/검증기술은 응용 애플리케이션을 제작하고 생성하는 것이며, 송출기술은 중앙관리 시스템과 연동하여 정해진 스케줄에 따라 PSI/SI(Program Specific Information/Service Information) 정보 및 데이터 인코딩된 콘텐츠/애플리케이션을 송출하는 기술이다. 그리고 응답기술은 사용자 응답수신과 처리 및 해당 결과를 사용자 단말기에 제공하는 기술이다. 초기의 양방향 데이터 방송 미들웨어 기술은 Open TV, Canal+ Technology, Liberate 등 비교우위에 있던 특정회사 중심이었으나, 보다 많은 기업의 시장진출이 자유로워지고 데이터 방송 콘텐츠의 공유가 활성화되면서 오픈소스 기반의 국제표준으로 발전하였다.

대표적인 개방형 표준으로는 ETSI(유럽전기통신표준협회)의 승인을 통해 유럽의 지상파, 케이블, 위성용 데이터 방송 미들웨어 표준으로 활성화된 DVB-MHP, 미국 ANSI와 Cablelabs/SCTE(Society of Cable Telecommunications Engineers)에서 추진되어 케이블용 데이터 방송 표준이 된 OCAP(Open Cable Application Platform), 미국 ATSC(Advanced Television Systems Committee)를 통해 추진되어 현재 지상파/케이블용 데이터 방송 미들웨어 표준이 된 ACAP(Advanced Common Application Platform) 등이 있다.

이외에 일반 사용자 장치 주요 모듈에서의 관련 기술은 IP망으로 전달되는 IPTV 서비스를 수신하는 통신 프로토콜 스택 기술, 네트워크에서 발생할 수 있는 패킷 손실과 지연을 완충해주는 스트리밍 기술, 콘텐츠 지적재산권을 보호하기 위한 접근제어 및 복호화 기술, IPTV 서비스를 일관성 있게 표현하고 이를 검색하고 선택할 수 있게 하는 콘텐츠 브라우징 기술, 사용자에게 멀티미디어 비디오 음성을 표현해 주는 AV 기술들이 있다.

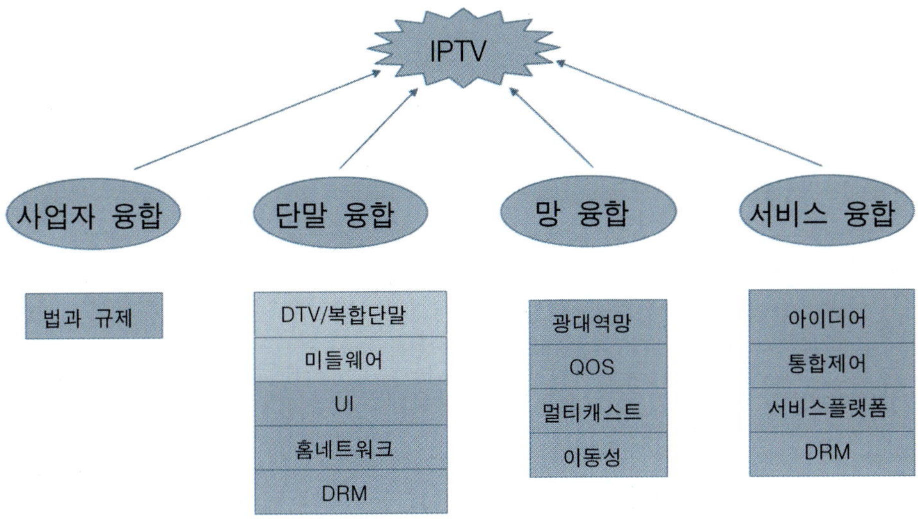

그림 2-8 ‹‹‹ IPTV의 기술요소들

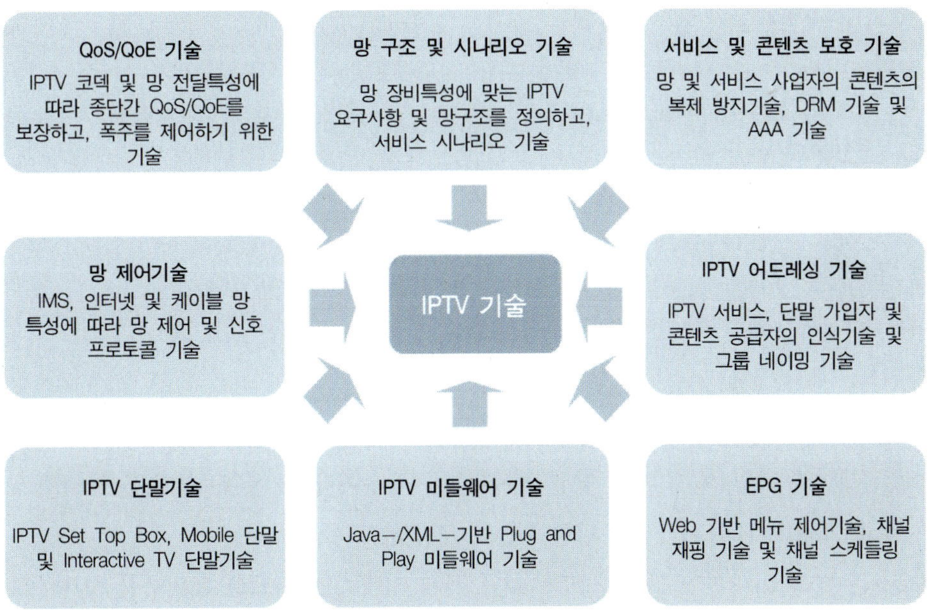

그림 2-9 ‹‹‹ IPTV의 연관기술 관계도

표 2-2 ‹‹‹ IPTV의 연관기술 분석표

연관기술	내 용	표준화기구/단체		표준화수준		기술개발수준	
		국내	국외	국내	국외	국내	국외
망구조 및 시나리오 기술	망 장비특성에 맞는 IPTV 요구사항 및 망구조를 정의하고, 서비스 시나리오 기술	TTA	IPTV FG	표준안 개발/검토	표준안 개발/검토	시제품/프로토타입	시제품/프로토타입
IPTV QoS 기술	IPTV 코덱 및 망 전달특성에 따라 종단 간 QoS/QoE를 보장하고, 폭주를 제어하기 위한 기술	TTA	IPTV FG	항목승인	표준안 개발/검토	시제품/프로토타입	시제품/프로토타입
서비스 및 콘텐츠 보호기술	망 및 서비스 사업자의 콘텐츠의 복제방지 기술, DRM 기술 및 AAA 기술	TTA	IPTV FG	표준안 개발/검토	표준안 개발/검토	시제품/프로토타입	상용화
망 제어 기술	IMS, 인터넷 및 케이블망 특성에 따라 망 제어 및 신호 프로토콜 기술	TTA	IPTV FG	표준안 개발/검토	표준안 개발/검토	시제품/프로토타입	시제품/프로토타입
IPTV 단말기술	IPTV Set Top Box, mobile 단말 및 Interactive TV 단말기술	TTA	IPTV FG	항목승인	표준안 개발/검토	시작품	시제품/프로토타입
IPTV 미들웨어 기술	Java/XML-기반 Plug and Play 미들웨어 기술	TTA	IPTV FG	항목승인	표준안 개발/검토	시제품/프로토타입	시제품/프로토타입

1. 플랫폼 기술

1) 영상압축기술

IPTV는 인터넷망을 통하여 멀티미디어 콘텐츠 서비스를 제공하기 때문에 최소의 대역폭으로 콘텐츠를 전송하기 위한 영상압축기술이 필수이다. 영상압축기술은 MPEG2에서 MPEG4로 그리고 H.264 및 WMT9 등으로 진화하여 왔다.

표 2-3은 영상 미디어 포맷별로 SD/HD급 채널 서비스에 필요한 대역폭을 보여주고 있다. 지상파, 케이블 등과 같이 기존 디지털 방송에서는 MPEG-2를 사용하는데 콘텐츠가 HD급 경우 19M, SD급인 경우 4~6M의 대역폭이 필요하다. 현재 HD급 영상 서비스를 제공하기 위한 고압축기술로 H.264와 WMT9가 대두되고 있으며, 국내 위성 DMB 사업 및 일본 6대 방송사에서도 H.264를 미디어 포맷으로 채택하여 사용하고 있다.

기존 IP 또는 케이블망에서 제한된 대역폭에 대한 부담을 감소시키고 IPTV의 서비스 품질을 크게 향상시킨 동영상 압축기술은 현재 VC1과 MPEG4-Part10(H.264/AVC)이 대표적이다. VC1은 마이크로소프트의 독자적인 방식으로 SMPTE(Society of Motion Picture and Television Engineers)를 통해 표준 제정 진행중인 반면 H.264/AVC는 ITU-T와 ISO/IEC JTC1의 두 표준화 기구가 공동으로 JVT(Joint Video Team)를 결성하여 2003년에 표준화되었다.

표 2-3 영상 미디어 포맷 기술 비교

구 분	MPEG2	MPEG4	WMT	H.264(MPEG4 Part10)
개요	디지털 방송 표준 규격	Object 기반의 Media 전송 규격	MS의 PC 기반의 고압축기술(비표준)	고압축 및 Object 기반 기술 규격
표준화	ISO 표준 규격	ISO 표준 규격	비표준(MS 독자기술)	ISO 표준 규격
제품 가용성	End to End Solution 가능	End to End Solution 가능	Microsoft에서 제공	제품출시중
압축률	SD급 : 4~6M HD급 : 19.3M	SD급 : 3~4M HD급 : 10M	SD급 : 2~4M HD급 : 7M	SD급 : 2~3M HD급 : 6M
실시간 인코더/디코더	H/W	H/W	H/W	H/W
안정성	서버, 단말, 미들웨어 모두 상용화	상용화 초보 단계	상용제품은 존재하나 범용성 부족	압축효율은 검증되었으나 각종 장비의 상용화 초보단계
기타	현재 방송사업자 적용		• MS 기술로서 비공개 기술 • 현재는 무료지만 추후 유료화 예상	• 가장 높은 압축률로 네트워크 서버 비용이 가장 저렴 • 업체들의 경쟁을 통한 저렴한 솔루션 확보 가능 • 국제표준 코덱으로 검증된 기술

이 표준에 대한 정식 표준 식별번호는 ISO/IEC 14496-10이다. VC1은 MS의 Windows Media 9를 방송용으로 변경한 것으로 MS-TV2 및 MS-DRM과 호환성이 우수하고 홈네트워킹에 장점을 활용할 수 있으나 로열티와 비표준에 따른 투명성 논란이 있다. 반면 H.264/AVC는 객체기반 고품질 고압축 미디어 포맷의 오픈소스로 기존 MPEG2 방송 시스템과의 호환성이 우수하다. H.264의 전송표준과 압축률은 VC1과 유사한 정도로 MPEG2-TS, SD 1~2M, HD 5~7Mbps를 나타내며, 국제표준으로 국가 및 기업 등에서 호평을 받고 있다. H.264는 저대역폭 통신망(xDSL)을 통한 네트워크 환경에 적합한 콘텐

츠 전송의 사실상 표준으로 전망되며, VC1은 DVD Player/Recoder와 케이블망을 통한 HD 비디오 전송표준으로 전망된다.

현재 시스템의 차이는 있으나 H.264/AVC는 국내외 위성 및 지상파 DMB와 IPTV 사이트에서 사용중이다.

그림 2-10은 H.264에서 흔히 사용되는 3가지 프로파일인 베이스라인 프로파일, 메인 프로파일, 확장 프로파일의 관계를 나타낸 것이다.

베이스라인 프로파일은 에러 내성기술과 낮은 지연기술을 갖추고 있어 DMB와 같은 실시간 및 양방향 무선 모바일 통신 시스템에 많이 활용된다.

메인 프로파일은 비록 지연이 생기고 복잡도가 높지만 가변길이 부호화(CAVLC : Context-based Adaptive Variable Length Code)와 산술부호화(CABAC : Context-based Adaptive Binary Arithmetic) 기술을 사용하여 압축효율을 높였기 때문에, 초고속 광대역망과 안정적인 플랫폼을 활용한 IPTV에 많이 적용된다. 또한, 프레임 / 필드 매크로블록과 B슬라이스와 가중치 예측을 통해 SDTV(레벨3)와 HDTV(레벨4)와 같은 높은 레벨에서도 좋은 성능을 보인다.

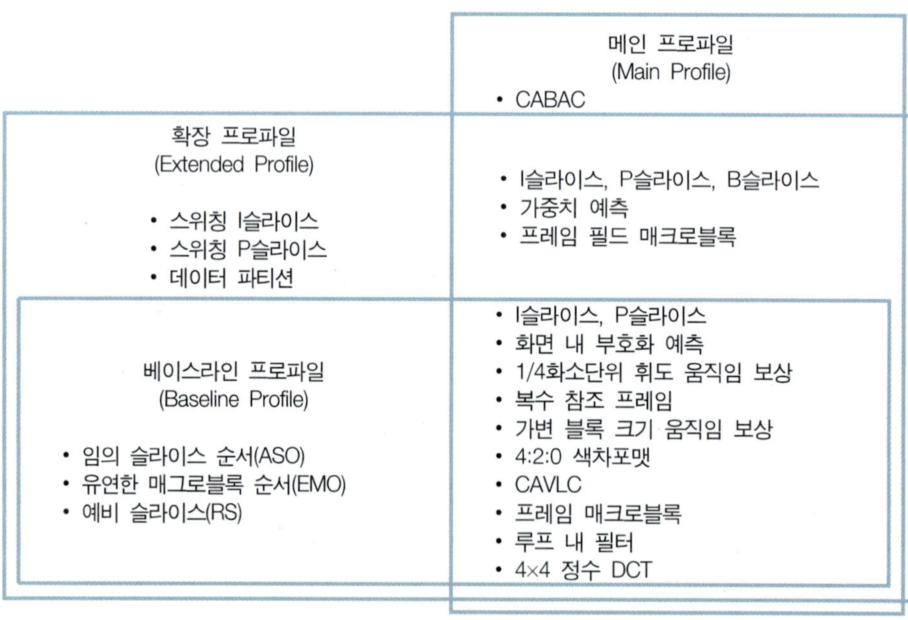

그림 2-10 ‹‹‹ H.264 프로파일 간의 관계

H.264/AVC는 기존 압축부호화 기술 대비 압축률을 개선하기 위해 단순 8×8의 MPEG4 매크로블록 예측방법을 좀 더 세밀히 표현하였다. 즉 복잡한 영상은 4×4 예측으로 처리하고 평탄한 영상은 16×16의 큰 단위 매크로블록 예측부호화로 처리한다. 또한, 복수참조 픽처를 통해 최적의 블록을 선택하며, 양방향 예측 픽처인 B픽처를 통해 높은 효율의 예측부호화를 실현한다.

그리고 참조 픽처에 적응적으로 가중치를 두어 신호를 예측하는 가중치 예측을 통해 페이드인/아웃의 문제를 해결하였다. 그 외에도 H.264는 영상의 부호화시에 생기는 블록 왜곡을 감소시키기 위해 디블록킹 필터를 사용하였으며, 지수 골룸 부호화 방법 외에 CAVLC, CAVAC의 엔트로피 부호화 기법을 사용하였다. 그리하여 H.264는 프레임 부호화, 필드 부호화, 픽처 레벨 필드 및 프레임 적응 부호화, 매크로블록 레벨 필드/프레임 적응 부호화 등을 통해 격행 주사방식의 신호를 취급함으로써 영상회의, 방송전송, 저장 미디어 등에 활용된다.

2) EPG 기술

IPTV를 위한 방송 프로그램 가이드 기술로는 멀티캐스트 세션 공지기술인 SAP (Session Announcement Protocol)를 이용하는 방식과 웹기반 방식이 있다. 현재는 방송 프로그램 가이드에 대한 표준이 없어 업체마다 독자적으로 개발하여 사용하는 상황이다.

국내 EPG(Electronic Program Guide) 기술은 3가지의 사용자 인터페이스(모자이크, 그리드, 미니)와 통합 사용자 인터페이스(홈바), 셋톱박스 미들웨어와의 연동 기능 등 5가지가 있다. NDS와 알티캐스트는 Gemstar 방식의 Grid EPG를 공급하고 있고, Lysis와 Nagravision은 다소 다른 방식의 Grid EPG를 공급하고 있다.

EPG 관련 정보를 전달하기 위한 방법으로 DVB는 위성과 지상파를 위해 DVB-SI 전송방식과 데이터 구조를 제안하고 있으며, OpenCable은 OOB나 DSG 등의 방송 채널과는 별도의 대역폭을 전송하는 방식을 채택하고 있으나, 표준이 마련되어 있지 않아 업체마다 서로 다른 방식을 사용하고 있다. EPG 기술과 관련하여 2002년 루퍼트 머독의 News Corp.에 인수 합병된 Gemstar 인터내셔널은 전 세계에 약 200여개의 합자 혹은 자회사를 통해 대략 3,000여개의 EPG 특허를 소유하고 있다.

모자이크 EPG는 비방디 유니버설의 자회사였던 까날풀루 테크놀로지(Canal+Technology)가 원천기술을 가지고 있으며, 이 회사 역시 News Corp.의 자회사인 NDS에 인수 합병된 상태로 대부분의 EPG 핵심원천 특허는 News Corp.이 소유하고 있는 실정이다.

3) 콘텐츠 보안기술

IPTV 서비스는 양방향 및 멀티미디어 서비스가 용이한 신규 방송매체로 기존 방송 매체와 보완 및 경쟁관계이다. 현재 IPTV 콘텐츠 보안에 대한 표준이나 모델이 정의되어 있지 않으나, 최근 ITU-T IPTV FG에서 CAS와 DRM이 그리고 둘을 접목한 하이브리드 형태의 콘텐츠 보안 모델이 논의되고 있다. IPTV 콘텐츠 보안으로 다음의 기술들이 고려되고 있다.

- 사용자 인증 사용자 식별 및 권한 부여
- 디바이스 인증 사용자 인증과 병행하여 디바이스 식별 및 권한 부여
- 스트림 접근제어 특정 프로그램 EH는 채널 스트림에 대한 접근제어, 특정 VoD 콘텐츠 스트림에 대한 접근제어, PPV/Blackout/Parental Rating 제어
- 스트림 복사 제어 모든 콘텐츠 스트림에 대한 불법복제 방지(스트림 통로의 보호, 불법저장 방지, 저장된 콘텐츠 보호), HDD 저장 콘텐츠의 이용제어(유효기간 및 플레이 횟수 제어, Watch & Record/Time Shifting Recording/PVR)

대표적인 콘텐츠 보안기술로는 CAS(Conditional Access System)와 DRM(Digital Right Management)이 있다. CAS는 유료 TV 시스템에서 자격을 가진 가입자만이 해당 채널을 시청할 수 있도록 하는 콘텐츠 보안기술이다. 그림 2-11은 일반적인 접근제어 시스템의 구성도이다.

자격없는 수신자의 접근을 막기 위해 헤드엔드에서는 스크램블링한 콘텐츠를 전송하고, 수신기에서 스크램블된 콘텐츠는 셋톱박스의 접근제어 모듈에서 디스크램블링 과정을 통해 복구된다. 대부분의 접근제어 시스템에서는 스크램블링키와 디스크램블링키로 동일한 키를 사용하는데, 이를 제어단어(CW : Control Word)라고 한다.

수신기에서 디스크램블링을 위해 서버의 스크램블러가 사용한 제어단어를 전송하는데, 보안을 위해 인증키(AK : Authorization Key)를 이용하여 제어단어를 암호화한 뒤에 자격제어 메시지(ECM : Entitlement Control Message)를 통해 전송한다.

인증키는 다시 가입자 비밀 키(MPK : Master Private Key)를 사용해서 암호화한 뒤에 자격관리 메시지(EMM : Entitlement Management Message)를 통해 전송한다. 고객정보를 관리하는 가입자 관리 시스템(SMS : Subscriber Management System)에서 접근제어 관련 정보만을 가지고 가입자의 가입 및 탈퇴에 따라 자격관리 메시지와 자격제어 메시

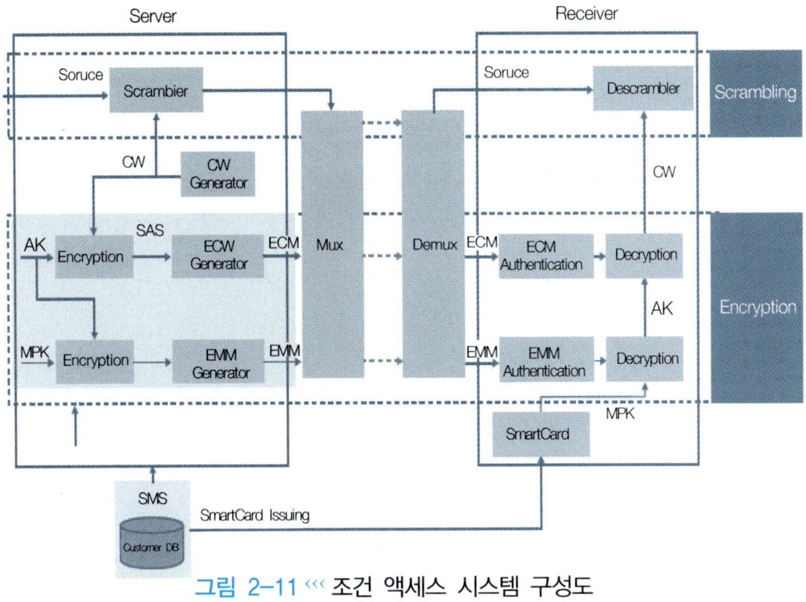

그림 2-11 ‹‹‹ 조건 액세스 시스템 구성도

지를 생성하여 신규 가입자가 가입한 방송 채널을 수신하거나 탈퇴한 가입자가 더 이상 방송을 수신하지 못하도록 하는 기능을 가입자 인증 시스템(SAS : Subscriber Authorization System)에서 제공한다.

가입자 비밀키는 스마트카드 안에 내장되어 가입자 관리 시스템을 통해 가입자에게 배포된다. 수신기에서 자격제어 메시지와 자격관리 메시지를 받으면 메시지 확인과정을 거친 뒤에 서버에서 수행한 역순으로 복호화 과정을 수행한다.

먼저 스마트카드 안에 내장된 가입자 비밀키를 가지고 인증키를 복호화한다. 그런 다음 복호화된 인증키를 가지고 제어단어를 복호화하여 디스크램블링에 사용한다. 여기서 제어단어와 가입자 비밀키 사이에는 필요에 따라서 하나 이상의 키를 둘 수 있는데, 이는 시스템 효율 및 접근제어 시스템이 지원하는 비즈니스 모델에 따라 서로 다르게 구성될 수 있다.

이와 같이 접근제어 시스템은 크게 동영상 및 데이터 콘텐츠에 대한 스크램블링 과정과 제어단어 및 구성 키들의 암호화 및 복호화 과정으로 구성된다. 대개 가입자 댁내의 셋톱박스에 수신 접근제어 모듈이 임베디드 시스템으로 탑재되어 방송 서비스의 수신을 제어한다.

DRM(Digital Right Management)은 인터넷상에서 콘텐츠의 불법복제 방지를 목적으로 개발된 기술로 다음과 같은 기능을 제공한다.

- 콘텐츠 무단 배포방지 암호화된 콘텐츠를 배포함으로 저작권자가 디지털 콘텐츠를 안전하게 배포하고 판매할 수 있게 한다.
- 콘텐츠 사용제한 사용자에게 콘텐츠에 대한 소유권이 아닌 사용권만을 제공하며 사용자가 콘텐츠에 대해 행할 수 있는 작업의 종류 및 조건을 제한하게 하므로 디지털 콘텐츠의 저작권을 관리하고 제어한다.
- 복호화된 콘텐츠 사용자는 뷰어를 이용하여 콘텐츠를 재생하게 한다.

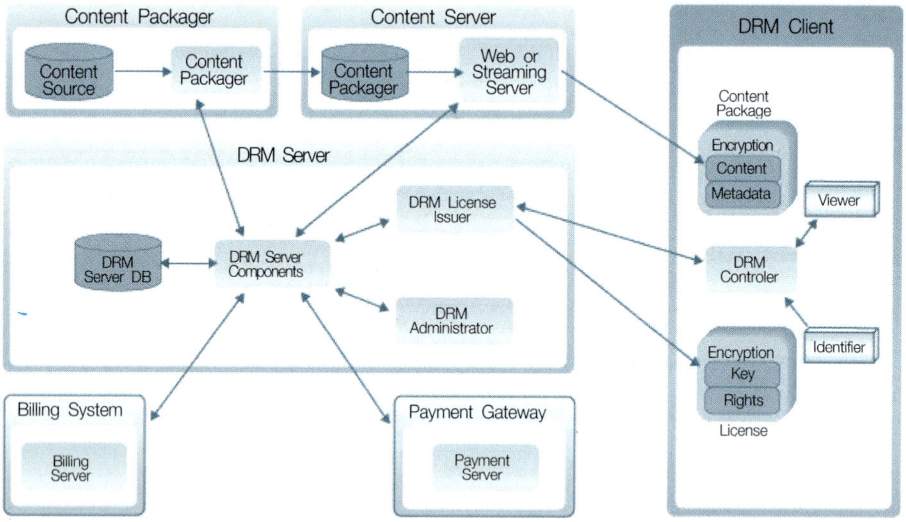

그림 2-12 ‹‹‹ DRM 시스템의 구조

DRM 기술은 인터넷상에서 유통되는 Video, Audio, eBook, 교육용 콘텐츠 등과 같은 멀티미디어 콘텐츠와 콘텐츠 다운로딩, VoD, 실시간 스트리밍 서비스에 적용이 가능하나 다양한 표준 규격이 혼재하고 있으며 DRM 프로토콜에 대한 표준제정이 어려운 상태이다.

표 2-4는 CAS와 DRM 기술에 대한 비교표이다. 일반적으로 CAS는 방송 프로그램에 대한 사용자 접근제어 기능을 제공하고 DRM은 콘텐츠 데이터의 불법유출을 방지하는 기술이다.

표 2-4 CAS와 DRM 기술 비교

구 분	CAS	DRM
사용 목적	암호화/복호화/스크램블링/디스크램블링	암호화/복호화
제공 기능	• 보안기법을 적용한 메시지 보호 • 가입자 시청자격 관리(시청권한 부여/갱신/삭제) • 망을 통해 과금자료 및 시청성향 정보수집 가능 • 방송사업자가 원하는 서비스 패키지 구성 가능 • Flexible한 시청권한 제한(Blackout & Spot) • 녹화방지 및 수신기 원격제어 기능	• 보안기법을 적용한 메시지 보호 • 시스템 자체적으로 제공 가능한 부가 기능 미약
암호화 방식	• 업데이트 주기에 다른 라이센스 키 제공 • 다양한 라이센스 키 적용 가능 • 스마트카드 적용으로 다단계 암호화 구조 채택	1개의 라이센스 키로 Encryption/Decryption
소요 비용	중/고가	중/저가
장점	• 허가된 시청자에게만 수신 권한 부여 • 구체적이고 세부적인 기술규격 마련 • H/W 및 S/W 방식의 이중 암호화 적용으로 보안성 강화 • 풍부한 시장 적용 사례	• 다양한 권한제어 가능 • 다양한 콘텐츠 유통 모델 지원 • Super-Distribution 지원
단점	• 다양한 권한제어 불가능 • 디지털 버스를 통해 재전송되는 콘텐츠의 보호 불가능	• DRM 표준 기술규격 부재 • DRM 제품 간 상호호환성 불가능 • S/W 방식의 단일 암호화 적용으로 보안성 취약

2. 미들웨어 요소기술

1) 방송 미들웨어 표준 현황과 내용

(1) IPTV 방송용 미들웨어의 역할

① 다양한 IPTV 응용 서비스들이 다른 제조사 수신기들에서 동일하게 동작함을 보장

② EPG와 같은 동일 데이터 방송 서비스가 IPTV 미들웨어를 탑재한 수신기들에서 동일한 수행 및 동작을 보장

③ Java 기술 기반 : write once, run everywhere

④ IPTV 응용 서비스 세부규격 정의 : 응용 서비스 시그널링, 사용 콘텐츠 포맷, API 등을 정의

⑤ 호환성있는 네트워크 간의 서비스 재전송 허용 : 지상파 재전송 등의 문제나 복합 단말기 개발이 용이

⑥ 다양한 수신기 개발지원 : 다양한 운영체제(OS), 다양한 하드웨어 환경(칩셋, 주변장치 등) 지원 및 고급 규격과 가격면에서 경쟁을 유발시킴.

(2) IPTV 미들웨어 표준화의 필요성

① 공개성 : Open API(Application Program Interface)로 누구든 구현 가능
② 호환성 : Open API 기반 응용 서비스 호환성 확보 가능
③ 다양성 : 다양한 개발사 확보, 콘텐츠 재사용에 의한 효율
④ 경제성 : 응용 서비스, 셋톱박스(STB : Set Top Box), 솔루션 등 개발 경쟁 유발
⑤ 확장성 : 신규 서비스 요구상에 대한 로드맵과 API 추가를 통한 확장 가능성

(3) IPTV 미들웨어의 특징

① 사용자의 참여를 끌어들이는 AV 연동형 IPTV 서비스

- 드라마나 영화시청중 물품구매
- 토론 프로그램 시청중 설문조사/투표
- 광고방송중에 바로 제품광고 홈페이지나 구매 쇼핑몰로 이동

② 다채널 서비스를 위한 시각적 EPG 서비스

모자익 채널을 구성하여 EPG 서비스

③ 인터넷 게임과 연동

- PC에서만 즐길 수 있는 인터넷 게임 포털의 게임을 연동할 수 있음
- Java 가상 머신기반 미들웨어이므로 연동되는 게임 클라이언트 개발 후에 모든 종류의 STB에서 동작 가능(브라우저 기반이나 특정 OS 기반 미들웨어는 불가능)

④ 가입자 증가에 따른 백엔드(Backend) 서버 비용절감

IP 멀티캐스팅을 이용한 데이터 서비스가 가능하여 다수 사용자가 불특정 시점에 요구하는 데이터 서비스를 고정대역폭으로 수용 가능

⑤ IP망을 이용한 방송 및 통신형태의 데이터 서비스 모두 수용

- IP 멀티캐스팅을 이용하여 방송형태의 서비스 수용
- IP를 양방향 리턴 채널로 활용하여 통신형태의 서비스 수용

⑥ 모니터 멀티캐스팅을 통한 수신기 원격관리

• 모니터 멀티캐스팅을 통해서 방송 채널 정보 및 EPG 정보송출한다.
• 수신기를 모니터하고 원격관리할 수 있는 모니터 응용 서비스 제공한다.

⑦ 방송의 보안성과 통신의 보안성 모두 제공

• 방송용 미들웨어는 데이터 서비스 자체에 암호화 기반화 signing을 통해서 권한없는 침입자가 데이터 서비스를 가로채거나 중간에서 임의로 수정하는 경우 서비스를 거부하도록 할 수 있다.
• 통신상 보안을 위하여 SSL(Secure Sockets Layer), HTTPS(SSL과 HTTP를 결합한 고유 프로토콜) 등 기존의 통신보안 프로토콜 사용 가능하다.

⑧ HD급/SD급 수신기 모두 수용

• HD급과 SD급 화면 해상도를 모두 지원한다.
• 8bit, 16bit, 32bit 등 표현 컬러 수 모두 지원한다.

(4) IPTV 미들웨어 표준 후보들

브라우저 기반은 HTML+JavaScript로 현재 사용되고 있는 해법이다.

① 장점 : 웹을 위해서 개발된 콘텐츠와 경험을 재사용할 수 있다.

② 단점 : 웹 콘텐츠를 TV 환경에서 그대로 재사용할 수 없다.

• HTML과 JavaScript를 방송환경에서 호환성 있도록 하기 위해서는 MHP에 포함되어 있는 DVB-HTML과 같이 막대한 API 표준 작업이 필요하다.
• 응용 서비스 라이프 사이클 관리나 프로그램 연동형 서비스와 같은 TV 환경에 필요한 기능을 제공하기가 적절하지 않다.
• 임베디드용 브라우저들이 실제로 호환성이 없으며, 성능상의 문제점도 보이고 있다.
• PC에서 브라우저를 통해서 사용할 수 있는 서비스를 STB에서도 그대로 기대하지만 실제로는 그렇지 못하다(ActiveX, Plug-in 등).

(5) GEM 기반

MHP-양방향 TV를 위한 DVB 사양

① 장 점

• 디지털 방송 iTV 응용 서비스 재활용이 가능하다.
• 그래픽 인터페이스, STB과의 인터페이스, 보안, 통신, 전송 등에 필요한 API가 이미

잘 정의되어 있다.

- 디지털 방송 서비스를 그대로 재전송도 가능하다.
- 방송(위성, 지상파) + IPTV 복합수신기 개발이 용이하고 경제적이다.
- Java 기반이므로 보다 복잡한 응용개발이 가능하다(예 게임, 지능형 서비스 등).
- 다양한 개발사들의 경쟁으로 다양한 서비스 및 경제성 확보가 가능하다.

② 단 점

- HTML에 비해서 상대적으로 MHP에 대한 인식이 부족한 편이다. 그러나 기본적인 Java 개발자면 쉽게 개발 가능하며, 최근 웹 개발의 경우에도 Java나 JavaScript를 이미 많이 사용하고 있다.
- 웹 브라우징 서비스를 위해서 별도의 브라우저가 필요하다. 그러나 TV를 통해서 웹 사이트를 그대로 접근하게 하는 것은 적절치 않고 추세도 아니다.

(6) IPTV 미들웨어 동향

① 일부 IPTV 사업자(Alcatel, Myrio)들은 이미 Java 기술을 선택한다.

② HTML을 지지했지만 쓰지 않는 사업자들(예 Nokia, Microsoft, Thomson)이다.

③ 새로이 GEM을 도입한 곳

- T-온라인(Germany) : WinCE 기반 브라우저 MHP
- ARIB(Japan) : BML(XML) BML+MHP(GEM)

④ 새로이 GEM을 도입한 표준

- BDA(Blue-ray Disc Association)은 BD-ROM(TM-MUG0078, TM-MUG116)상에 응용을 위해 DVB-GEM을 재사용한다.
- BDA은 JVM이 차세대 Blue Ray DVD 플레이어에 집적될 것이라고 최근에 발표했다.

2) 네트워크 관련 기술

IPTV는 '서비스의 확장성'에서 디지털 케이블 TV 대비 비교우위를 나타낼 것으로 예상되는데, 이를 4가지 측면에서 접근하면 다음과 같다.

첫째, IPTV는 All IP 기반으로 기존 PC 기반의 인터넷 서비스를 TV 기반으로 전환하여 제공하는 것이 용이하다.

또한 IPTV는 패킷 및 IP Address 방식을 사용하므로 망 효율성이 높아 개인 방송국, 개인 블로그, 화상전화, 커뮤니티 채널 등 개인화된 서비스가 가능하다. 반면 디지털 케이블 TV는 주파수 방식을 사용하기 때문에 주파수에 따라 제공되는 정보가 구분되어 있어 망 효율성이 낮은 편이라 할 수 있다.

둘째, IPTV는 이미 전국에 설치되어 있는 인터넷망과 전국가입자를 기반으로 이루어진다.

따라서 상대적으로 저렴한 투자비용 및 서비스 요금이 가능하며 지역별로도 특화된 서비스가 가능하다. 반면 현 규제하에서 디지털 케이블 방송은 지역별 규제 및 SO 소유 규제로 전국 방송으로의 확장이 어렵다. 또한, HFC망 업그레이드 및 DMC 구축 등을 위해 대규모 투자가 선행되어야 하기 때문에 상대적으로 높은 서비스 요금이 예상된다.

셋째, IPTV는 지상파 방송 표준인 ACAP 기술을 수용할 수 있어 지상파 방송사업자의 데이터 방송을 그대로 이용할 수 있다.

넷째, IPTV는 통신사업자가 주체가 되므로 와이브로 등을 이용한 무선인터넷과의 결합, 유무선 음성망과의 결합 등 이종 플랫폼과의 융합 등을 통한 홈네트워크로의 진화가 용이하다.

반면 디지털 케이블 TV는 방송사업자가 주체가 되므로 통신 분야와 네트워크 분야에서의 기술력 및 노하우 측면에서 홈네트워크 사업으로의 확장에 어려움이 따를 것으로 판단된다.

3) 제어 관련 기술

(1) CAS

CAS(Conditional Access System)는 사용자의 시청권한을 제어하는 시스템이다.

① 목 적

- 디지털 유료방송의 다양한 상품 및 사업 모델을 제공한다.
- 시청자격이 있는 가입자만 시청할 수 있도록 완벽한 보안성을 제공한다.

② 기 능

- 불법시청을 막기 위한 콘텐츠 스크램블링 및 암호화를 한다.
- 가입자 정보, 스마트카드 정보 암호화 및 관리를 한다.
- 채널별, 사용자별 접근권한을 부여한다.
- 불법 대량 복제방지를 위한 채널 감시 및 STB 모니터링한다.
- 사용자의 서비스 수신 내역 로그 처리한다.

③ 원리

- 콘텐츠 스크램블을 위한 Key 값은 CW(Control Word)이다.
- 암호화된 콘텐츠 정보 ECM(Entitlement Control Message)은 현재 방송중인 이벤트에 대한 액세스 파일 처리, Unscramble을 위한 제어 워드이다.
- 암호화된 가입자 정보 EMM(Entitlement Management Message)은 권한 생성 및 취소, Credit 관련, 스마트카드를 관리하기 위한 자료처리이다.

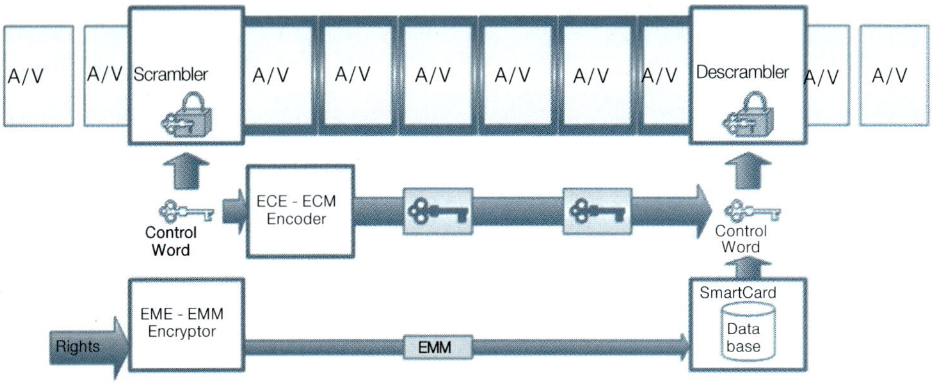

그림 2-13 ‹‹‹ 수신제한 시스템 원리

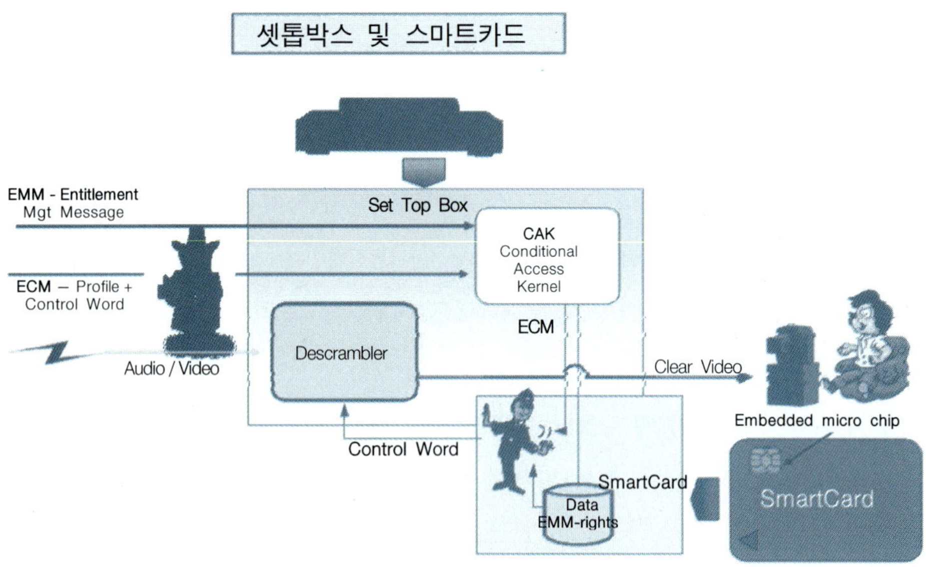

그림 2-14 ‹‹‹ 수신제한 동작과정

4) 데이터 방송 미들웨어 표준

양방향 데이터 방송기술은 독립형, 대화형 및 A/V 프로그램 연동형의 다양한 부가 서비스를 제공하기 위해 필요한 미들웨어 기술이다. 이 기술은 저작/검증기술, 송출기술, 응답기술로 나눈다.

① 저작/검증기술은 응용 애플리케이션을 제작하고 생성하는 것이다.

② 송출기술은 중앙관리 시스템과 연동하여 정해진 스케줄에 따라 PSI/SI(Program Specific Information/Service Information) 정보 및 데이터 인코딩된 콘텐츠/애플리케이션을 송출하는 기술이다.

③ 응답기술은 사용자 응답수신과 처리 및 해당 결과를 사용자 단말기에 제공하는 기술이다.

초기의 양방향 데이터 방송 미들웨어 기술은 Open TV, Canal+ Technology, Liberate 등 비교우위에 있던 특정회사 중심이었으나, 보다 많은 기업의 시장진출이 자유로워지고 데이터 방송 콘텐츠의 공유가 활성화되면서 오픈소스 기반의 국제표준으로 발전하였다.

대표적인 Open Standard의 개방형 표준은 유럽전기통신표준협회(ETSI)의 승인을 통해 유럽의 지상파, 케이블, 위성용 데이터 방송 미들웨어 표준으로 활성화된 DVB-MHP, 미국 ANSI의 승인과 Cablelabs/SCTE(Society of Cable Telecommunications Engineers)에서 추진되고, MHP1.0 기반을 확장해 케이블용 데이터 방송 표준이 된 OCAP(Open Cable Applications Platform), 미국 ATSC(Advanced Television Systems Committee)를 통해 추진되어 DASE(DTV Application Software Enviroment)를 확장하고 MHP, OCAP 일부를 포괄하여 현재 지상파/케이블용 데이터 방송 미들웨어 표준이 된 ACAP(Advanced Common Application Platform) 등이 있다.

IPTV에 대한 국내 양방향 데이터 방송 미들웨어 표준은 아직 결정되지 않았다. 그래서 IPTV 데이터 방송 표준은 연구 기관과 서비스 제공자의 요구사항을 수용하여, 기존의 데이터 방송 표준에 IP 기반의 Multicast/ Unicast 기술 및 SI 전송기술을 적절히 융합하여 추진될 것이다. 특히 국내에서 지상파 데이터 방송 표준이 ATSC의 ACAP 표준으로 확정되면서 콘텐츠 수용의 용이성을 위해 ACAP을 수용하면서도 IP 특성에 맞도록 관련 기술이 추가 개발될 전망이다.

데이터 방송 미들웨어 표준으로 지상파는 ACAP(Advanced Common Application Platform)이다.

케이블 미들웨어 표준은 OCAP이다. 위성 미들웨어 표준은 MHP이다. 이들 모두 GEM을 기반으로 하고 있어 기술적으로 거의 유사하다. 데이터 방송 미들웨어는 방송망을 통해 전달되는 여러 소프트웨어에 일관된 API를 제공함으로써 각종 응용 소프트웨어들이 동작할 수 있는 공통된 운용환경(Running environment)을 제공한다.

- 데이터 방송 표준은 ACAP(지상파), OCAP(케이블), MHP(위성)이 있다.
- 기술적으로 ACAP, OCAP, MHP는 거의 유사하다.
- GEM은 모든 데이터 방송 표준의 교집합이므로 GEM 기반으로 설계된 애플리케이션은 모든 표준에서 동작이 가능하다.

그림 2-15 ‹‹‹ 데이터 방송 미들웨어 표준

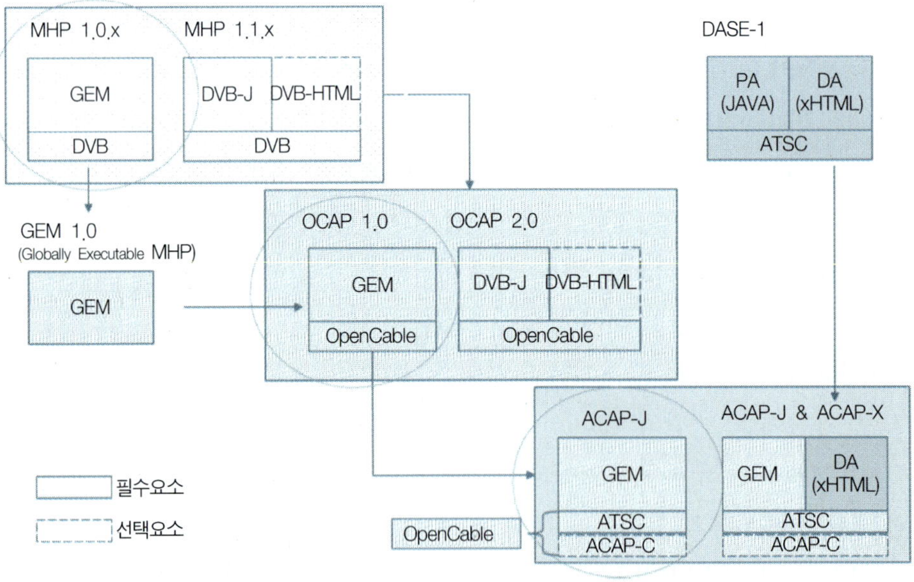

그림 2-16 ‹‹‹ 데이터 방송 미들웨어 표준 관계도

또한 오디오/비디오 매체를 다루기 위해 소니의 HAVi 인터페이스와 DAVIC의 표준안도 일부 수용하였고, 튜너, Demux 등의 하드웨어의 인터페이스와 미디어 스트림 제어와 유료 방송을 위한 CA 제어에 이르기까지 각종 기능을 미들웨어가 주도한다. 표 2-5는 기존의 양방향 데이터 방송 미들웨어의 표준에 대한 비교표이다.

표 2-5 ‹‹‹ 양방향 데이터 방송 미들웨어의 표준

구 분	ACAP	DVB-MHP	OCAP
표준화 단체	ATSC	DVB	Cablelabs
국내외 표준 채택기관	KBS, MBC, SBS, EBS	SKY Life	CJ Cablenet, KDMC
지원가능 네트워크	지상파(위성, 케이블)	위성(지상파, 케이블)	케이블
연동형 서비스	용이	용이	용이
응용 프로그램 STB 이식성	용이(Java 기술채택)	용이(Java 기술채택)	용이(Java 기술채택)
양방향 Contents 확보용이성	양호(콘텐츠 사업자 표준)	미흡(서비스 사업자 표준)	미흡(서비스 사업자 표준)

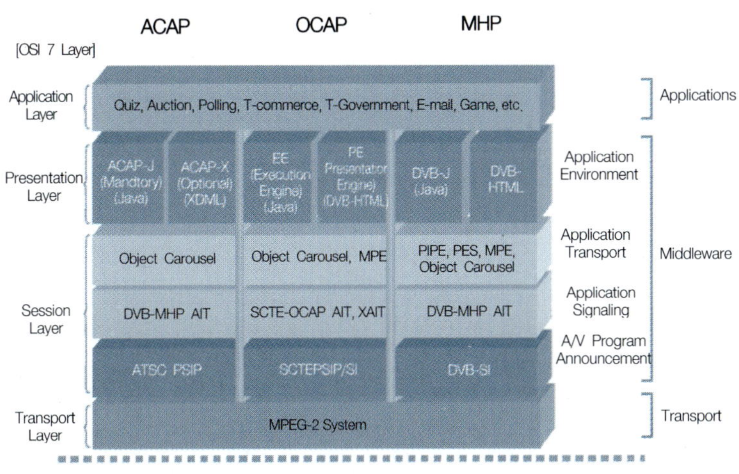

그림 2-17 ‹‹‹ 데이터 방송 미들웨어

(1) DVB-MHP

MHP(Multimedia Home Platform)는 유럽의 위성 데이터 방송용 표준 규격으로 디지털 방송 수신기와 인터렉티브 디지털 애플리케이션 사이에 일반적이고 공통적인 인터페이스를 정의하고 있다. MHP에서 공통의 인터페이스를 DVB-J API라 하며 하드웨어와 네트워크에 독립적인 플랫폼을 제공한다.

DVB(Digital Video Broadcasting) 전송규격을 가지는 방송 네트워크는 위성, 지상파, 케이블에 관계없이 모두 적용이 가능하며 리턴 채널의 경우 모뎀, ISDN, xDSL 등 물리적인 네트워크와 관계없이 적용 가능하다. 데이터 방송 서비스와 애플리케이션 관점에서 보면 MHP는 다음과 같이 3개의 프로파일을 제공한다.

① Enhanced Broadcast 프로파일 : 디지털 방송 프로그램과 함께 리턴 채널을 사용하지 않는 애플리케이션을 이용한 데이터 방송이 가능한 프로파일이다.

② Interactive Broadcast 프로파일 : Enhanced Broadcast Profile에서 제공할 수 있는 애플리케이션을 포함하여 물리적인 네트워크에 무관하게 리턴 채널을 사용하는 애플리케이션을 통한 데이터 방송이 가능한 프로파일이다.

③ Internet Access 프로파일 : 방송 채널을 통한 데이터 방송 서비스와 더불어 인터넷을 통한 데이터 서비스가 가능하도록 하는 프로파일로서 방송 서비스와 인터넷 서비스를 연계하게 한다.

MHP 1.0 규격은 2000년 7월 처음 발표되었고, 2002년 2월에 MHP 1.0.2가 최종 표준 규격으로 승인되었다.

DVB IPTV 규격은 CM(Commercial Module) 서브그룹에서 작성된 요구사항을 바탕으로 TM(Technical Module) 서브그룹에서 표준화 작업을 수행한다. DVB는 주제별로 다수의 CM 서브그룹과 TM 서브그룹들이 존재하며 그 중 IPTV를 위한 워킹그룹으로 CM-IPTV 서브그룹과 TM-IP 서브그룹이 활동을 한다.

현재 CM에 참여하고 있는 업체는 크게 가전 제조사, 소프트웨어/시스템 제공자, 네트워크 제공자/서비스 제공자, 제한수신 사업자로 구분되어 IPTV 서비스 시나리오 및 시장 요구사항을 정리하여 TM 서브 모듈에 제공하고 있다.

IPTV 서비스 표준은 기존에 존재하는 표준화 기술을 활용하여 IP로 방송 서비스를 제공하기 위한 것으로 기존 표준안을 참조하거나 기존 표준안을 바탕으로 새로운 안을 제안한다. 구조(Home Reference Model)는 다음과 같다.

① 딜리버리 네트워크 : 서비스 제공자가 제공하는 망으로 ADSL, Cable 등과 동일하다.

② 딜리버리 네트워크 게이트웨이 : 게이트웨이와 같은 역할을 수행한다.

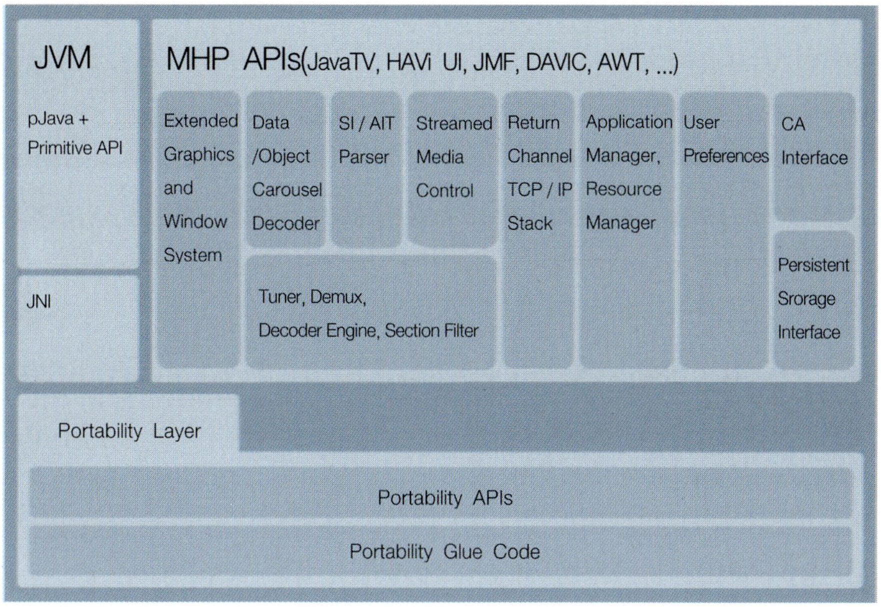

그림 2-18 ‹‹‹ MHP 구조

③ 홈네트워크 에이전트 : 홈네트워크 기술에 따라 분류되는 범위로써 홈네트워크 기술로 이더넷을 사용하는 이더넷 세그먼트, IEEE1394를 사용하는 IEEE1394 세그먼트로 구분한다.

④ 홈네트워크 연결장치 : 홈네트워크 세그먼트를 연결해 줄 수 있는 유선 또는 무선장치를 의미한다.

⑤ 홈네트워크 엔드 장치 : 홈네트워크에 연결된 가입자 장치로 애플리케이션 레벨의 게이트웨이 역할을 수행한다.

(2) OCAP

Cable Labs는 미국 디지털 케이블 방송의 규격을 개방형 표준으로 바꾸기 위하여 Open Cable이란 수신기 하드웨어와 제한 수신장치에 대한 표준을 제정하였고, 데이터 방송을 위해서 MHP1.01 규격을 차용하였으며 이를 바탕으로 OCAP 1.0 규격을 작성하였다.

OCAP(Open Cable Application Platform)은 GEM에 Open Calbe SI(EPG 정보), CableCard(제한수신 모듈), OpenCable 네트워크 프로토콜 등 OpenCable의 환경요소를 추가하였으며, Monitor Application, Unbound Application, XAT, OOB, DSG 등 케이블 환경요소를 추가하였으며, 국내 케이블 방송 표준으로 사용되고 있다.

① OCAP은 케이블 TV 분야의 양방향 표준규격으로 모든 케이블 TV에서 운용가능한 양방향 TV 서비스나 응용 프로그램을 설계할 수 있는 중간 소프트웨어 계층을 의미한다.

② OCAP를 적용하면 케이블 TV에 적용되는 신형 비디오 애플리케이션이나 장비제조자들이 TV/셋톱박스/케이블시스템의 스펙에 맞춰 각각의 제품을 튜닝하지 않아도 호환성을 유지할 수 있다.

③ 삼성전자 디지털 TV가 미국 Cable Labs로부터 세계 최초로 케이블 양방향 데이터 방송수신 관련 인증을 획득한다(북미지역 표준 디지털 양방향 케이블 방송수신에 필요한 필수 절차).

④ 버전

- OCAP 1.0 : 2003년 8월 출시
- OCAP 2.0 : MHP 1.1에 기반, ACAP과의 호환성이 더 높음

(3) ACAP

ACAP(Advanced Common Application Platform)은 유럽의 DTV 표준화 기구인 DVB가 데이터 방송 방식 간의 호환을 위해 제시한 MHP 규격인 'GEM(Globally Executable MHP)'과 기존의 데이터 방송규격인 DASE를 토대로 하고 여기에 케이블 TV의 데이터 방송규격인 OCAP의 일부 기능을 추가한 것이다.

현재 국내 지상파 표준으로 채택하여 실험 방송중이며 일부 IPTV 서비스 제공자는 이를 IPTV용 데이터 방송 미들웨어로 사용하려고 하고 있다.

① 케이블 TV 데이터 방송규격인 OCAP과의 호환성을 고려해 ATSC(미국 디지털 방송 표준기구)가 새롭게 정한 규격이다.

② ACAP Middleware는 Java Xlet을 구현하기 위한 환경(응용 정보해석, 다운로드, 실행, 미디어 제어)을 제공한다.

③ 기존 DASE는 OCAP와 호환되지 않는 결함을 가지고 있어서 ATSC는 이 결점을 보완하기 위하여 OCAP의 발전된 규격이란 뜻에서 ACAP를 새로운 표준으로 선정한다.

④ 우리나라가 지상파 데이터 방송 규격인 ACAP 분야에서 세계시장을 선도하고 있다. 이미 시험방송이 진행중이며, 최근에는 세계 최초로 지상파 데이터 방송수신이 가능한 셋톱박스가 ACAP 인증을 획득하기도 했다. 이에 따라 향후 미국식(ATSC) 디지털 방송을 선택한 국가들에 대한 데이터 방송장비 및 수신기 시장 선점도 기대된다.

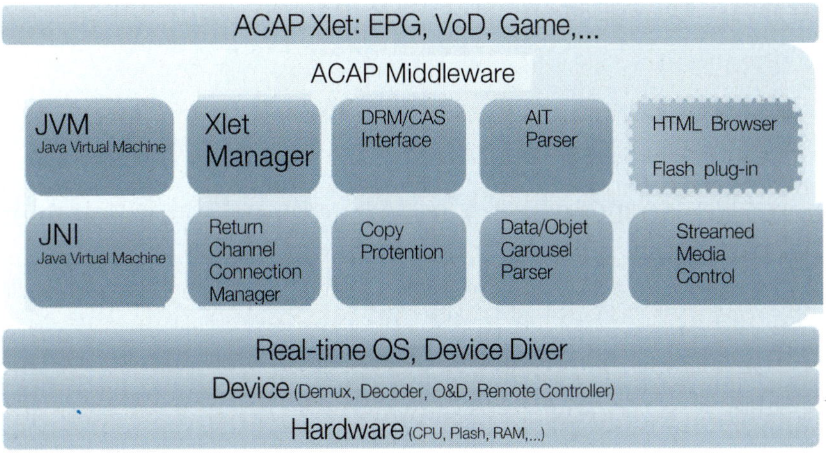

그림 2-19 ‹‹‹ ACAP 구조

(4) GEM

MHP에서 유럽 방송환경에만 쓰이는 DVB-SI(EPG 정보), CA(제한수신 모듈), DVB 네트워크 프로토콜을 제거한다. OCAP과 ACAP의 기준 표준이 된다.

GEM(Globally Executable MHP)은 DVB가 정한 상위 표준으로서 그 하위의 기술규격들로는 MHP 이외에 ACAP, OCAP(Opencabel Common Application Platform) 등이 있다. 결과적으로 상위 규격인 GEM을 준수함으로써 ACAP, OCAP, MHP는 서로 다른 표준일지라도 상호 호환이 가능하게 된다.

3. 미디어 포맷 기술

기존 IP 또는 케이블망에서 제한된 대역폭에 대한 부담을 감소시키고 IPTV의 서비스 품질을 크게 향상시킬 동영상 압축기술은 현재 H.264와 VC1이 대표적이고 음성 압축기술은 AAC, AC-3, MP3이다.

1) VC1(WMT-9)

VC1은 마이크로소프트의 독자적 방식으로 MS의 Windows Media 9를 방송용으로 변경하였으며 SMPTE(Society of Motion Picture and Television Engineers)를 통해 표준 제정되었다. 압축 표준은 WMT-9 압축 코덱으로 MS-TV2 및 MS-DRM과 호환성이 우수하고 홈네트워킹에 장점을 활용할 수 있으나 로열티와 비표준에 따른 투명성 논란이 있다.

VC1은 HD DVD players/recoders와 케이블망을 통한 HD 비디오 전송의 표준으로 채택될 전망이 있다.

2) H.264

H.264는 ITU-T와 ISO/IEC JTC1의 두 표준화 기구가 공동으로 팀을 경성하여 2003년에 표준화되었다. H.264는 객체 기반 고품질 고압축 미디어 포맷의 오픈소스로 기존 MPEG2 방송 시스템과 호환성이 우수하다. 전송표준으로는 MPEG2 TS로 압축률이 SD 1~2Mbps, HD 5~7Mbps를 나타내며 채널 변경시간이 우수하다.

H.264는 저대역폭 통신망(xDSL) 통한 콘텐츠 전송의 사실상 표준으로 될 것이다. 현재 시스템의 차이는 있으나, H.264는 국내외 위성 및 지상파 DMB와 IPTV에서 사용중이며 프레임 부호와 필드 부호화, 픽처 레벨 필드 및 프레임 적응 부호화, 매크로블록 레벨 필드/프레임 적응 부호화 등을 통해 격행 주사방식의 신호를 취급함으로써 영상회의, 방송전송, 저장 미디어에 활용된다.

3) MPEG-2

MPEG-2는 MPEG(Moving Picture Expert Group)이 정한 오디오와 비디오 인코딩(부호화)에 관한 일련의 표준을 말하며, ISO 표준 13818(13818-1은 시스템, 13818-2는 비디오 부호화, 13818-3은 오디오 부호화)로 공표되었다. MPEG-2는 일반적으로 디지털 위성방송, 디지털 유선방송 등의 디지털 방송을 위한 오디오와 비디오 정보전송을 위해 쓰이고 있다. 또, MPEG-2의 표준을 약간 변형한 인코딩 포맷은 상업 DVD의 표준으로 돌비 디지털, DTS(Digital Theater System)와 함께 사용되고 있다.

MPEG-2는 MPEG-1과 비슷하지만, 텔레비전 방송에서 사용하는 비월주사(격행주사 : Interlaced Scanning) 방식의 영상을 지원한다. MPEG-2 비디오는 저속 비트율(1Mbit/s) 환경에는 부적합하지만, 초당 3Mbit 이상을 요구하는 MPEG-1보다는 향상된 압축률을 보이고 있다. MPEG-2의 MPEG-1과 구별되는 특징으로는 데이터 유실이 많은 전송 환경에도 적합한 트랜스포트 스트림이 정의되어 있다는 점을 들 수 있으며, 이는 현재 디지털 방송에 사용되고 있다. MPEG-2는 원래 MPEG-3로 개발하려던 HDTV(고선명 텔레비전) 전송의 표준 또한 포함한다. 또한, MPEG-1과도 호환성도 보장되어 표준을 따르는 MPEG-2 디코더는 MPEG-1 스트림도 재생할 수 있다.

MPEG-2 13818-3 오디오 표준은 MPEG-1 오디오 표준에서 발전되어 채널확장을 하는

MC(다중 채널)과 낮은 표본화 주파수를 제공하는 LSF(낮은 샘플링 주파수 : Low Sampling Frequency)(24kHz, 22.05kHz, 16kHz)로 구성되어 있다. 또한, 두 가지 모두 MPEG-1 오디오를 복호화할 수 있는 하위 호환성의 특성을 가지고 있다. 알고리즘 측면에서는 추가된 내용이 없기 때문에 이론적으로 MPEG-1과 동일한 압축률을 가진다고 봐도 무방하다.

하지만 MPEG-2에서는 압축률을 높이는 대신, 하위 호환성을 지원하지 않는 AAC(Advanced Audio Coding)를 13818-3이 표준화된 후 13818-7로 표준화하고 있다. AAC에는 기존 MPEG 오디오에서 사용되지 않던 LTP(Long Term Prediction), TNS (Temporal Noise Shaping), 예측 도구가 추가되었으며 레이어로 구분하던 MPEG-1, 2와는 달리 도구의 집합인 프로파일로 구분하여 정의하고 있다.

4) AAC

영상압축규격 MPEG-2 또는 MPEG-4에서 사용되는 음성압축방식이다. 1997년 4월에 ISO 13818-7로서 표준화되었다. 최대 샘플링 주파수는 96kHz이며, 사용 가능한 채널수는 최대 48채널이다. MPEG-1에 채택된 음성압축방식인 MP3보다 1.4배 정도 압축효율이 높으며, 음질은 거의 같은 수준이다.

5) AC–3

AC-3는 DVD에서 표준으로 사용되는 사운드 포맷으로 현재의 MP3가 2채널(Stereo)의 스피커를 기반으로 하고 있는데 비해 이것은 돌비연구소에서 5.1채널을 기반으로 한 입체음향 포맷으로 기존의 사운드 포맷과는 달리 현실에서 들을 수 있는 가장 사실적인 사운드를 들려준다. AC-3는 전후, 좌우, 중앙 및 중저음만을 담당하는 서브우퍼를 포함하여 6개의 스피커를 각 채널별로 독립된 신호를 내보내기 때문에 잡음없는 깨끗한 소리를 전달할 수 있다. 그러나 AC-3의 입체음향을 제대로 듣기 위해서는 별도의 오디오 시스템을 갖추어야 하는 경제적인 부담감이 있으며, 윈도우에서 재생을 하기 위해서는 따로 AC-3 코덱을 설치해야만 감상할 수 있는 불편함이 있다.

6) MP3

MP3는 MPEG1에서 규정한 고음질 오디오 압축기술의 하나로 CD 음반에 가까운 음질을 유지하면서 일반 CD의 50배로 압축, 양질다수의 음악을 복제해 전송할 수 있다. 이와 같은 특징으로 인해 컴퓨터 이용자들이 음악저작권자의 허락을 받지 않은 채 MP3기술을 이용해 다수의 음악을 인코딩, 공개자료방 및 동호회를 통해 배포함으로써 음악저작물의 불법복제 시비를 불러 일으켰다.

4. 보안 솔루션 기술

디지털 미디어 압축기술과 더불어 요즘 많이 주목받고 있는 기술이 디지털 콘텐츠 보호기술이다. 디지털 방송 콘텐츠를 보호하는 기술은 크게 CAS와 DRM으로 나눌 수 있다. CAS는 방송 콘텐츠 자체를 암호화하여 전송하면 다양한 TV 콘텐츠에 대한 요금 정책을 지원할 수 있게 되었다.

DRM은 말 그대로 디지털 콘텐츠에 대한 올바른 관리를 할 수 있도록 지원하는 기술이다. DRM은 방송 콘텐츠보다는 인터넷을 통해 전달되는 다운로드 콘텐츠 또는 VoD 콘텐츠를 보호하는 용도로 많이 활용되고 있다. 최근에는 DRM을 이용한 방송 콘텐츠 보호기술이 많이 제시되고 있다.

1) CAS

CAS(Conditional Access System)는 인증된 사용자만이 콘텐츠를 사용할 수 있도록 스마트 카드를 이용한 실시간 인증 시스템으로 H/W 및 S/W방식의 이중 암호화 적용하였으며, 다단계 키 및 알고리즘을 사용한 복잡한 암호화 방식으로 보안성이 우수하다. 검증된 보안 시스템으로 다양한 방송 콘텐츠의 확보가 용이하다.

2) DRM

DRM(Digital Rights Management) 암호화 기술을 이용하여 디지털 콘텐츠의 불법복제 및 유통을 방지하는 기술로 일반적으로 1개의 라이센스 키로 암호화된 콘텐츠를 복호화한다. 콘텐츠 접근/배포 권한 제어가 우수하고 솔루션 비용이 저가이나 시스템 자체적으로 제공할 수 있는 부가기능이 미약하고 S/W 방식의 단일 암호화 적용으로 보안성이 취약하다.

5. 관리 솔루션 기술

1) TCS

TCS는 시스템으로부터 고객의 채널 패키지 가입 내역을 받아서 CAS로 전달해주거나,

외부 사업자로부터 방송 스케줄을 전달받아 CAS에 전달해주며 방송 채널의 편성 및 각 EPG(SI/PSIP 정보) 정보를 합성하거나 양방향 방송의 데이터 방송과의 융합(Muxing)을 제어하기 위한 시스템으로 미디어 센터의 업무를 총괄하고 시스템 간 연동 및 제어관리하는 시스템이다. TCS는 채널 관리 및 헤드엔드 관리, 방송 채널 편성관리, 미디어 및 콘텐츠 관리, 상품관리 등의 역할을 하는 관리 솔루션이다.

2) iTV M/W

iTV 미들웨어는 TCS 같은 관리 시스템이지만 TCS 시스템과는 달리 양방향 데이터 서비스 관리하고, VoD 카탈로그 생성 및 구매 프로세스를 처리하며 사용자 및 STB 관리하는 시스템이다. 채널 및 헤드엔드 관리는 TCS와 동일하지만 콘텐츠 배포 및 VoD 관리, EPG 및 STB 관리, 양방향 서비스 관리 등 고객관리 및 VoD 관리 기능에서 더 우수하며 채널 서비스보다는 고객 맞춤형 서비스에 더 적합한 시스템이다.

05 결 론

통신시장의 포화에 따라 새로운 수익 창출이 어려운 상황에서 기존 망의 부가가치를 높여주는 IPTV 서비스는 통신업자에게 분명 새로운 시장을 열어줄 것으로 예상된다. 특히 TPS를 통해 소비자의 잉여가치를 높여주고 통신사업자의 차별적 우위를 만들어주는 IPTV 서비스에 대한 통신사업자의 관심이 커지는 것은 매우 당연하다.

그러나 향후 방송통신 융합의 시장에서 전개될 망, 인프라, 단말기 및 서비스의 융합 과정에서 단지 방송과 통신의 경계영역에 위치해 있다는 이유만으로 IPTV 서비스가 성공적일 수는 없으며, 성공적인 시장 진입을 위해서는 더 이상 기존 규제와 서비스의 틀만으로 본다면 이의 시장성은 담보 상태를 면치 못할 것이다.

시청자들에게 양적으로 팽창된 채널수는 환영할만한 일이지만, 콘텐츠의 질적 차별화 및 다양화가 이루어지지 않으면 다양한 매체가 존재하는 방송시장에서 시청자들의 호응을 얻기 힘들 것으로 전망된다.

II부 차세대 통신 시스템

제 3 장 차세대 인터넷

01 유무선 융합 중점기술의 정의

유무선 통합기술은 다양한 액세스 네트워크에서 혼재하는 차세대 이동통신망과 기존의 이동통신망 환경에서 서비스 이용자가 이종 액세스 네트워크 간의 이동시에 심리스 핸드오버 서비스 제공과 단말의 글로벌 이동성을 보장하기 위하여 IP 기반의 이동성을 동시에 지원하기 위한 이동성 제공기술이다.

차세대 이동통신망의 이종 액세스망 간 연동 프레임워크 기술, 라디오 도메인의 심리스 핸드오버 지원기술, 이종망 간의 심리스 핸드오버 지원기술, IP 기반의 글로벌 이동성

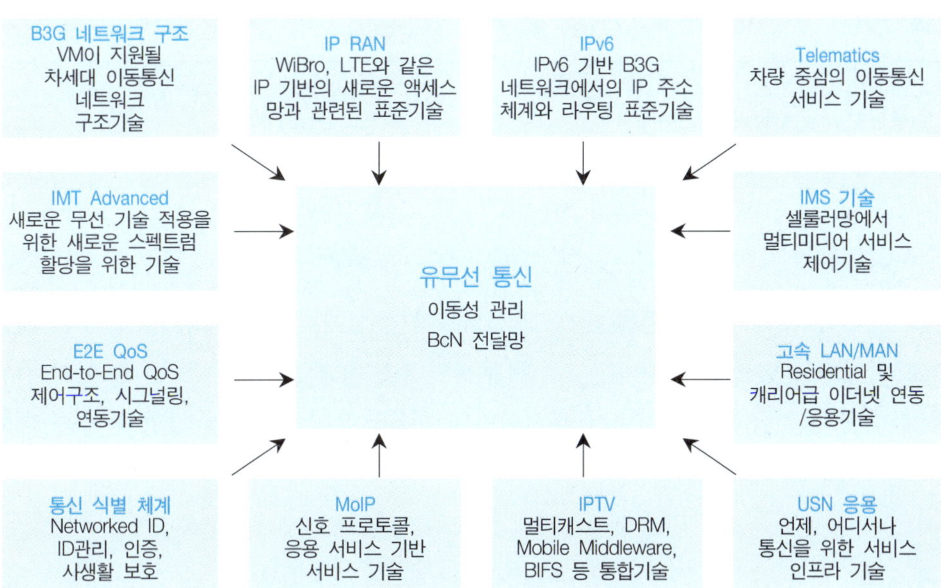

그림 3-1 ‹‹‹ 유무선 융합 연관 관련 기술

지원 등의 이동성 관리기술과 BcN 환경에서 패킷 기반의 네트워크 기술을 활용하여 음성과 데이터, 유선과 무선, 방송과 통신, 인터넷 등 모든 종류의 통신망을 통합 수용하는데 소요되는 전달망 및 서비스 기술로, 모든 서비스의 융합 및 고품질 서비스를 품질보장형으로 안전하게 제공할 수 있는 BcN 전달망 및 서비스 기술을 대상으로 한다.

연관 관련 기술은 그림 3-1과 같다.

02 무선인터넷 기술의 개요

무선인터넷은 케이블 대신 전파를 이용하는 무선통신을 기반으로 인터넷을 하는 것을 통칭하며, 무선인터넷 규약(Wireless Internet Protocol)에 의해 사용하는 WAP과 넷스팟 등의 무선랜을 사용하는 방법이 있다.

표 3-1 ‹‹‹ 유선인터넷과 무선인터넷의 비교

구 분	유선인터넷	무선인터넷
전송속도	50Mbps	14.4kbps~2Mbps
정보의 제공	멀티미디어 포함 다양한 정보제공	텍스트 위주의 간단한 정보제공, 일부 동영상 서버 제공
디스플레이 및 입력장치	• 큰 화면(17인치~21인치) • 편리한 인터페이스	• 작은 화면(2인치~8인치) • 제한된 작은 키보드
미디어 성격	• 쌍방향 미디어	• 일방적 미디어
선도 기술	• 지불 · 인증, 지능형 에이전트	• WAP 기반 기술, 보안, CPS, PDA, IMT-2000

인터넷 접속기기 또한 기존의 데스크탑, 노트북 중심에서 이동전화, PDA, TV, 게임기 등으로 확대되고 있으며, 최근에는 3세대 무선인터넷 기술의 발전으로 언제, 어디서나 초고속 인터넷 접속이 가능해지면서 무선인터넷으로도 유선인터넷과 거의 동일한 수준의 서비스를 이용할 수 있게 되었다.

1. 무선인터넷 정의

무선인터넷(Wireless Internet 또는 Mobile Internet)은 이동전화, 개인휴대정보단말기(PDA) 등의 무선단말기와 무선랜, 블루투스 같은 무선 데이터 통신망을 통해 인터넷에 접속하여 데이터 통신이나 인터넷 서비스를 이용하는 것'으로 정의된다.

즉, 한 곳에 고정(Fixed)되어 있지 않고 이동(Mobile)하면서도 언제, 어디서나 유선과 동등한 인터넷 서비스를 이용할 수 있는 것을 말한다. 이러한 무선인터넷은 이동성은 제한되나 전송용량 및 속도에서 우위에 있는 '무선고정 인터넷'과 이동성은 높으나 전송용량 및 속도가 제한적인 '무선이동 인터넷'으로 구분될 수 있다.

표 3-2 ‹‹‹ 무선고정 인터넷과 무선이동 인터넷의 비교

무선고정 인터넷	무선이동 인터넷
• 이동성이 제한된 반면 전송용량 및 속도에서 우위 • 무선 멀티미디어 서비스 제공 가능 • 블루투스, 무선 RAN, B-WILL 등	• 이동성이 높으나 전송용량 및 속도에서 제한 • 무선인터넷은 이동통신망의 발전에 따라 AMPS망을 이용한 CDPD → IS-95/GSM → IMT-2000으로 발전 • 현재 2세대 이동통신망 기반으로 WAP, ME, i-mode 등의 무선 응용 프로토콜을 사용해 무선인터넷 서비스 제공

그러므로 이동전화, 노트북 PC, PDA 등의 무선단말기로 이동통신망 또는 무선랜, 와이브로 같은 무선 데이터 통신망을 통해 인터넷 서비스를 이용하는 것으로, 이동전화 무선인터넷, 무선랜, 초고속 무선인터넷 서비스를 포함한다.

2. 무선인터넷 서비스의 종류

1) 이동전화 무선인터넷

이동전화(PDA폰 · 스마트폰 포함)로 이동통신망을 통해 이동통신사에서 제공하는 인터넷 서비스 이용하는 것이다. 무선이동 인터넷은 이동성이 높은 환경에서 사용하며 통상 데이터 전송용량 및 전송속도에서 상당한 제약이 있다.

2) 무선랜

무선접속장치(AP)가 설치된 곳을 중심으로 일정 거리 안(핫존)에서 노트북 PC, PDA폰·스마트폰, PDA 등의 무선단말기를 통해 인터넷 서비스를 이용하는 것이다.

무선랜(無線 Lan, WLAN)은 두 대 이상의 컴퓨터가 선 없이 연결한 상태로, 무선으로 된 로컬 영역 네트워크를 일컫는다. 무선랜은 스프레드 분광이나 전자기파 기반의 OFDM 변조 기술을 사용하여 제한된 지역 안에 있는 기기끼리 서로 통신할 수 있게 만들어 준다. 이로써 사용자가 무선랜 지원 지역을 돌아다니며 네트워크에 접속할 수 있다.

가정 사용자에게 무선망은 설치가 쉽고 노트북 컴퓨터의 인기폭발에 힘입어 위치가 자유롭다. 커피숍과 같은 수많은 공공장소는 손님들에게 무선 접근을 제공하기 시작했다. 일부 장소에서는 심지어 무료로 서비스하기도 한다.

주로 편의, 비용절감, 다른 네트워크와의 통합의 용이가 입증되면서 무선랜은 인기를 끌게 되었다. 오늘날 소비자에게 파는 대부분의 컴퓨터는 필수적인 모든 무선랜 기술이 미리 장착되어 출시된다.

무선랜의 장점은 다음과 같다.

① 편의성 : 가정이나 사무실에서 무선 네트워크 장비가 있는 곳이라면 무선 네트워크를 쉽게 사용할 수 있다.

② 휴대성 : 일반 노동 환경 밖에서도 인터넷에 접근할 수 있다. 커피숍과 같은 공공장소에서 무선인터넷 접속에 비용을 (얼마)내지 않고 사용할 수 있다.

③ 생산성 : 장소를 옮겨 다니며 원하는 네트워크의 접속을 유지할 수 있다.

④ 배치 : 무선 네트워크를 처음 설치할 때에는 하나 이상의 액세스 포인트를 요구한다. 한편, 유선 네트워크는 수많은 장소에 케이블을 깔아야 하므로 비용이 늘어나는 문제점이 있다.

⑤ 확장성 : 무선 네트워크는 기존의 장비를 사용하여 수많은 고객을 받아들일 수 있다.

무선랜의 단점은 다음과 같다.

① 보 안

무선랜은 라디오 주파수를 사용하여 컴퓨터에 네트워크를 제공한다. 공간과 비용을 위해 최종 컴퓨터에 설치된 무선랜 카드의 성능은 대체로 좋지 않다. 신호를 어느 정도 잡기 위해 무선랜 수신장치는 상당히 많은 양의 전력을 사용할 수 있다. 다시 말해, 무선랜 성능이 좋지 않은 주변 컴퓨터가 무선 패킷을 가로챌 수 있을 뿐 아니라, 좋은 품질에 적은 돈을 소비하려는 사용자가 눈에 잘 띄는 곳에서 패킷을 가져갈 수 있다.

② 지원 범위의 한정

일반적으로 쓰이는 IEEE 802.11g 네트워크는 수십 미터의 거리를 지원한다. 일반 가정의 규모가 큰 경우 이러한 거리는 충분하지 못할 수 있다. 범위를 넓히려면 리피터나 추가적인 액세스 포인트 구매가 필요하다. 이에 대한 해결책으로 와이맥스 기술을 참조

③ 신뢰성

다른 라디오 주파수 비슷하게, 무선 네트워크 신호는 다양한 통신 간섭에 노출되어 있다. 무선랜의 신뢰성과 안정성에 큰 영향을 미칠 수 있는 것은 전자레인지이다.

④ 속 도

대부분의 무선 네트워크는 일반적인 유선 네트워크에 비해 느린 편이다.

3) 초고속 무선인터넷

3세대 무선인터넷 접속 서비스인 HSDPA(High Speed Downlink Packet Access) 및 와이브로를 통해 인터넷 서비스를 이용하는 것이다.

① 와이브로

휴대인터넷(Portable Internet)의 서비스 명칭을 의미하는 와이브로(WiBro : Wireless와 Broadband의 결합)는 언제, 어디서나, 이동중에도 높은 전송속도로 무선인터넷 접속이 가능한 서비스로 대중교통속도(120km/h)의 이동성을 보장한다. 휴대인터넷의 서비스 명칭을 의미하는 와이브로는 언제, 어디서나, 이동중에도 높은 전송속도로 무선인터넷 접속이 가능한 서비스를 지칭한다.

와이브로는 도심지역에서 대중교통 주행속도 이상(120km/h 이상)의 이동성을 보장하고 높은 수준의 전송속도(상향링크 1Mbps 이상, 하향링크 3Mbps 이상)로 무선 초고속 인터넷과 멀티미디어 이용이 가능한 서비스를 의미한다. 와이브로는 공간성, 이동성, 경제성, 휴대성, 단말기 확장성, 콘텐츠 확장성의 속성을 지니고 있으며, 이를 통해 유선과 무선이 결합하는 유무선 통합과 디지털 컨버전스를 촉진시킬 것으로 전망되고 있다.

국내에서 와이브로는 2006년 상반기에 KT와 SK텔레콤의 두 와이브로 사업자에 의해 상용 서비스가 시작되었으며, 향후 전국 84개 도시를 중심으로 광대역 무선인터넷 서비스를 제공할 전망이다. 그리고 해외에서는 와이브로는 모바일 와이맥스(Mobile WiMax)로 미국과 유럽 등 각국에서 빠르게 확산될 것으로 기대되고 있다.

이와 같이 HSDPA와 와이브로는 모두 광대역 무선인터넷을 선도하는 서비스로 거의

동일한 시기에 상용화 및 서비스 진화가 이루어지고 있어 두 서비스간 경쟁이 치열하게 전개되거나 비즈니스 모델을 통해서 보완적 관계를 강화할 것으로 전망되고 있다.

② HSDPA

제3세대 이동통신인 비동기 방식의 WCDMA(Wideband Code Division Multiple Access) 계열이 진화한 기술인 HSDPA는 하향 링크에서 WCDMA에 비해 최대 3~7배 이상 빨라진 통신기술을 의미한다.

HSDPA는 국내외에서 IMT-2000 서비스로 기대를 모으며 출발하였던 WCDMA를 혁신적으로 진화시킨 기술로 제3.5세대 이동통신 서비스를 지칭한다.

HSDPA는 최대 14Mbps의 전송속도를 제공하여 기존 WCDMA에 비해 최대 3~7배 이상 빠르며 유선의 초고속 인터넷과 유사한 멀티미디어와 인터넷 접속을 무선에서의 제공 가능하다는 특장점을 지니고 있다. 또한 HSDPA는 화상통화나 화상회의와 같은 화상 서비스와 전 세계 대부분 지역에서 글로벌 로밍 통화를 제공하여 이용자의 편리성과 효용을 크게 증가시킬 것으로 전망된다.

국내에서 HSDPA는 이동통신 사업자의 적극적인 투자를 바탕으로 2006년 상반기에 SK텔레콤과 KTF에 의해 서비스가 상용화되었으며, 2007년 전국 대부분 지역에 망이 구축되어 서비스가 제공될 전망이어서 향후 활성화가 기대되고 있다. 또한 HSDPA는 국내외에서 빠른 속도로 진화와 서비스 전개를 거듭하고 있다.

향후 HSDPA는 유선초고속 인터넷과 마찬가지로 IP 기반으로 멀티미디어 서비스 제공이 가능하고, 이는 유무선 융합 서비스 제공을 촉진할 것으로 전망되며 향후 전송속도를 더욱 크게 개선하여 HSUPA와 차세대(제4세대) 통신기술을 채용한 3G LTE로의 진화가 추진되고 있다.

3. 무선인터넷 접속

무선인터넷 접속이 가능한 무선단말기 중 '이동전화(PDA폰 · 스마트폰 포함)'를 보유하고 있는 경우가 97.7%로 가장 많았으며, 다음으로 '노트북 PC 16.3%, 게임기 7.6%, PMP 4.6%' 등의 순이었다.

무선인터넷 기술은 무선인터넷망 기술, 미들웨어 기술, 응용 서비스 기술, 단말기술, 콘텐츠 기술 등 다양한 기술 분야가 관련되어 있으며, 이들은 빠른 속도로 IP 기술을 기반으로 하는 차세대 무선인터넷망 기술로 발전하고 있다.

현재 국내 무선인터넷 서비스에 대해 서로 다른 방식(BREW, GVM, WIPI, J2ME, Symbian)이 도입되고 있고 이로 인해 단말 제조업체나 인터넷 콘텐츠를 제공하는 사업자는 각 플랫폼에 맞는 다수의 콘텐츠를 중복 개발해야 하는 문제가 발생하고 있는 실정이다.

03 차세대 무선인터넷 통신

1. HSDPA

고속하향 패킷 접속을 통해 3세대 이동통신 기술인 W-CDMA나 CDMA보다 훨씬 빠른 속도로 데이터를 주고받을 수 있는 3.5세대 이동통신 방식이다. 고속하향 패킷 접속을 가리키는 영어 High Speed Downlink Packet Access의 머리글자를 따 HSDPA라고도 한다.

3세대 비동기식 이동통신 기술표준화 기구인 3세대 파트너십 프로젝트(3GPP : 3rd Generation Partnership Project)가 2002년 3월 발표한 릴리스 5의 핵심기술인 고속 데이터 패킷 접속은 W-CDMA 표준에서 패킷 기반의 데이터 서비스를 가리킨다. 이 기술을 사용하면 W-CDMA보다 5배 이상 빠른 속도로 통신할 수 있다. 다운링크 속도는 최대 14.4Mbps이다. 기지국에 대한 별도의 투자 없이 W-CDMA 시스템을 개량하는 방식으로 서비스를 제공할 수 있다는 것도 장점이다.

한국에서는 (주)KTF가 2007년 3월 1일부터 전국 서비스를 시작했고, SKT(주)도 2007년 3월 말부터 서비스를 시작했다.

표 3-3 ‹‹‹ 무선 브로드밴드 서비스 비교

구 분		1xEVDO RO	1xEVDO RA	WCDMA R5 (HSDPA)	WiBro	무선랜 (802.11b/g/a)
전송 속도	하향	2.4Mbps	3.1Mbps	14.4Mbps	24.8Mbps	11/54Mbps
	상향	15.4kbps	1.8Mbps	2.3Mbps	5.2Mbps	
셀 반경		4km	4km	4km	1km	50m
기지국 가격		1.7억원	1.7억원	1.7억원	1.3억원	3만원
비트 원가			8.68원	1.87원	0.9원	0.01원
상용 시기		2002년 4사분기	2007년 2사분기	2006년 5월	2006년 6월	2003년
서비스 업체		SKT, KTF	LGT	SKT, KTF	KT, SKT	KT, 하나로

HSDPA의 전송속도는 하향 1.4Mbps, 상향 14.4Mbps이다.

2. 와이브로(휴대인터넷)

와이브로는 와이어리스 브로드밴드 인터넷(Wireless Broadband Internet)의 줄임말이며, 외국에서는 모바일 와이맥스(Mobile WiMAX)라고 한다. 한국말로는 무선광대역 인터넷, 무선초고속 인터넷, 2.3GHz 휴대인터넷 등으로 풀이된다.

한국정보통신기술협회(TTA)와 이동통신업체들이 상용 서비스를 목표로 개발하는 무선 휴대인터넷 서비스이다. 휴대형 무선단말기를 이용해 정지 및 보행 또는 시속 60km로 이동하는 상태에서도 고속 전송속도로 인터넷에 접속, 다양한 정보와 콘텐츠를 이용할 수 있다. 즉, 퍼스널컴퓨터 · 노트북컴퓨터 · PDA · 차량용 수신기 등에 무선랜과 같은 와이브로 단말기를 설치하면 이동하는 자동차 안이나 지하철에서도 휴대폰처럼 자유롭게 인터넷을 이용할 수 있는 서비스이다.

표 3-4 ‹‹‹ 와이브로와 와이맥스 비교

구 분	WiBro	WiMax
주파수 대역	2.3~2.4GHz	2~11GHz
서비스	휴대 인터넷	고정 인터넷
단말기 이동성	휴대폰형, 노트북형(차량탑재 가능)	고정
접속방식	OFDMA	OFDMA
대역폭	9MHz	1.25~28MHz
서브 캐리어 수	1024	256~2048
최대 전송속도	30Mbps	36Mbps
커버리지	1~1.5km(도심), 3~5km(외곽)	3.5~7km

와이브로는 2002년 10월 정보통신부가 무선가입자용(N-WLL)으로 사용하던 2.3GHz 대역의 주파수를 휴대인터넷용으로 재분배하면서 시작되었다. 이와 함께 한국전자통신연구원(ETRI)과 삼성전자 등이 개발을 시작하여 기술표준 'HPi' 개발에 성공했다. 이 기술표준은 순수 국내 기술로 개발되었고, 2005년 미국 전기전자학회(IEEE)에 의하여 국제표준으로 채택되었다. 2007년 10월 국제전기통신연합(ITU)은 와이브로를 3세대 이동통신의 6번째 기술표준으로 채택했다.

한편, 한국 정부는 2005년 1월에 와이브로 사업자로 KT, SK텔레콤, 하나로텔레콤을 선정했다. 이어 2006년 6월 KT와 SK텔레콤은 서울을 중심으로 한 수도권 일부 지역에서 세계 최초로 와이브로 상용 서비스를 시작했다.

표 3-5 주요 국가별 WiMax 주파수 할당현황

주파수	국 가
2.3GHz	한국, 호주, 싱가포르, 말레이시아, 뉴질랜드, 노르웨이, 미국, 캐나다
2.5GHz	일본, 사우디아라비아, 싱가포르, 인도네시아, 말레이시아, 대만, 태국, 러시아, 노르웨이, 미국, 캐나다, 브라질, 베네수엘라, 멕시코
3.3~3.4GHz	인도, 인도네시아, 베트남
3.5GHz	호주, 사우디아라비아, 중국, 필리핀, 인도네시아, 말레이시아, 뉴질랜드, 인도, 태국, 네덜란드, 크로아티아, 이탈리아, 영국, 아일랜드, 스페인, 프랑스, 독일, 스웨덴, 러시아, 노르웨이, 미국, 캐나다, 브라질, 베네수엘라, 멕시코
3.6GHz	미국

최대 전송률은 하향(다운로드)시 5.2Mbps이고 상향(업로드)시 24.8Mbps로 속도면에서 가장 최근 상용화된 HSDPA 서비스보다 최대 3배 이상 빠르다. 현재 전 세계 약 30개국이 2.3GHz, 2.5GHz, 3.5GHz 대역에서 와이브로 서비스 도입을 추진하거나 추진을 검토하고 있다. 또 ETRI와 삼성전자는 와이브로의 진화기술인 와이브로 에볼루션(WiBro Evolution)을 개발하고 있다. 이것은 시속 120km 이상의 고속이동환경에서 2.3GHz 대역의 40MHz 대역폭을 이용하여 최대 400Mbps 데이터를 전송할 수 있다.

1) 와이브로의 특징

와이브로 기술은 차세대 무선통신 기술이 결집하여 창출된 필연적 산물이다. 2000년대 이후 차세대 무선통신은 서비스 전개영역에 따라 혁신적인 진화를 거듭해 왔다. 대표적인 기술은 블루투스, 지그비, 차세대 와이파이, 무선 매시 네트워크, 고정형 와이맥스, 와이브로, HSDPA, UWB 등을 들 수 있다.

이동중 초고속 인터넷 환경을 고려하여 개발된 WiBro는 뛰어난 이동성과 빠른 업로드와 다운로드 속도, 전 대역을 데이터 통신용 채널로 사용하는 안정성을 지원한다. 와이브로는 TDD와 OFDMA방식을 채용하고 60km 이하의 이동속도에서 최소 전송속도가 상향 128kbps, 하향 512kbps를 만족시키는 기술이다. 와이브로는 다중 안테나 기술인 MIMO 기술을 채용하여 전송속도를 이용자당 1~3Mbps로 개선시켰으며 이동속도가 120km로 향상되었다.

WiBro는 고객의 편의를 위해 노트북 등에 장착해 사용할 수 있는 USB형 WiBro 모뎀을 비롯해 WiBro폰, WiBro PMP, WiBro PC 등의 다양한 컨버전스 단말기 라인업을 구성하여 초고속 인터넷 서비스를 지원한다.

2) 와이브로 주파수

① 2002년 12월, WiBro 주파수 분배

- 무선가입자용(WLL)으로 사용하던 2.3GHz대역을 WiBro용으로 재분배

② 2005년 1월, WiBro 사업자 선정

- KT, SKT, 하나로통신 등 3개 사업자를 WiBro 사업자로 선정
  ※ 하나로통신은 2005년 5월에 사업권을 반납

③ 2005년 4월, WiBro 주파수 할당

- 분배 대역을 9개 FA(FA당 9MHz)로 나누어 KT, SKT에게 할당

④ 2006년 6월, WiBro 본격 서비스 개시

- 2007년 수도권 중심으로 25개시(인구대비 약 50%) 구축완료, 2008년에 84개시(인구대비 약 70%)로 확대
- 서비스 개시 초기에는 가입자 유치 부진, 2007년 3분기부터 급격히 증가

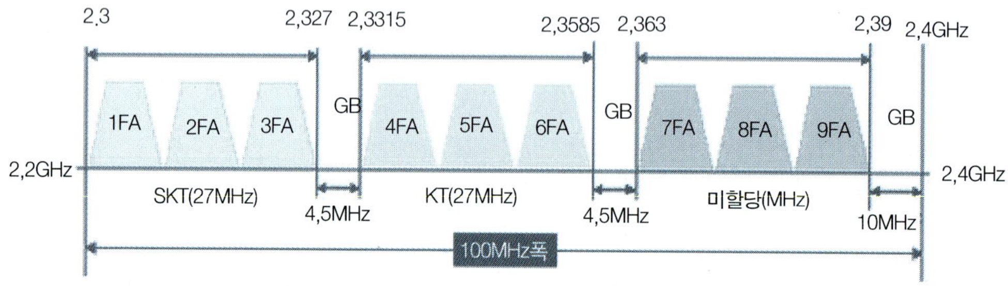

그림 3-2 ‹‹‹ 와이브로의 주파수 할당

3) 국내 와이브로 기술개발 현황

① KT 와이브로는 2006년 6월 말 서울 일부(신촌, 강남구, 서초구, 송파구)와 분당지역에서 상용 서비스를 시작하였다.

② 2007년 4월에는 서울 전 지역과 지하철 1~8호선, 공항과 공항철도, 수도권 주요

대학가 등으로 서비스 이용지역이 확대하였다.

③ KT는 2007년 6월 12일 IMS(인터넷 프로토콜 멀티미디어 서브시스템) 기반의 통합 커뮤니케이션 서비스 플랫폼을 국내 최초로 구축하였다.

- 와이브로 사용자가 HSDPA(고속영상이동통신) 사용자와 영상통화를 할 수 있고
- KT 와이브로 가입자가 KTF의 "쇼(SHOW)" 가입자와 영상통화가 가능하다.

④ KT, 와이브로-지상파 DMB 양방향 서비스 개시하고 있다.
KT는 지상파 DMB 방송사 U1미디어와 협력을 통해 와이브로로 실시간으로 방송에 참여할 수 있는 '와이브로-지상파 DMB 양방향 서비스'를 개시하였다.

⑤ 1만9천800원 정액상품(자유선언)과 월 1만원(1Gbyte 기본 이용, 25원/Mbyte)의 저렴한 요금상품이다.

⑥ SK텔레콤이 와이브로 사업에 주저하는 근본적인 이유는 이동전화 사업자입장에서 기존 2G와 3G사업 분야를 잠식할 수 있는 이른바 '카니벌라이제이션(자기잠식효과)' 가능성이 있는 와이브로를 전면에 내세우기 어렵기 때문이라고 분석하였다.

⑦ SKT, 2008년 상반기 '와이브로-3G' 등에 6천550억 투자하였다. 와이브로 서비스 지역 확대와 가입자 증가에 대비한 3세대 네트워크 증설에 집중적으로 투자하고 와이브로 커버리지는 2007년에 23개시에 56개 핫존을 구성했지만, 2008년에 42개시 108개 존으로 늘렸다.

⑧ KT는 휴대인터넷 와이브로를 통해 영상통화 서비스 제공한다. 와이브로 가입자들은 자신의 와이브로 단말기(SPH-M8100)를 이용해 서로 문자메시지(25원)나 문자대화뿐 아니라 음성과 영상통화(무료)를 동시에 할 수 있고 KT 영상전화 서비스는 3G 영상전화 서비스와 비교해 3배 정도 빠른 192kbps를 지원하고 향후 유선전화, 휴대폰 이용자와의 영상통화와 같은 서비스도 지원할 계획이다.

⑨ KT는 2007년 9월에 국내 최초로 3세대 이동통신인 WCDMA/HSPDA와 인터넷전화 간의 영상통화 서비스 개시하였다.

⑩ 2007년에 서비스 커버리지 KT 25개시, SK텔레콤은 23개시로 확대되었다.

⑪ KT는 2008년에 서울 전역은 물론 경기도 내 13개시 지역으로 커버리즈를 확대하였다.

4) 와이브로 표준화 이력

- 2002.12 : 2.3GHz 휴대인터넷용 주파수 변경 고시(2002.12, 정보통신부)
- 2003.07 : TTA 2.3GHz 휴대인터넷 프로젝트 그룹(PG302) 결정

- 2004.01 : 무선접속 주요 시스템 파라미터 및 필수요구사항 결정(2004.01)
- IEEE 802.16과의 협력 관계를 구축하여 국내 와이브로 기술을 IEEE 802.16에 반영
- 2004.06 : PHY/MAC 1단계 표준채택(2004.06, TTA 39차 표준총회)
- 2004.08 : 기술보고서 6건 채택(2004.08, TTA 40차 표준총회)
- 2004.08 : TTA 휴대인터넷 PHY 표준 IEEE 802.16d 표준에 다수 반영(Preamble 등 제외)
- 2004.10 : 와이브로의 물리계층 규격이 IEEE 802.16-2004(IEEE 802.16d) 규격에 반영
- 2004.11 : IEEE 802.16e회의, TTA 휴대인터넷 MAC 표준화 반영
- 2004.11.13~11.18 : IEEE 802.16 34차 회의(16e 표준화 2005년 3월 완료예정, MIMO 합의 실패, 16g의 신규 표준화 개시)
- 2004.11.23 : 서비스 및 네트워크 실무반 회의(16g 회의 결과 논의)
- 2004.11.24 : 국제협력 Ad-Hoc 그룹 회의(Profile 추진 관련 논의)
- 2005.12 : 와이브로의 매체접근제어계층 규격이 IEEE 802.16e-2005(IEEE 802.16e)에 반영
- 2006.09 : ITU-R WP8A에서 와이브로 기술이 반영된 IEEE 802.16-2004 및 IEEE 802.16e-2005 규격을 무선 광대역 접속 표준의 참조 표준으로 반영
- 2007.01 : ITU-R WP8F회의에서는 와이브로가 반영된 IEEE 802.16d/e 규격 기반의 모바일 와이맥스 기술이 'OFDMA TDD WMAN'이라는 이름으로 IMT-2000 기술 중 하나로 ITU에 제안
- 2007.03 : PG302 산하에 평가 그룹을 구성한 후 제안된 모바일 와이맥스 기술의 평가를 실시하여 제안기술이 IMT-2000의 성능 요구사항을 만족함을 증명하였으며, 그 결과를 5월 ITU-R로 제출
- 2007.05 : 일본 교토에서 개최된 WP8F 회의에서는 TTA 평가 그룹 등 총 9개 평가그룹이 평가한 결과를 집중적으로 논의하였으나 중국 등 반대 진영에서는 IMT-2000 최소 성능 요구조건 중 핸드오버, 멀티미디어 서비스 지원 및 회선교환 서비스 등의 문제점을 집중 제기
- 2007.06 : 제네바에서 개최된 SG8에서도 계속 논의가 되었으나, 합의에 이르지 못하여 한국은 반대 진영의 기술적 이해를 돕기 위해 WP8F 특별회의를 8월말

한국에서 개최하는 것을 제안 유치

- 2007.08 : 한국에서 개최된 WP8F 특별회의에서는 쟁점 항목 중 핸드오버에 대하여는 모바일 와이맥스 기술이 끊김없는 서비스 제공이 가능하다는 공감대가 형성되었으며, 멀티미디어 서비스 지원 부분에 대하여는 기술적으로 충분한 논의가 이루어졌으며, 회선교환 서비스는 반대 진영의 동의를 통해 합의점을 찾음
  - 최종적으로 수정된 모바일 와이맥스 표준안을 SG8 의장에게 보내기로 하고, SG8 의장은 회의결과를 모아서 10월 중순 제네바에서 개최되는 RA-07에 그 승인 여부를 상정하기로 함
- 2007년 10월 18일 전 세계 97개국 대표가 참가한 가운데 스위스 제네바에서 개최된 국제전기통신연합(ITU) 전파통신총회에서 WiBro 기술(공식명 : OFDMA TDD WMAN)이 3G(IMT-2000) 표준으로 최종 채택
  - 3세대 기술 중에서는 유일하게 4세대의 기반기술인 OFDM 기술을 도입한 WiBro 표준 채택안을 정보통신부가 2007년 초에 제안하여 이번 전파통신총회에서 최종 결정
- 와이브로 주파수대, 4G 세계 공통 주파수로 선정
  - 2007년 11월 18일 스위스 제네바에서 열리고 있는 세계전파통신회의(WRC-07)에서 와이브로의 2.3G 100M 주파수대역이 4G 공통 대역으로 선정
  - 글로벌 로밍이 가능해지고 같은 대역의 주파수를 사용하는 국가가 늘어나 관련 기술과 장비 수출도 활성화될 전망
  - 와이브로의 4G 표준 선정(2010년 말 ITU에서 확정) 가능성이 한층 더 커짐

5) WiBro 표준채택의 의의

(1) 국내 독자개발 이동통신기술의 최초 국제표준 채택

한국은 IT 강국의 명성을 얻고 있지만 막대한 로열티를 주고 핵심기술을 수입하고 있는 실정이고 국내 독자개발 기술을 국제표준화함으로써 선진국을 따라가던 과거 방식에서 탈피 세계 흐름을 선도하는 명실상부한 IT 강국으로 자리잡았다.

(2) 국가 R&D 사업의 모범사례 제시

WiBro는 기획단계부터 세계시장 진출을 목표로 하고 기술개발, 상용화, 해외진출, 표준화에 이르는 일련의 과정을 정부, 연구기관, 제조업체, 사업자 등 민·관이 긴밀히 유기

적으로 협조하여 이루어낸 쾌거이다.

(3) 전 세계 WiBro 도입 확산의 촉매제 역할

WiBro의 3G 주파수 대역 활용이 가능해짐에 따라 세계 각국은 3G 대역(특히 2.5GHz 대역)에서 WiBro 기술을 활발히 도입할 것으로 예상이다. HSDPA(고속하향패킷접속)와 같은 기존 이동통신 서비스와 동등한 위치에서 경쟁할 수 있는 토대를 마련하였다. 전 세계적으로 글로벌 로밍이 가능한 IMT-2000용 주파수 확보가 매우 쉽다. 유선통신 인프라가 상대적으로 취약한 아프리카 등 해외시장에서는 CDMA-2000이나 W-CDMA보다 경제적인 망설계와 구축이 쉽다는 점에서 각광받을 가능성이 매우 큰 상태이다. 전략적으로 주요 시장인 유럽에서의 시장확보라는 측면에서도 중요한 지지기반을 확보하였다.

(4) WiBro 후속기술의 4G 표준채택 가능성 제고

ITU-R에서 4G(IMT-Advanced) 기술 표준을 확정예정이고 3G 표준채택으로 WiBro 진화기술(WiBro Evolution)이 타 4G 후보기술과 대등한 위치에 서게 되어 4G 표준채택에 유리한 위치를 확보하였다. 현재, WCDMA의 발전기술인 3G LTE(Long Term Evolution) 후속기술과 WiBro Evolution이 유력한 4G 표준기술로 부각하고 있다.

와이브로는 직교주파수분할다중(OFDMA), 다중입출력(MIMO), 스마트안테나 등 4G의 핵심기술을 이미 적용한 기술이어서 3G LTE보다 4G 표준에 근접한 것으로 평가하고 있다. 적용 단말에 있어서도 WCDMA 기반 기술에 비해 휴대폰, PDA, PMP, 울트라 모바일 PC, 노트북 등 다양한 단말에서 쉽게 서비스를 제공할 수 있다는 점도 장점이다.

모바일 와이맥스를 선택해 간단한 업그레이드만으로 4G 서비스를 제공할 수 있다면 비용효율성 측면에서 모바일 와이맥스를 선택하지 않을 이유가 없기 때문이다.

3GPP는 WCDMA의 3세대 이동통신 표준화 이후 HSDPA, MBMS, HSUPA 등의 기술을 지속적으로 추가하여 3세대 이동통신 시스템을 개량해 왔다.

또한 2005년부터는 OFDMA/SC-FDMA 전송방식을 기반으로 하는 LTE 표준화를 진행해 왔다. 현재는 ITU-R의 IMT-Advanced 표준을 위해 LTE를 개선한 LTE-Advanced를 준비하고 있다. LTE-Advanced는 IMT-Advanced 표준의 유력한 후보 중 하나로 사업자들의 폭넓은 지지를 받고 있다.

2004년 12월에 있었던 RAN Evolution Workshop부터 시작된 LTE는 3GPP Rel-8에 포함된 기술로서 OFDM(Orthogonal Frequency Division Multiple Access) 및 MIMO

(Multiple Input multiple output : 다중안테나 기술) 등의 기술을 사용하여 최대 Downlink 326.4 Mbps, Uplink 86.4 Mbps를 지원한다. LTE의 특징은 다음과 같이 정리할 수 있다.

표 3-6 ‹‹‹ LET 특징

분 류	세부 내용	주요 기술요소
Speed	Downlink Peak data rate(64QAM)	100Mbps(SISO) 172.8Mbps(2×2 MIMO) 326.4Mbps(4×4MIMO)
	Uplink Peak data rate	50Mbps(QPSK) 57.6Mbps(16QAM) 84.4Mbps(16QAM)
Mobility	High performance	15~120km/h
	Functional	120~350km/h
	Under considenation	350~500km/h
Multiple Access	Downlink	OFDMA
	Uplink	SC-FDMA

※ 출처 : http://cp.literature.agilent.com/litweb/pdf/5989-7898EN.pdf

(5) Mobile WiMAX와 경쟁중인 4G 기술

모바일 WiMAX(Worldwide Interoperability for Microwave Access)가 4G 시장의 선두에 서 있지만 LTE(Long-Term Evolution)와 UMB (Ultra Mobile Broadband)의 거센 반격이 예상되는 가운데 WiMAX 포럼의 인증과 네트워크 전개의 지연이 복합적으로 작용하여 모바일 WiMAX가 시장을 선점하여 장악하는 것이 당초 예상보다 어려워질 수 있다고 시장조사기관 ABI Research가 발표하였다.

4G 시장에서 모바일 WiMAX와 LTE가 치열한 경쟁을 펼치고 UMB는 다소 뒤쳐질 것으로 전망이다. 선두주자인 모바일 WiMAX는 LTE보다 먼저 폭넓은 장비체계와 전 세계 가입자 기반을 구축할 수 있는 장점이 있으나, 3GPP의 지원을 받는 LTE가 지배적인 4G 표준으로 자리 잡을 것이 유력시되고 있어 모바일 WiMAX가 결코 낙관할 수 없는 상황이다.

GSM이 전 세계 이동통신을 장악하고 있는 이상 WCDMA는 빠른 속도로 LTE로 이동되어 결국 LTE의 전개속도는 WiMAX를 따라잡아 2015년경 LTE 가입자가 모바일 WiMAX 가입자수를 추월할 것이라고 설명한다. 802.16m이 차별화되는 한 가지 특징은

802.16e에서 파생된 OFDMA와의 후방호환성(backward compatibility)이 제공된다는 점, 반면 LTE는 2G/3G 무선을 포함하는 방식을 제외하고는 후방 호환성이 제공되지 않는다.

WiMAX(Worldwide Interoperability for Microwave Access) 기술은 기존 무선인터넷 기술인 Wi-Fi의 커버리지와 속도를 개선하기 위해 인텔에서 주도적으로 개발한 기술로, 처음에는 Fixed WiMAX로 시작하였다. 그 후, 모바일 기능을 부가하여 Mobile WiMAX가 탄생하게 되었다.

우리가 휴대인터넷이라고 부르는 WiBro(Wireless Broadband Internet)와 Mobile WiMAX는 개념적으로 동일한 기술이라고 볼 수 있으며, 단말기를 휴대하고 이동하면서 계속 인터넷을 사용할 수 있는 기술이다.

WiBro와 Mobile WiMAX는 초창기에 서로 독자적으로 개발이 진행되어 오다가 2005년 6월 KT와 인텔이 제휴하면서 서로 협력을 하게 되었으며, 현재 WiBro 기술이 Mobile WiMAX (IEEE 802.16e)의 기본 프로파일로 많이 채택되어 있다.

특히, WiBro의 경우 KT가 6월 상용 서비스를 목표로 시범 서비스중이라 상용화 일정이 최소 6개월 이상 늦어질 것으로 보이는 Mobile WiMAX에 비해 상대적으로 시장 주도권을 쥐고 있다고 볼 수 있다. 여기에서는 Mobile WiMAX의 개념과 현황이다.

표 3-7 ‹‹‹ WiMAX의 정의

정 의	적용 기기	위치/속도	핸드오프	802.16-2004	802.16e
Fixed Access	실내외 가입자 장비	단일/정지	×	○	○
Nomadic Access	실내 가입자 장비, PCMCIA 카드	다중/정지	×	○	○
Portability	랩탑 PCMCIA 또는 미니 카드	다중/걷는 속도	어려움	×	○
Simple Mobility	랩탑 PCMCIA, PDA, 스마트폰	다중/저속 차량 이동속도	어려움	×	○
Full Mobility	랩탑 PCMCIA, PDA, 스마트폰	다중/고속 차량 이동속도	쉬움	×	○

※ 자료 : WiMAX 포럼

무선 LAN 기술보다 훨씬 먼 도달 범위를 지원하는 WiMAX는 Fixed WiMAX(802.16d)가 20MHz 대역폭에서 75Mbps, Mobile WiMAX(802.16e)가 10MHz 대역폭에서 30Mbps 정도의 브로드밴드 속도를 발휘할 수 있도록 설계되어 있다. WiMAX의 초기 제품은 802.16d를 이용한 FWA에 초점을 맞추고 있다. 이미 인텔은 Fixed WiMAX 칩셋을 양산하고 있으며, 연내에는 대부분의 신형 노트북에 WiMAX 기능이 내장될 전망이다.

WiMAX는 궁극적으로 Mobile WiMAX를 지향하고 있으며, 늦어도 2~3년 내에 인텔 CPU를 탑재한 노트북은 모두 Mobile WiMAX를 지원할 것으로 전망되고 있다.

6) WiMAX의 미래와 해결 과제

(1) 비용 문제

WiMAX 칩, 기기 및 네트워크 서비스에 부과될 비용은 WiMAX의 미래를 검토하는데 핵심 고려사항이며, 가격책정은 분명히 서비스 제공업체들이 염두에 두고 있다.

(2) 차별화 문제

사용자가 비싸지 않은 WiMAX 서비스 및 기기를 활용할 수 있다면, 두 번째 고려사항은 WiMAX가 무엇을 제공할지에 관한 것이다. 즉, 여타 무선 광대역 기술과 차별화된 WiMAX 무선 네트워크만이 제공할 수 있는 킬러애플리케이션이나 사용 모델이 있는지가 관건이다.

(3) 신뢰성 문제

현재는 서비스 수준협약(SLA : Service Level Agreement)을 받지 못할 것으로 예상하며, 이럴 경우 기업은 WiMAX 서비스 사용에 대해 신뢰하지 못하기 때문에 SLA를 받을 수 있도록 해야 할 것이다.

기업이 정보제공자와 주고받는 서비스의 품질에 관한 계약에 사용되는 협약으로, 객관적인 평가기준을 도입함으로써 통신망과 관련된 비용을 낮추는 데 있다. 따라서 목표치를 설정해서 필요한 데이터를 수집, 관리하며, 통신망 관리인 경우에는 가용성이나 트랜잭션 처리시간, 접속실패율 등의 기준치를 미리 설정하였다.

(4) 캐즘 극복의 문제

WiMAX의 경쟁 무선기술이 다양하기 때문에 WiMAX 칩을 생산하는 것과 WiMAX 서비스 기기를 소비자들이 구매할 수 있도록 시장을 유도하는 것이 매우 중요하다.

기업 초기시장과 주류시장 사이에는 일시적으로 수요가 정체되거나 후퇴하는 단절현상이 나타나게 되는데 이를 캐즘(Chasm)이라 하며, 최근 벤처 기업들이 성장하다가 쇠퇴하는 가장 큰 원인이 바로 캐즘을 극복하지 못하기 때문이다.

(5) 다른 기술과의 경쟁우위 획득 문제

WiMAX 제공업체가 대체 기술들과 경쟁해서 승리할 수 있는가의 문제로, WiMAX 서비스 제공업체인 스프린트 넥스텔(Sprint Nextel Corp.)의 경우 클리어와이어(Clearwire Corp.)와 협력하여 미국 내 WiMAX 서비스를 위한 2.5GHz 주파수의 라이센스를 획득하였으며, 이러한 활동이 대체 기술사업자들과 비교하여 분명한 경쟁우위를 점할 수 있는 부분이다.

제 4 장

차세대 이동통신

차세대 이동통신망에서 이동 서비스 제공을 위한 핵심 표준기술인 모바일 관리 표준기술과 통신, 방송, 인터넷이 융합된 품질보장형 BcN 서비스 및 BcN망 구축을 위한 표준기술의 통합으로 국내외 차세대 통신관련 사업자 및 장비업체의 경쟁력을 획기적으로 강화한다.

모바일 관리기술은 차세대 이동통신의 핵심기술이나 아직 그 기술개발 및 표준화가 초기단계이다. 따라서 한국이 이 분야에 대한 기술개발 및 표준화를 주도적으로 추진한다면 관련 표준화를 주도할 가능성이 다른 분야에 비하여 상대적으로 높다. 모바일 관리기술에 대한 표준화 주도는 국내 차세대 이동통신 사업자 및 장비업체의 경쟁력을 강화시켜줌으로써 수출증대, 고용증대에 기여한다.

이용자는 다양한 액세스 네트워크가 혼재하는 차세대 이동통신 환경에서 낮은 비용으로 고품질의 심리스한 서비스를 제공받을 수 있으므로 인해 차후 지속적으로 세계적으로 앞선 정보통신 환경을 유지한다.

BcN 서비스 및 제어망은 이종망 간에 융합 서비스 제공이 가능한 개방형 통신망 구조로 발전할 것이며 서킷 · 패킷 미디어를 통합제어하고 미래에 출현할 수 있는 모든 종류의 서비스를 생성, 제공 및 관리할 수 있는 능력을 제공하므로 통신망 사업자는 망통합을 통한 망운용 유지비의 절감, 독창적인 서비스 제공을 통한 타 사업자와의 차별화, 신속한 신규 서비스 제공으로 경쟁력의 확보가 가능하며 사용자는 서비스를 더욱 저렴한 가격과 훨씬 빠른 주기로 제공한다.

BcN 전달망은 품질 및 보안이 보장되고, 테라급 대역폭 전송능력을 제공하는 구조로 발전할 것이며 이에 따라 기반망의 QoS 보장형 스위칭/라우팅 기능, 통합 네트워크 보안기능을 제공하므로 망시설 사업자, 망관리 사업자, 과금 사업자, 서비스 사업자 등 분야별로 특성화 전문화된 통신사업 환경이 조성되고, 통합망 관리체제에 기반을 둔 경제적인 망의 운용 · 유지 · 보수가 가능해짐은 물론 유선 · 무선, 음성 · 데이터, 통신 · 방송 네트워크의 통합이 진행되어 통신사업자들은 전달, 제어, 서비스 계층이 분리된 통합 백본망 구축이 가능하다.

모바일 플랫폼은 단말기에 탑재되어 단말기의 하드웨어 기능을 상위 계층에서 사용할 수 있도록 하여 주고, 상위 응용 계층에는 프로그래밍 환경 및 실행 환경을 제공하는 역할을 한다. CDMA 진영에서는 운영체제와 구분되어 사용되기도 하나 단말기 하드웨어의 성능이 향상되고 다양한 기능이 요구되어 운영체제로부터 애플리케이션 프레임 워크까지의 모든 소프트웨어를 일컫는 말로 사용되고 있다.

WIPI, BREW, J2ME, Symbian 등 기존의 모바일 플랫폼 영역에 2007년에는 애플의 새로운 스마트폰인 iPhone과 구글의 새로운 플랫폼인 안드로로이드(Android)가 등장하여 모바일 플랫폼 경쟁은 더욱 심화되고 있다.

1. 모바일 소프트웨어 플랫폼의 개요

최근 디지털 기기 시장에서 소프트웨어 플랫폼을 주도하기 위해 많은 기업들이 치열하게 주도권 경쟁을 벌이고 있다. 최근 레오파드 운영체제를 탑재한 애플의 아이폰을 보아도 알 수 있듯이 소프트웨어 플랫폼을 선도할 경우 플랫폼 자체의 매출뿐만 아니라 하드웨어 시장을 지배하거나 스마트폰 마켓과 같은 다양한 신규시장을 발굴할 수 있는 일석삼조의 효과가 있기 때문이다.

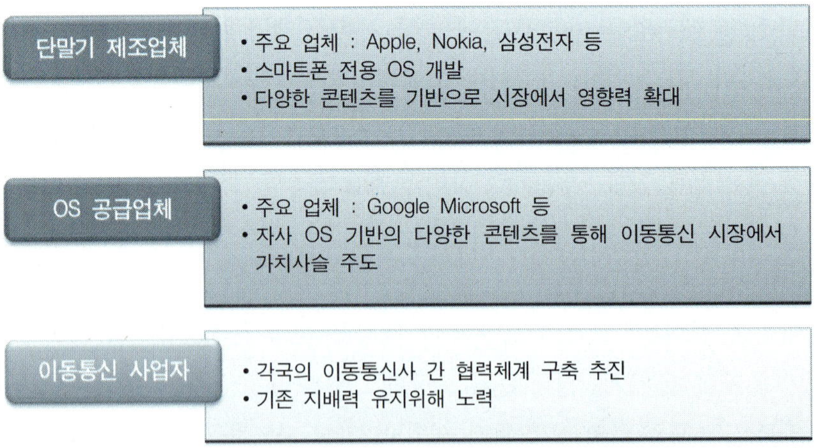

그림 4-1 ‹‹‹ 스마트폰 시장에서 주도권경쟁

여기서 말하는 소프트웨어 플랫폼이란 API(Application Programming Interface)를 통해 애플리케이션에 필요한 서비스를 제공하는 프로그램을 의미한다. 과거 플랫폼이란 개념은 부품 공용화 및 표준화를 중심으로 하는 하드웨어 중심의 접근법이었지만, 최근 플랫폼의 의미는 하드웨어에서 소프트웨어로 이동한 상태로 엔터프라이즈 애플리케이션에서는 이미 보편화된 개념이지만 기능을 추가하기가 쉽고, 편리한 사용자 인터페이스를 가진 애플리케이션을 보다 쉽게 개발할 수 있다는 장점 때문에 임베디드 분야에서는 최근 스마트폰을 중심으로 플랫폼이란 개념이 인지되기 시작하고 있다.

그림 4-2는 모바일 플랫폼의 진화과정으로써 바닐라 폰(Vanilla Phone), 피쳐 폰(Feature Phone), 스마트폰(Smart Phone)으로 진화됨을 알 수 있다.

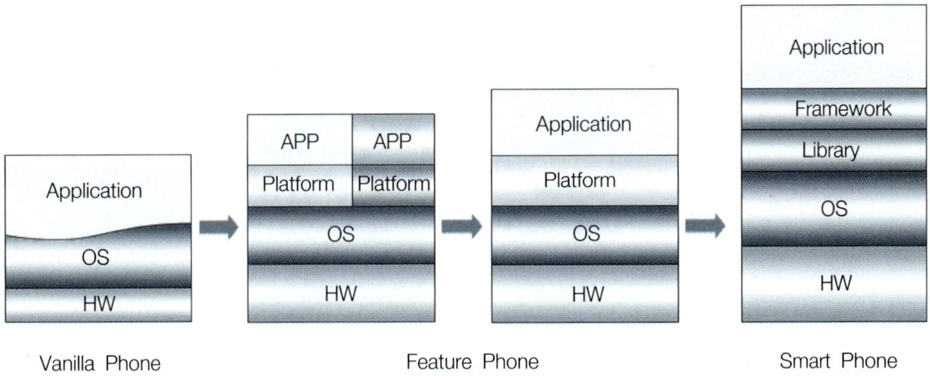

그림 4-2 ‹‹‹ 모바일 플랫폼의 진화

다양해지는 모바일 플랫폼에 따라 국내에 생산되는 휴대폰 업체의 플랫폼도 다양해졌다. 이것은 사업자별, 휴대폰별 다양한 모바일 플랫폼(Mobile Platform)이 적용되면 콘텐츠를 제공하는 자들이 개발해야 하는 콘텐츠는 각각의 플랫폼에 맞게 수정되어야 했다. 이것은 하나의 애플리케이션을 개발하면 각기 다른 플랫폼에 적용하기 위해 다시 작업을 해야 하는 시간적 금전적 낭비를 초래했다. 이러한 낭비요소를 줄이기 위한 목적으로 2001년부터 국책사업으로 추진하여 2005년 4월 1일부터 전기통신설비의 상호접속기준 고시에 따라 국내에서 생산되는 모든 휴대폰에는 WIPI(Wireless Internet Platform for Interoperability)를 탑재하도록 의무화하였다.

그러나 해외시장에서 무선인터넷 플랫폼이 오픈 소스형태로 변환되고 있는 상황에서 국내 모바일 업계의 경쟁력 향상에 도움이 되지 않을 것이라는 의견과 국내에서 WIPI만을 탑재한 휴대폰을 사용해야 하는 소비자의 불만족 등의 문제점이 제기되면서 2009년

4월 1일부터 위피의 의무탑재가 폐지되었다.

WIPI의 의무사용이 폐지되면서 도입이 제한되었던 수입산 단말기(애플의 아이폰 등)의 도입이 수월해졌고, 소비자는 다양한 플랫폼을 접하면서 선택의 폭을 넓게 가질 수 있게 되었으나, 중소 CP(Content Provider)나 일부 업계에서는 불리한 입장에 놓이게 되기도 하였다.

WIPI는 현재 3.0버전이 개발중이며 WIPI 의무화만 폐지된 것이지 사용금지가 아니므로 지속적으로 국내 휴대폰 시장에서 사용되어질 것으로 예상된다.

최근 인터넷을 이용하는 각종 전자기기가 출시되고 있는데, 이는 광대역 무선 네트워크 인프라 덕분으로 모바일 환경에서도 유선인터넷 수준의 모바일 인터넷을 즐길 수 있도록 하는 다양한 디지털 콘텐츠와 웹 기술을 제공하는 소프트웨어 플랫폼이 제공되면서 PC와 가까운 수준의 소프트웨어 플랫폼인 안드로이드, 윈도우 모바일(WM), 심비안, BMP, 애플 OS, LiMo, 바다 등이 등장했기 때문에 가능하다.

그림 4-3 ‹‹‹ 스마트폰의 플랫폼

구글은 기존 PC에서 사용하던 애플리케이션을 스마트 TV나 스마트 폰 등 다양한 디바이스에서 활용할 수 있도록 하는 소프트웨어 플랫폼을 제공하고 있고 이것이 바로 안드로이드 플랫폼이다.

표 4-1 ‹‹‹ 플랫폼의 비교

	Google	Apple	Nokia	Palm	MS
Platform	Andorid	Iphone OS(from Mac OS)	S40, S60, S80(Base on Symbian OS)	Web OS(From Palm OS)	Windows Mobile
Language	C/java	Objective C	C/C++	C/C++, Small Basic	C/C++, VB, C#
Publicity	Open	Partially Open	Closed(Open to Aliance)	Partially Open	Closed
Related Services	Google Web Services, AppMarket	Google/Yahoo, iTunes, AppStore	Music	Public AppMarket, Plam AppCatalog	Public AppMarket(Han dango)
Browser	Chrome	Safari	Commercial	Commercial	Internet Explorer

과거 스마트폰은 PDA폰이라는 이름의 PDA 기능과 폰의 기능이 물리적으로 합쳐진 단말에서 시작하였다. 반면 최근의 스마트폰은 폰 중심의 기능이 PDA 기능을 흡수한 양상을 보이는데 이를 통해 두 기능의 유기적 동작이 가능해졌다.

모바일 플랫폼은 스마트폰뿐 아니라 기본 기능만 제공하는 폰(vanilla phone)부터 시작하여 카메라폰 또는 MP3폰과 같은 기능폰(feature phone)에도 탑재되는 소프트웨어로, 폰의 하드웨어적 성능을 상위 응용소프트웨어에서 사용할 수 있도록 하는 역할을 한다.

휴대단말에 탑재된 운영체제와 플랫폼을 구분하기도 하나, 범용 운영체제가 사용되면서 운영체제부터 애플리케이션 프레임 워크까지의 모든 소프트웨어를 일컫는 말로 사용되고 있다.

한 예로, 퀄컴(Qualcomm)의 CDMA 기술을 사용하며 MSM 칩을 주로 사용하는 한국의 경우 동사의 REX를 운영체제로 사용하고, 이 위에 무선인터넷 서비스를 위한 WIPI 등을 플랫폼으로 탑재하여 사용했다.

모바일 플랫폼은 모바일 단말에 탑재되는 소프트웨어로 상위 응용 프로그램이 다양한 서비스를 제공할 수 있도록 하는 데 도움을 주는 소프트웨어를 말한다.

애플(Apple)은 휴대 단말기인 iPhone을 2007년 1월 9일 발표했다. 구글(Google)은 2008년 출시 계획을 가진 구글폰(gPhone)의 플랫폼인 안드로이드(Android)의 SDK를 2007년 11월 12일 공개했다.

Apple의 iPhone은 차별화된 UI를 통해 마니아층을 형성시켜 iPod에 이어 Apple의 휴대단말의 성공을 이끌어냈다. Google의 Android는 인터넷 서비스 업체인 Google이 만들어낸 개방형 플랫폼으로 제품 출시 전부터 SDK를 공개하여 많은 개발자를 확보해 나가고 있다. 기존의 플랫폼들은 범용 운영체제가 지원되기 전의 휴대폰부터 진화를 해나가 불필요한 기능을 가지고 있는 등의 단점이 있었으나, 이 두 플랫폼은 스마트폰에서 시작하여 이런 단점을 가지고 있지 않다. WIPI, BREW, J2ME, Symbian, Windows Mobile 등 기존의 모바일 플랫폼 영역에 두 플랫폼이 새로 등장하여 모바일 플랫폼 경쟁은 더욱 심화되었다.

2. WIPI

WIPI(Wireless Internet Platform for Interoperability)는 한국 무선인터넷 표준화 포럼(KWISF : Korea Wireless Internet Standardization Forum)의 모바일 플랫폼 특별 분과에서 표준화한 모바일 플랫폼 표준 규격. 무선인터넷을 통해 다운로드한 응용 프로그램을 이동통신 단말기에 탑재시켜 실행시키기 위한 환경을 제공하는 데 필요한 표준 규격이다.

WIPI는 무선인터넷 환경을 위한 플랫폼으로 과거 국내 이동통신사별로 GVM, SK-VM, MAP, BREW, CLDC/MIDP 등으로 분화되어 있던 모바일 플랫폼을 하나로 표준화한 무선인터넷 표준 플랫폼이다.

WIPI는 이동통신 사업자, 단말기 제조사 그리고 플랫폼 개발업체들이 중심이 되어 만든 공개 표준이라는 특징을 가지고 있다. 소스 레벨의 호환성을 지향하는 WIPI는 플랫폼 표준화를 통하여 콘텐츠 제작업체의 부담을 크게 줄였으며, 이동통신 사업자들도 다양한 콘텐츠를 빠르게 사용자에게 제공할 수 있게 되었다.

WIPI는 2001년 9월 이동통신 3사의 공통 RFP 발표를 시작으로 2002년 3월에는 v1.0을 발표하였고, 2005년 8월 v2.0.2를 발표하였다. 현재는 범용 운영체제를 탑재한 휴대형 단말을 위해 WIPI 규격 3.0을 준비중에 있다.

그림 4-4는 현재 WIPI의 구조도이다. 핸드셋 소프트웨어 위에 HAL 계층이 있어 핸드셋 소프트웨어와 WIPI 플랫폼의 포팅을 도와준다. HAL 계층의 역할은 다양한 핸드셋 환경에서도 HAL이 요구하는 기본적인 API만 충족시키면 WIPI를 탑재할 수 있도록 하기 위함이다. WIPI의 핵심이라고 할 수 있는 WIPI Runtime Engine은 WIPI 콘텐츠를 동작시키는 주체다.

J2ME의 경우 응용 프로그램이 바이트코드로 컴파일됨에 비해 WIPI 응용 프로그램은

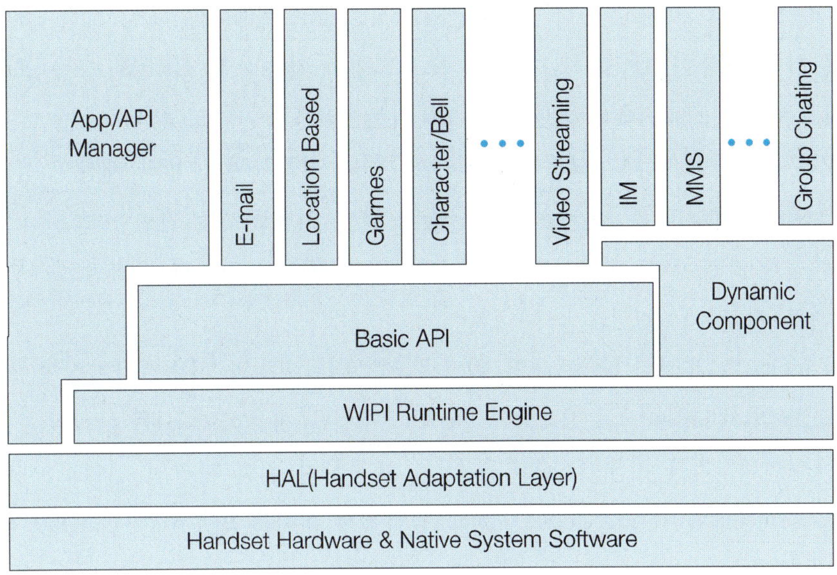

그림 4-4 ‹‹‹ WIPI 플랫폼 구조도

바이너리로 컴파일되는데, WIPI Runtime Engine은 바이너리 형식의 WIPI 응용 프로그램을 실행시키고 관리한다. WIPI 응용 프로그램에 노출되는 Basic API는 C/Java API로 다양한 서비스가 가능하도록 풍부한 API를 제공한다.

2002년 8월부터는 Sun의 MIDP 프로파일을 Java API에 포함시켜 공인받은 API를 제공하는 기능적인 플랫폼이 되었다.

핸드셋의 발전으로 인하여 다양한 서비스가 필요하나 Basic API가 이를 지원하지 못하는 경우 dynamic compo-nent를 사용하여 WIPI의 기능을 확장하여 사용할 수 있다.

WIPI의 초기 탄생은 기존의 이동통신 단말기에서 시작하였다. 그러나 텔레매틱스, DMB, RFID 등 다양한 분야에서 WIPI를 차용하여 사용하고자 하는 요구가 늘어 WIPI의 규격을 제안할 수 있는 열린 창구인 WSP(WIPI Standardization Process)를 제정하여 진행하고 있다. 현재는 WIPI 3.0을 통해 다양한 단말과 범용 운영체제에 대응할 수 있는 규격을 준비중에 있다.

3. BREW

BREW는 핸드셋용 응용 프로그램 개발을 위한 표준개발 환경을 제공한다. 핸드셋 칩 제조업체인 퀄컴(Qualcomm)에서 개발한 플랫폼으로 빠른 개발 주기와 기능 개선과 확장이 빠르다는 장점을 가지고 있다. 하위 운영체제의 소프트웨어에 대한 지식 없이 BREW에서 제공하는 풍부한 API를 쉽게 응용 프로그램이 가능하며, BREW 응용 프로그램은 바이너리로 동작하므로 빠른 실행이 가능하다는 장점을 가지고 있다.

BREW는 핸드셋에서 데스크톱과 유사한 환경을 제공하여 사용과 개발이 용이하다는 장점을 가지고 있다. 다른 윈도우 시스템들과 같이 이벤트에 기반한 구조로 되어 있고, C 언어를 통해 개발하며, 개발사 및 제조사에 의해 부족한 기능을 확장할 수 있는 등 풍부한 편의를 제공하고 있다.

퀄컴의 uiOne은 개선된 UI 프레임 워크로 커스터마이징과 퍼스널라이징이 가능한 구조다. BREW의 extension으로 'Data is the UI' 개념을 사용하여 UI를 play할 수 있는 데이터로 표현한다. 이를 위해 TrigML을 UI를 표현하기 위한 마크업 언어로 사용하였다. TrigML은 Trigenix의 기술로 2004년 10월 퀄컴에서 회사를 인수하면서 uiOne 기술로 포함되었다.

퀄컴은 그림 4-5와 같은 BREW 4 시리즈의 디자인을 공개하면서 BREW 4 시리즈가 컴포넌트에 기반한 플랫폼임을 밝혔다. 핸드셋 소프트웨어 위에 컴포넌트 서비스 환경을 두었다. 컴포넌트 서비스 환경은 파일 시스템, 컴포넌트 매니저, 스레드 및 프로세스 처리, 메모리 관리 등과 같이 휴대 단말에서 공통으로 요구하는 컴포넌트를 기본적으로 탑재하고 기능 확장을 위해 컴포넌트를 추가하는 형식으로 플랫폼을 확장할 수 있는 구조를 제공한다. BREW 4 시리즈에 처음 도입된 컴포넌트 서비스를 통해 퀄컴은 범용 운영체제 환경에 플랫폼을 제공하고자 한다.

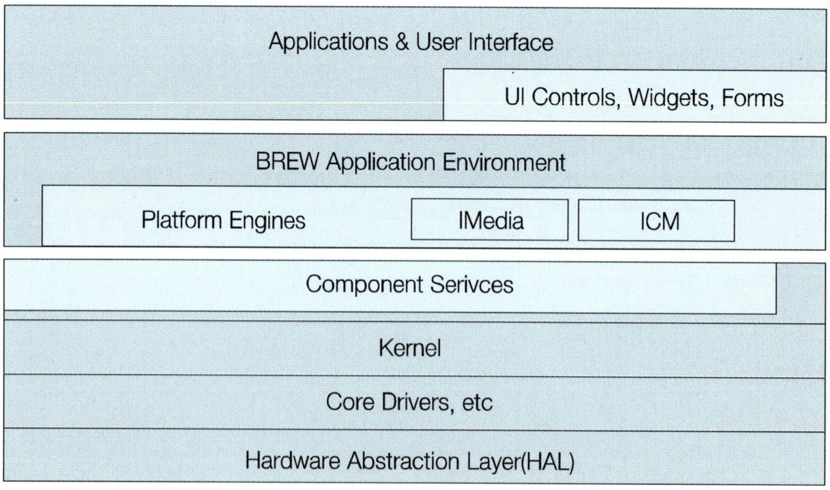

그림 4-5 ‹‹‹ BREW 4 시리즈 플랫폼 구조도

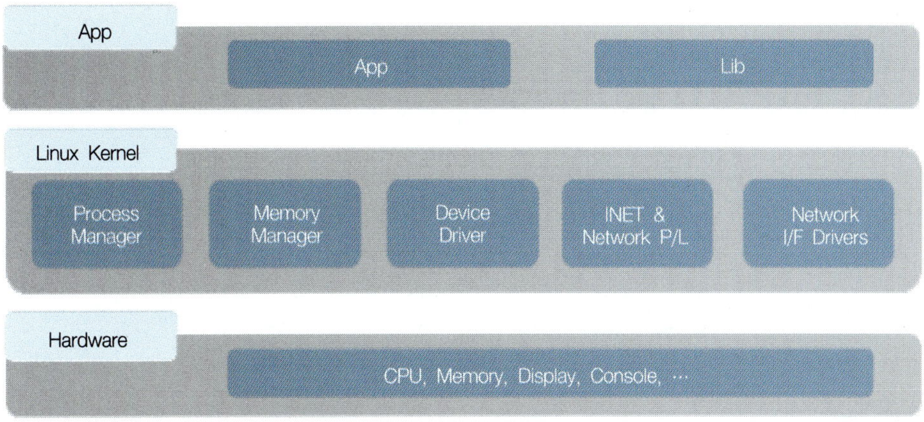

그림 4-6 ‹‹‹ 리눅스 플랫폼 구조

4. 썬마이크로시스템즈의 J2ME

Java 언어 및 자바 프로그램 실행환경은 뛰어난 이식성으로 인해 많은 폭넓은 개발자 및 이용자층을 확보하고 있으며 결과적으로 풍부한 애플리케이션을 제공하고 있다.

휴대단말은 데스크탑 PC와는 입출력장치나 프로세서 성능, 메모리 크기 등 하드웨어 제원이 다르기 때문에 이들 간에도 코드가 호환되고 완전한 호환성이 제공되는 것은 사실상 불가능하다.

또한, PC용으로 정의된 라이브러리들을 휴대단말에서 그대로 이용하는 것은 효과적이지 않다. 따라서 썬(Sun)사는 소형 단말기를 위한 J2ME(Java 2 Platform Micro Edition)이라는 자바 환경을 제안하였다. J2ME는 CLDC(Connect Limited Device Configuration)와 MIDP(Mobile Information Device Profile)로 이루어져 있다. 최근에는 JTWI(Java Technology for Wireless Industry)를 발표하였는데 JSR-30 CLDC 1.0, JSR-120 WMA, JSR-118 MIDP 2.0를 필수 규격으로 채택하였고 JSR-135 MMAPI, JSR-139 CLDC 1.1를 선택규격으로 채택하는 등 JCP를 중심으로 표준화를 활발히 하고 있다.

5. 심비안 플랫폼

심비안(Symbian)은 유럽의 주요 단말 제조업체들의 공동 투자로 만들어진 스마트폰을 위한 운영체제로서 Nokia Series 60 스마트폰 플랫폼의 기반을 이룬다.

심비안 운영체제는 기본적으로 마이크로 커널 기반의 경량 운영체제 구조를 갖추고 있고, 네트워크 기능을 포함한 대부분의 기능이 마이크로 커널상의 서버의 형태로 존재한다. 심비안 운영체제의 잘 정의된 OEM adaptation layer는 하드웨어 구성요소에 대한 지원 소프트웨어 및 통신 프로토콜 부분을 지원하기 위한 인터페이스 소프트웨어 부분 등이 서버 모듈의 형태로 정의되어 있어 다른 부분에 대한 고려 없이 비교적 독립적으로 새로운 하드웨어에 심비안을 탑재할 수 있도록 돕는다.

심비안은 C++를 기본 언어로 하고 있으며, OPL, Python 등의 언어도 지원하며 최근엔 J2ME도 지원한다. 그림 4-7은 체계적인 구조를 갖춘 심비안의 구조도를 보여준다. 그림 4-7에서 보는 바와 같이 심비안은 S60과 UIQ의 플랫폼을 심비안 OS에 탑재한 구조를 가진다.

심비안 OS는 OS service, application service, UI framework를 통해 다양한 기능을 제공한다. 심비안은 각종 표준 규격을 빠르고 완벽히 탑재하는 안정적인 플랫폼으로 Web SVG Tiny, AJAX, Flash Lite 2.0 등을 탑재한 브라우저를 통해 Web 2.0을 준비하고 있다.

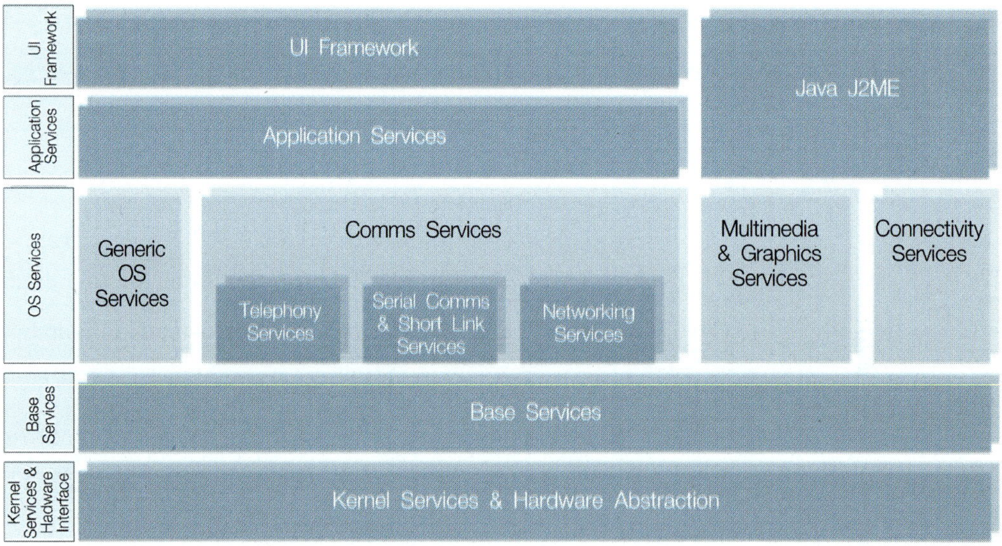

그림 4-7 ‹‹‹ 심비안 플랫폼 구조

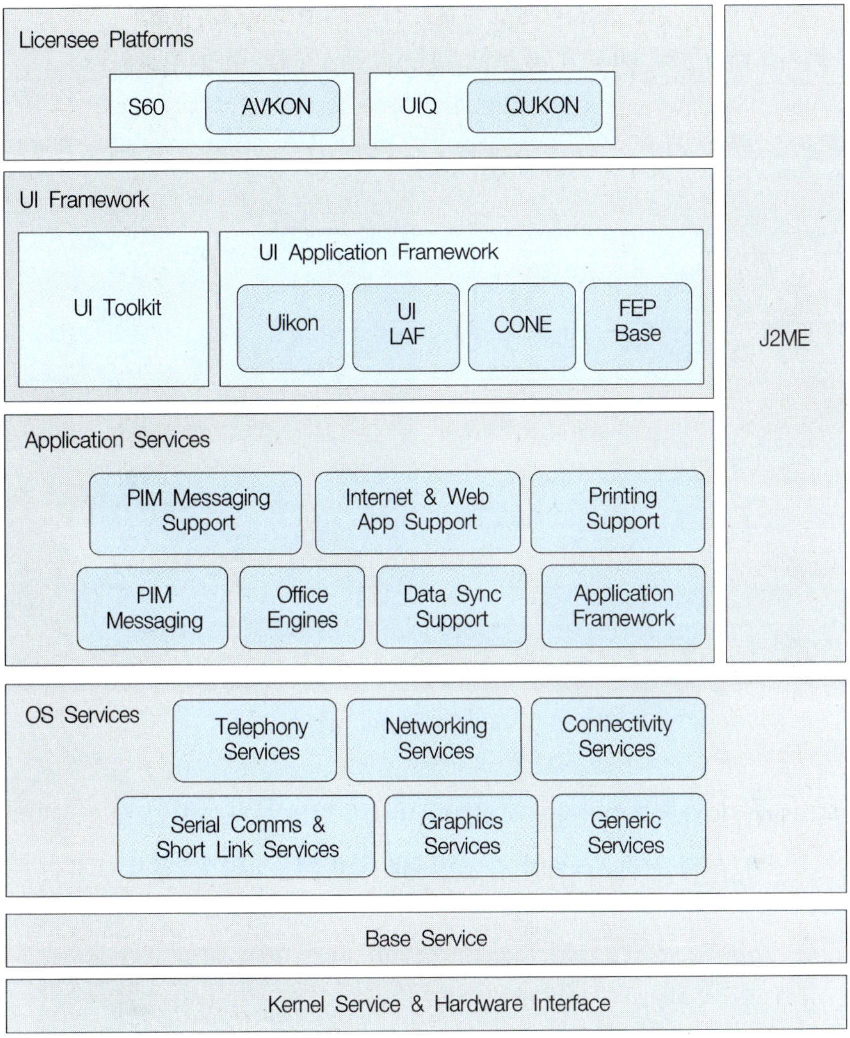

그림 4-8 ‹‹‹ 심비안 구조도

6. 윈도우 모바일 플랫폼

윈도우 모바일(Windows Mobile)은 다양한 제품군으로 다양한 디바이스를 지원한다. 최근 발표된 윈도우 모바일 6.0은 C# 기능을 강화하여 더 빠른 응용 프로그램 개발을 가능하게 하였다. 윈도우 모바일(Windows Mobile) 계열은 C, C++, C#을 지원하며 데스크톱에 탑재되는 Windows와 상당 부분 같은 API를 제공해 쉽고 빠른 개발환경을 제공한다.

심비안(Symbian)과 마찬가지로 오랫동안 사용되어 안정성과 성능이 검증된 플랫폼으로 기본 라이브러리부터 UI까지 풍부한 기능을 제공하는 것이 특징이다.

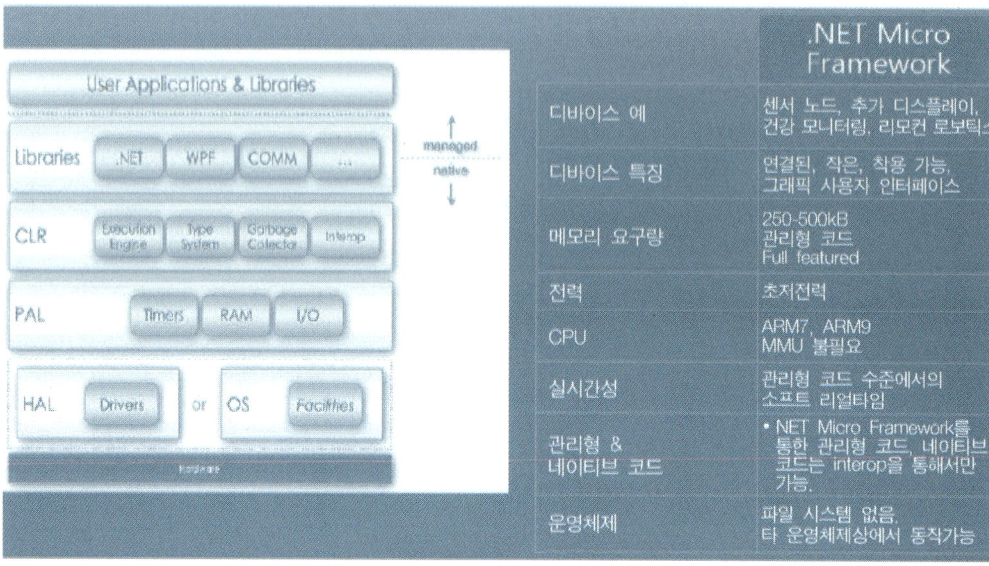

그림 4-9 ‹‹‹ 윈도우 모바일 플랫폼 구조

Apple의 iPhone은 소프트웨어적인 특징보다 버튼이 없는 터치스크린으로만 동작하는 폰으로 관심을 끌었다. 멀티 터치스크린이 가능한 480×320 해상도의 3.5인치 LCD는 두 손가락

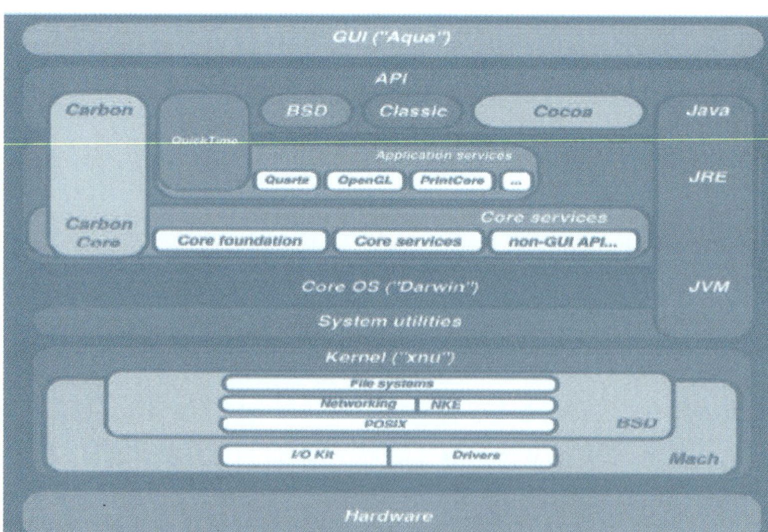

그림 4-10 ‹‹‹ iPhone 플랫폼의 구조

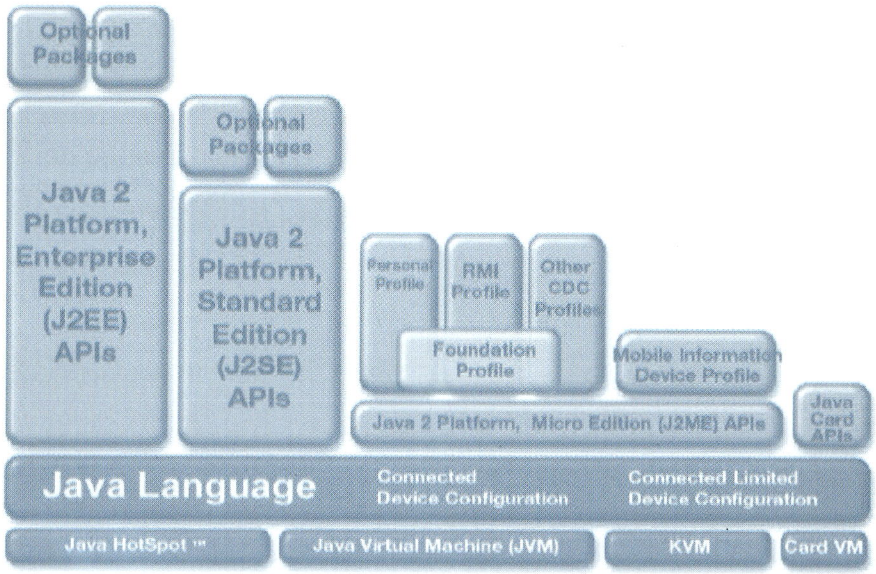

그림 4-11 ‹‹‹ Java의 플랫폼 구조

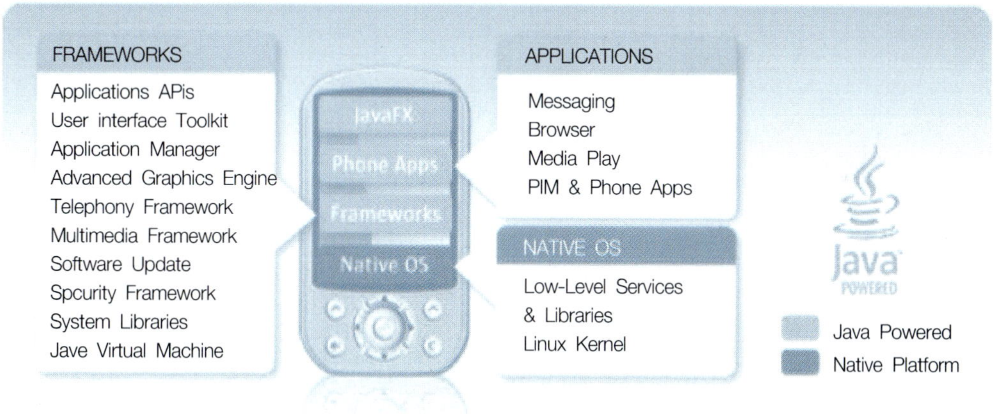

그림 4-12 ‹‹‹ Java FX 모바일 플랫폼 구조

을 사용한 다양한 UI를 가능하게 하고, 가속도계와 접근탐지 센서를 활용하여 편의 기능을 제공한다. iPhone은 MAC OS×v10.4.10을 사용한다. 이 플랫폼은 FreeBSD 기반의 Darwin을 바탕으로 풍부한 멀티미디어 기능과 그래픽스 기능을 제공한 UI를 내세우고 있다.

7. 안드로이드 플랫폼

1) 안드로이드의 탄생

2007년 11월에 구글은 안드로이드란 이름으로 스마트폰 애플리케이션 개발에 필요한 소프트웨어 플랫폼을 발표한다. 이미 구글은 2005년에 Android Inc를 설립하여 안드로이드를 주축으로 모바일폰 시장을 개척하고자 개발을 착수한다. 손쉬운 업그레이드, 라이선스 비용 등 오픈소스의 장점과 다양한 하드웨어를 지원한다는 매력 때문에 안드로이드 개발책임자인 Andy Rubim은 리눅스 기반의 유연성 있는 모바일 운영체제를 개발목표로 채택하고 2008년 T-Mobile은 안드로이드 기반 첫 스마트폰인 HTC Dream의 안드로이드폰을 발표한다.

그림 4-13 ‹‹‹ HTC Dream의 안드로이드폰

구글 안드로이드는 모바일 소프트웨어 개발을 위한 공개 개발환경으로 OS, 미들웨어, 애플리케이션이 완전히 분리된 구조이다. 안드로이드는 Apache 2 라이선스 기반으로 리눅스 운영체제 커널 버전 2.6.25 이후 버전을 지원하며 자바 기반의 손쉽고 빠른 개발환경을 지원하여 이클립스 등의 개발도구를 활용하여 누구나 쉽게 애플리케이션을 개발할 수 있다.

안드로이드 플랫폼의 성공은 OHA(Opne Handset Alliance) 파트너상의 성공에 크게 좌우될 것이다. 그러는 동안 개발사는 더 많은 모바일 기술회사가 OHA의 일원이 되도록 장려하는 안드로이드를 위한 혁신적인 새로운 모바일 애플리케이션을 만들 기회를 가진다.

그림 4-14 ‹‹‹ 안드로이드의 OHA 연맹

OHA(Opne Handset Alliance)는 하드웨어 제조사, 이동통신 사업자, 소프트웨어 개발사를 포함한 30여개 이상의 기술회사가 모인 연맹이다. 각 분야의 회사들이 모여 무료라이선스인 구글의 안드로이드를 탑재하고 하드웨어를 제조하는 회사에 빠르게 제공함으로써 소비자에게 더 나은 모바일 소프트웨어를 경험하게 하는 것이 OHA의 목적이다.

즉, 안드로이드 플랫폼을 탑재한 모바일 기기를 빠르게 확산시키는게 주된 목적이며 OHA 연맹 파트너는 서로 협력하여 빠른 제품 출시와 안정화 그리고 시장보급에 기여하여 각 회사의 발전과 소비자 만족도 향상에 기여하게 될 것이다. OHA에 가입된 기업들은 모토로라, HTC, T-모바일, 퀄컴, LG, 삼성 등이 있다.

안드로이드의 의미는 그리스어로 "인간을 닮은 것"이란 뜻이다. 프랑스 과학소설 ≪미래의 이브≫에 나온 여성 로봇의 이미지에서 로봇 모양의 로고 이미지를 사용한다. 로고의 로봇의 이름은 "드로이드"이고 구글 개발자들이 부르는 애칭은 버그가 많아서 "버그로이드"라고 부른다.

그림 4-15 ‹‹‹ 안드로이드 로그 이미지

2) 안드로이드 특징

아이폰과 안드로이드폰에서 사용되는 소프트웨어 플랫폼을 통해 비교해보면 아이폰에서 사용되는 소프트웨어 플랫폼은 독점적인 비공개 시스템으로 시스템 내부는 공개되지 않고 많은 부분에 제약을 갖는 API를 제공한다.

반면에 리눅스(Linux)를 사용하는 공개 플랫폼인 안드로이드는 다양한 하드웨어에 다양한 형태로 적용이 가능한 시스템인 반면에 애플리케이션 마켓에서 다운로드한 애플리케이션이 특정 하드웨어에서만 동작하는 경우가 발생할 수 있다.

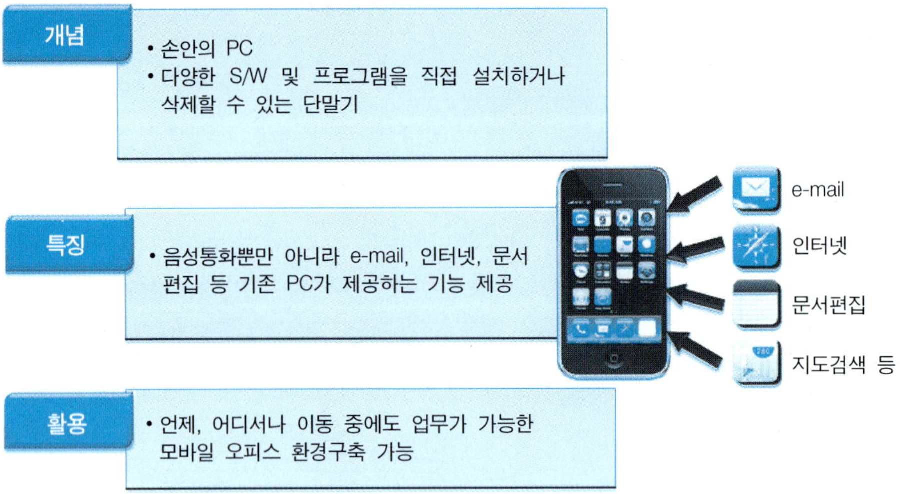

그림 4-16 ‹‹‹ 안드로이드폰의 특징

안드로이드 플랫폼의 내부구조는 공개되어 있으며 다음과 같은 특징을 가지고 있다.

① 애플리케이션의 재사용과 교체가 가능한 애플리케이션 프레임워크이다.

② 모바일 장치를 위해 최적화된 자바기반의 가상 머신(Virtual Machine)인 Dalvik Virtual Machine이 포함되어 있다.

③ WebKit 엔진 기반의 웹 브라우저가 탑재되어 있다.

④ SQLite 기반의 데이터베이스 엔진이 제공되어 데이터를 체계적으로 관리할 수 있다.

⑤ 2D그래픽 라이브러리 및 OpenGL ES 1.0기반의 3D 그래픽 엔진 라이브러리가 제공되어 최적화된 그래픽 환경을 제공한다.

⑥ 다양한 오디오, 비디오 및 이미지 포맷(MPEG4, H.264, MP3, AAC, AMR, JPG, PNG, GIF 등)을 지원한다.

표 4-2 ‹‹‹ 안드로이드 플랫폼 주요 특징

특 징	설 명
응용 프레임워크	컴포넌트를 교체하고 재사용할 수 있음
Dalvik VM	모바일 디바이스에 최적화
통합 브라우저	WebKit 기반
최적화된 그래픽	2D 라이브러리와 OpenGL	ES 1.0[19] 라이브러리 제공
SQLite[20]	데이터베이스
Media 지원	이미지, 오디오, 비디오((MPEG4, H.264, MP3, AAC, AMR, JPG, PNG, GIF)
GSM Telephony	하드웨어 의존적
Bluetooth, EDGE, 3G and WiFi	
카메라, GPS, 나침반, 가속기	
풍부한 개발 환경	에뮬레이터, 디버거, 프로파일링, Eclipse 플러그인

⑦ GSM 통신 모뎀 및 블루투스, EDGE, 3G 및 WiFi, GPS 등을 지원한다.

⑧ 디버깅을 위한 이클립스 IDE 기반의 디바이스 애뮬레이터를 지원한다.

⑨ 메모리 및 성능 프로파일링 기능을 지원하는 개발환경을 제공한다.

⑩ 애플리케이션 개발자를 위한 안드로이드 SDK(Software Development Kit)를 제공받는다.

⑪ 애플리케이션의 라이프사이클이 안드로이드 플랫폼 내에서 자동으로 관리하므로 쉽게 프로그램 개발에 접근할 수 있다.

3) 안드로이드 아키텍처

안드로이드는 애플리케이션, 애플리케이션 프레임워크(Application Framework), 라이브러리(Libraries), 안드로이드 런타임(Android Runtime), 리눅스 커널(Linux Kernel) 5개의 영역으로 나누어져 있다.

Google이 발표한 안드로이드 플랫폼은 그림 4-17과 같은 구조로 되어 있다. 필수 응용 프로그램들은 응용계층에 기본적으로 탑재되어 있고, 모든 응용 프로그램은 Java로 작성되었다. 이 응용 프로그램들은 응용 프레임워크가 제공하는 기능들을 사용하여 개발할 수 있는데, 컴포넌트 형태로 교체할 수 있도록 디자인되었다.

응용 프로그램들과 응용 프레임워크가 Java로 구현되어 있는 것에 반해 아래 계층은

C/C++로 구현되어 있다. Library는 응용 프레임워크를 통해 응용 프로그램에 기능을 제공하는 구조로 되어 있다. 안드로로이드 런타임은 Java 실행환경으로 Dalvik VM을 기본으로 하고 있다.

Dalvik VM은 디바이스에서 복수의 VM 인스턴스를 동작시킬 수 있도록 개발되었다. 복수의 응용 프로그램을 동작시키면 복수의 VM 인스턴스들이 생성되는 형식이다. 안드로이드는 리눅스 커널을 채택하고 있는데, 버전 2.6에서 동작하며 보안, 메모리 관리, 프로세스 관리, 네트워크 스택, 드라이버 모델 등을 따른다.

Google은 안드로이드용 응용 프로그램을 쉽게 개발할 수 있도록 Eclipse용 IDE를 내놓았다. 이를 이용하면 Skeleton 코드를 자동으로 생성하여 응용 프로그램 개발을 쉽게 할 수 있다. 또한, 개발한 응용 프로그램은 안드로이드 에뮬레이터에서 동작시킬 수 있다.

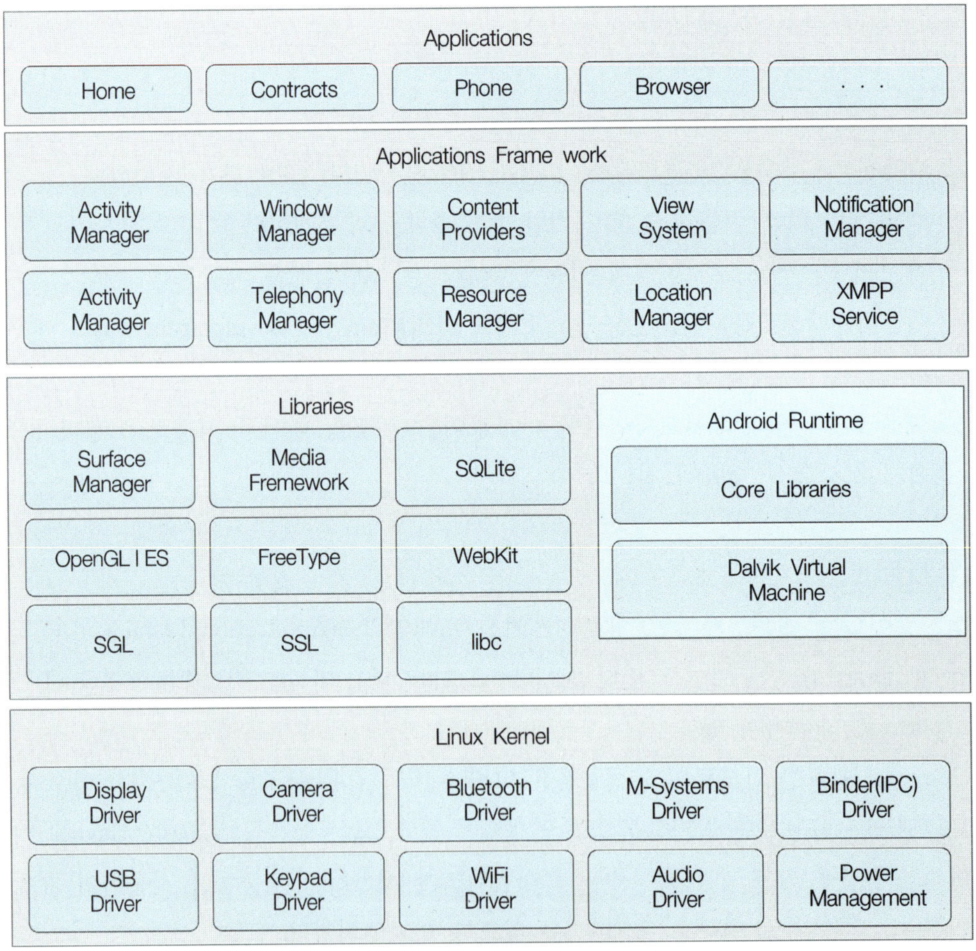

그림 4-17 ‹‹‹ 안드로이드 구조도

(1) 안드로이드 애플리케이션

안드로이드 애플리케이션은 Java 언어로 개발되며, Email Client, SMS 프로그램, 달력, 지도, 브라우저 등 재사용 가능한 코어 애플리케이션 컴포넌트가 포함되어 있고 모든 프로그램은 자바로 개발된다.

그림 4-18 ‹‹‹ 안드로이드 응용

(2) 애플리케이션 프레임워크

애플리케이션 프레임워크(Application Framework)는 Framework API로 구성되어 있으며 애플리케이션 개발자를 위해 Activity Manager, Contents Provider, Resource Manager, Notification Manager, Location Manager 등의 아키텍처를 제공한다.

그림 4-19 ‹‹‹ 안드로이드 애플리케이션 프레임워크

① Activity Manager

액티비티 스택 관리 및 액티비티의 수명주기를 제어한다.

② View System

액티비티의 사용자 인터페이스를 구성하는데 사용된다.

③ Notification Manager

사용자에게 신호를 보내기 위한 일관적이며 간섭적이지 않는 메커니즘을 제공한다.

④ Content Providers

애플리케이션이 다른 애플리케이션과 함께 데이터를 공유할 수 있도록 한다.

⑤ Resource Manager

문자열과 그래픽스 같은 외부화되는 비코드 리소스를 지원한다.

(3) 라이브러리

라이브러리(Libraries)는 커널 바로 위에서 동작한다. 안드로이드는 Libc와 SSL같은 다양한 C/C++ 코어라이브러리들을 포함하며 안드로이드 애플리케이션 프레임워크를 통해 개발자들은 이런 사항을 알 수 있다.

안드로이드 애플리케이션에서 사용할 수 있는 기본 라이브러리는 다음과 같다.

표 4-3 ‹‹‹ 안드로이드 기본 라이브러리

J2SE 5.0 Supported	3rd Party Libriries	Android Specific Libraries	
java.awt.font java.io java.lang java.math java.netl java.nio java.security java.sql java.text java.util javax.crypto javax.microedition.kh ronos javax.net javax.security javax.sql javax.xml.parsers org.w3c.dom org.xml.sax	org.apache.http org.json org.xml.sax org.xmlpull.v1	android android.app android.content android.content.pm android.content.res android.database android.database.sqlite android.graphics.drawable android.graphics.Provides android.graphics.drawable android..graphics.drawable.s hapes android.hardware android.location android.media android.net android.net.http android.net.wifi android.opengl android.os	android.preference android.provider android.sax android.telephony android.telephony.gsm android.test android.test.mock android.test.wuitebuilder android.text android.text.method android.text.style android.text.util android.util android.view android.view.animation android.webkit android.widget com.google.android.maps dalvik.bytecode dalvik.system

① 기본 라이브러리

• android.util

코어 유틸리티 패키지는 특수 컨테이너, 문자열 포맷터, XML 파싱 유틸리티 같은 하위수준의 클래스를 포함한다.

- android.os

운영체제 패키지는 메시지 전달, 프로세스간 통신, 시계기능, 디버깅 같은 기본적인 운영체제 서비스에 대한 접근을 제공한다.

- android.graphics

그래픽스 API는 캔버스, 색상, 그리기 기본 요소를 지원하는 하위수준의 그래픽스 클래스를 제공하여 캔버스 위에 그릴 수 있도록 해준다.

- android.text

텍스트 출력 및 파싱을 위한 텍스트 처리도구이다.

- android.database

데이터 베이스 작업시 커서처리에 필요한 하위 수준의 클래스를 제공한다.

- android.content

콘텐츠 API는 리소스, 콘텐츠 공급자, 패키지를 다루는 서비스를 제공함으로써 데이터의 접근과 발행을 관리하는데 사용된다.

- android.view

뷰는 핵심 사용자 인터페이스 클래스다. 모든 사용자 인터페이스 요소는 사용자와 상호작용하는 컴포넌트를 제공하기 위한 일련의 뷰로 구성된다.

- android.widget

위젯 클래스는 애플리케이션에서 사용하기 위해 미리 만들어둔 사용자 인터페이스 요소로서 뷰 패키지 위에 구축된다. 리스트, 버튼, 레이아웃이 여기에 포함된다.

- com.google.android.maps

애플리케이션 내에서 사용할 수 있는 네이티브 맵 컨트롤에 대한 접근을 제공하는 상위 수준 API이다. Mapview 컨트롤과 더불어 내포된 맵을 제어하고 주석을 다는 데 사용되는 Overlay와 MapController 클래스를 포함한다.

- android.app

애플리케이션 모델에 대한 접근을 제공하는 상위수준 패키지. 애플리케이션 패키지는 모든 안드로이드 애플리케이션을 위한 토대를 형성하는 액티비티와 서비스 API를 가지고 있다.

- android.provider

공급자 패키지는 개발자가 표준 콘텐츠 공급자에 쉽게 접근할 수 있도록 모든 안드로이드 배포에 포함된 표준 데이터 베이스에 대한 접근을 제공하는 클래스를 제공한다.

• android.telephony

전화통신 API는 장치의 전화 스택과 직접 상호작용할 수 있는 능력을 제공하며, 전화, 전화상태, SMS 메시지를 보내고, 받고, 모니터하도록 해준다.

• android.webkit

webkit 패키지는 여러분의 액티비티와 쿠키 관리자에 브라우저를 내포하기 위한 WebView 컨트롤을 포함하여 웹기반 콘텐츠를 다루기 위한 API를 가지고 있다.

② 고급 라이브러리

안드로이드는 폭넓은 범위의 다양한 모바일 하드웨어를 대상으로 하길 기대하므로, 다음에 나와 있는 API의 적합성과 구현은 이들이 구현된 장치에 따라 다양할 것이라는 사실을 염두에 두어야 한다.

• android.location

위치기반 서비스 API는 애플리케이션이 장치의 현재 물리적인 위치에 접근할 수 있도록 해준다. 위치기반 서비스는 장치에서 사용할 수 있는 위치고정 하드웨어나 기술이 무엇이든 관계없이 사용해 위치정보에 대한 일반적 접근을 제공한다.

• android.media

미디어 API는 스트리밍된 미디어를 포함해 오디오 및 비디오 미디어 파일의 재생과 기록에 대한 지원을 제공한다.

• android.opengl

안드로이드는 여러분의 애플리케이션을 위한 역동적인 3D 사용자 인터페이스를 만드는 데 사용할 수 있는 OpenGL ES API를 사용하는 강력한 3D 렌더링 엔진을 제공한다.

• android.hardward

사용 가능한 경우 하드웨어 API는 카메라, 가속도 센서, 나침반 센서를 포함한 센서 하드웨어를 노출하는데 사용된다.

• adroid.blutooth, android.net.wifi, android.telephoney

안드로이드는 블루투스, Wi-Fi, 전화 하드웨어를 포함한 하드웨어 플랫폼에 대한 하위 수준의 접근을 제공한다.

안드로이드 애플리케이션에서 사용하는 라이브러리로는 시스템 컴포넌트가 사용하는 System C 라이브러리, 미디어 라이브러리, Surface Manager, LibWebCore, SGL, 3D라이브러리, Free Type, SQLite 등의 다양한 C/C++ 라이브러리를 제공하고 있다.

그림 4-20 ‹‹‹ 안드로이드 라이브러리

안드로이드 라이브러리는 다음과 같은 것들도 포함하고 있다.

- Bionic libc
  - 임베디드 리눅스 기반 기기를 위한 표준 C 시스템 라이브러리(libc)의 BSD 상속 구현체
  - GPL 라이선스를 회피하기 위해 Glibc을 대체하여 Bionic libc를 사용
  - 작은 사이즈와 빠른 동작속도를 지님
- Function Libraries
  - Webkit-오픈소스 기반의 브라우저 / Desktop과 같은 Full View
  - Media Frarmework

    PaketVideo의 OpenCore 기반이며, 인기있는 오디오 및 비디오 포맷, MPEG4 / H264 / MP3 / AAC / AMR / JPG / PNG를 포함하는 정적 이미지 파일의 재생 및 녹음/녹화를 지원하며 오픈코어 플랫폼으로 Standard video, audio, still-frame format을 지원하고 하드웨어와 소프트웨어 코덱을 지원한다.
  - SQLite

    모든 응용 프로그램에서 사용 가능하고 강력한 경량의 관계형 데이터베이스 엔진이다.
- Native Servers
  - Surface Manager

    디스플레이 서브 시스템 및 다수의 응용 프로그램의 2D, 3D 그래픽 레이어
  - SGL-2D graphics 지원
  - 3D libraries

    OpenGL ES 1.0 API 기반으로 하여 하드웨어 3D 가속 또는 최적화된 3D S/W raterized
  - Audio Manager : 모든 오디오 관련 출력 디바이스 관리
  - FreeType : 비트맵과 벡터 폰트 렌더링

(4) 안드로이드 런타임

안드로이드 런타임(Runtime)에서 동작하는 모든 안드로이드 애플리케이션은 각각의 프로세스를 생성하여 Dalvik 가상머신 위에서 동작하기 때문에, 여러 개의 애플리케이션이 동작하는 디바이스에서는 동시에 여러 개의 VM이 동작할 수 있다.

그림 4-21 ‹‹‹ 안드로이드 런타임

① 코어라이브러리

안드로이드 개발은 자바로 이루어지지만 Dalvik은 자바 VM이 아니다. 코어 안드로이드 라이브러리는 코어 자바 라이브러리에서 사용가능한 대부분의 기능뿐만 아니라 안드로이드 전용 라이브러리도 제공한다.

② Dalvik 자바 가상머신

달빅(Dalvik)은 장치가 복수의 인스턴스를 효율적으로 실행할 수 있도록 보장하기 위해 최적화된 바이트 코드 인터프린터를 내장하고 효율적인 메모리 사용이 가능하게 하는 레지스터 기반의 가상머신이다. 자바 컴파일러로 컴파일된 클래스들은 "dx"도구를 이용하여 최소의 메모리 영역에 최적화된 Dalvik Executable(.dex)포맷 (Dalvik Bytecode)를 실행한다. 달빅(Dalvik)은 스레딩과 하위 수준의 메모리 관리를 위해 리눅스 커널에 의존한다.

(5) 리눅스 커널

안드로이드는 리눅스 커널 2.6로 하여금 보안, 메모리 관리, 프로세스 관리, 네트워크 스택, 드라이버 모델과 같은 시스템서비스를 제공하도록 하고, 하드웨어와 안드로이드 플랫폼 스택간의 추상화된 역할을 담당하게 한다.

그림 4-22 ‹‹‹ 안드로이드 리눅스 커널

리눅스 커널은 다음과 같은 장점이 있다.

① 효율적인 메모리와 프로세스 관리

② 증명된 드라이버 모델

③ 권한 기반 보안 모델

④ 공용 라이브러리 지원

⑤ 오픈소스

4) 안드로이드 플랫폼 기술

안드로이드 플랫폼 기술에는 리눅스, 자바, XML 등이 있다. 이러한 기술의 공통적인 특징으로는 공개된 소스를 제공하고, 플랫폼에 독립적이며 이미 다른 곳에서 검증되어 있는 기술들로 이루어져 있다.

리눅스(Linux)는 이미 살펴본 것처럼 오픈소스 운영체제로 어떤 플랫폼에도 포팅가능한 기술이다. 안드로이드에서는 소스가 공개되어 있다는 장점을 살려 메모리 및·프로세스 관리, 인가(Permission) 기반의 보안 모델 및 검증된 드라이버 모델, 공유 라이브러리 지원 등에 사용되고 있다.

안드로이드에서는 리눅스 커널 영역을 확장하여 사용하고 있으며 이러한 확장영역으로는 Alarm, Ashmem, Binder, Power Management, Low Memory, Killer, Kernel Debugger, Logger 등이 있다.

자바(Java)는 미국의 선 마이크로 시스템스사가 개발한 객체지향 프로그래밍 언어로 1990년초 임베디드용 Green Project로 출발하여 1995년 5월에 발표, 1996년 1월부터 정식버전을 배포하기 시작했다.

자바는 하드웨어와 OS에 상관없는 가상머신(Virtual Machine) 기반에서 동작하기 때문에 플랫폼 독립적인 애플리케이션을 개발할 수 있다.

안드로이드 애플리케이션의 실행은 자바 언어로 된 클래스를 통해 실행되어지며, XML

을 통해 애플리케이션의 데이터나 환경변수 등을 작성하여 안드로이드 애플리케이션에서 실행시에 XML데이터를 읽어 실행하게 된다. 이렇게 함으로써 데이터의 변경에 따른 애플리케이션의 변경을 줄일 수 있게 되어 애플리케이션의 유지보수 비용 등이 줄어들게 되는 것이다.

안드로이드 애플리케이션에서 데이터를 관리하는 목적으로 사용하는 XML은 웹 페이지의 기본 형식인 HTML(hypertext markup language)을 대체할 목적으로 월드 와이드 웹 컨소시엄(W3C)이 표준화 작업을 진행한 페이지 기술 언어로 HTML에서 사용되는 연결(Link) 기능 등을 확장하여 양방향 링크와 문서일부와 관련된 링크 등을 제공하고 있으며, DTD(document type definitions)를 이용해서 문서 형태와 문서 안에서 사용되는 태그의 의미들을 정의하여 데이터와 함께 데이터 정보를 포함할 수 있는 플랫폼 독립적인 언어이다.

리눅스에 대해서는 앞서 다루었으므로 이번 장에서는 자바와 XML에 대한 부분을 소개하기로 한다.

(1) 자바

자바(Java)는 C나 C++처럼 프로그래밍 언어를 의미하기도 하고, 자바 애플리케이션이 실행되는 실행환경, 자바 애플리케이션을 개발할 때 필요한 개발환경, 자바 API와 자바 가상머신을 의미하는 자바 플랫폼 등 다양한 의미로 사용되나 기본적으로 그림 4-23과 같이 자바를 이해하면 된다. 자바의 의미를 자바계층구조를 통해 다시 설명하자면 자바 애플리케이션에서 실행되는 언어가 자바 언어이고, 자바 애플리케이션을 실행시키는 곳이 바로 자바 플랫폼이며, 자바 플랫폼은 하드웨어 의존적 플랫폼이나 자바 플랫폼에서 동작하는 자바 애플리케이션은 하드웨어 플랫폼에 독립적이다.

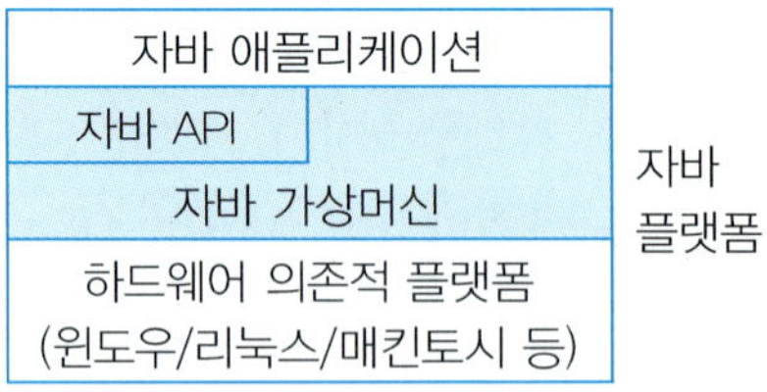

그림 4-23 ‹‹‹ 자바(Java) 계층구조

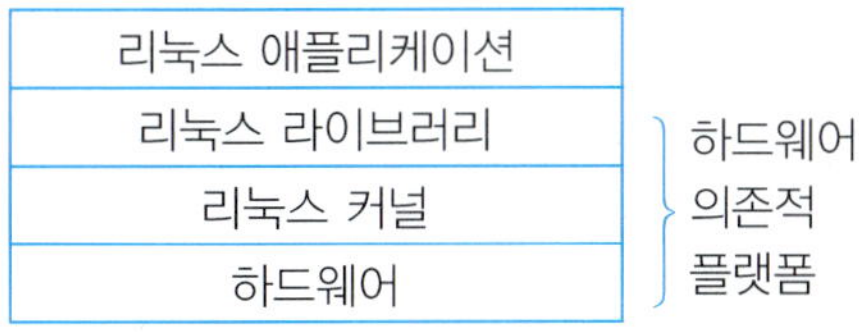

그림 4-24 ‹‹‹ 리눅스 계층구조

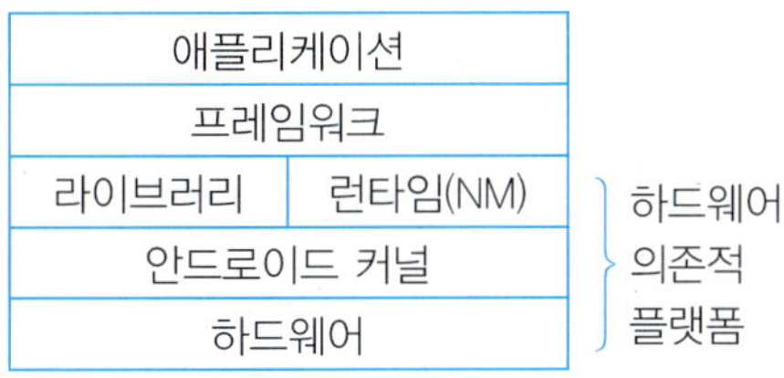

그림 4-25 ‹‹‹ 안드로이드 계층구조

그림 4-24에서 리눅스 계층구조를 살펴보면 리눅스 애플리케이션을 개발하기 위한 리눅스 커널 및 라이브러리는 하드웨어에 의존적이며, 이에 따라 리눅스 애플리케이션도 하드웨어에 의존적일 수 밖에 없다. 실행되고 있는 하드웨어가 어떤 것이고, 어떤 디바이스가 포함되어 있느냐에 따라 리눅스의 구성은 달라지게 된다.

그림 4-24와 같이 안드로이드는 리눅스 계층구조 위에 자바 계층구조가 올라간 형태라고 생각할 수 있다. 그러나 안드로이드가 실행되는 임베디드 시스템은 리눅스의 경우와 마찬가지로 어떤 디바이스가 포함되어 있느냐에 따라 필요로 하는 API 등이 달라지게 된다. 아무리 안드로이드 플랫폼에서 많은 API를 지원하다고 해도 시중에 판매되고 있는 수많은 임베디드 시스템의 모든 디바이스를 지원하는 것은 한계가 있다. 때문에 안드로이드 계층구조를 보면 가상머신(VM)외에 애플리케이션을 실행시킬 수 있는 다른 루트가 존재한다.

자바 플랫폼이 존재하는 이유 때문에 자바 애플리케이션이 컴파일되어 실행될 때 그림 4-26과 같이 플랫폼에 의존적인 코드와 플랫폼에 독립적인 코드가 만들어진다. 보통 가상머신을 사용하지 않는 애플리케이션은 컴파일되면 바로 플랫폼에 의존적인 기계어 코드가 생성되지만, 가상머신을 사용하는 자바의 경우는 컴파일할 때 플랫폼에 독립적인 .class 확장자를 가진 바이트코드(Bytecode)가 생성되고, 실행될 때에야 플랫폼에 의존적인 기계어 코드가 만들어진다. 안드로이드 애플리케이션의 경우도 가상머신을 사용하기 때문에 컴파일시 바이트코드가 생성된다.

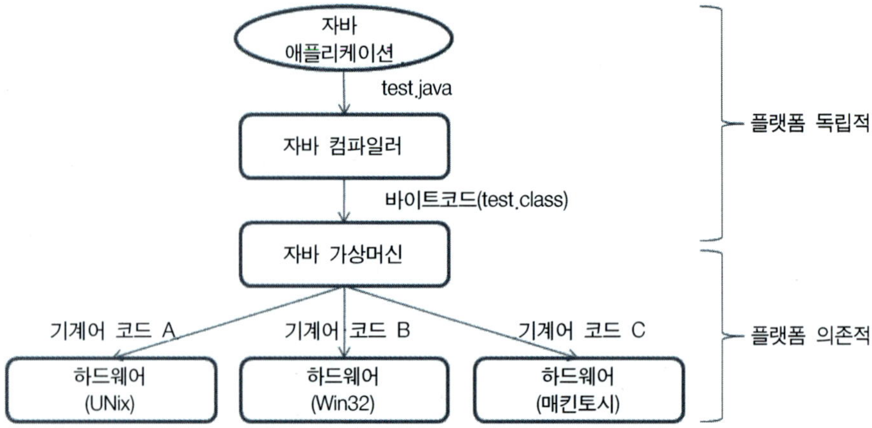

그림 4-26 ‹‹‹ 자바 실행순서

자바 언어의 특징을 살펴보면 일단 객체지향언어이기 때문에 배우기 쉽다는 장점이 있고, 자바 플랫폼위에서 실행되기 때문에 플랫폼 독립적이며, 애플리케이션을 개발할 때 가비지 컬렉션(Garbage Collection)이 있어서 메모리에 신경쓰면서 개발하지 않아도 된다라는 점 등이 있다.

자바 애플리케이션을 개발하기 위해서는 통합개발환경이 있으면 상당히 편리하다. IBM에서 WebSpheare Studio Application Developer란 이름으로 개발하다 엔진부분을 오픈소스로 공개하여 다양한 플랫폼에서 사용할 수 있는 이클립스(Eclipse)라는 통합개발환경도구가 있다.

이클립스는 자바뿐만 아니라 다양한 언어를 지원하는 통합개발환경으로 시작하여 현재는 응용 프로그램 플랫폼(Application Platform)의 역할을 하고 있다. 이클립스가 제공하는 기본적인 통합개발환경이외에도 플러그인을 사용하여 추가적인 기능들이 제공되므로 이를 통해 개발환경 자체를 확장하는 것도 가능하다.

이클립스는 코드를 자동으로 생성해 줄뿐만 아니라 입력과 동시에 문법을 체크하고 저장과 동시에 컴파일을 수행하여 개발자에게 막강한 개발환경을 제공한다. 안드로이드에서는 이클립스환경에서 쉽게 애플리케이션을 개발할 수 있도록 안드로이드 애플리케이션을 위한 플러그인을 제공한다.

이클립스는 무료 소프트웨어로 http://www.eclipse.org에서 다운로드하여 사용할 수 있다.

다음은 화면에 Hello World!를 출력하는 아주 간단한 자바 클래스파일이다.

```
package my.app;

class HelloWorldApp {
        public static void main(String args[]) {
                System.out.println("Hello World!");
        }
}
```

HelloWorldApp는 J2SE에서 사용되는 문법에 의해 작성되어진 코드이다.

아래는 안드로이드에서 정의한 문법에 의해 작성된 코드이다. 차이점을 살펴보기로 하자.

```
package my.andr;

import android.app.Activity;
import android.os.Bundle;

public class HiAndroid extends Activity {
    /** Called when the activity is first created. */
    @Override
    public void onCreate(Bundle savedInstanceState) {
        super.onCreate(savedInstanceState);
        setContentView(R.layout.main);
    }
}
```


J2SE에서 사용되는 class 정의와 안드로이드에서 사용되는 class 정의를 비교해보면 아래와 같다.

① package 선언

둘다 package 선언이 있다. package는 아래 정의된 클래스파일의 저장 위치라고 생각해도 무방하다. 즉 my 폴더 아래 app 폴더를 만들어 HelloWorldApp 클래스가 저장되고 마찬가지로 my 폴더 아래 andr 폴더를 만들어 그 안에 HiAndroid 클래스가 저장되는 것을 의미한다. 복잡한 애플리케이션을 개발하는 경우에는 package 선언을 통한 폴더 관리를 잘 해야 한다.

② import 선언

import는 클래스내에서 사용되는 외부 API가 저장된 파일위치 및 파일명을 가리키는 선언이다. 컴파일할 때 import내에 선언되어 있는 클래스파일을 찾아올 수 있어야 한다. 만약 컴파일러가 찾지 못할 때는 에러가 발생하게 된다. HelloWorldApp의 경우는 import java.lang.*;가 생략되어 있다.

③ class 선언

한 개의 파일내에는 여러 개의 class 정의가 존재할 수 있다. 하지만 public으로 선언된 클래스파일은 무조건 1개의 파일내에는 1개만 존재해야 한다. 그리고 class 파일은 extends 문구를 통해 상속관계를 표시한다. class HelloWorldApp의 경우 extends Object가 생략되어 있다.

④ 시작 method 선언

HelloWorldApp와 같이 J2SE에서 시작을 의미하는 메소드는 main()이다. 그러나 안드로이드에서는 onCreate()를 통해 시작된다.

J2SE에서 사용되는 자바 문법과 안드로이드에서 사용되는 자바 문법은 동일하다. 클래스 이름은 대문자로 시작하고, 애트리뷰트와 메소드의 이름은 소문자로 시작되어야 한다.

안드로이드 애플리케이션을 잘 개발하기 위해서는 자바의 특징 중 하나인 상속관계와 다형성에 대한 자세한 이해가 필요하다.

(2) XML

XML(eXtensible Markup Language)은 사용할 수 있는 문법을 확장할 수 있는 문서 마크업(Markup) 언어이다. 여기서 마크업(Markup)이란 문서내용의 논리적 구조 및 표현정보를 의미한다. XML은 HTML과 유사한 텍스트 기반 문서 마크업 언어이므로 플랫폼이나 제품에 독립적이며, 단순하고 확장가능하며 가장 적합한 문서 타입 정의를 통하여 정보를 표현하므로 문서처리의 유연성과 효율성을 제공한다.

또한 다양한 XML 문서 타입을 정의하여 사용하더라도 기본 골격은 XML 문서형식을 따르는 통일성을 가지고 있다.

다음은 안드로이드 애플리케이션에서 사용하는 아주 간단한 XML 파일을 정의한 것이다.

```
<?xml version="1.0" encoding="utf-8"?>
<LinearLayout xmlns:android="http://schemas.android.com/apk/res/android"
    android:orientation="vertical"
    android:layout_width="fill_parent"
    android:layout_height="fill_parent"
    >
<TextView
    android:layout_width="fill_parent"
    android:layout_height="wrap_content"
    android:text="@string/hello"
    />
</LinearLayout>
```

위의 XML파일을 이해하고 작성할 수 있도록 XML 문법에 대해 알아보자.

① XML 문서의 기본형식

생략가능한 XML 선언이 있고 위의 코드에는 선언되어 있지 않은 문서타입 선언(DTD)가 나오고, 바로 1개의 루트 요소가 뒤따라온다. 위의 코드에는 <LinearLayout> ... </LinearLayout>이 정의되어 있다.

② XML 선언

XML 선언을 하는 문법은 <?xml version=1.0 encoding="인코딩 이름"?>이며 인코딩 선언을 통해 문서내에 사용된 문서의 인코딩을 지정할 수 있으며 인코딩 이름은 IANA 표준 인코딩 이름을 사용한다. 한글표현에는 "ISO-8859-1"이나 "EUC-KR"을 사용한다. 인코딩 선언이 생략된 경우 문서의 문자 인코딩은 "UTF-8" 혹은 "UTF-16"으로 가정하며 문서의 처음에 오는 바이트 순서표식(#xFEFF)에 의해 이들 인코딩을 구분한다.

③ 이름

유니코드 문자, 유니코드 숫자, _/:/./- 등을 사용하는 식별자이다. 요소타입 이름(태그 이름) 및 속성이름, ID 이름, 개체이름, 표기이름 등을 나타내는데 사용한다.

④ 요소와 속성

요소(Element)는 시작태그와 끝태그로 묶여진 논리적 문서단위이다. 위의 코드에서는 시작 태그와 끝태그가 있는 <LinearLayout>과 끝태그가 없는 <TextView>가 있다. 요소의 문법은 <시작 태그>요소내용</끝태그>로 표현하거나 <시작 태그/>로 표현한다. 끝태그가 없는 경우는 표현하고자 하는 요소내용이 없는 것을 것으로 빈태크라고 한다.

<LinearLayout 뒤에 있는 것을 속성(attribute)이라 한다. 속성은 이름="값"의 쌍으로 이루어져 있으며 태그안에 표시되는 속성의 개수에는 제한이 없다. 위의 <TextView>태그는 요소의 내용이 없이 속성만 있는 요소이다. <LinearLayout>과 </LinearLayout> 사이에는 <TextView>와 같이 다른 요소가 올 수 있다.

⑤ 문자 데이터

XML은 HTML과 달리 대소문자를 구분하며 '<'나 '&' 문자는 XML 마크 업에서 사용되므로 직접 표현될 수 없고, 이들 문자 자체를 나타내기 위해서는 "<"나 "&"를 사용해야 한다.

⑥ 주석

주석을 표현하는 문법은 <!-- 문자열 -->으로 표시되며 마크업 표식 이외의 어디에서든 사용할 수 있다.

안드로이드에서 사용되는 XML문법에 대해서는 간단히 이정도만 알아도 안드로이드 애플리케이션 개발에 활용할 수 있다.

(3) 안드로이드 소프트웨어 개발

안드로이드 관련 소프트웨어를 개발하기로 했다면 개발자가 리눅스 관련 소프트웨어를 개발하는지, 자바 관련 소프트웨어를 개발하는지에 대해 크게 고민하면 된다.

통상 리눅스 부분을 많이 다루게 되는 개발자를 시스템 소프트웨어 개발자라고 부르고, 자바 부분을 많이 다루게 되는 개발자를 응용 프로그램 개발자라고 부른다.

① 시스템 소프트웨어 개발

시스템 소프트웨어 개발을 하기 위해서는 안드로이드가 탑재되는 시스템이 스마트폰이냐 다른 전자기기냐에 따라 필요한 BSP(Board Support Package)가 다르다.

즉 System Platform을 개발하기 위한 BSP가 제공되어야만 시스템 소프트웨어를 개발할 수 있게 된다. 시스템 소프트웨어 개발자가 주로 개발하는 분야는 커널 수정이나 디바이스드라이버 등의 코드를 제작하는 것이다. 하드웨어에 대한 이해와 리눅스에 대한 이해, 안드로이드 플랫폼에 대한 이해가 필요하다.

② 응용 프로그램 개발

응용 프로그램 개발을 하기 위해서는 안드로이드가 탑재된 시스템에서 UI(User Interface)를 포함한 애플리케이션을 개발하는 것으로 자바 언어에 대한 이해와 사용하고자 하는 라이브러리, 즉 API(Application Programming Interface)에 대한 이해가 필요하다. 또한 필요하다면 JNI를 통해 C언어를 가지고 하위의 플랫폼의 소프트웨어를 직접 제어할 수도 있다. 그림 4-27은 응용 프로그램 개발 과정을 나타낸 것이다.

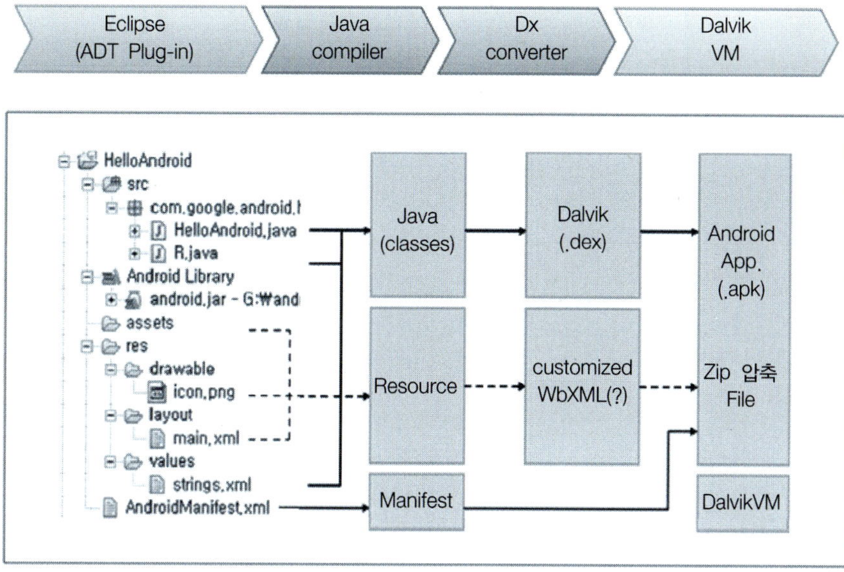

그림 4-27 ‹‹‹ 응용 프로그램 개발과정

III부 차세대 방송 시스템

제 5 장

디지털 TV방송

1. 디지털 방송의 이해

1980년 흑백 TV에서 컬러 TV로 바뀌면서 TV의 역사, 바꾸어 말하면 방송의 역사에 획기적인 전기가 이루어지고 시청자의 입장에서도 화면에서 천연색의 컬러가 보이는 충격을 경험하게 되었다. 이후 현재까지 소위 컬러 TV라고 하는 것이 모든 가정의 기본 가전이 되면서 소위 바보상자라고 하는 표현이 있을 정도로 생활의 일부가 되어버린 친숙하면서도 2%의 아쉬움이 있는 생활의 이기인 동시에 애물단지처럼 인식이 되기도 하였다.

이는 일방향으로 정보나 콘텐츠를 전달하고 시청자는 그에 예속될 수밖에 없는 아날로그 TV의 속성 때문이기도 하였는데, 이후 PC의 급속한 보급과 인터넷의 발전은 자연스럽게 디지털 영상과 양방향성이라는 개념과 이점을 느끼게 해주었고 아날로그 방송에 있어서도 디지털화에 대한 욕구는 자연스러운 과정이라 할 수 있겠다.

현재의 21세기에 들어와 우리의 디지털 문화, 특히 방송 환경은 대단히 혼란스러울 정도로 다양화하고 복잡해졌는데, 기존의 아날로그 방송이 그대로 존재하면서 새로운 디지털 방송이 도입되고 소리만 전달하던 라디오방송, 즉 FM 주파수에도 영상을 실어서 더 이상 TV와 라디오의 구분이 애매해지는 시대에 우리는 살고 있다.

여기에 더 나아가서 언제, 어디서나, 어떤 콘텐츠라도 즐길 수 있다는 유비쿼터스 환경이 아직은 이르다고 할 수 있지만 다매체 환경을 이용한 말 그대로 멀티미디어 방송 환경에 점차 가까워지는 현재라 할 수 있다.

이 장에서는 기존의 아날로그 방송, 아날로그 TV에 대비하여 가지는 디지털 방송 환경의 장점을 소개하고 방송 방식의 새로운 개념이라고 할 수 있고 새로운 수익창출 도구라고도 할 수 있는 데이터 방송에 대한 개념과 기술표준에 대해서 소개한다.

2. 디지털 방송

우리에게 이미 익숙한 아날로그 TV 환경은 새삼 소개할 필요는 없지만 디지털 방송의 특장점을 설명하기 위한 비교 대상으로 최소한의 정리를 해 보면, 예를 들어 지상파의 경우 현재 KBS-1 TV에서는 VHF 6MHz의 대역을 사용하여 하나의 프로그램을 방송하고 있다. 방송을 수신하는 컬러 TV는 그 가격대에 관계없이 동일한 화질을 수신하게 되는데 화면을 표현하는 화소수가 수평 방향의 주사선이 525개로 가로 : 세로의 비율이 4 : 3으로 구성이 된다.

전파의 특성상 감쇠나 왜곡의 가능성이 있어 수신감도에 따라서 화면에 잔상이 생기거나 찌그러져 보이는 소위 고스트 현상이나 노이즈가 생겨서 뚜렷한 화면을 잡기 위해서 예전에는 옥상에 설치한 실외 안테나의 방향을 이리저리 돌리면서 조정을 한 경험이 있을 것이다.

음질은 스테레오 오디오로 표현되는 좌우로 음을 분리시키는 2채널 스테레오 음질로 역시 잡음의 가능성이 있다. 화질과 음질이 떨어질 수는 있지만 TV를 보는 데에 지장은 없으며, 근래의 환경은 도시의 경우 지상파 안테나를 연결하는 수신환경보다는 구역별로 서비스를 하는 지역 케이블 방송에 가입하여 유선의 케이블을 연결하여 시청을 하는 환경이 늘어나고 있어서 아날로그 TV의 시청환경은 매우 안정되어 있다고 할 수 있다.

현재 기존의 아날로그 TV 방송을 그대로 유지하면서 2002년 한일월드컵을 기점으로 본격적인 서비스를 시작한 국내 디지털 TV 방송은 UHF 채널의 역시 6MHz의 대역을 사용하는데 방송사의 선택에 따라서 다양한 화질을 선택적으로 방송할 수 있다.

디지털 방송의 특징을 하나만 들게 된다면 당연히 고화질, 고음질의 방송이 가능하다는 점이다. 영상과 음향을 데이터로 표현한다면 아날로그에서는 해당 데이터가 어떤 값도 가질 수가 있으며 자연 그대로의 값을 표현하게 되고 자연적인 영상과 음성 데이터는 연속적인 특성을 가지고 있어서 화면의 왼쪽이 흐리고 오른쪽이 아주 깨끗하다든지 소리가 순간순간 아주 선명하게 들리다가 갑자기 지직거리는 경우는 흔치 않게 된다.

방송국에서 선명한 화질과 음질로 방송된 전파는 감쇠와 왜곡이 없다면 컬러 TV에서 그대로 재생이 되겠지만 무선이든 케이블로 연결된 유선이든 일정부분의 물리적인 변형은 있을 수밖에 없어서 절대적인 동일한 화질은 보장하기 힘들며 화질과 음질의 변질여부 자체를 알아낼 수 있는 기술적인 수단이 없다.

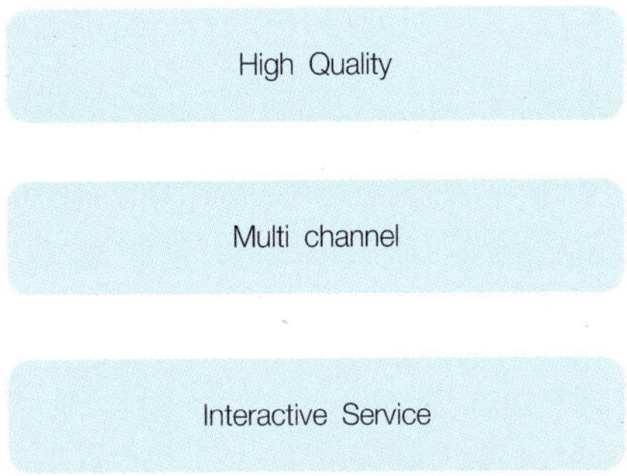

그림 5-1 ‹‹‹ 디지털 방송의 특징

디지털 방송은 영상과 음향을 디지털화해서 전송을 하게 된다. 즉 화면을 구성하는 각 화소의 색상의 수를 8비트인 256가지로 나누어서 화면의 한 점을 1바이트 데이터로 표현할 것인지 인간이 구분할 수 있는 색 구분의 한계인 1,600만여 가지 색상을 표현할 수 있는 24비트의 3바이트로 표현할 것인지에 따라서 색상의 표현의 질이 차이가 나게 되며, 화면을 몇 개의 화소로 나누어서 보낼 것인지에 따라서 역시 화질의 차이가 나게 되고 전파를 타고 송신되는 화면을 표현하는 데이터 양의 차이 역시 나게 된다.

음향 역시 마찬가지로 소리의 높낮이의 구분을 소위 8비트로 샘플링을 할지 16비트 샘플링을 할지에 따라서 음질의 차이가 나게 되고 음향을 구성하는 각 음이 속하는, 즉 채널을 몇 개로 구성하는지에 따라서도 스테레오 2채널 혹은 5.1의 6채널 등의 입체감의 차이도 나게 되며 데이터 양의 차이 역시 나게 된다. 같은 곡의 MP3 파일도 그 사이즈가 클수록 음향의 질이 뛰어난 것이 그 예라 할 수 있겠다.

고화질, 고음질의 부분에서 아날로그 방송과 디지털 방송의 가장 중요한 특징의 차이는 방송된 원래의 화질과 음질의 변형이 없이 수신 TV에 그대로 전달이 되어서 완벽하게 재생이 될 수 있는지 여부인데, 아날로그 방송에서는 이러한 검증수단이 없어서 왜곡이 되면 되는대로 변질된 신호를 그대로 화면에 보여주게 되어서 흐린 화면이나 잡음이 생길 수 있다.

디지털 방송의 경우에는 모든 영상과 음향 데이터를 디지털화해서, 즉 숫자로 변환하여 보내게 되고 수신 TV에서는 해당 영상과 음향 데이터가 변질되지 않고 무사히 도착했는지를 체크할 수 있는 수학적인 수단을 적용해서 checksum이나 CRC 코드와 같은 방송국에서 전송한 원래의 영상과 음향이 단 한 바이트의 이상이 없이 무사히 왔을 경우에 한하여 수신을 허용하게 되어 시청자가 일단 화면을 보게 된다면 이는 원본의 영상과 음질이 100% 유지되었음을 의미하게 된다.

원본 VCR 테이프를 여러 번 복사하게 되면 점점 화질이나 음질이 떨어지게 되지만 동영상 파일은 아무리 복사를 한다 해도 원래의 화질을 그대로 유지하는 것과 같은 기술적인 이치라 할 수 있다. 지상파 안테나를 통해서 수신하는 경우에 수신환경이 좋지 않은 경우 화면의 일부에 사각형 모양으로 구멍이 뚫린 듯한 소위 모자이크 현상이 나타나는 것은 해당 부분의 데이터가 왜곡이 생긴 결과라 할 수 있다.

디지털 방송은 이처럼 선택적으로 화질을 보낼 수 있는데, 음향의 경우 그 데이터 양이 영상에 비하여 절대적으로 적으므로 방식의 차이에 의한 영향은 상대적으로 작다고 할 수 있고, 해당 방송국에서 보내는 방송의 화질에 따라서 소위 SDTV 화질이나 HDTV 화질이라고 하는 화질 수준의 차이에 대한 용어가 나오게 된다.

SD 화질이란 Standard Definition으로 표준 화질의 의미로 컴퓨터 해상도로 표현하면 720*480의 해상도로 DVD급의 화질을 표현할 수 있다. 기존의 아날로그 TV의 수평 주사선 수가 525인 것으로 본다면 조금 더 뛰어난 화질이라고 할 수 있겠다.

1080i 또는 1080p로 표현되는 HD 화질은 High Definition으로 말 그대로 초고화질의 영상으로 1920*1080의 해상도를 자랑한다.

아날로그 TV의 경우 대형 TV라 하더라도 주사선의 수가 고정되어 있기 때문에 오히려 한 화소를 표현하는 격자의 크기가 커져 화질의 변화없이 화면만 커지는 경우가 되어서 고가의 대형이라는 의미를 살릴 수가 없었던데 비하여 디지털 TV에 있어서는 방송화질에 따른 수신기의 성능에 따른 차이는 분명하다 할 수 있다.

디지털 TV에서 SD 화질의 지원은 당연하겠고 다채널의 다양한 콘텐츠의 장점보다 고화질 고음질의 HD 화질을 중심으로 한 국내지상파 TV에서는 디지털 TV의 HD 화질의 지원 역시 기본사양이겠지만 HD와 Full HD(1080i와 1080p)의 차이는 존재한다.

단순히 HDTV라고 표현하는 초기의 디지털 TV의 경우 화면 디스플레이 패널, PDP나 LCD의 해상도가 1920×1080에 미치지 못하여 변환에 의하여 해상도를 패널에 맞게 표현하여서 시청자의 인식여부에 관계없이 어느 정도 실질적인 영상의 손실은 있는 방식의 TV라 할 수 있다.

1920*1080의 실질적인 해상도를 지원하는 Full HDTV에 있어서도 방식에 따른 차이는 존재하는데, 1080i는 interlaced 방식이고, 1080p는 progressive 방식으로 1080i 방식은 1-3-5-7-9 주사선으로 구성된 화면과 2-4-6-8-장의 주사선으로 구성된 화면을 연속적으로 보내서 하나의 완성된 HD 화면을 구성하는 방식으로 눈의 잔상효과를 이용하여 HD 화면의 질을 그대로 유지하는 것과 같은 효과를 갖게 하는 방식이다.

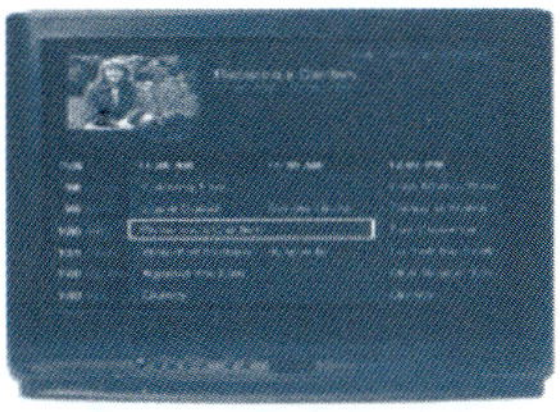

SD

- SD급 : 3~4MHz 대역 요망
- DVD 수준의 화질(약 40만 화소)
  –PC 모니터(약 100만 화소)
- CD 수준의 Sound
- 4:3 화면 비율
- 16mm 수준 영화 화질

SD(Standard Definition)급

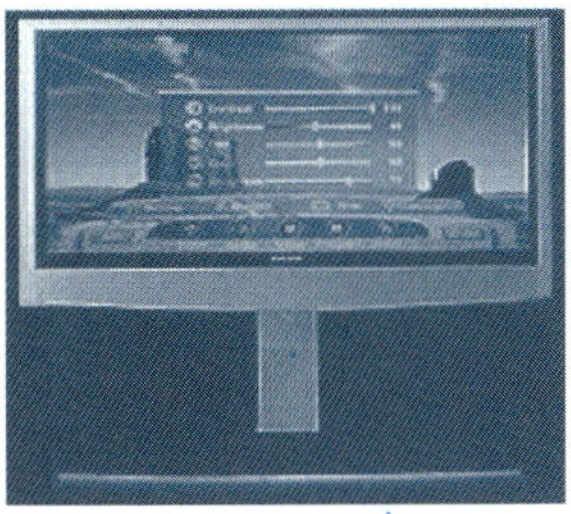

HD

- HD급 : 15~18MHz 대역 요망
- 초고화질 200만 화소(1920×1080)
- Dolby Surround AC3 수준의 음직
- 16:9 화면 비율
- 35mm 수준 영화 화질

Hd(High Definition)급

그림 5–2 ‹‹‹ SDTV와 HDTV의 비교

현재 국내 지상파 방송은 1080i 방식으로 초당 60프레임을 방송하고 있는데, 1080p를 지원하는 디지털 TV가 있다면 블루레이나 HD-DVD를 지원하는 플레이어에 연결해서 실질적인 1080p의 해상도를 즐길 수 있다고 하겠다.

방송의 디지털화에 따른 고화질, 고음질의 장점 외에 또 하나의 큰 부분이라면 아날로그 방송에 비하여 더 많은 데이터를 즉 하나 이상의 프로그램을 동시에 전송할 수 있다는 점이다. 디지털화하기 때문에 데이터 압축기법을 사용하여 전송이 가능하여 MPEG 등의 기존의 표준 알고리즘을 사용하게 되는데, 영상압축이나 음성압축을 위한 나름의 표준기술을 적용하고(encoding), 이렇게 압축된 방송요소들을 하나의 프로그램으로 묶기 위한(multiplexing) 표준기술을 채택하게 되는데 현재 매체별로 encoding 표준은 상이한 경우가 있지만 multiplexing을 위한 표준은 DMB를 포함하여 공통적으로 MPEG-2 방식을 채택하고 있다.

압축기술을 사용하여 전송할 수 있는 데이터양이 증대되고 multiplexing 기술을 채택하여 기존의 6MHz 대역 내에서 2개 이상의 '프로그램'을 동시에 방송할 수 있게 되어서 실질적으로 방송채널이 증가하는 효과를 가질 수 있게 된다. 그림 5-2에서와 같이 SD 화질로 방송을 하는 경우 최소한 4개 이상의 프로그램을 동시에 편성할 수 있게 되어, 예를 들어서 KBS 9~1에서 KBS 9~4의 4개 채널을 운영하는 효과를 가지게 되고 실제 그렇게 편성이 가능하게 된다.

축구경기를 중계하면서 1개 채널을 일반적인 축구경기와 같은 카메라 편성으로 하고 나머지 3개 채널을 세부적인 화면을 보여주는 별도의 카메라로 각각 구성한다면, 박지성만 따라 다니는 카메라라든지 시청자는 선호도에 따라서 해당 채널을 바꾸어 가면서 다양하고 또 재미있는 장면을 즐길 수 있을 것이다.

이렇게 같은 디지털 방송을 하고자 하는 목적이 있다 하더라도 지향하는 목표점의 차이에 따라서 그 운영형태는 달라지게 마련인데, 유럽의 경우 고화질보다는 다양한 콘텐츠를 선호하는 다채널 중심의 운영을 선호하여 HD 중심의 방송보다 다양한 콘텐츠를 방송할 수 있는 SD 채널 위주의 편성이 일반적이다.

미국의 경우 디지털 방송 = 고화질 방송의 개념으로 출발하여 당연히 고화질 위주의 편성을 기본으로 하며, 이러한 미국방식의 표준을 채택한 국내 지상파 TV에서는 HD 방송의 의무편성에 의하여 점차 HD 방송이 늘어갈 수밖에 없으며 궁극적으로 100% HD 방송의 편성을 목표로 하고 있다. 이에 비하여 유럽방식을 채택한 위성방송의 경우 SD 방송과 HD 방송의 비율을 시장상황에 맞게 편성하여 다양하면서도 고화질의 방송을 하고 있다.

다시 말해서 다채널과 HD 채널의 운영여부는 기술적인 표준에 속하는 문제라기보다는 고화질과 다채널 / 다양한 콘텐츠라는 방송철학의 영역이라고 할 수 있다. 어떻든 아날로그 지상파 방송이 종료되고 전면적인 디지털 방송으로 전환하는 2013년이 되면 이론적으로 현재의 방송 채널이 4배 이상 늘어나는 효과를 가지는 환경은 될 것이다.

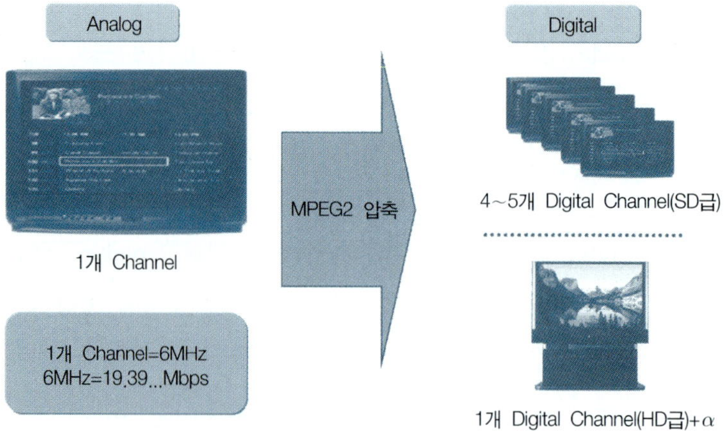

그림 5-3 ‹‹‹ 디지털 방송의 다채널화

디지털 방송의 고화질, 고음질화와 다채널화는 기존 방송의 고유 특성면에서의 개선과 확장이라는 측면의 장점이지만, 다른 나머지 특징은 방송의 개념전환이라는 새로운 패러다임의 성격을 가진다.

기존의 화면과 소리만을 전달하는 아날로그 방송에서 어떠한 내용의 콘텐츠도 전달할 수 있고 소통할 수 있다는 인식전환의 개념이 생기는 것이고 기술적으로 역시 가능한 환경이 구성된다는 것이다. 간단히 표현해서 TV에서 컴퓨터를 할 수 있다는 발상의 전환이 시작되고 있는 것인데, 실제로 그렇게 말처럼 쉽지는 않은 험난한 길이 예고되고 있기는 하지만, 데이터 방송이 가능하다는 점이 디지털 방송의 가장 두드러진 특징이라고 할 수 있다.

기술적으로는 컴퓨터에서 가능한 모든 작업이 가능하여 문서작업, 메일링, 애플리케이션(개인 일정 프로그램 등), 오프라인 게임 등의 작업에서 인터넷브라우저(익스플로러와 같은), 메신저, 온라인쇼핑, 은행업무 등과 같은 양방향성의 작업도 디지털 TV상에서 수행할 수 있게 된다.

매일매일의 일상정보인 뉴스, 날씨, 교통정보, 증권소식 등의 정보에서부터 드라마의 자세한 줄거리와 등장인물, 등장인물이 입고 있는 옷을 쇼핑한다거나, 퀴즈프로그램에서 시청자 ARS에 의한 것이 아니라 리모컨으로 바로 답을 선택하여 정답선택에 반영하는 등 방송에 주도적으로 참여할 수 있게 된다.

그림 5-4 ‹‹‹ 양방향 서비스(Interactive Service)의 예

이러한 다양한 정보는 일방적으로 방송되는 내용을 받을 수밖에 없는 아날로그 TV에서와 달리 시청자가 보고자 하는 정보와 하고자 하는 작업을 주도적으로 선택적으로 원하는 시간에 골라서 즐기고 수행할 수 있다는 점에서 기존의 바보상자라는 별명과는 다른 조금은 더 똑똑한 상자로서의 역할을 기대할 수 있는 환경이라고 할 수 있다. 물론 선택한 채널의 방송편성표 자체를 변경할 수는 없지만 그 이외의 다양한 정보의 선택과 방송참여까지도 할 수 있는 양방향 방송의 시대가 오고 있는 것이다.

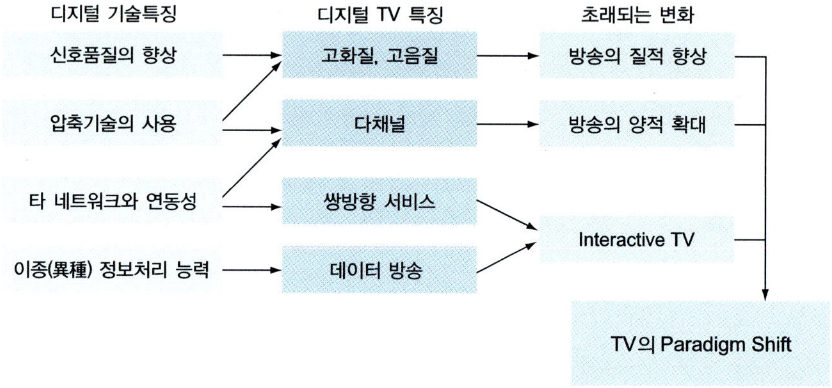

그림 5-5 ‹‹‹ 디지털 방송의 패러다임 변화

3. 디지털 방송의 구성

1) 지상 디지털 음성방송

지상 디지털 음성방송(이하 ‘디지털 라디오’라고 칭함)은 위성이 아닌 지상파로 행해지는 디지털 음성방송으로 지상파 TV와 같은 형태로 기본적으로는 현 단위의 서비스가 된다. 또한, 음성방송이라고 해도 디지털 방송이므로 음성과 함께 정지 화면이나 간단한 화면도 방송 가능하다.

방송방식은 기본적으로는 지상 디지털 TV 방송과 같고 세그먼트 단위로 나누어 방송한다. 각각의 세그먼트는 1세그먼트 방송의 세그먼트와 같은 의미이다.

단, 지상 디지털 TV 방송이 13개의 세그먼트 중에서 어떤 1개의 세그먼트도 취득하여 수신 가능하다. 더욱이 디지털 라디오에서는 3개의 세그먼트를 사용하여 3세그먼트 방송이 가능하다. 이 경우 정보의 전송량이 1세그먼트의 3배가 되므로 고품질의 5.1 서라운드 방송도 가능하며, 간단한 화면 등 풍부한 정보를 방송하는 일이 가능하다.

여기서 5.1서라운드는 영화관에서 음향효과를 높이기 위해 개발된 음향 시스템이다. 좌우 2개의 스피커를 사용하는 보통의 '스테레오 오디오'와 달리 ① 좌전방, ② 정면, ③ 우전방, ④ 좌후방, ⑤ 우후방, ⑥ 정면에 놓여 저음의 효과를 높이기 위한 저음전용 스피커의 6개 스피커로 구성되어 있다.

①~⑤까지의 스피커를 5채널, ⑥의 보조적인 저음전용 스피커를 0.1채널로 지정하여 5.1서라운드(또는 5.1채널 서라운드)로 한다.

기술적으로는 1세그먼트 방송과 디지털 라디오는 공통적인 부분이 많이 있다.

제도상으로는 디지털 라디오는 음성방송이므로 음성이 주체가 되는 서비스이다. 또한, 수신의 형태도 이동 수신뿐만 아니라 가정 내에 고정 스테레오 장치로 수신도 되며 여러 분야에서 가능하다.

일본의 디지털 라디오는 이미 2003년 10월부터 도쿄와 오사카에서 실용화 시험방송이 개시되었다. 이 방송을 실시하는 것은 사단법인 디지털 라디오 추진협회(DRP)이나 이것은 민방이나 NHK 등 방송사업자가 중심이 되어 설립된 단체로 방송된 프로그램은 각 회사에서 제작하고 있다. 현재 디지털 라디오는 도쿄에서는 1세그먼트 형식으로 5채널, 3세그먼트 형식으로 1채널의 합계 6채널이 방송되고, 오사카에서는 1세그먼트 형식으로 8채널이 방송되고 있다.

디지털 라디오는 라디오라 하더라도 아날로그 라디오와 같은 중파대(531kHz~1602kHz)나 FM 방송대(76MHz~90MHz)를 사용하는 것이 아니라 VHF대(90MHz~108MHz, 170MHz~222MHz)의 TV채널에 나눠 맞출 수 있는 주파수대를 사용한다.

그러나 현재 이 주파수대에서는 아날로그 TV 방송을 행하고 있어 여기에 영향을 주지 않는 채널로서 도쿄·오사카 모두 제 7 채널을 사용하고 있다. 단, 이 제 7 채널이란 그 위의 제 8 채널과 주파수가 한 부분 겹치게 되어 현재 상태에서는 디지털 라디오는 13세그먼트 중에서 아래 8세그먼트를 사용하여 방송하고 있다.

2) 모바일 방송

모바일(Mobile) 방송(2.6GHz 위성방송)은 일본의 경우에는 2.6GHz대(2.630GHz~2.655GHz의 25MHz폭)을 사용하는 위성에 따른 디지털 방송으로 위성에서부터 일본 전국을 단일파로 Cover하여 전국 방송을 내보낸다.

위성방송이라 하면 BS(Broadcasting Satellite, 방송위성)와 CS(Communication Satellite, 통신위성)로 분류가 된다. 이를 수신하기 위해서는 파라보라 안테나를 사용한다.

모바일 방송은 S밴드라 불리는 2.6GHz대의 전파를 사용하고, 또한 위성에서부터 강력한 송신전력으로 직경 12m의 대형 안테나를 사용하여 방송하기 때문에 위성방송이라 하더라도 수신하는 시청자는 소형 안테나로 수신 가능하다.

또한, 빌딩의 벽 등 위성의 전파를 직접 수신이 불가능한 장소를 커버하기 위해서는 갭 필터(Gap Filler)라 불리는 소형 중계국을 설치함으로써 도시 쪽에 전송되는 방송의 커버율(cover율)(시청 가능한 지역적 넓이)을 높인다.

한편, 방송방식에는 CDM(Code Division Multiplex, 부호분할다중) 방식을 사용한다. CDM은 방송에서는 처음 사용되는 방식으로 전파의 멀티패스(Multipath)나 페이딩(Fading) 환경에 강한 방식이다. 또한 Interleave(Data 신호의 나열 전환) 기술이나 강력한 오류수정 방식을 사용함에 따라 이동 수신으로 안정된 수신을 실현한다.

멀티패스(Multipath)는 전파가 빌딩에 반사등 복수의 경로를 통해 수신 단말에 도착하는 현상이며, 화상의 Ghost 등의 원인이 된다.

페이딩은 휴대단말의 이동 등에 따라 전파수신 레벨이 변동하는 것이다.

일본의 모바일 방송은 모바일 방송 주식회사에 의해 2004년 10월 20일에 본 방송이 개시되었다. 모바일 방송 주식회사는 2.6G 위성방송을 행하기 위해 설립된 회사이다.

모바일 방송은 단일파로 전국을 커버한다. 전파의 대역폭은 25MHz로 이에 따른 정보의 전송속도는 7Mbps 이상이다. 이를 영상 · 음성 · 데이터 방송에 사용되지만 한 개의 채널을 분할 할당하는 전송정보량은 수 kbps부터 수백 kbps까지 자유롭게 선택할 수 있으며, 다양한 프로그램을 방송할 수 있다. 현재는 8개의 영상 채널과 30개의 음성 채널 데이터 정보 등의 프로그램이 서비스된다.

모바일 방송의 수신단말로서 휴대형, 차량형, 컴퓨터용 카드형이 발매되어 있다. 그리고 이 방송은 유료방송이다(표 5-1).

표 5-1 ‹‹‹ 각 방송 서비스의 비교표

항목 \ 내용	1세그먼트 방송	디지털 라디오 (지상 디지털 음성방송)	모바일 방송
주파수대	UHF대 TV 채널	VHF대 TV 채널	2.6GHz대
서비스	지상방송	지상방송	위성방송
커버 영역	지역	지역	전국
제도상의 위치	TV방송의 보완방송	음성방송	음성방송
전송부호화 방식	OFDM	OFDM	CDM
	멀티캐리어(Multi Carrier)	멀티캐리어(Multi Carrier)	멀티캐리어(Multi Carrier)

3) 스트리밍

스트리밍(Streaming)은 인터넷 등의 네트워크를 통하여 영상이나 음성 등의 멀티미디어 데이터를 시청할 때에 데이터를 수신하면서 동시에 재생하는 방식을 말한다. 일반적으로 인터넷으로 영상이나 음성 등의 멀티미디어 콘텐츠를 다운로드하면서 동시에 재생하는 일이 가능한 방송을 스트리밍 방송이라 한다. 또한, 이는 "인터넷 방송" 등으로도 불린다. 여기서 스트리밍이라는 기술이 사용된다.

웹 브라우저에서는 Text Data 등 보통의 콘텐츠는 일단 다운로드한 후 화면에 표시된다. 영상이나 음성으로 같은 일을 실행하면 데이터양이 크기 때문에 다운로드가 완료하여 재생을 개시할 때까지 긴 시간이 걸린다. 여기서 스트리밍 방송에서는 영상이나 음성 데이터를 세분화하여 수신 측의 재생 타이밍을 합쳐 세분화된 데이터를 순차 전송하는 것으로 다운로드하면서 재생이 가능하다.

이러한 스트리밍 방송을 하는 것은 영상이나 음성 데이터를 압축 부호화하는 인코더(Encoder) 부호화기나 재생 타이밍에 맞추어 전송하는 대신 서버가 필요하여 수신 측에는 수신·재생을 행하는 플레이어가 필요하다.

1세그먼트 방송은 전파를 매체로 하는 방송 서비스이다. 방송의 경우 1개 전파의 주파수를 모든 사람이 수신하므로 누구나 같은 품질의 서비스를 받을 수 있다. 또한, 리얼타임 전송이다.

한편, 스트리밍은 통신 네트워크를 이용하여 전송한다. 아날로그 전화에서는 이용자가 많아지게 되면 대화중에 연결이 안 되게 되는 경우가 있다. 디지털 통신에서는 연결이 안 되는 경우는 없지만, 폭주 상태가 되면 일정했던 회선품질이 보증되지 않는다. 특히 움직이는 화면과 같이 정보량이 많은 전송에 많은 양이 동시에 행해지면 정도의 수신이 연속적이지 못하고 시간차가 생기게 된다. 즉, 스트리밍은 누구든지 같은 품질의 서비스를 받을 수 있다고 확신할 수 있는 서비스는 아니다.

이렇게 통신의 전송은 '베스트 에프터' 서비스로 불린다. 이에 대해서 방송은 전송품질이 보증된 '개런티' 서비스이다. 이것이 통신과 방송의 기본적인 차이점이다. 단, 추후의 기술 진전에서는 그 차가 점점 좁아지게 된다.

따라서 방송과 통신의 또 다른 차이점은 콘텐츠에 대한 책임이다. 방송은 제공하는 콘텐츠의 내용에 방송사업자가 책임을 가지고 있고 통신에 따른 콘텐츠 전송은 콘텐츠의 내용에 책임을 갖지 않는다.

4) 디지털 음성방송

유럽에서는 이전부터 이동제품에 수신 가능한 디지털 음성방송의 개발이 진행되어 있어 Eureka-147 시스템(DAB : Digital Audio Broadcasting : DAB 유럽의 디지털 오디오 방송방식)에 따른 방송이 1996년부터 이탈리아, 스웨덴, 덴마크 등지에서 시작되었다.

현재 유럽은 물론 전 세계적으로 퍼지고 있다. 이미 600 이상의 서비스가 진행되고 청취 가능 인구는 3억인 이상이다. 또한, 이탈리아에서는 2004년 말까지 DAB 수신기가 120만대 이상 보급되었다.

이 DAB는 지상 디지털 TV 방송과 같은 형태로 OFDM이라는 변조 방식에 더해져 주파수 상호작용라는 기술을 사용하기 위해 전파의 멀티패스 장애에 강하고 이동 수신에 적합하다. 1세그먼트 방송과의 큰 차이는 이 DAB는 음성방송 전용으로 영상을 방송하는 일은 불가능하다는 것이다.

또한, DAB의 한 개의 파의 주파수점유 대역은 1.5MHz와 1세그먼트 방송(428kHz)의 약 4배의 대역이 된다. 따라서 단일파로 CD 음질의 스테레오 음성 6 프로그램 정도까지 방송 가능하다.

더욱이 대역이 넓은 부분, 주파수 상호작용(Interleave)에 따라 페이딩(Fading) 등에도 보다 강하다. 따라서 DAB를 방송하는 주파수대는 국가에 따라 다르며, VHF의 FM이나 TV 주파수를 사용하는 국가(독일, 이탈리아 등), 1.5GHz대를 사용하는 국가(프랑스 등)가 있다.

5) 디지털 멀티미디어 방송(DMB)

DAB는 음성방송 전용이고 이 방식은 기본적으로 영상 등의 멀티미디어 방송을 가능하게 한 DMB(한국의 이동방송)이다.

이 DMB는 현재 한국에서 적극적으로 개발하여 이미 방송도 실시하고 있다. 한국에서는 이용하는 주파수대는 한국의 VHF TV의 높은 대역측(174MHz~240MHz)의 대역이다. DAB와 같은 형태로 1파 1.5MHz의 대역이며 사용하는 변조 방식이나 오류수정 방식의 조합이 조금 다르고 1파에 0.8~1.7Mbps의 정보전송 능력이 있어 복수의 영상·음성·데이터 프로그램 방송도 가능하다.

한국의 방송에서는 1개의 프로그램에서 영상의 해상도는 CIF(Common Interface Format, 세계 공통의 비디오 신호 Format, 352화소×288line)까지 Frame 주파수는 최대 30frame/초, 화상의 부호화 방식에서는 H.264/AVC를 사용한다.

6) 휴대 수신용 방송

유럽에서는 지상 디지털 TV 방송으로 DVB(Digital Video Broadcasting, 유럽의 디지털 방송에 관한 표준화 조직 및 그 표준) 방식을 사용한다. 이 DVB 방식은 멀티패스(Multipath)에는 강하고 이동수신의 성능은 DAB 방식이나 일본의 지상 디지털 TV 방식보다 좋진 않다. 또한, 일본의 1세그먼트 방송과 같이 방송을 부분적으로 내보낼 수도 없다. 그러나 휴대수신 서비스용으로 DVB-H(Handheld, 모바일 대상, 방송 대상의 DVB 표준규격) 방식이 새롭게 개발되어 있다(표 5-2).

이 DVB-H 방식은 DVB 방식을 기초로 하여 휴대수신 대상 프로그램을 시분할로 고정 대상 신호를 Multiplex하여 일정한 간격으로 Burst적으로(하나의 덩어리로) 송신한다. 휴대 수신기 측에서는 희망하는 프로그램이 전송되는 시간만큼만 수신기를 동작시켜 그 이외의 시간은 수신기를 동작시키지 않는다. 이 방식은 시간분할로 불리면 이렇게 함에 따라 수신기의 소비전력을 낮게 하여 휴대단말로 수신 가능하게 한 것이다.

이 방식은 DVB 방식의 지상 디지털 TV 방송과 호환성이 되므로 DVB의 송신기를 휴대 수신 서비스용의 변조기 등을 부가하는 일로 실시된다. 고정 대상 방송에 Multiplex하는 일도 가능하여 휴대 서비스 대상에 128kbps~384kbps의 정보를 25~80개를 넣을 수 있다. 현재, 이 DVB-H 방식은 유럽과 미국에서 시험방송이 진행되고 있다.

제5장

표 5-2 ‹‹‹ 각 방식의 비교표

항목 \ 내용	1 세그먼트 방송	DMB	DVB-H
방송 계획 국가	일본	한국	유럽
방송개시 시기	2006년	2005년	2006년
기본 방송 방식	ISDB-T	DAB	DVB
사용 주파수대	UHF대 TV	VHF대 TV	VHF/UHF대 TV
변조방식	QPSK 또는 16QAM OFDM	DQPSK OFDM	QPSK 또는 16QAM OFDM
1파의 대역폭	약 428kHz	1.5MHz	8MHz
1파의 전송용량	280~624kbps	0.8~1.7Mbps	11Mbps
단말 소비전력 절감 기술	대역폭 축소	대역폭 축소	시간분할(Time Splicing)

4. 디지털 TV의 기술표준

디지털 TV의 기술표준, 소위 송수신표준은 크게 미국의 ATSC 방식과 유럽의 DVB 방식으로 나뉜다. 그 외의 일본의 ISDB-T 등의 독자방식이 있으나, 엄밀히 말해서 대부분의 독자기술 방식 역시 DVB나 ATSC 방식의 기술표준을 발전시키거나 양대 표준의 장점을 취한 방식으로 보아야 할 것이다.

표 5-3 ‹‹‹ ATSC 방식과 DVB 방식의 비교

item	ATSC	DVB
Video Encoding	MPEG-2	
Audio Encoding	Dolby AC-3	MPEG-2
Modulation	8-VSB	COFDM(지상파) QPSK(위성) QAM(케이블)
Multiplexing	MPEG-2 시스템(ISO/IEC 13818-1)	
표준 채택국가	미국, 캐나다, 한국 등	유럽 및 디지털 방송을 개시한 다수 국가

위의 표 5-3에 유럽의 DVB 방식과 미국의 ATSC 방식을 간략하게 비교하였으며 자세한 기술적인 내용은 관련한 표준 스펙을 참고하기 바란다.

지상파 DTV 전송방식의 선정과정에서 DVB 방식과 ATSC 방식의 장단점을 비교하여 각 방식의 우위를 주장하는 몇 년간의 긴 과정 끝에 현재 미국의 ATSC 방식으로 최종 결정되어 현재에 이르고 있으나 지금 시점에서 기술적으로 확인되는 주요부분은 대체로 다음과 같다고 할 수 있겠다.

- ATSC 방식의 가장 큰 장점으로 강조되었던 HD 방식의 방송은 현재 유럽의 DVB 방식을 채택한 위성방송에서 다양한 화질의 HD급 방송으로 서비스되고 있다.
- 단일 주파수망(SFN)의 구축에 장점을 가진 DVB 방식에 비하여 약점으로 지적되었던 ATSC 방식에서의 SFN 구축을 위한 기술적인 보완은 꾸준히 이루어지고 있다. 단일 주파수망이란 전국을 하나의 동일한 주파수로 고정해서 서비스하는 방식으로 서울이나 부산이나 동일한 주파수로 동일한 방송국의 전파를 수신할 수 있어서 주파수의 낭비를 줄이고 시청자의 혼선을 피할 수 있는 방식이다. 특히 라디오와 같이 이동수신의 성격이 강한 경우 SFN의 필요성은 증대되는데 DMB가 상용화된 우리나라

의 경우 역시 SFN의 구축이 필수적인 요구사항이 된다 하겠다.

- DVB 방식에 비하여 이동수신이 불가능한 약점으로 지적된 ATSC 방식의 단점은 ATSC 2.0 표준에 ATSC-M/H라는 표준을 포함시켜 이동수신 기능을 향상시켰고, DVB 역시 기존의 이동수신 기능을 강화시킨 DVB-T2를 발표하였다. DVB 방식의 이동수신의 장점은 단일 기술로 고정 및 이동형의 요구를 동시에 만족시킬 수 있다는 점인데, 중국에서는 DVB-T를 대한민국과 같은 이동형 DMB 기술로 적용을 한 바가 있다.

참고로 표 5-4는 디지털 TV와 디지털 라디오, 모바일 환경을 포함한 매체별 기술표준을 비교한 것이다.

표 5-4 ‹‹‹ 매체별 디지털 방송 기술표준

분류	매체	전송방식	미들웨어	적용 국가	기 타
디지털 TV	지상파 방송	ATSC	ACAP, DASE(Obsolete)	미국, 캐나다, 한국, 멕시코	미국표준
		DVB	MHP	유럽, 대만	유럽표준
	케이블 방송	Open Cable	OCAP, ACAP	미주, 한국	미국표준(Cable Labs)
		DVB	MHP	유럽, 대만	
	위성 방송	DVB	MHP	유럽, 한국	스카이라이프
디지털 Audio	DAB	Eureka-147	N/A	유럽	1995년 BBC가 최초 상용화
	위성	비표준	N/A	미국	시리우스 등
이동 수신	지상파 DMB	Eureka-147	TBD	한국	미들웨어 표준화 작업 진행 중
	위성 DMB	ARIB	TBD	한국	TU 미디어, 2004년 서비스

표 5-4에서 보는 바와 같이 우리나라는 매체별로 서로 다른 표준을 채택하여 시청자 입장에서는 매우 불편한 상황을 구성하고 있다. 하나의 수신 셋톱으로 지상파, 케이블, 위성방송을 동시에 볼 수는 없는 환경으로 통합 셋톱 등 시청자에 보다 많은 비용을 요구하고 있는 구조로, 데이터 방송 미들웨어의 관점에서 보면 사실상 답이 안나오는 상황이 정직하게는 맞을 것이다.

5. 데이터 방송 표준

데이터 방송이 가능하기 위해서는 컴퓨터에 리눅스나 윈도우 XP와 같은 운영체제가 설치되어 있어야 하는 것처럼 다양한 역할을 맡아야 할 문서작업/인터넷/게임/홈쇼핑 등 …, 운영체제가 역시 수신 셋톱이나 디지털 TV에 설치되어야 한다.

이를 보통 디지털 방송 미들웨어라고 하는 용어로 흔히 표현을 하게 되며 주로 디지털 TV보다는 셋톱박스상에 설치되게 된다. 흔히 셋톱박스 일체형 디지털 TV라고 하는 표현은 디지털 방송을 수신해서 보여주는 기능을 셋톱박스가 별도로 연결되지 않고 자체적으로 처리할 수 있는 정도의 기능을 가지고 있다는 의미이고, 다양한 데이터 방송 기능을 처리할 수 있는 미들웨어가 설치되어 있다는 의미는 일반적으로 아니다.

디지털 TV 송수신 표준규격과 마찬가지로 데이터 방송의 표준(미들웨어 표준) 역시 유럽표준과 미국표준의 양대 표준으로 구분된다고 할 수 있다.

미국에서는 ATSC-DASE라는 나름의 표준이 있었으나 매체별 호환성 등의 문제로 사실상 사장이 되고 케이블 방송의 표준인 OCAP과의 호환성을 고려한 ACAP을 지상파 데이터 방송의 표준으로 채택함으로써 데이터 방송의 국제표준은 사실상 유럽표준인 DVB-MHP를 근간으로 하는 형태를 가지게 되었다. OCAP 역시 유럽 표준을 골격으로 두고 제정된 데이터 방송규격이라고 할 수 있기 때문이다.

주요 데이터 방송 표준의 관계를 설명할 경우 GEM이라는 용어를 표현하게 되는데, 이는 유럽의 표준규격인 DVB-MHP에서 유럽의 방송 환경에 특화된 요소, 즉 DVB-SI(EPG 정보), CA(제한수신 모듈), DVB 네트워크 프로토콜 등을 제외한 일반화된 데이터 방송 공통 Template로 이해하면 되는데 국제적인 데이터 방송 표준의 근간이 유럽의 기술을 기반으로 하고 있음을 단적으로 표현하고 있다.

각 데이터 방송 미들웨어 표준에 관한 기술적인 언급은 EPG(Electronic Program Guide)를 구성할 수 있는 정도의 범위를 다루기 때문에 다루는 범위의 한계가 있고 국내의 데이터 방송 환경을 보면 사실상 세계의 주요 데이터 방송 표준을 모두 적용하고 있는 상황으로 사용자, 즉 시청자의 입장에서 보면 매우 비효율적인 구조를 형성하고 있다.

매체별로 서로 다른 표준을 채택하여 어떠한 매체를 선택하느냐에 따라 해당 매체에 맞는, 다시 말하면 해당 데이터 방송 표준에 맞는 수신기를 별도로 구매해야 하는 상황으로 해외시장을 진출하고 외화를 벌어오는 수출업계의 입장에서는 오히려 다양한 시장을 실험하고 완성하는 측면에서는 좋은 기회이지만 그렇게 치부하기에는 국민들이 치러야 하는 대가는 적지 않은 것이 사실이다. 그래서 각 매체를 모두 수용하는, 즉 수신이 가능한 통합 셋톱박스가 현실적인 대안으로 등장하고 있으며 데이터 방송 미들웨어 역시 소위 'harmonization'이라는 화두로 근간은 MHP로 같은 공통점을 이용하여 통합 미들웨어를 구현해 보자고 하는 논의와 연구가 꾸준히 진행되고 있으나, 아직까지는 진행형으로 구체적인 결과나 상용화 실적은 없는 상황이다.

현실적으로 PC에서 조차 리눅스와 윈도우 XP를 같이 설치해서 사용하는 경우 다시 PC를 껐다 켜서 운영체제를 선택해야 하는 현실에서 보다 제한적이고 열악한 셋톱 환경에서 2개 이상의 미들웨어, 즉 운영체제를 동적으로 운영한다는 것은 쉽지는 않은 과제라 할 것이나 지금도 꾸준히 진행형으로 가고 있는 과제이고 데이터 방송의 활성화를 위해서는 궁극적으로 해결이 되어야 할 주요한 과제이다.

제6장

IP 개인방송기기 및 서비스

01 IP 개인방송 동향분석

최근 초고속 통신망 인프라와 멀티미디어 서비스에 대한 욕구는 방송 콘텐츠 및 멀티미디어 콘텐츠의 Anytime/Anywhere 서비스에 대한 욕구가 증가함에 따라 새로운 방송통신이 융합된 비즈니스 모델의 출현 감지되고 있으며 현재 방송통신 융합의 대표적인 서비스인 IPTV 역시 향후 유선과 무선이 결합되는 유무선 결합형 IPTV로 발전하고 있다.

IP 기반의 개인방송은 원격 개인방송 릴레이 서비스는 현재 슬링박스라는 제품으로 시행되고 있으나, 단순히 개인방송에 국한된 서비스이며 방송품질이 보장되지 않고 있으며, 서버와 연동된 부가 서비스를 제공하는 솔루션이 없다.

사용자는 원격지에서 인터넷을 이용하여 스트리밍을 받을 수 있을 뿐만 아니라, 장치의 제어도 가능하도록 IP 스트리밍 장치의 제어가 장비에 내장된 튜너 및 외부입력기기를 포함하고 튜너의 경우 채널을 전환함으로써 사용자가 원하는 채널을 시청할 수 있도록 하는 IP 기반의 개인방송기기와 서비스를 한다.

IP 기반의 개인방송기기는 외부 입력기기의 경우 적외선 송신기를 이용하여 리모트 컨트롤러 키를 생성하고 전송함으로써 외부 입력기기의 기능을 제어할 수 있으며, 이러한 원격지 제어기술은 TCP 프로토콜에 의거하여 작성되며 확장성이 용이한 장점이 있다.

02 개인방송기기의 동향 및 설계

IP 기반의 개인방송기기는 인터넷을 이용한 댁내 방송 서비스 이용장치로 원격지에서 댁내에 있는 방송장비를 액세스해서 인터넷으로 원격지 PC를 통하여 방송 서비스를 무료로 이용할 수 있다.

또한, IP 기반의 개인방송기기는 방송수신기능 이외에 통신사업자를 통한 서버 운용으로 프로그램편성표(EPG), 부가 서비스, 광고, 인터넷 쇼핑과 연계한 서비스도 제공할 수 있으며, 이를 위한 개인방송기기의 서비스 구성도는 그림 6-1과 같다.

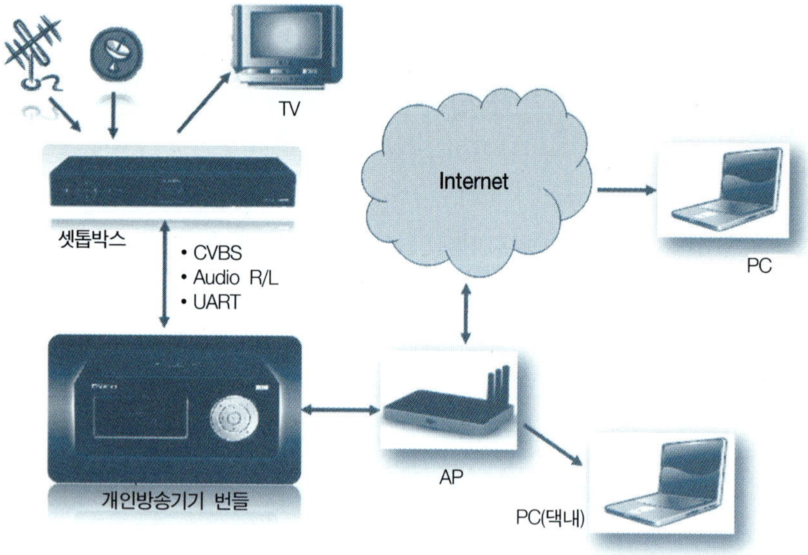

그림 6-1 ‹‹‹ 개인방송기기의 서비스 구성도

1. IP 기반의 개인기기 개발동향

IP 기반의 개인방송기기는 Sling Media라는 미국회사에서 Slingbox라는 제품이 출시되어 상용화 단계에 이른 상태이다. 본 서비스가 개인방송에만 국한되어 있고 제품가가 200~300달러 수준으로 높은 편이다.

유비코드라는 국내회사가 유사한 제품을 출시하기는 했으며, 전자부품원의 개발제품은 통신사업자와 연계하여 원격 개인방송 및 서버를 통한 부가 서비스에 대한 충분한 품질 확보를 통해 가입자를 확산시켜 나갈 계획이다.

표 6-1 ‹‹‹ IP 기반의 개인방송기기 규격비교

구분	전자부품원	슬링박스 PRO (슬링미디어)
필요장비	• 공유기 1대 / 분배기 1개 • 동축케이블 2개	• 공유기 1대 • 동축케이블 1개
설치사항	• 장비고정 IP setting 필요 • 공유기에 포트 설정 필요	초기 설정에 시간이 소요됨
화질 비교	• QQVGA : 끊김은 없지만 화면이 뭉개짐 • QVGA / VGA : 끊김현상 발생	• 저화질 : 끊김없고 화면 영상 불만함 • 나머지 : 끊김현상 발생
UI	VLC player / 리모컨	• UTV player / 리모컨 • 채널정보 화면
화질 조정	QQVGA / QVGA / VGA	저화질 / 중화질 / 고화질 / 최고화질
Main Chip	현재 Micronas 7108 Qpixel QL202B로 변경	TMS320DM642AZNZ(TI)

그림 6-2 ‹‹‹ 개인방송기기의 화면 UI와 리모컨 비교

2. IP 기반의 개인기기 설계

인터넷만 연결되어 있으면 언제 어디서든 댁내와 동일한 오디오/비디오를 즐길 수 있는 IP 기반의 개인방송기기의 블록다이어그램 및 규격은 다음과 같다.

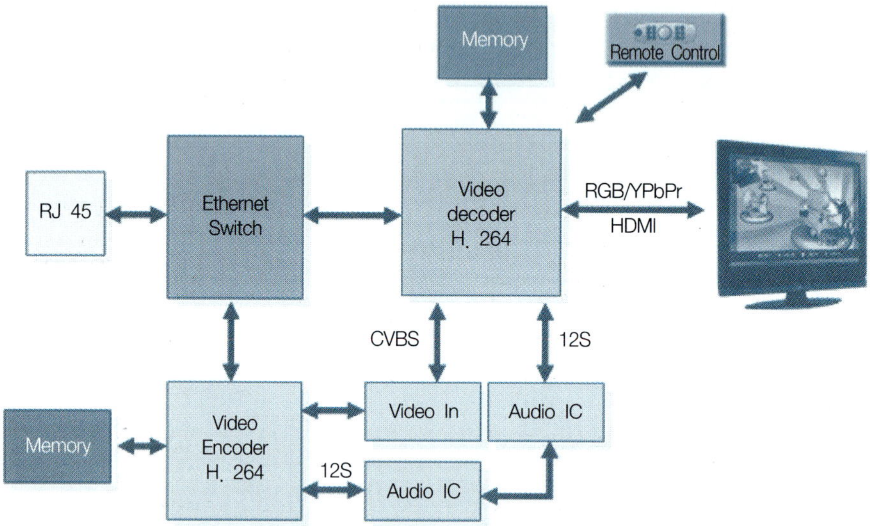

그림 6-3 ‹‹‹ 개인방송기기의 구성도

1) H/W 규격

① 프로세서 : 비디오/오디오 인코딩, 인터넷 스트리밍 전송 등 담당

② 10/100 PHY : 압축된 영상신호는 인터넷을 통해 전송

2) S/W 규격

① OS : 리눅스

② 영상압축방식 : H.264

③ 영상전송 프로토콜 : RTSP, RTP, TCP, UDP

④ 원격제어 프로토콜 : MSCP(자체개발 프로토콜)

⑤ 셋톱박스와의 메시지 전송규격 : UART 이용

⑥ UI/GUI 디자인 및 포팅

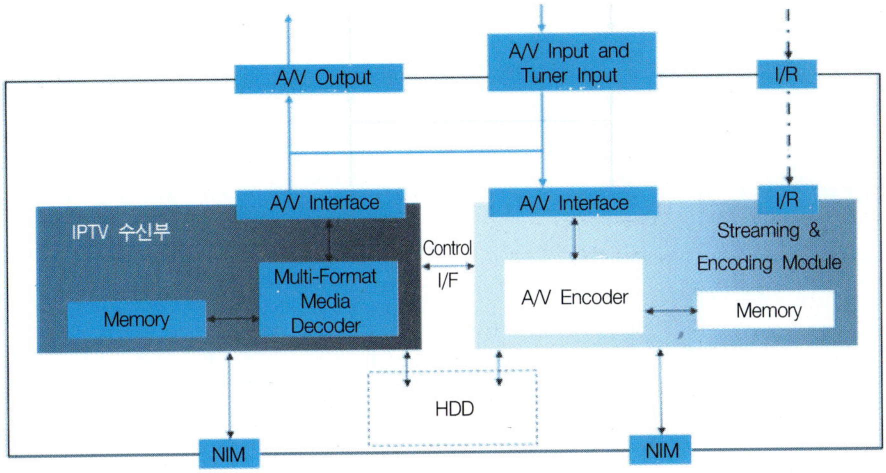

그림 6-4 ‹‹‹ 개인방송기기의 블록다이어그램

3) 개발제품의 제공

① 인터넷을 통한 원격 개인방송 시청

② 채널리스트, 프로그램 편성표(EPG) 서비스 제공

③ 인터넷 부가 서비스 제공

03 개인방송 서비스의 동향 및 설계

IP 기반의 개인방송 서비스는 방송통신 융합 서비스 환경하에서 언제, 어디서나, 소비자는 시간과 공간의 제약없이 원하는 방송 및 미디어 콘텐츠 서비스를 받을 수 있다. 이를 위해 IP 기반의 다양한 비즈니스 모델이 제시되고 있으며, TPS(Triple Play Service : 방송+인터넷+VoIP) 및 QPS(방송+인터넷+VoIP+모바일) 등이 대표적으로 주목을 받고 있는 사례이다.

이러한 방송통신 융합 서비스를 위해서는 셋톱박스로 통칭되는 고정형 단말기 기술의 개발이 모바일 단말 및 서비스 기술과 더불어 반드시 필요하다. 이러한 고정형 단말기 시장 및 기술적 상황을 IPTV 및 디지털 셋톱박스의 시장 및 기술동향을 분석으로 현재의 시장상황은 IPTV의 발전 및 셋톱박스 시장의 확대가 예상된다.

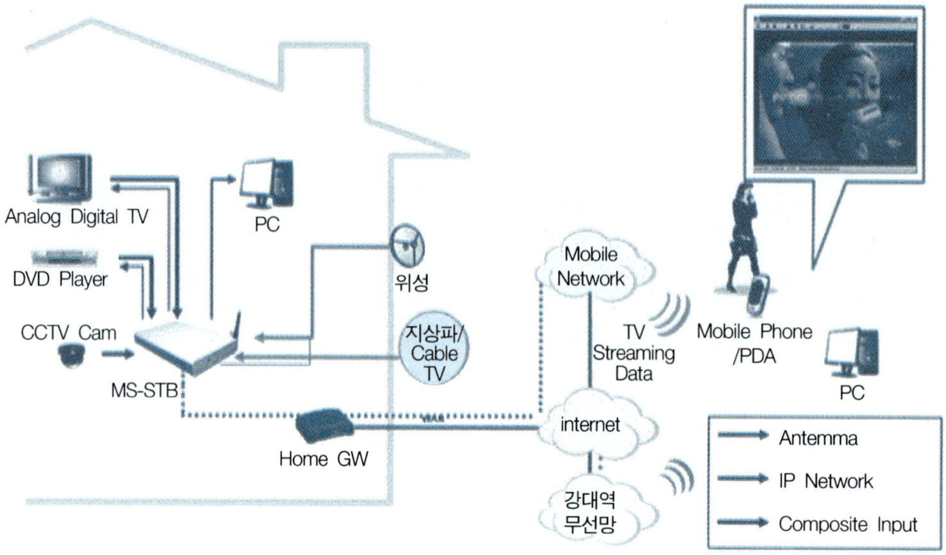

그림 6-5 ‹‹‹ 개인방송 서비스 구성도

현재의 기술적 요구상황으로는 방송통신 융합 환경에서의 단말기 기술 및 미디어 전송 및 서비스 기술기반의 서비스를 제공하기 위해서는 셋톱박스(고정형 단말기)를 통해 IP 기반의 방송 및 콘텐츠의 수신하고, 사용자가 원하는 방송+콘텐츠를 저장/전송하게 해주는 기술 및 서비스가 통합적으로 제공되어야 한다.

현재 이러한 제품의 개발을 위한 현실적 접근은 IPTV 셋톱박스와 네트워크 상황에 기반한 미디어 스트리밍 기술을 통합을 통한 제품의 개발이 우선적으로 요구되며 이를 기반으로 향후 다양한 미디어 서비스 환경에 대응이 가능한 셋톱박스 기술의 개발이 요구된다.

1. 개인방송 서비스 동향분석

IP 기반의 개인방송 서비스는 네트워크 망의 대역폭이나 트래픽 등에 의해 전송된 영상이나 미디어의 질이 결정되므로, QoS(Quality of Service)를 확보할 수 있도록 "Dynamic Bit Rate Control" 기술을 중심으로 하는 전송제어기술이 핵심기술이다.

표 6-2 ‹‹‹ IP 기반 셋톱박스의 주요 기술/제품개발 경향

구분	IP 기반 셋톱박스 주요 기술/제품
2005년 SD 셋톱박스	MPEG-2, SD(4MBps) / DOCSIS 1.0 / CPU 160MHz급
2006년 HD 셋톱박스	VoD / MPEG-2 HD(19MBps) / DOCSIS 1.1(30Mbps) / CPU220MHz급
2007년 PVR 셋톱박스	IP Security, TV Based SMS, VoIP / 2HD PVR / DOCSIS 2.0(40Mbps) / CPU 300MHz급
2009년 Media Streamer 통합 셋톱박스	Video Telephony, Celluar-phone 연결, Location Free(Media Stream 전송기술을 통한 서비스) / H264/VC1, 2HD PVR / DOCSIS 3.0(200Mbps) / MoCA(270Mbps)
2010년 Media Gateway	개인동영상(UCC), 2HD PVR / DOCSIS 3.0 / 1GHZ CPU / MOCA

이러한 개인방송 서비스는 Sling Media의 Sling Box가 미국에서 2006년에 선풍적인 인기를 끌면서 이 같은 TV Relay 솔루션이 주목을 받기 시작했고 세계적인 방송통신 융합의 추세에 정확하게 부합되는 기술로서 단품뿐이 아니라 방송 및 통신 서비스 사업자와 연계된 솔루션으로 더 잘 알려있다.

Sling Media는 2005년 인터넷이 되는 곳에서는 어디에서나 원격에서 PC를 통하여 케이블, 위성 셋톱박스 및 PVR을 제어하고 방송을 시청할 수 있는 시스템을 개발하여 판매 중이다. 현재 이와 같이 위치 이동성을 제공하는 미디어서비스 방식을 'place-shifting' 이라고 한다.

Sling box는 TV 출력신호가 제공되는 모든 장치에 연결되며 리모컨을 이용하여 원 미디어 입력장치를 제어할 수 있다. PC 클라이언트 소프트웨어인 Sling Player는 Sling Media사의 사설 프로그램으로 Microsoft Windows 및 Macintosh 등에 동작을 지원하고 있다.

2. 개인방송 서비스 설계

IP 기반의 개인방송 서비스는 네트워크 망의 대역폭이나 트래픽 등에 의해 전송된 개인방송 서비스를 구현하기 위한 설계로 네트워크 자원 측정기술이 필요하다.

1) 네트워크 자원 측정기술

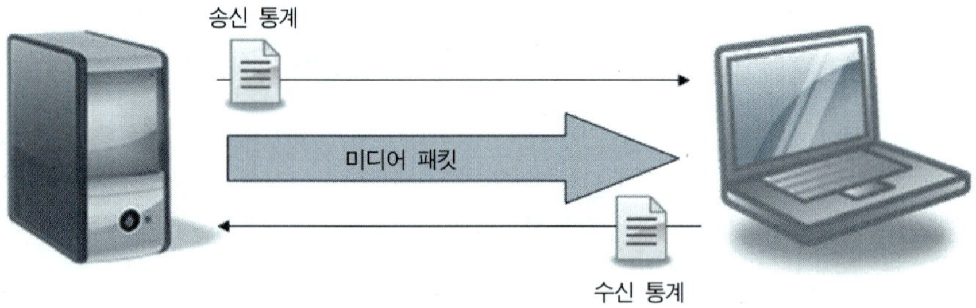

그림 6-6 ‹‹‹ 네트워크 자원 측정기술 구성도

이를 위해 IP 스트리밍 정보를 이용하여 네트워크 종단간의 가용 자원을 측정해야 하며, 서버는 스트리밍을 위한 미디어 패킷 외에, 현재 전송되는 미디어의 통계정보를 클라이언트에 전송해야 한다.

클라이언트는 서버로부터 수신한 통계정보에 기반하여 현재 수신된 미디어 패킷의 미디어 패킷의 통계를 작성하여 서버에 전송해야 하며, 이 때 통계는 전송지연시간, 전송손실률 등을 포함해야 한다.

서버는 수신단의 미디어 패킷 통계로부터 현재 네트워크의 상태를 추정해야 한다. 평균전송율로부터 전송송신률 값을 사용하여 현재 가용한 네트워크 자원을 추정할 수 있어야 한다.

2) QoS 적용기술

IP 기반의 개인방송 서비스를 구현하기 위해서는 QoS 적용기술을 측정하기 위해 가용 네트워크 자원에 최적화된 서비스를 제공하는 기술이다.

한정된 네트워크 자원 하에서 보다 양질의 음질·화질 서비스를 제공하고자 하는 데 목적으로 동일한 네트워크 대역폭에서 사용자가 가장 선호하는 인코딩 파라미터를 설정하여 음질·화질을 조정해야 한다.

QoS의 보장을 위하여 측정된 가용 네트워크 자원에 대해 압축률을 비례하여 적용해야 하며, 최적의 화질을 보장하기 위하여 사용자의 선호도에 따라 인코딩 파라미터를 조정하고 인코딩 파라미터의 예는 GOP 크기, B Frame 사용여부 등이 있다.

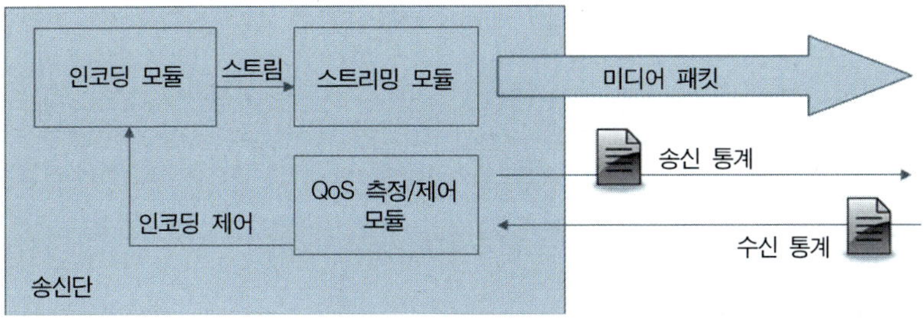

그림 6-7 ‹‹‹ QoS 적용기술 구성도

3) 원격지 제어기술

원격지에서 기기에 내장된 튜너, 혹은 외부 입력 기기를 제어하는 기술이 필요하다. TCP 프로토콜에 의거한 제어 프로토콜을 정의한다.

서버와 클라이언트간 원격지 제어가 가능하도록 하기 위해 사용자는 원격지에서 튜너를 제어함으로써 원하는 채널을 시청할 수 있으며, 사용자는 원격지에서 적외선 송신 모듈을 제어함으로써 원하는 기기를 제어할 수 있다.

3. 개인방송 서비스 전망

IP 기반의 개인방송 서비스는 새로운 수익 창출이 가능할 것으로 판단되어 망 사업자, 단말기 사업자, 서비스 사업자 등이 많은 관심을 나타내고 있으며, 비즈니스 모델 제공이 가능한 플랫폼 및 응용기술을 개발이 중요시되고 있다. 이러한 서비스를 위한 단말 및 서비스 관련 기술은 차후에 등장하게 될 유사 서비스 시장에서 사용되는 핵심기술의 확보차원에서 그 중요성이 강조되고 있다.

표 6-3 ‹‹‹ 개인방송 서비스 사업 모델과 발전전망

통신사업자	• 유무선 인터넷 서비스와 연동 : 메가패스, 와이브로서비스 등의 콘텐츠 공급원으로 활용 • IPTV와 연동상품 개발 : 인터넷망을 통한 가정내방송과 원격지방송 혼합 솔루션 제공 • 부가 서비스 제공 –방송편성표 제공으로 사용자 편의제공 –광고, 인터넷 쇼핑 제공으로 수익성 향상
기간망사업자	• 엔터프라이즈망을 통한 방송 서비스 • 사내방송, CCTV 등과 연계 서비스
일반사용자	• 리테일 마켓을 통한 제품판매 • 신뢰성있는 방송품질 보장으로 소비자층 확대

표 6-4 ‹‹‹ 개인방송기술 개발완료 예상시기

요소기술	종류	해결해야 할 기술	완료시기
메타 데이터 처리기술	메타데이터 생성 기술	메타데이터 설계 표준화	2009년
	메타데이터파싱 기술	표준 프로그래밍 언어별 메타데이터 파서개발	2009년
	메타데이터 저장관리	메타데이터 데이터베이스 개발 및 구축	2010년
	개인맞춤형 서비스 기술	서비스별 메타데이터 응용 인터페이스 구현	2010년
	메타데이터 전송기술	메타데이터 단편화, 이진 부호화, 캡슐화, 색인 기능	2010년
Copy 제어 및 보호 프로세서	패키징 기술	MPEG-21 DI기반으로 TVA-2 환경에 적합하게 확장하고 구체화	2012년
	인증기술	개인 ID 인증방안표준화	2010년
리치미디어 데이터 처리 플랫폼	ECG 엔진 기술	ECG 엔진 개발	2009년
	PDR위한 기능처리/개발	PDR위한 기능처리 기능개발	2009년
	MPEG-4 기반 대화형 콘텐츠	MPEG-4 기반 대화형 콘텐츠 기술 확보	2010년

IP 기반의 개인방송 서비스와 관련된 서비스 및 셋톱박스 관련하여 핵심기술, 시스템 및 서비스 응용기술의 개발을 통해 새로운 시장에의 선점 및 표준 기술의 상업화 성공을 통한 산업 및 기술경쟁력 확보를 바탕으로 관련 산업 및 기술의 수출 및 수입대체 효과를 기대할 수 있다.

04 결 론

IP 기반의 개인방송기기는 인터넷만 연결되어 있으면 언제, 어디서든 댁내와 동일한 오디오・비디오 환경을 즐길 수 있다. 이를 위해 QoS 기반의 서비스를 통하여 사용중인 네트워크에 최적화된 양질의 서비스를 즐길 수 있도록 차세대 방송통신 융합기술의 적용이 가능하여, 향후 고품질 방송통신통합 멀티미디어 서비스를 경제적으로 제공 가능할 것이다.

방송법상 한국에서의 지상파 방송, 케이블 방송, FM라디오 방송 등은 지역적으로 제한되어 있다. 이른바 방송권역의 제한이다. 그러나 시청자 개인이 슬링박스 같은 제품을 구입해 집에 설치해놓고 방송권역에 구애받지 않고 보고 싶은 TV프로그램을 시청하고자 한다. 이러한 방송통신 융합 환경이 급격히 발달하고 이에 따른 다양한 미디어 융합 서비스가 시장에 선보임에 따라, 사용자 위주의 Seamless한 멀티미디어 서비스에 대한 요구가 증가하고 있으며, 언제, 어디서나, 집안에 있는 것 같은 방송통신 융합 서비스 제공에 대한 소비자의 요구를 증가하고 있다.

향후 가정내의 다양한 기기가 하나의 핵심기기로 통합되는 소위 "플랫폼 효과"가 기대되는 핵심기기로써 MS-STB의 기술적 중요성이 의미를 가지며, 이를 통한 기반기술 확보가 기대된다.

제 7 장

디지털 라디오 방송

01 차세대 WWR의 개요

차세대 WWR(World Wide Radio)는 유럽의 Eureka-147 기반의 DAB/DAB+/ DMB-Radio와 유럽의 디지털 AM/FM 방식인 DRM/DRM+ 및 북미지역의 디지털 AM/FM 방식의 HD-Radio 등을 포함하며 전 세계적으로 상용화 방송중이거나 상용화 예정인 라디오 방송이다.

차세대 WWR는 고품질 오디오 서비스는 물론, 교통, 증권 및 영상 등 다양한 부가 데이터 서비스를 언제 어디서나 제공할 수 있는 차세대 디지털 라디오 방송이다. 이러한 차세대 WWR는 다양한 디지털 라디오 서비스 방식은 대륙별 국가별로 서로 다른 방식이 채택되어 진행되고 있으며, 특히 최근 아날로그에서 디지털로의 변환시점과 맞물려 인프라 및 관련 산업시장이 급격히 증가되는 추세이다.

차세대 WWR에 대한 디지털 라디오의 표준화와 선진국들의 기술개발 동향을 분석해볼 때 디지털 라디오 표준인 DRM, DRM+, DAB, DAB+, DMB-Radio, 및 HD Radio를 동시에 지원하는 WWR(World Wide Radio) 수신 칩 셋이 개발될 것으로 예측이 되고 있어 현재 KETI 등에서 개발되고 있는 연구장비의 개발이 성공할 경우 향후 멀티 수신 칩 셋과 멀티 수신 단말기를 개발하는 기업의 제품개발에 혁신적인 역할을 할 것으로 기대된다.

1. 기술적 중요성

방송 시스템의 디지털화는 전 세계적인 추세이다. 라디오 방송의 경우 전 세계적으로 단순 오디오 서비스만을 제공하던 기존 아날로그 라디오 방송에서 고품질 오디오 및 영상을 포함한 부가 데이터 서비스가 가능한 디지털 멀티미디어 방송 방식으로의 전환을 위한 다양한 시도들이 이루어지고 있으며 일부 국가들은 이미 디지털라디오 방송 서비스를 제공하고 있다.

1) AM 아날로그 라디오 방송

AM(Amplitude Modulation) 아날로그 라디오 방송은 주파수 특성상 넓은 지역을 커버할 수 있는 장점이 있지만, 상대적으로 낮은 채널 대역폭, 인접채널 간섭 및 페이딩으로 인한 신호 감쇠 등의 영향으로 인하여 오디오 음질이 떨어지는 단점 때문에 많은 사용자에게 외면되었다. 반면 디지털로 전환을 통하여 FM이상의 음질 및 부가적인 데이터서비스가 국가간 혹은 대륙간 방송 서비스가 가능하다.

2) FM 아날로그 라디오 방송

표 7-1 ‹‹‹ 아날로그 라디오와 디지털 라디오 방송의 특징적 기술 비교

방송 종류 / 항 목	아날로그 라디오	디지털 라디오 방송
다중경로 간섭 영향	많다	적다
Shadowing 영향	많다	적다
잡음과 간섭 영향	많다	적다
요구 CIR	37∼40dB 이상	5∼10dB 이상
전력 사용효율	낮다	높다
요구 송신 출력	수십 kW 이상	수십 kW 이상
주파수 사용효율	낮다	높다(FM 대비 최소 39배)
지역별 서비스 가용도	50%	95.99%
시간별 서비스 가용도	90%	99%
서비스 품질	낮다	높다
이동체 수신품질	낮다	높다
서비스 종류	오디오	오디오, 비디오 및 데이터
단일/주파수/방송망(SFN)	불가능	가능
난청지역 해소	어렵다	쉽다
채널 오류정정 기능	없다	있다
특정 가입자 선별 시청	불가능	가능
송신설비 공동 이용	어렵다	쉽다
스마트 단말 기능	없다	있다

FM(Frequency Modulation) 아날로그 라디오의 디지털 전환을 통하여 다음과 같은 장점을 얻을 수 있다.

- CD 수준의 음질 : 간섭, 중첩 등의 왜곡이 없는 순수한 음질제공
- 손쉬운 프로그램 선택 : Text menu에서 선택하는 방식으로 전환
- 완벽한 수신 : 이동환경 중에도 지속적이고 안정된 수신
- 하나의 수신기 : 하나의 수신기로 음악과 Data Service를 동시에 지원
- 프로그램 관련 Data 전송 : RDS보다 상세한 Text 정보 Display
- 음악 및 Data Service : 취향별 음악 선정, 부가가치 높은 정보제공
- 저렴한 방송비용 : FM은 DAB 방송 송출의 약 170배 이상 전력소모

특히 최근 디지털 전환 시점과 맞물려 인프라 및 관련 산업시장이 급격히 증가되는 추세이다.

02 디지털 라디오 표준의 비교

차세대 WWR 방송표준으로는 AM 대역의 디지털 라디오로 DRM(Digital Radio Mondiale)와 HD Radio 표준이 있으며, FM 대역의 디지털 라디오로는 DAB(Digital Audio Broadcasting), DAB+, DMB-Audio, DRM+(DRM Mode E) 및 HD Radio 방식이 있다.

이런 다양한 디지털 라디오 서비스 방식은 대륙별 국가별로 서로 다른 방식이 채택되어 진행되고 있으며, 각 방송사마다 표준별로 다양하게 운영하고 있는 실정이다.

WWR 수신기술을 통하여 아시아 및 유럽을 중심으로 거의 표준화가 확정적인 DRM, 유럽 및 호주 중심의 DAB와 DAB+ 그리고, 미국 중심의 HD Radio 표준을 동시에 지원하는 플랫폼을 확보함으로써 시장에서 다양하게 요구될 수 있는 디지털 라디오 단말기 형태에 대응 가능하며, 디지털 라디오 수신기의 다양화, 소형화 및 생산단가의 절감으로 글로벌 시장의 확대를 기대할 수 있다.

표 7-2 ‹‹‹ 디지털 라디오 표준 비교

Digital Radio	Band	대역폭 (kHz)	전송속도 (kbps)	스펙트럼 효율 (bits/s/Hz)	비 고
HD Radio	MF Radio Band	30	40~60	1.33~2	Hybrid Mode
		20	20~40	1~2	All Digital Mode
DRM	LW, MW, SW (~30MHz)	4.5~20	8~72	~3.6	Robustness Mode A, B, C & D
HD Radio	Band II	140	~100	~0.71	Standard Hybrid
		155	~112	~0.74	Extended Hybrid Mode(MP2)
		166	~125	~0.75	Extended Hybrid Mode(MP3)
		194	~150	~0.77	Extended Hybrid Mode(MP11)
		200	~100	~0.5	All Digital Mode(MP6)
		200	~278.9	~1.39	All Digital Mode(MP5+MS1)
DRM	Band I, Band II (300MHz~120MHz)	100	~190	~1.9	Robustness Mode E
DAB	Band III	1712	~1184	~0.69	Code Rate 1/2
			~1176	~1.04	Code Rate 3/4
			~592	~0.35	Code Rate 1/4

WWR 수신 단말기술을 통하여 하나의 플랫폼으로 각국의 다양한 디지털 라디오 방송 표준을 모두 서비스할 수 있으며, 이에 따라 수요처의 다양함과 개발자의 생산성 또한 높일 수 있다. 또한 전 세계의 디지털 라디오 방송과 관련된 새로운 서비스 창출과 통합 멀티미디어 방송수신 단말기로서의 시장 확대도 기대할 수 있다.

WWR 수신 단말기술은 동시에 다른 디지털 라디오 표준 방송의 데이터 서비스를 수신할 수 있어 다수의 시장, 혹은 중복된 방송 규격의 시장에서 유연하게 대처할 수 있다.

1. 경제 · 산업적 중요성

라디오 방송은 쉬면서, 운전하면서, 일하면서 편하게 접할 수 있는 대중적이고 친근한 매체이지만, 디지털 시스템으로의 전환에 있어 TV방송처럼 주목을 받지는 못하였다. 그러나 집집마다 TV는 1~2대를 가지고 있는 반면, 라디오는 전축, 자동차, 주방 및 화장실 등 여러 대의 라디오를 사용하기 때문에 디지털 라디오 시장은 아직 눈에 드러나지 않은 블루칩(Blue Chip) 시장이다.

우리나라는 세계5대 자동차 생산국으로 미국과 유럽 등에 수출하고 있어 카오디오용 디지털 라디오 수신기 시장도 국내 자동차를 통하여 시장 점유를 할 수 있어 관련산업의 집중적인 육성이 필요한 시점이다.

디지털 라디오 표준인 DRM, DRM+, DAB, DAB+ 및 HD Radio를 동시에 지원하는 World Wide Radio 수신 단말기술을 통하여 카오디오 수신기, 탁상용 수신기 및 휴대용 수신기의 형태로 제품화할 수 있어 기존의 아날로그 수신기에서의 대체 수요가 클 것으로 예상된다.

기존 아날로그 라디오 방송이 디지털로 전환에 따라 고품질 오디오 서비스는 물론 교통, 증권 및 영상 등 다양한 부가 데이터 서비스를 통해 차세대 WWR 수신기의 고부가가치 시장창출이 가능하다. 뿐만 아니라 통신망과 연동을 통한 인터렉티브 서비스가 확대됨에 따라 통신방송 융합 시장은 나날이 확대될 것이라 판단된다.

World Wide Radio 수신 기술을 이용하여 관련 응용 인프라 및 부가 서비스 시장으로 확장할 수 있으며, 이에 상응하는 서비스 산업을 창출하여 고용증대를 가져올 수 있다.

KETI 등에서 연구과제가 성공한다면 수입에만 의존하던 송출 장비나 방송수신 및 분석 장비에 대한 핵심기술 확보를 통해 기술료의 해외 유출을 막을 수 있으며, 우리나라가 차세대 WWR 방송시장을 주도하고 시장의 점유율 확대하는 데 크게 기여할 수 있다.

WWR 전송기술과 수신 및 분석기술에 세계 최초 모바일 DMB 종주국으로서 다년간 누적된 디지털 방송 시스템 설계 노하우를 접목시키면 유럽, 미국을 중심으로 하는 차세대 방송시장을 선도하는 것이 가능하다.

1) 차세대 WWR 서비스의 거대 신규시장 형성

미국, 유럽, 일본 등의 선진국들은 Analog Switch Off 이후의 디지털 방송기술을 중점 육성하고 있으며, 특히 유럽에서는 차세대 WWR 기술에 대한 개발 및 상용화를 적극 추진하고 있으며 2012년 이후 디지털 라디오 서비스는 거대한 시장을 창출할 것으로 예상된다.

차세대 방송 산업의 후발주자인 국내기업이 디지털 라디오 서비스가 활성화되는 2012년 이후 기술경쟁력을 확보하여 국제시장을 선점하기 위해서는 WWR 기술개발에 대한 투자가 시급히 요구된다.

03 디지털 라디오 방송의 현황

1. 국내외 기술현황

1) 국내 기술동향 및 수준

국내의 디지털 라디오 전환 관련해서는 디지털 TV와 달리 라디오는 기술 발전이 더디게 진행되고 있다. TV는 고화질(HD)을 넘어 Full HD, 3DTV, UHDTV 등으로 진화하고 있는데 비해 라디오는 이제서야 디지털화에 대한 논의가 시작되는 단계이다.

국내에서는 방송통신위원회가 2009년과 2010년에 디지털 라디오 전송방식을 결정하기 위한 비교실험을 실시하고 있으며, 2012년 이후 라디오도 디지털로 전환할 계획이다.

디지털 TV 방송은 구체적인 전환 일정에 따라 국내의 경우 2012년 12월에 아날로그 방송을 종료하는 것으로 디지털 TV 방송 전환이 진행되고 있으며 해외에서도 대부분의 국가들이 2013년 이전까지 전환 계획을 수립하여 진행을 하고 있다.

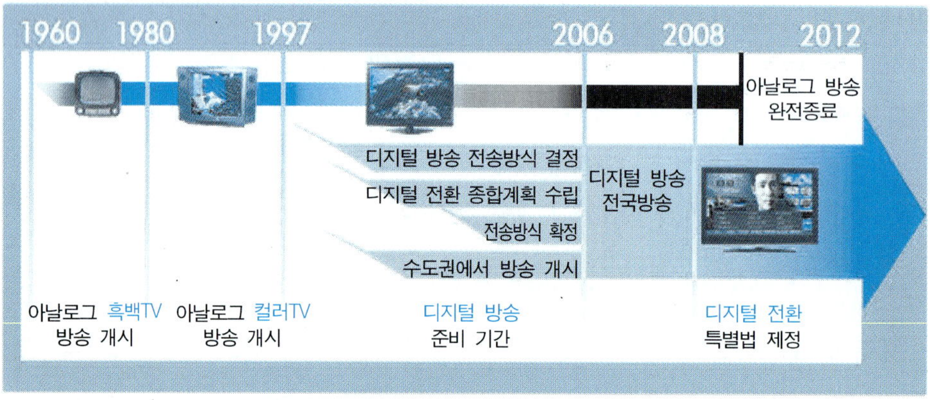

그림 7-1 ‹‹‹ 디지털 TV 방송 전환 일정(국내)

디지털 라디오는 기존의 AM/FM 라디오를 디지털 신호로 전송하는 것으로 보다 깨끗한 음질과 교통·날씨정보 등 다양한 부가 서비스를 제공할 수 있다는 장점이 있으며, 이밖에도 라디오가 디지털로 전환되면 갈수록 늘어나는 주파수에 대한 수요도 충족시킬 수 있을 것으로 기대된다.

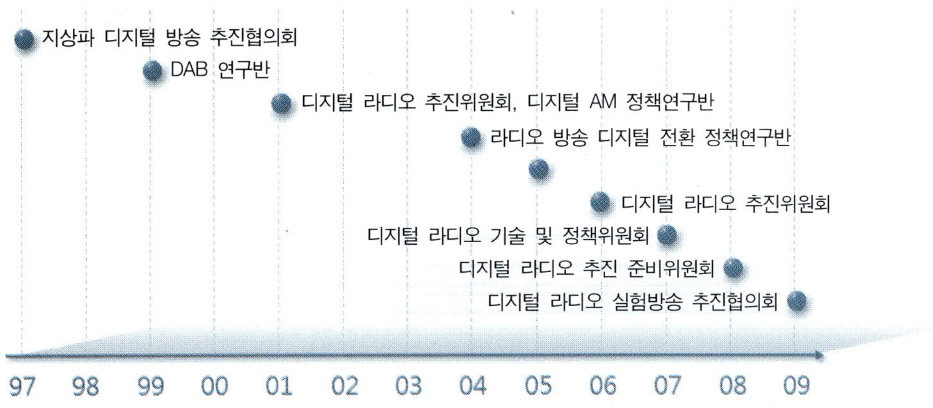

그림 7-2 국내 디지털 라디오 추진 연혁

방송통신위원회에서 디지털 라디오 방송의 전송방식을 결정하기 위한 비교 실험을 실시하기로 함에 따라 방송 및 가전업계의 관심이 높아지고 있다. 어떤 전송방식을 선택하느냐에 따라 주파수의 분배가 결정되고 가전사들의 이해관계도 엇갈릴 것으로 예상된다.

현재 디지털 라디오에 관심 있는 제조사는 삼성전자, LG전자, 삼성전기, LS산전, 현대오토넷, 광성전자, 기륭전자 등이며 방송사는 KBS, MBC, SBS, EBS, CBS, BBS, 방송기술인연합회가 있으며 이밖에 전파연구소, 한국정보통신기술협회(TTA), 전자부품연구원(KETI), 한국전파진흥협회(RAPA), 방송공학회도 디지털 라디오 추진에 관심을 가지고 있다.

국내 디지털 라디오는 HD Radio(IBOC 방식), DAB, DAB+ 등 3가지의 기술을 검증 비교하고 있으며, 이밖에 DMB-Audio 기술은 비교를 위해 제한적인 테스트를 실시하고 DRM+ 등 관련 기술동향도 지속적으로 추적하고 있다. 현재 국내 라디오 시장은 아날로그 AM/FM 라디오와 디지털 모바일 방송인 DMB-Radio, DAB 등이 서비스되고 있다.

특히 DMB-Radio는 이미지를 이용하여 방송에 대한 부가정보 뿐만 아니라, 운전자를 위한 교통정보 서비스, 애청자들을 위한 보이는 라디오 서비스 등 아날로그 AM/FM 라디오에서 제공되지 않는 멀티미디어 서비스를 제공하고 있다.

전자부품연구원(KETI)은 DAB/DRM RF/Baseband 통합 칩을 피앤피 네트워크와 공동개발하여 2008년 9월 세계 최초로 상용화하였고, 현재 DRM/DRM+ 수신 기술을 개발하여 수신기 성능 테스트를 진행중에 있다.

루먼텍은 수년간의 아날로그 방송장비 개발 경험과 국내 최초로 T-DMB 송출기를 개발한 회사로 Digital TV/Mobile TV 전송, 송출에 대한 자체 기술력을 확보하고 있으며,

RF 및 디지털 처리에 대한 전문화와 통합을 통하여 정밀하고 혁신적인 제품이 가능하고, 또 전 세계 20여개 국에 퍼져있는 영업망을 통해 수출 및 매출확장이 용이하다.

2) 국외 기술동향 및 수준

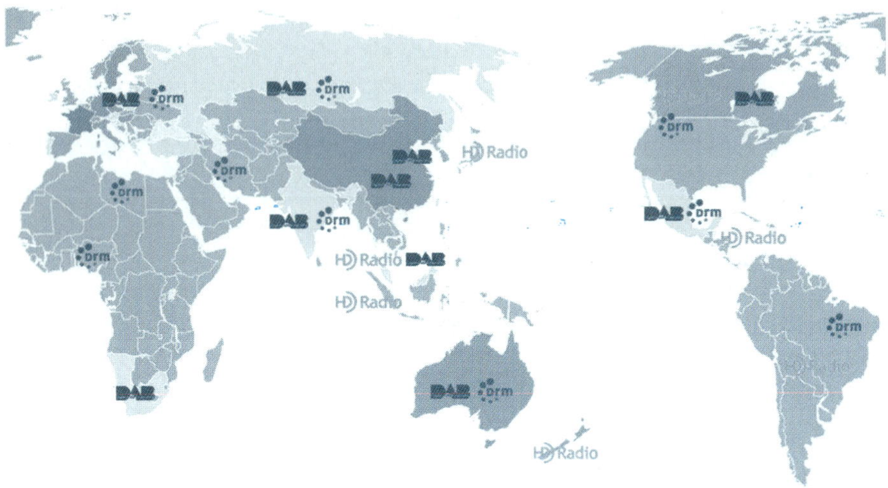

그림 7-3 ‹‹‹ 대륙별 · 국가별 디지털 라디오 방식 현황

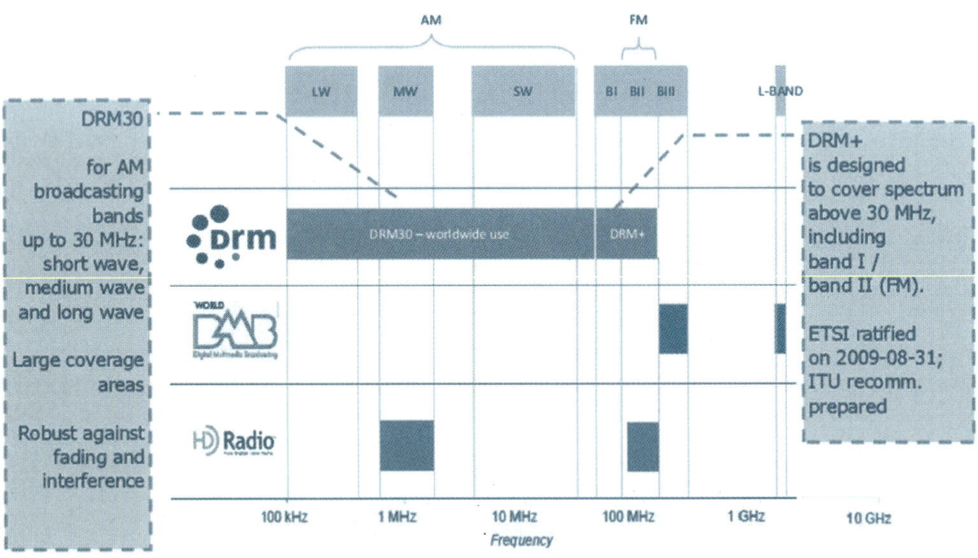

그림 7-4 ‹‹‹ 방송별 주파수 대역

대륙별, 국가별 추진하고 있는 디지털 라디오 방식은 여러 국가별 및 산업 인프라에 대한 정책에 따라 서로 다르게 추진되고 있으며, 한 가지 방식만 지원하는 라디오 수신기는 아날로그 라디오 수신기와는 달리 서비스 지역을 벗어나면 청취가 불가능하다.

전세계적으로 검토중인 디지털 라디오 방송 기술 표준은 크게 DAB, DAB+, DRM, DRM+, HD Radio로 구분할 수 있다.

대륙별·국가별 추진하고 있는 디지털 라디오 방식 현황 및 주파수 대역은 그림 7-3과 같다.

표 7-3은 디지털 라디오 방식를 채택하고 있는 각 국가들을 나타내고 있다.

표 7-3 ‹‹‹ 디지털 라디오 방식별 국가 분류

	DAB	DAB+	DRM	HD Radio
유럽	영국, 프랑스, 독일, 벨기에, 덴마크, 스위스, 체코, 스웨덴, 노르웨이, 스페인, 네덜란드, 이탈리아, 크로아티아, 모나코, 포르투갈, 아일랜드, 오스트리아, 에스토니아, 헝가리, 리투아니아, 폴란드, 슬로베니아	스위스, 몰타, 체코, 이탈리아	덴마크, 프랑스, 독일, 이탈리아, 바티칸시국, 러시아, 영국, 스페인, 룩셈부르크, 벨기에, 오스트리아, 루마니아, 크로아티아, 포르투갈, 불가리아, 노르웨이, 아일랜드	프랑스, 라트비아, 폴란드, 스위스, 우크라이나
미주 & 남미	캐나다		에콰도르, 캐나다, 칠레	미국, 캐나다, 브라질, 멕시코, 푸에르토리코
아시아	중국, 싱가포르, 홍콩, 인도, 인도네시아, 대만	싱가포르	중국, 인도, 스리랑카, 말레이시아	태국, 베트남, 홍콩, 인도네시아, 필리핀
중동 & 아프리카	이스라엘, 쿠웨이트, 남아프리카, 터키		르완다, 쿠웨이트, 나이지리아	나이지리아
대양주	호주	호주	호주, 뉴질랜드	뉴질랜드

국외에서는 DAB/DAB+ 서비스를 유럽의 12개국과 캐나다 및 오스트레일리아, 그리고 싱가포르 등에서 정식 서비스를 진행중이며, 28개국이 시험방송을 하고 있다.

DRM 시험방송은 전 세계 127기지국에서 하루 710시간 오디오 채널 중심으로 시험 방송하고 있으며, 유럽을 주축으로 미국, 중국, 일본 등 34개국의 105개의 회원사가 DRM 컨소시엄에 가입하여 활동하고 있다. 또한 DRM 컨소시엄 회원을 중심으로 DRM+ FM Simulcast 등과 관련된 운영시험이 이루어지고 있다.

(1) 미 주

HD Radio는 아날로그 AM과 FM 라디오에서 완전한 디지털 방송으로 무리 없이 진화하기 위해 개발된 기술이다. HD Radio는 미국의 아이비퀴티(Ibiquity)가 개발한 IBOC(in-band on-channel)라는 새로운 라디오 기술 방식에 기반을 두고 있다. HD Radio에서 HD는 HDTV라는 단어에 익숙한 일반인들이 이해하기 쉽도록 만든 일종의 서비스 이름이다. 미국은 2002년 연방통신위원회(FCC)의 인증을 받아 2003년부터 HD Radio 방송을 시작한다.

미국에서는 2000여개 이상의 방송국들이 HD Radio 방식의 디지털 라디오 방송 서비스를 하고 있으며, 프랑스, 폴란드, 스위스, 멕시코 및 브라질 등의 국가에서 시험방송을 하고 있다.

표 7-4 ‹‹‹ HD Radio 특징 및 장점

특징	장점
고품질의 디지털 AM/PM 오디오 수신	FM HD Radio는 CD 수준의 오디오 품질을 제공하고 다양한 잡음 및 신호 누락을 감소
• FM HD Radio는 고속 무선데이터 서비스 가능 • AM HD Radio는 저속 무선데이터 서비스 가능 • AM/PM 방송사는 현재 할당된 주파수에 HD Radio 신호를 추가로 또는 전격 방송 가능	• 교통, 날씨, 금융정보나 전자상거래 등의 데이터 서비스 제공 가능 • 프로그램 관련 정보 서비스 가능 (노래제목, 가수이름 등)

방송사 입장에서는 아날로그 AM과 FM을 새로운 고품질의 디지털 신호와 함께 송출할 수 있으며, 청취자들은 아날로그에서 디지털 라디오로 전환되는 기간 동안에도 현재 할당된 주파수에서 기존의 아날로그 방송과 새로운 디지털 라디오를 이용할 수 있는 장점이 있다.

HD Radio 방식은 DAB 방식에 비해 이동중인 차안에서의 수신 시 음질과 수신이 만족스럽지 못하다는 평가에도 불구하고, 기존의 FM 하부구조를 계속해서 사용할 수 있다는 핵심적인 장점을 가지고 있기 때문에, 기존의 모든 라디오 방송사가 디지털 채널을 확보하게 하며 전환비용을 최소화시킬 수 있다는 점에서 미국 라디오 환경에 잘 맞는다.

미국 HD Radio 방송은 서비스 개시 이후 몇 년간 고전했으나 2005년 12월부터 'HD 디지털 라디오연합체(The HD Digital Radio Alliance)'를 결성한 후 자구 노력을 펼친 결과 2009년 3월에는 1870개 이상의 HD 라디오 방송 채널이 운영되는 등 활성화되고 있다.

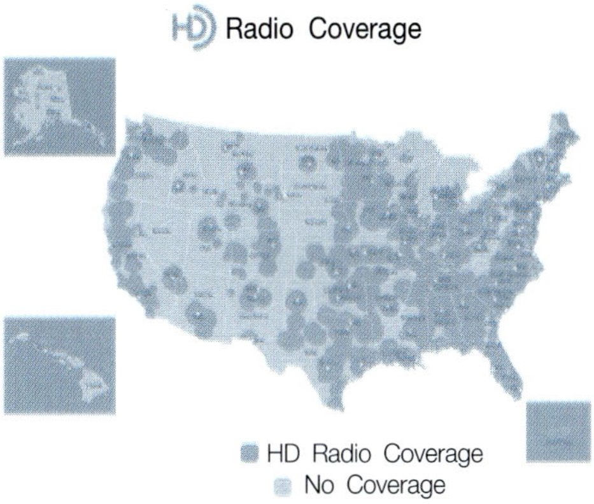

그림 7-5 ‹‹‹ HD Radio 사용 현황

(2) 유 럽

Eureka-147(European reserch coordination agency project-147)은 1987년부터 영국을 중심으로 유럽에서 개발된 차세대 디지털 라디오 프로젝트 이름으로 실용화 과정에서 DAB(Digital Audio Broadcasting)라 부르기 시작하였으며, '디지털 오디오 방송'을 총칭한다.

유럽의 방송통신 표준화 기관인 ETSI에서 1995년 유럽 표준(ETSI EN300 401)으로 채택하였으며, ITU-R에서는 BO.1130-4의 권고안에 System A로 채택하였다.

기존의 아날로그 방식인 AM/FM 방송보다 잡음 및 다중 경로 방해 등에 강하며, CD 수준의 고품질 방송이 가능하다. 또한 주파수를 효율적으로 사용할 수 있으며 디지털 방송을 통하여 부가 데이터 서비스가 가능하여 문자, 이미지 등 다양한 멀티미디어 서비스를 통하여 새로운 산업과 시장을 창출할 수 있다.

Eureka-147 방식은 유럽의 전 지역, 캐나다, 대만, 호주, 싱가포르 등에서 국가 표준으로 채택하여 서비스 중이며, 우리나라에서도 2001년 12월 Eureka-147 방식을 디지털 라디오를 위한 국가 공공방송 서비스 표준으로 채택하였다.

DAB는 Eureka-147 기반의 디지털 오디오 시스템에 기반하고 있으며 동작환경에 따라 4가지 모드가 존재한다. 멀티플렉스당 9개의 프로그램(프로그램당 128kbps 전송 시)을 전송할 수 있다.

유럽 대부분 국가에서 채택한 DAB 방식은 새로운 주파수 대역을 지정해야 하는 대신에 문자, 이미지 등 멀티미디어 서비스에 강점이 있다.

표 7-5 DAB 전송 모드

전송 모드 항목	1	2	3	4
응용	지상파(SFN)	지상파	지상/케이블	지상파
반송파 주파수	<375MHz	<1.5GHz	<3GHz	<1.5GHz
부반송파 수	1,536	384	192	768
부반송파 간격	1kHz	4kHz	8kHz	4kHz
보호구간 길이	246μs	62μs	31μs	123μs
유효 심벌 길이	1ms	250μs	125μs	500μs
프레임 길이	96ms	24ms	24ms	48ms
널 심벌 길이	1,297ms	324μs	168μs	648μs
프레임당 심벌수	76	76	153	76
변조방식	π/4-DQPSK			
샘플링 주파수	2.048MHz			
시간 인터리빙	Depth : 384MHz			
주파수 인터리빙	Width : 1.536MHz			
시스템 대역폭	1.536MHz			
유효 데이터율	0.8~1.7Mbps			

유럽의 DAB는 신규 사업자와 기존 사업자가 새롭게 DAB 시장에 진입할 수 있는 장점과 함께 다음과 같은 특징이 있다.

- 저렴한 가격에 다양한 멀티미디어 정보 서비스가 가능
- 주파수 대역 할당에 따라 모바일 방송용으로 활용
- 부가적인 데이터 전송 서비스를 통해 새로운 수익모델 창출 가능
- 수신기 시장에 새로운 활력소를 제공하여 산업파급 효과 기대

DAB+는 DAB에 비해 전송용량이 2배 향상된 기술로 현재 호주에서 실험방송을 진행하고 있다. DAB+는 멀티플렉스당 24개의 프로그램(프로그램당 48kbps 전송 시)을 전송 가능하다.

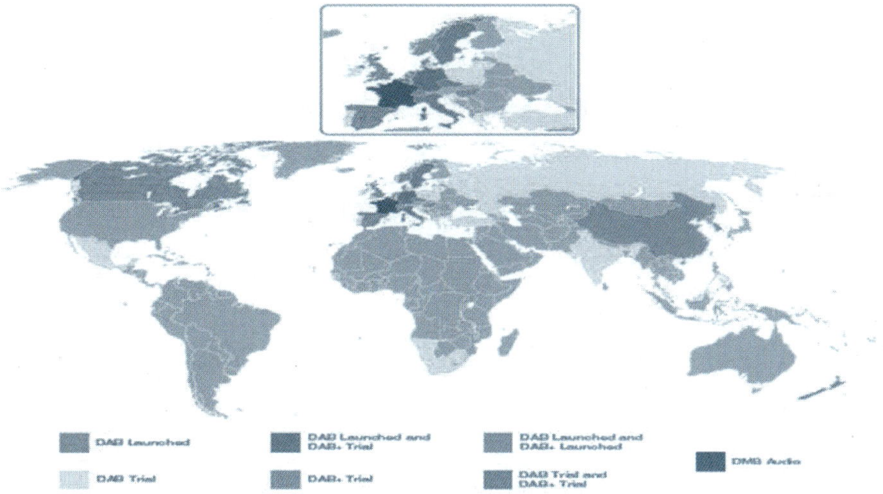

그림 7-6 <<< World Wide DAB, DAB+, T-DMB 런칭 현황

DAB		HD Radio (Pure Digital. Clear Radio.)
신규 주파수 대역 필요	주파수	기존 주파수 대역 활용
신규 사업자 참여 가능	신규 사업자	신규 사업자 참여 불가능
문자, 이미지, 웹페이지	멀티미디어 부가 서비스	제한적 가능
DMB 단말기와 공유	단말기 보급	새로운 단말기 필요

그림 7-7 <<< DAB와 HD Radio 비교

(3) 미국, 유럽 기업 연합 컨소시엄(DRM, DRM+)

미국, 유럽 기업의 연합 컨소시엄이 개발한 DRM(Digital Radio Mondiale), DRM+는 2009년 하반기 유럽의 표준기구인 ETSI에서 승인된 새로운 디지털 라디오 기술로 30MHz 이하의 주파수 대역을 사용하며, 9kHz 혹은 10kHz의 전송 대역폭을 기본으로 하고, 오디오 압축 부호화 기법으로 MPEG-4 AAC와 SBR(Spectral Band Replication)을

사용하는 디지털 라디오 기술 표준이다.

특히 DRM에서 사용하는 SBR은 채널당 2kbps정도의 적은 데이터 양으로 고품질의 오디오 서비스를 재생할 수 있도록 설계되어 있으며, 전송 모드는 Mode 1~Mode 3까지 사용이 가능하다.

DRM은 하나의 채널에서 동시에 4개의 프로그램을 서비스할 수 있다. 예를 들어, 고음질의 1개 프로그램을 서비스하거나 또는 낮은 음질의 4개 프로그램으로 나누어 서비스할 수 있다.

DRM에서 오디오 외에 데이터 서비스는 오디오 부가정보로써 간단한 문자 또는 이미지 전달 및 양방향 서비스가 가능하며 방송 부가정보 외에 방송과 독립적으로 외부 디바이스와의 연결을 통한 데이터 서비스를 제공할 수 있다.

DRM은 아날로그 사업자의 기존 방송 서비스 제공 및 기존 인프라 활용을 통한 디지털 전환 비용 최소화 등의 요구사항을 만족시킬 수 있는 아날로그, 디지털 동시 방송(Simulcast) 서비스 기능을 지원하며, 각 시스템간의 인터페이스 표준 규격을 포함한다.

30MHz이하의 방송주파수를 사용하는 DRM 시스템을 방송주파수 174MHz까지 사용할 수 있도록 시스템을 확장하자는 의견이 DRM 컨소시엄에서 결정되면서 DRM+에 대한 논의가 시작되었다.

DRM을 확장하는 이 기술은 DRM+ 라는 이름으로 명명되었고 좀 더 넓은 대역이 사용되며, 방송사업자들과 수신기 제조업체의 요구사항을 수용한 결과이다.

- 방송사업자들은 AM과 FM의 일관성 있는 디지털화를 주장하여 사용 주파수를 FM 대역까지 확장하여 기존의 DRM 시스템의 대부분을 사용할 수 있도록 한다.
- FM 대역의 빈 주파수를 효율적으로 활용할 수 있는 방안을 마련하였고, 기존 FM 대역의 디지털 전환시 기존의 FM 전송 시스템을 대부분 사용할 수 있어 디지털 전환비용의 최소화를 이끌어 낼 수 있는 장점을 부각시켰다.
- 이와 같은 방안은 FM 대역에서 라디오 방송사가 더 높은 비트율을 사용할 수 있도록 함으로써 더 좋은 음질의 오디오 제공을 가능하게 한다.

FM대역에서 라디오 방송사가 더 높은 비트율을 사용할 수 있도록 함으로써 더 좋은 음질의 오디오 제공을 위하여 DRM+는 CD 수준으로 라디오 방송을 하기 위해서는 100kHz의 대역폭을 사용하며 최대 190kbps의 전송률을 지원한다.

DRM 컨소시엄은 기존의 30MHz 이하의 주파수 대역을 사용하는 DRM 시스템을 Band I~II(~174MHz) 주파수 대역에서 전송이 가능하도록 새로운 전송 모드를 추가한 DRM+ 규격을 작성하여 ESTI에 제출하였으며, 2009년 표준화가 완료되었다(ETSI ES 201 980 v3.1.1).

표 7-6 ‹‹‹ DRM Mode별 비교

항목 \ 모드	A	B	C	D	E
T(μs)	$83^{1/3}$	$83^{1/3}$	$83^{1/3}$	$83^{1/3}$	$83^{1/3}$
유효 심벌 길이(ms)	24(288×T)	$21^{1/3}$(256×T)	$14^{2/3}$(176×T)	$9^{1/3}$(112×T)	$2^{1/4}$(27×T)
보호구간 길이(ms)	22/3(32×T)	$5^{1/3}$(64×T)	$5^{1/3}$(64×T)	$7^{1/3}$(88×T)	$0^{1/4}$(3×T)
보호구간/유효 심벌	1/9	1/4	4/11	11/14	1/9
전체 심벌 길이(ms)	$26^{2/3}$	$26^{2/3}$	20	$16^{2/3}$	$2^{1/2}$
프레임 길이(ms)	400				100

DRM+에서 대역할당 방식은 FM 주파수 대역에서 “Holl”이라 불리는 보호대역에 DRM 신호를 전송함으로써 기존의 FM 라디오와 동시에 디지털 라디오를 송출하는 방식과 기존의 아날로그 FM 라디오의 송출을 중단하고 그 대역에 DRM 신호를 전송하는 방식으로 나눌 수 있다.

FM 대역이 220kHz의 대역폭으로 채널화되어 있으며, 채널과 채널사이에는 약 180kHz의 보호대역이 설정되어 있는 경우에 DRM+는 이 180kHz의 보호대역에 1개의 DRM 블록이 전송 가능하다.

기존의 아날로그 FM 라디오와 동시에 디지털 라디오를 송출할 수 있는 장점이 있다. FM 방송에서 100kHz 대역만으로도 아날로그 방송과 동시 전송이 가능하기 때문에 대역폭이 200kHz인 미국 HD 라디오를 채택하기 어려운 국가에 알맞은 디지털 라디오 솔루션이다.

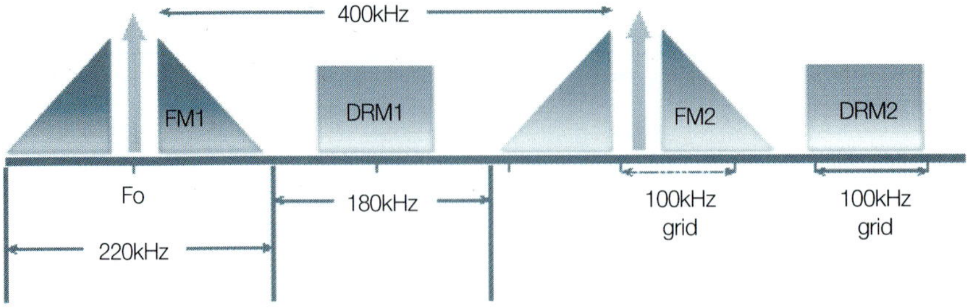

그림 7-8 ‹‹‹ DRM 주파수 대역

전세계적으로 134개국에서 하루 약 710시간 DRM 시험방송을 하고 있다.

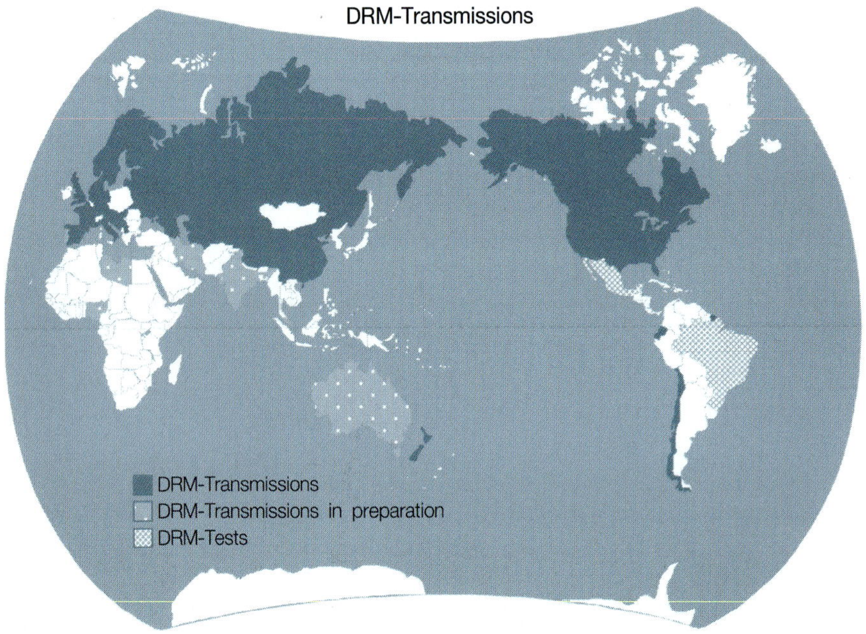

그림 7-9 ‹‹‹ DRM 사용 현황

2. 국내외 시장현황

아날로그 방송의 디지털화는 아날로그 통신이 디지털로 전환이 완료된 것과 마찬가지로 기술발전에 따른 시대적인 추세이며, 주파수를 보다 효율적으로 이용하고 우수한 품질의 다양한 방송 서비스가 가능하기 때문에 전 세계 국가들은 디지털 방송으로의 전환을 본격적으로 추진하고 있다.

특히 라디오 방송은 쉬면서, 운전하면서, 일하면서 편하게 접할 수 있는 대중적이고 친근한 매체이지만, 디지털 시스템으로의 전환에 있어 TV방송처럼 주목을 받지는 못한 것은 사실이다. 그러나 집집마다 TV는 1대를 가지고 있는 반면, 라디오는 전축, 자동차, 주방 및 화장실 등 여러 대의 라디오를 가지고 있기 때문에 이런 라디오의 디지털화 관련 시장은 아직 눈에 드러나지 않은 블루칩(Blue Chip) 시장이다.

시장전망으로는 디지털 라디오 수신기 시장은 "In-Stat(www.instat.com)"의 보고서에 따르면 2009년 전세계적으로 연 2,300백만대에서 2012년 연 5,500백만대로 성장할 것으로 예상된다. 전 세계적으로 아날로그 라디오 방송에서 디지털 라디오 방송으로 전환에 따라 다양한 라디오 방송규격들이 제안되고 있는 시점에서 전 세계 디지털 라디오 수의 30% 이상을 차지할 것으로 예측되고 있다.

1) 국내외 시장규모 현황

개발대상의 기술 또는 제품에 대한 시장규모를 제시하고 산출근거를 객관성 있는 자료를 근거로 작성했다.

표 7-7 ‹‹‹ 국내외 시장규모

(단위 : 백만원)

연도	(2010) 현재 년도	(2014) 개발 종료후 1년	(2016년) 개발 종료후 3년
세계 시장규모	108,000	200,000	228,000
한국 시장규모	21,600	36,200	40,000

※ 출처 : 선진각국의 디지털 라디오 현황(미쯔비시연구소, 2005년 2월), WorldDMB Forum 등)

세계 디지털 라디오 시장은 2008년 이전까지 29억 달러 수준이었으나, 향후 5년간 156억달러 이상으로 증가될 것으로 예상된다.

국내 디지털 라디오 방송 시장은 지난 2005년 지상파 DMB 서비스가 시작된 이후 휴대폰과 진용 단말기, PMP 등 DMB 단말기 수요는 꾸준히 증가세를 나타낸다.

한국전파진흥협회가 2009년 4월부터 6월까지 3개월 동안 DMB 단말기 판매동향을 분석한 결과 6월말을 기준으로 지상파 DMB 단말기의 누적 보급대수는 2,155만대를 육박하고 있다.

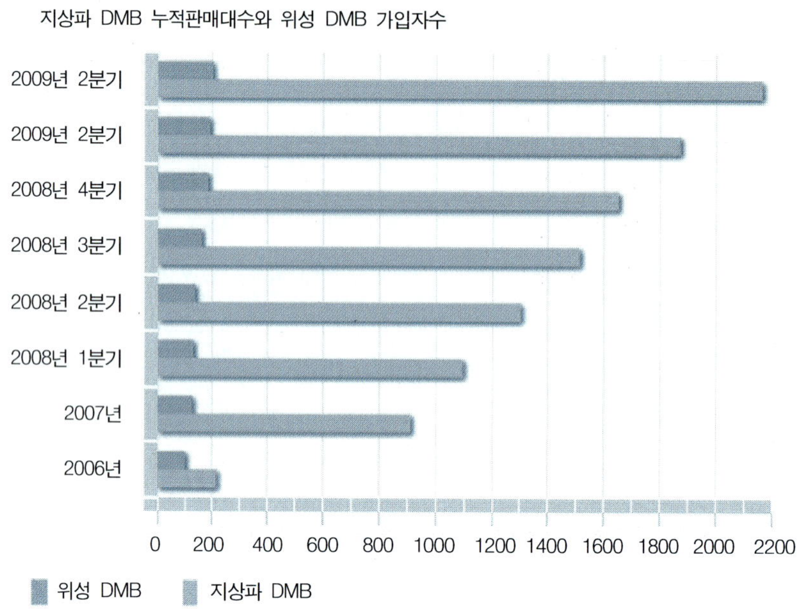

※ 자료제공 : 한국전파진흥협회(단위 : 만대, 만명)

그림 7-10 ‹‹‹ 지상파 DMB 단말기의 누적 보급대수

또한 DAB Forum에서도 2015년 이후 내수 시장 2,500억 원대 세계 시장은 69억불의 시장이 될 것으로 전망하고 있다.

표 7-8 ‹‹‹ DAB 수신기 시장전망

연 도		2005년	2010년	2015년
세계시장	수량(천대)	25,000	60,000	85,000
	금액(백만불)	2,920	5,600	6,970
내수시장	수량(천대)	400	1,200	2,500
	금액(십억원)	60	150	250
가격/대		$117	$93.4	$82

※ 출처 : DAB Forum

해외에서는 국내의 T-DMB의 기술 모태인 DAB 기술 표준이 영국 BBC 방송에서 1990년대에 시범 서비스를 시작으로 전 유럽에서 이미 서비스를 하고 있으며, DAB+ 기술 표준으로 업그레이드하여 서비스를 하고 있다. 또한 DAB 커버리지를 벗어나는 지역에는 DRM 기술표준을 적용하여 서비스를 실시할 계획이 있다.

미주 지역에서는 2002년 FCC(Federal Communications Commission)에서 AM과 FM에 대한 방송 표준으로 HD Radio를 선정하였으며, 2007년 이후 HD Radio 1,360개의 라디오 Station에서 상용 서비스가 젊은 세대의 전폭적인 지지를 바탕으로 가파르게 상승하고 있다.

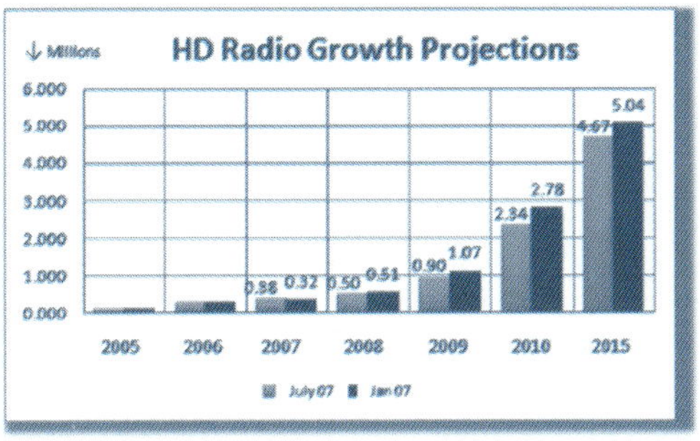

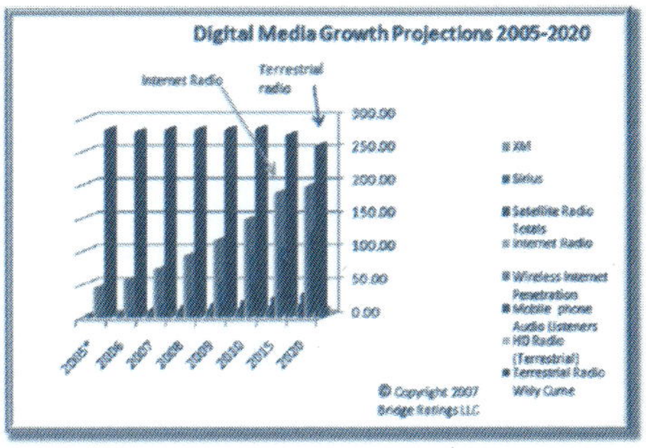

※ 출처 : Bridge Ratings

그림 7-11 ‹‹‹ HD Radio 시장전망

표 7-9 ‹‹‹ 대륙별 각 국가의 디지털 라디오 방송 서비스 현황

대륙	국가	현 황
유럽	영국	1999년 11월, 전국 상업 DAB 사업자로 Digital One(GWR과 NTL이 소유)이 5개 서비스 분야로 시작, 향후 전체 10개 서비스 확대. 인구의 약 70%를 커버하는 Digital One은 향후 3년 이내 40개의 송신기를 추가하므로 85%까지 커버할 계획. 1995년 9월, BBC가 서비스를 개시한 이래 전체 인구의 60%, 3천만 명 이상을 커버하는 네트워크 구축. 5개 전국 네트워크와 함께 스포츠 생중계, 의회 생중계를 동시 방송함. 영국 정부는 26개 지역에 대한 사업자 허가를 위한 작업을 진행중이며, 7개 지역을 이미 확정. 런던, 버밍햄, 맨체스터 내의 지역 다중 사업자는 BBC의 지역 서비스를 이용하여 서비스할 계획. CE Digital(2000년 6월 7일)은 런던, 버밍햄, 맨체스터에서, Score Digital(6월 7일)은 글래스고우에서 서비스를 실시, SwitchDigita(6월 26일)은 런던에 기존 Analog 서비스 및 5개 Digital 독점 Channel로 방송.
	스웨덴	Swedish Radio와 Teracom사가 1995년 9월부터 서비스 개시. Teracom 네트워크는 인구 85%(약 6백만)를 커버. Swedish Radio는 3개의 전국 네트워크와 24시간 음악 채널, 핀란드어 채널, SR 국제 서비스를 동시방송으로 제공하며, 64kbps의 데이터 방송도 준비중.

대륙	국가	현 황
	독일	1999년 4월, 구동독 지역 Saxony Anhalt주에서 첫 상용 서비스가 개시. 이 지역 인구의 95%이상, 270만 명을 커버. 1999년 5월 바바리아주가 두 번째로 상용 서비스 개시. 지역과 인구의 40% 커버. 2001년 말 1,060만의 주민, 2003년까지 90%을 커버 확대 예정. Wurttemberg, Baden은 1999년 11월, Saxony 및 Thuringia는 2000년 1월, North-Rhine Westphalia는 2000년 5월, Saarland는 2000년 10월 정규 Digital 방송시작. Rhineland-Palatinate, Berlin과 Brandenburg 등은 2001년부터 방송 시작. DAB의 핵심 성공국가, 3천8백만 가구와 4천 2백만 자동차를 보유한 유럽의 거대 시장임. DAB 방송이 인구와 지역의 65%를 커버, 16개 연방 대부분 DAB 서비스 실시중이며, 100개 이상 방송국이 운영중.
	프랑스	1997년 1월, TDF가 파리에 첫 DAB 송신소 설치, 13개 DAB 프로그램이 파리와 인근 지역에 방송. 1998년 주요 지역에 네트워크 구축. 파리의 3개 사이트에 6개 트랜스미터 설치. L밴드 이용하여 1천만 인구, 전체 인구의 17%를 커버. 1999년 8월 현재 인구 1천 5백만, 전체 인구의 25%가 DAB 상용 서비스를 받고 있으며, TDF는 1999년 말 2천5백만 인구를 커버.
	덴마크	Tele Denmark가 3개 송신소 운영중. 코펜하겐은 2개 SFN 송신소, Vestjylland은 별도 독립적 송신소를 구축, 인구의 30%를 커버.
	이탈리아	1995년 공영방송사인 RAI가 Aosta Vally 지역에서 SFN으로 12VHF채널을 이용하여 DAB 서비스 개시. RAIway VHF band(Channel 12)에 20개 DAB 송신소를 운영, 전체인구 20%를 커버. 2002년까지 전체인구의 40%를 서비스할 계획임. 1998년에 DAB 도입을 위해 Telecomm./Broadcasting법을 제정하여 기존의 FM 방송국에 DAB 사용권을 부여함. A5 하이웨이 등지에 5개의 DAB 송신소를 설치, 운영중이며, 밀라노, 베네치아 등 전체 인구의 15%를 차지하는 지역에 RAI 프로그램과 1개의 데이터 채널을 방송중. 주요 민영방송사업자도 독자적인 민영 네트워크를 구축했으며 전송과 연구활동을 위해 RAI와 긴밀한 협력을 유지.
	스페인	1998년 4월 마드리드, 바르셀로나, 발렌시아 등에서 DAB 서비스 개시. 공영방송인 RNE는 다수의 민영방송사와 공동 서비스중. 1999년 12월 관련 법안이 통과되어 2001년 6월 전체 인구 50%, 2006년 80% 커버할 계획.
	체코	체코디지털 미디어그룹이 설립되어 디지털 TV와 라디오를 담당. 체코라디오코뮤니케(텔레비전, 라디오 네트워크 공급자)와 공영 방송인 체코라디오가 1999년 3월부터 프라하 지역 시험 서비스 개시. 현재 4개 라디오 프로그램 제공. 인구 12%를 커버하는 2개 mini-SFN 체제 구축.
	핀란드	전국 및 지역용으로 DAB 주파수 배정, 공영방송인 YLE가 네트워크를 구축. 민간사업자에게 방송시설과 채널을 임대. 1998년 2월까지 전국 및 지역사업권 신청 접수하여 총 32의 사업자가 신청, 1999년 4월부터 서비스 개시.
	폴란드	공영 방송 Polskie Radio가 밴드 II를 이용, 4채널 제공 및 인구 8%를 커버(중부지역 중심).
북미	미국	2000년 11월, NRSC는 iBiquity Digital Radio사가 개발한 IBOC 승인, FCC에 표준으로 승인할 것을 권장. FCC는 1997년 XM과 Sirius 등 2개의 S-Band 위성 DAB를 허가하여 2001년부터 서비스 실시. 1992년 설립된 XM Radio는 2001년 9월부터 서비스를 실시하고 11월 미국 전역으로 확대. 현재 Rock과 Roll이라는 S-Band 위성을 사용, 100개 채널을 서비스중이며, 월 이용료는 9.99달러. 향후, 전용 단말기를 GM에 독점적으로 공급할 계획.

대륙	국가	현 황
		1989년 설립된 Sirius는 2001년 11월 사업을 개시. 비정지 궤도 위성 3개를 이용하여 100개의 채널을 서비스중임. 월 이용료는 12.95달러이며, Ford, Chrysler 등에 독점적 공조체제 구축을 위한 제휴관계 체결. 1990년 설립된 WorldSpace는 국제 위성 DAB 사업자임. 1999년부터 2개의 위성으로 서비스를 시작, 아프리카, 아시아, 중남미 등으로 광범위하며, 채널은 약 150여 개임.
	캐나다	1999년 11월 몬트리올에서 디지털 라디오가 공식 출범 이후, 토론토, 몬트리올, 벤쿠버에서 1999년초, 온타리오 윈저 등에서 2000년 초 송신 시작, 4개 도시의 송신소는 인구의 35%인 1,000만 명에게 서비스 제공.
아시아 및 오세아니아	일본	ISDB-T 방식을 독자 개발 성공. 2005~2007년에 ISDB-T 서비스를 실시할 예정, 다른 국가에서 이 방식을 채택한 예가 전혀 없어, 세계 표준화에 어려움. 1998년 5월 도시바가 도요다, 후지쯔와 같이 개인 휴대 위성방송 서비스를 위해 설립한 MBC(Mobile Broadcasting Corp.)는 2002년 상반기 사업권 획득, 2004년 1월 서비스 개시를 목표함. 약 60~70개의 서비스 채널로 영상 콘텐츠 비율이 높으며, 이동 멀티미디어 서비스를 지향.
	싱가포르	1997년 RCS와 SAFRA Radio가 시험 서비스 개시, 1999년 1월 RCS 최초 상용 서비스 허가권을 취득. RCS의 서비스는 5개의 오디오 서비스와 교통, 경제정보 채널 포함.
	한국	2002년 4월부터 Eureka 147에 대한 실험방송을 실시중. VHF 대역인 175~240MHz를 사용하여, TV 방송과의 혼신문제 해결을 위해 현장시험을 통한 기술적 보완 및 적합 채널 확보를 목적으로 시행. 본격적 DAB 실험방송이 추진되면 MP3 관련 기업의 참여 확대가 전망됨.
	중국	1996년 3대의 Eureka-147 송신기 가동후 답보상태임. 전국망 구축 비용문제로 유럽형 디지털 AM 방식 DRM 적극 검토중.
	호주	2001년부터 L밴드와 VHF 대역 이용하여 서비스 시작. 공용 및 상업방송사 컨소시엄인 DR2000 그룹은 2000년 6월부터 Eureka 147 시험방송 실시, 시드니에 2개 SFN 송신소 구성, 콘텐츠는 ABC Austereo, Macquaire, ARN, 2KY Racing Radio 등 5개 회사에서 제공.

2) 국내외 주요 수요처 현황

표 7-10 국내외 주요 수요처 현황

수요처	국명	수요량[1]	경쟁제품
• 차세대 WWR 멀티미디어 SoC 개발 벤더 • 모듈 개발 업체 • 수신기 Set 제조업체 • 응용 애플리케이션 업체	프랑스	100대	• Rohde & Schwarz • Harris Corporation • Homson
	영국	200대	
	독일	200대	
	기타 유럽	500대	
	한국	100대	
	아시아	500대	
	미국	200대	
	기타 지역	200대	

※ 1) 본 제품의 수요량(단위 포함) - 파악이 가능한 경우 작성

3. 국내외 경쟁기관 현황

1) 본 제품과 직접적 경쟁관계에 있는 국내외 기관 · 기업 현황

현재 전세계적으로 미국 및 유럽의 몇몇의 국가에서 디지털 라디오 방송을 하고 있지만 대부분의 국가에서는 디지털 방송 도입을 준비하고 있다. 여러 종류의 디지털 라디오 규격이 존재하며, 각 디지털 라디오 규격마다 특징이 다름에 따라 각 국가에서의 고유의 디지털 정책에 맞는 디지털 라디오 규격을 선정하고 있다.

한국에서 DAB 방송을 포함한 T-DMB를 세계 최초로 상용방송을 하고 있지만, 현재 DAB 방송대신 T-DMB 방식의 DMB-Radio를 대체하여 방송을 하고 있다. 이와 관련하여 한국에서는 T-DMB기술 관련 기업에서는 이미 세계 최고 수준의 DAB, DAB+, T-DMB의 송수신 계측장비의 기술을 확보하고 있다.

반면 미국 시장의 HD Radio는 아직 미국에서의 시장이 활성화되지 않은 단계이며, 국내외 기업에서 미국 시장을 목표로 기술개발을 시도하고 있는 중이다. DRM+를 포함하는 DRM의 규격은 2009년 9월에 공식적으로 발표되었으며, 현재 전세계적으로 DRM+의 송신기술을 확보한 곳은 독일을 Fraunhofer, 미국의 Harris, 프랑스의 Digidia 등이 있으며, 수신기술을 확보한 곳은 독일의 RFmondial 및 한국의 전자부품연구원이 있다.

30MHz 이하의 주파수를 사용하는 DRM 기술을 독일, 프랑스, 나이지리아 등의 국가에서 정책적으로 도입을 결정하였으며, DRM 컨소시엄을 중심으로 각 나라에 홍보를 많이 하고 있는 상황이지만, 방송장비 및 단말기를 포함하는 송수신기 시장이 형성되지 않은 관계로 아직 진행이 더딘 상태이다.

DRM 컨소시엄에 등록된 송신 관련 장비를 만드는 기업으로는 Digidia, Fraunhofer, Nautel, Thomson Broadcst & Multimedia, VT Communications 및 Hitachi Kokusai Electric 등의 회사가 있다. 전세계의 다양한 디지털 라디오 규격 중 모든 라디오 규격을 지원하는 계측기 장비는 아직 존재하지 않으며 각 관련 기업에서 활발하게 연구중에 있다.

DRM 컨소시엄의 회원인 독일의 Fraunhofer에서는 DRM+용 MPEG Surround를 이용한 솔루션을 개발하였으며, IBC2008 및 CES2009에서 공개하였다.

프랑스의 Digidia사는 2008년 최초로 DRM+ 전송 시스템을 개발하였으며, 2009년 규격이 정식 배포된 이후 업그레이드 완료하였다. 또한 전자부품연구원과 송수신 정합 테스트를 완료한 상태이다.

2008년 미국의 Harris사에서는 6kW급 AM/HD-Radio(IBOC)/DRM 지원하는 송신기

시리즈를 개발 완료하였다.

영국의 Mirics사에서는 DRM(AM)/DRM+(FM)/Band III/L-Band에서 동작하는 RF Tuner를 개발하였다. 또한 MAXIM사에서는 FM, DAB(+)용 튜너를 개발 완료하였으며, 현재 DRM+를 포함하는 튜너를 개발중에 있다.

ATMEL사에서는 AM/FM/DRM/HD-Radio용 Broadcast Radio Front-end IC를 개발하였다.

전자부품연구원과 PNP 네트워크는 2008년 말 세계 최초로 저전력 DAB/DRM 통합 Baseband/RF 칩셋을 개발하였다.

한국의 에이스안테나에서는 DRM(AM)/DRM+(FM)/Band III/L-Band를 지원하는 안테나를 개발하였다.

미국 NAB를 통해서 HD Radio 방송 관련 장비업체의 현황을 조사한 결과 테스트 및 모니터링 장비업체는 다음과 같은 업체가 있었다.

- Audio Design Associates
- Audemat-Aztec
- Belar
- DaySequerra
- Deva Broadcast
- Inovonics

2) 국내 기업체 현황

현재 개발 과제인 “차세대 WWR(World Wide Radio) 관련하여 국내 관련 업체는 국내 DMB 서비스로 인해 대부분 DMB/DAB/DAB+ Signal Generator 형태로 개발하여 공급하고 있다.

주요 개발 및 공급업체는 Dtvinteractive사, CREDIX사, TESCOM사 등이 있으나 DRM/DRM+, HD Radio 관련 제품은 전무한 실정이며 CREDIX사는 계측사업 분야에서 철수한 상태이다.

표 7-11 ‹‹‹ Dtvinteractive와 Teleview의 비교

업체명	Dtvinteractive	Teleview
시장상황	• 디지털 TV, 디지털 셋톱박스 및 모바일 TV 단말기 제조업체들에 제품 공급 • 국내 방송용 신호발생기 업체 중 가장 많은 제품 보유 –해외 지사를 통한 시장 개척	• 디지털 TV, 디지털 셋톱박스, 방송국 등에 제품공급 • 단말기업체보다는 방송국에 테스트 장비로 많이 공급 • 국내 방송용 신호발생기 업체 중 해외 대리점이 가장 많음
강점	• 다제품 보유 –제품 종류의 다양화 및 개발 부분 투자로 인한 최신 시장 및 시장 변화에 빠른 대응 –고객에 맞는 제품개발이 장점	• 경험 및 저렴한 가격 –오랜 방송용 신호발생기 개발 경험(8년)과 저렴한 가격으로 시장 공략 –많은 대리점을 통한 판매망이 장점
Standard	DAB/DAB+, T-DMB	DAB/DAB+, T-DMB
단점	• 하드웨어 기술 부족 –다양한 제품을 만들지만 모듈레이션 기술 부족으로 제품 기술력 부족	• 느린 시장성 –대리점을 통한 영업으로 인하여 고객이 요구하는 시장성을 늦게 반영함.

Dtvinteractive사는 DMB/DAB/DAB+ 개발자를 위한 다양한 시험장비들을 개발하였다. 즉, ETI 스트림 발생기, 앙상블 발생기, 스트림 분석 시스템, 방송국용 모니터링 시스템 및 비트 에러율(BER) 측정기 등을 개발하였다. 또한, 지상파 DMB 데이터 방송 콘텐츠 검증 시스템을 출시하였다. 이 장비는 DMB/DAB/DAB+ 데이터 인코더(모델명 : TDE1000), DMB 앙상블 다중화 및 발생기(모델명 : EMX300D), DMB용 OFDM 변조기로 구성되어 있다.

테스콤은 지상파 DMB/DAB/DAB+ 앙상블 다중화기, OFDM 변조기, RF 상향 변환기, 오디오 분석기가 하나의 장비에 통합된 TC-2300A라는 모델의 DAB/DMB 테스터를 개발하여 판매하고 있다. TC-2300A는 밴드 II, III, L의 주파수 대역을 모두 지원하고 0dBm ~ −120dBm의 출력과 정확하고 신뢰성 있는 RF 성능을 구현해 수신기를 개발하는 업체들에게 편리한 측정 환경을 제공한다.

DMB/DAB/DAB+앙상블 스트림 발생기 및 분석 시스템을 개발하여 시판중인 에스엠씨앤에스는 2005년 5월에 연구개발용 레퍼런스 수신기(모델명 DAB-Air)를 개발하여 시판중이다. DAB-Air는 RF모니터링 기능, 앙상블, FIC, FIG 정보 및 MPEG2-TS/MPEG4 분석과 더불어 BER까지 분석할 수 있다.

표 7-12 국내 DMB/DAB/DAB+ 관련 업체현황

Encoder 업체	SoC(Baseband, RF)	Content Authoring	Test & Measurement	Receiver
PIXTREE OntimeTek 카이미디어	삼성전자 LG전자 인티그런트테크놀로지즈 아이앤씨테크놀로지 센트로닉스 씨앤에스테크놀로지	넷앤티비	Dtvinteractive TESCOM CREDIX SMSNS	휴대폰 USB PMP Navigation

3) 국외 기업체 동향

각 대륙별로 디지털 오디오 방송 표준이 다르기 때문에 DAB/DAB+, DRM/DRM+, HD Radio 기술 표준을 각각 지원하는 제품이 개발되어 있다.

(1) DAB/DAB+

DAB 방송장비 중에서 오디오 인코더와 다중화 시스템은 스웨덴의 팩텀, 영국의 레디오스케이프, 프랑스의 Harris, ITIS 등에서 개발하여 국내의 방송사나 단말기 개발업체에 공급한다.

OFDM 변조기는 캐나다의 UBS와 독일의 로데슈바르츠(R&S)가 주로 개발하여 납품하고 있는 상황이다.

RF 칩과 베이스밴드를 출시한 프런티어실리콘을 비롯해 텍사스인스트루먼츠(TI)와 아트멜이 칩시장을 겨냥하고 있다. 특히 프런티어실리콘은 삼성전자가 출시한 DMB폰에 RF 칩과 베이스밴드 칩을 공급하였으며, 기존 칩보다 전력소모를 획기적으로 줄여 100mW만으로 구동이 가능한 베이스밴드 칩(모델명 : 키노1)을 개발하여 2005년 8월부터 양산에 들어갔으며, RF칩도 업그레이드 버전인 ‘아폴로 2’를 2005년 12월부터 양산했다.

(2) DRM/DRM+

DRM/DRM+ 방송 장비업체는 HARRIS, Thomson, NTi 등의 업체에서 Transmitter 및 양산용 장비를 공급하고 있다.

표 7-13 ‹‹‹ DRM/DRM+ 방송 장비업체

Equipment for Manufacturers	PC-based Receivers and Software	Consumer Receivers
• Harris Corporation • Thomson • RFmondial, RIZ • TRANSRADIO • WiNRADiO • NTi, Digidia • Fraunhofer IIS	• WiNRADiO, • NTi, • RFmondial	• Uniwave • Himalaya • TechniSat

(3) HD Radio

HD Radio 원천기술 보유업체인 아이비퀴티(iBiquity)와 기술협력 계약을 체결해야만 관련 장비를 개발할 수 있다.

표 7-14 ‹‹‹ HD Radio 관련 방송장비 업체

Exciters/Signal Generators	Importers/Data Generators	Broadcast Monitors	Transmitters	Data Traffic
• Broadcast Electronics (BE) • Continental • Continental Lensa • Elettronika S.r.l • Harris • Nautel • RVR	• Broadcast Electronics (BE) • Harris • Nautel • Prophet Systems innovations	• Audio Design Associates • Audemat-Aztec • Belar • DaySequerra • Deva Broadcast • Inovonics	• Armstrong Transmitter • Broadcast Electronics • Continental • Continental Lensa • Elettronika S.r.l • Harris • Nautel • RVR	• Traffic.com • e-Radio • NAVTEQ • TeleAtlas • ClearChannel Traffic • TrafficCast • SmartRoute Systems • Shadow Broadcast Services

제8장

스마트 TV

01 스마트 TV 정의

스마트 TV란 TV와 휴대폰, PC 등 3개 스크린을 자유자재로 넘나들면서 데이터의 끊김 없이 동영상을 볼 수 있는 TV를 말하며, '인터넷 TV' 또는 '커넥티드 TV'라고도 한다. 스마트 TV는 콘텐츠를 인터넷에서 실시간으로 다운받아 볼 수 있고, 뉴스 · 날씨 · 이메일 등을 바로 확인할 수 있는 커뮤니케이션센터의 역할을 한다.

온라인 검색 서비스를 제공하고 컴퓨터나 스마트폰을 위한 운용체계(OS)를 만드는 구글이 TV를 만든 TV이기도 하다.

표 8-1 ‹‹‹ 기존 TV와 스마트 TV 비교

	전통 TV	Cable TV IPTV	Broadband TV Web TV	Smart TV
전달방식	전파	케이블 · 인터넷망	인터넷망	인터넷망
양방향성	없음	부분적으로 있음	있음	있음
콘텐츠	지상파 방송사가 제작/확보한 콘텐츠	케이블 · 통신사업자가 확보한 콘텐츠	온라인상 유통되는 대부분의 콘텐츠	온라인 · 오프라인상의 모든 콘텐츠
응용 프로그램	없음	사업자가 자체 제작한 소수의 프로그램	TV수상기 · 셋톱박스 제조업체가 제작 공급하는 소수의 프로그램	불특정 소비자 · 전문 개발자가 제작 공급하는 다수의 프로그램
요금체계	무료 (TV시청료)	유료	부분적 유료	유 · 무료 혼합
예시	• KBS, MBC, SBS • ABC, CNN, NBC	• GS강남방송, CJ헬로비전 • myLGtv, Qook 케이블비전, 컴캐스트	• LG, 삼성의 인터넷 TV • OTT(Hulu, Vudu, Netfix) • 애플TV	• 구글 TV • 애플 TV(가칭)

※ 자료 : LG경제연구원(2010), 구글 TV와 애플 TV로 미리 본 스마트 TV 시장의 경쟁

스마트 TV는 1최근 TV와 통신 서비스의 접목이 본격화되면서 'PC - like TV' 시대가 도래하고 있다. 그동안의 단순시청, 단방향 방송에서 IP 기반의 양방향, 개방형(참여형) 방송으로 발전하고 있으며, TV를 통해 다양한 인터넷 콘텐츠와 양방향 서비스를 이용할 수 있는 커넥티드 TV(connected TV)가 등장하고 있다. 또한, 셋톱방식과 디바이스 탑재, 웹 모듈 방식 등으로 서비스되던 커넥티드 TV는 TV단말 내에 운영체계(OS)를 직접 탑재한 스마트 TV 형태로 발전하고 있다.

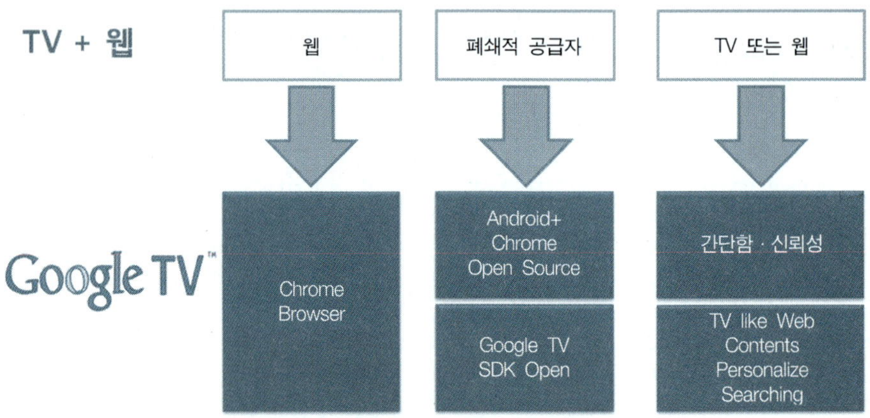

그림 8-1 ‹‹‹ 웹TV에서 스마트 TV(구들 TV)로 발전

스마트 TV는 디지털 TV에 운영체제 및 인터넷 접속기능을 탑재해 실시간 방송뿐 아니라 주문형 비디오(VoD), 게임, 검색 등 다양한 콘텐츠를 편리한 UI에서 이용할 수 있는 TV를 통칭하고 있다.

TV와 통신 서비스의 융합이 본격화되면서 단방향 방송의 단순시청에서 양방향 · 참여형 · 개방형 방송으로 진화하는 TV의 새로운 모습으로 TV에 운영체제(OS)를 탑재하여 웹 및 앱스토어 플랫폼 기반에서 영상물(VoD), 케이블 방송, 위성방송, 웹 검색, 게임, 애플리케이션 등의 각종 콘텐츠를 제공하는 TV서비스이다.

전통적인 TV가 일방향성에 응용 프로그램이 전혀 없는 바보상자(dumb pipe)인데 비해서 스마트 TV는 기존의 전통적인 TV의 기능에 더하여 적어도 다음과 같은 3가지의 추가 기능이 있는 새로운 TV 서비스이다.

- 인터넷망에 연결되어 웹 브라우징이나 VoD 등 양방향 서비스 이용이 가능하다.
- 프로세서를 장착하여 TV용으로 개발된 애플리케이션(인터넷 전화, 광고회피 애플리케이션, 페이스북 등의 SNS 앱)을 이용할 수 있다.

그림 8-2 ‹‹‹ 스마트 TV 서비스

- 양방향 서비스와 TV 애플리케이션을 이용자가 편리하게 이용할 수 있는 편리한 유저 인터페이스(UI) 환경을 갖추고 있다.

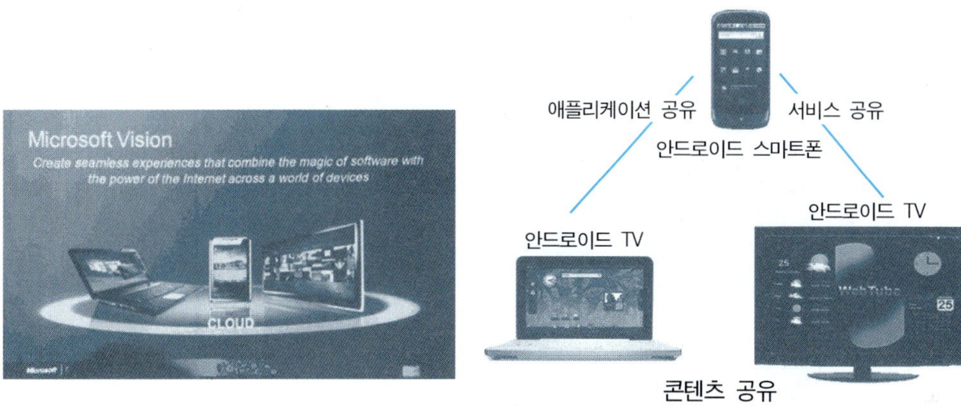

(a) 마이크로소프트 : 3 Screen　　　(b) 구글 : 안드로이드 기반의 3Screen

그림 8-3 ‹‹‹ 스마트 TV를 이용한 3 스크린 구현방식

02 스마트 TV 등장

스마트 TV는 그간 화질(흑백→컬러, SD→HD 등) 개선을 통해 발전해 온 TV는 방송과 통신이 융합되고, 모바일 단말시장에서 OS 및 앱스토어 기반의 스마트폰이 각광받으면서, 그와 유사하게 스마트 TV 형태로 발전하였다. 이는 사업자 중심의 일방적인 콘텐츠 제공형태(단순시청, 단방향 방송)에서 사용자가 원하는 서비스나 콘텐츠를 선택·가공·소비하는 Prosumer 개념의 정보창조형 방송으로 진화함으로써 TV를 통해 인터넷 콘텐츠와 양방향 서비스를 이용할 수 있는 웹TV와 인터넷 TV(커넥티드 TV)를 거쳐, TV단말

내에 운영체계(OS)를 직접 탑재해 웹서핑, 앱스토어, 다양한 콘텐츠 등을 TV로 즐길 수 있는 스마트 TV 형태로 발전하고 있다.

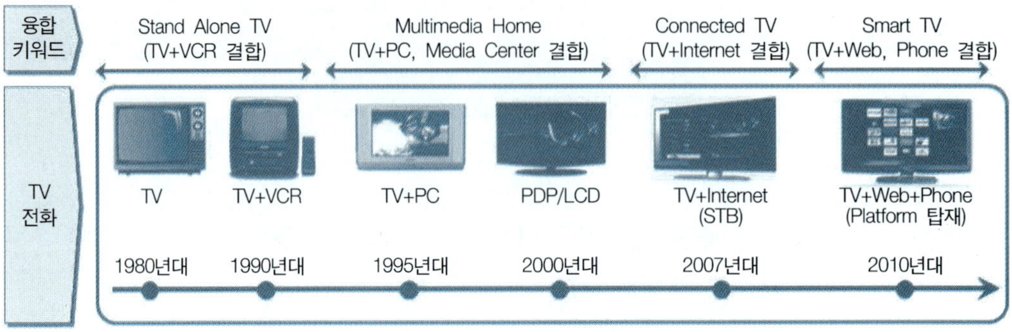

※ 자료 : ETRI(2010), 바보상자에서 만능상자로의 진화한 스마트 TV

그림 8-4 ‹‹‹ 융합관점에서 스마트 TV로의 진화과정

그림 8-5 ‹‹‹ 애플의 iTV와 구글의 안드로이드 스마트 TV 비교

스마트 TV는 단순시청, 단방향 방송에서 IP 기반의 양방향, 개방형 방송으로 진화하였고, TV서비스 이용자의 TV시청행태 변화로 실시간 방송시청 중심에서 개인의 생활패턴 및 선호에 따라 원하는 콘텐츠를 원하는 시간에 시청하는 형태로 변화함에 따라 하나의 단말로 TV, 인터넷 등 다양한 서비스를 통합적으로 이용하고자 하는 욕구 증대되었다.

또한, 통신·인터넷망의 광대역화 및 관련 기술발전으로 망의 광대역화, 전송기술 및 동영상 구현기술 발전에 따라 Best-effort 인터넷 망에서도 HD급 콘텐츠 제공과 이용이 가능하였다.

이에 따라 애플과 구글 등 대형사업자의 적극적인 추진으로 과거 중소규모 사업자가 TiVo 등 혁신적인 사업모델로 시장에 등장하였으나, TV 생태계를 변화시킬 만큼의 파급효과에 이르는데 한계가 있었다, 과거에 TiVo는 셋톱박스를 통해 사용자가 원하는 TV프로그램을 사전에 예약·녹화하고, 광고없이 원하는 부분만 시청할 수 있는 서비스였으나, 구글과 애플의 인지도, 마케팅 능력, 콘텐츠 등 TV 생태계 변화를 주도하고 있다.

03 스마트 TV 특징

스마트 TV는 자유로운 웹 서핑을 지원하지 않는 기존 커넥티드 TV에 비해 한 단계 진화한 개념으로 OS가 기본적으로 탑재되어 있어 인터넷의 모든 콘텐츠 및 애플리케이션 이용이 가능할 뿐만 아니라 타 디지털 기기(PC, 모바일 등)와의 연동 가능하도록 OS가 기본으로 탑재되어 있기 때문에 인터넷의 모든 콘텐츠와 애플리케이션을 이용할 수 있고, PC, 모바일 등 타단말과의 연동도 용이하다.

다만, 커넥티드 TV는 IPTV(=인터넷 TV)와 같이 인터넷과 방송을 결합한 TV형태를 의미하는데, 셋톱박스를 통해 실시간 지상파 방송과 통신사에서 제공하는 콘텐츠(VoD)와 웹 브라우저를 사용하면 다양한 인터넷 서비스를 이용할 수 있다.

기존 TV와 스마트 TV의 차이점으로 스마트 TV 이전의 IPTV, 디지털케이블 TV, 브로드밴드 TV, 웹TV도 인터넷이 가능하고 VoD 등 양방향 서비스가 된다는 점에서는 스마트 TV와 같으나 디지털 케이블 TV, IPTV, 브로드밴드 TV는 셋톱박스 제조업체나 TV 제조업체가 제공하는 소수의 애플리케이션만을 이용하는 Walled Garden 방식인데 비해서 스마트 TV는 소비자들을 포함한 불특정 다수의 개발자들이 개발한 다수의 애플리케이션 프로그램을 이용할 수 있는 Open Garden 방식으로 TV의 스마트화 결과 이용자들은 TV를 자신만의 TV로 구현가능하다.

구분		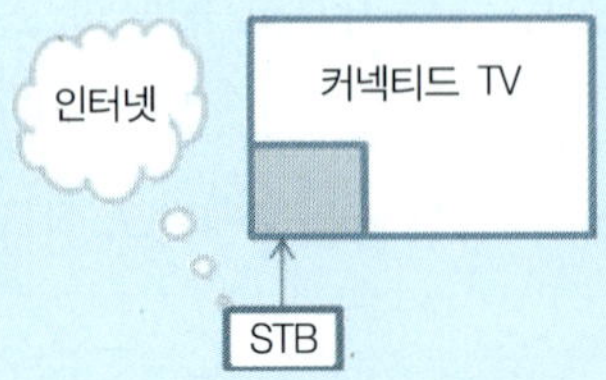 	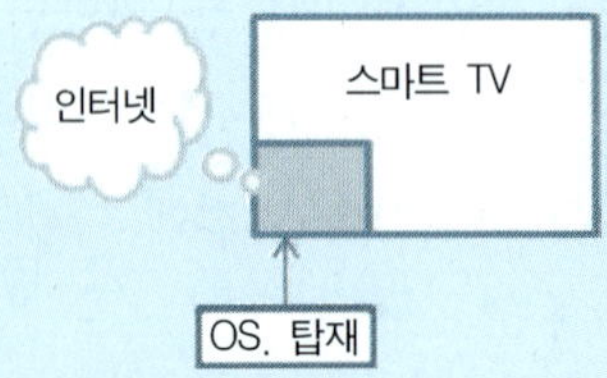
네트워크	망종류	프리미엄망	일반 인터넷망
	QoS	14Mps 대역 보장	일관된 품질확보 어려움
Web Browser 채용		선택 옵션	기본 Enbedded
주요 사업자		IPTC 업체, OTT	OS 업체(Google, Apple 등)
콘텐츠		사업자 선정 일부 콘텐츠	인터넷, 모바일 콘텐츠 전부
비즈니스 모델		콘텐츠 이용료	검색광고, App Store

※ 자료 : ETRI(2010), 바보상자에서 만능상자로의 진화한 스마트 TV

그림 8-6 ‹‹‹ 기존 커넥티드 TV와 스마트 TV 비교

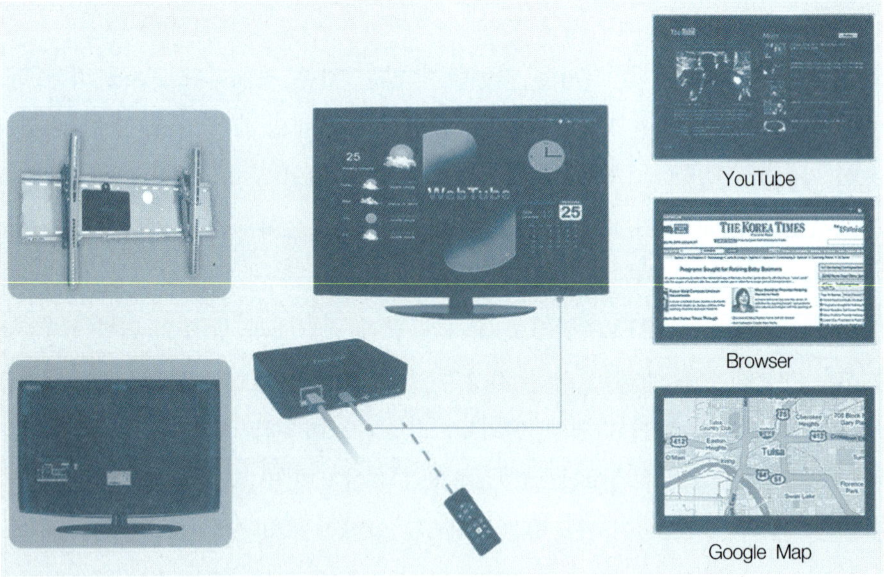

그림 8-7 ‹‹‹ 커넥티드 단말에 의한 스마트 TV 서비스 사례

04 스마트 TV 발전동향

스마트 TV 서비스는 커넥티드 TV에 이어 스마트 TV가 등장하면서 TV 제조업체와 플랫폼 업체들이 스마트 TV 주도권을 잡기 위한 제품개발 및 사업자간 제휴를 본격화하고 있다. TV의 스마트화를 주도하고 있는 기업은 구글과 애플이 대표적이며, 그 외 방송 서비스 사업자(지상파, IPTV, 케이블 TV 등), TV 제조사 및 셋톱박스 제조업체 등 기존 TV 산업 관련 업체들도 전략적 제휴나 M&A를 통해 TV의 스마트화에 대비하고 있으며, 사업자들은 각사의 특화된 제품 및 서비스를 기반으로 스마트 TV 사업에 참여하고 있다.

1. 구 글

구글(google)은 세계 최초로 자체 개방형 안드로이드 OS 기반의 Google TV 공개(2010년

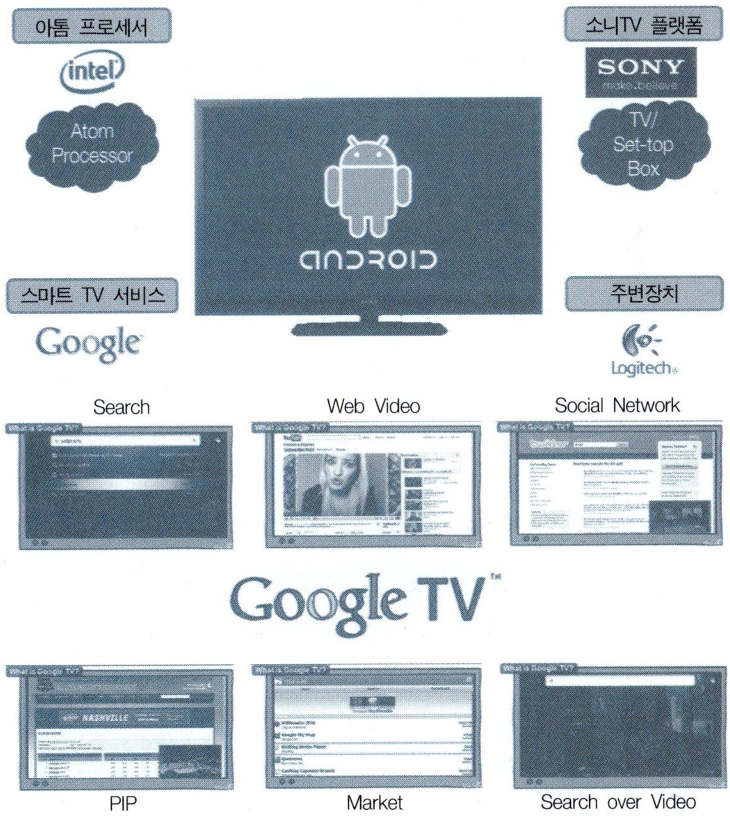

그림 8-8 ‹‹‹ 구글의 스마트 TV 서비스와 구성

5월)하며, 스마트 TV 시장선점하고 있다.

구글과 제휴사들은 2010년 가을 구글 TV 출시를 목표로 콘텐츠, UI, 리모컨, Device 측면에서 완성도를 높이기 위한 작업을 진행중에 있으며, 우선 콘텐츠 측면에서 구글은 유투브 YouTube의 인기 동영상 제공하거나 페이스북 Facebook과 연동하여 친구가 보고 있는 동영상을 시청할 수 있게 하였는데, 이는 10년 가을 출시 예정인 구글 TV에 탑재하고 있다.

구글에서는 스마트 TV 전용의 키보드가 장착된 리모컨, 또는 스마트 리모컨 등 다양한 형태의 입력장치를 개발중으로 인텔 Intel의 스마트 TV용 리모컨은 모션센서를 이용하여 100ns마다 사용자의 372가지 사용 특징을 인식하여 사용자의 리모컨 이용특성을 분석하여 개인별 추천 서비스를 제공한다.

2. 애 플

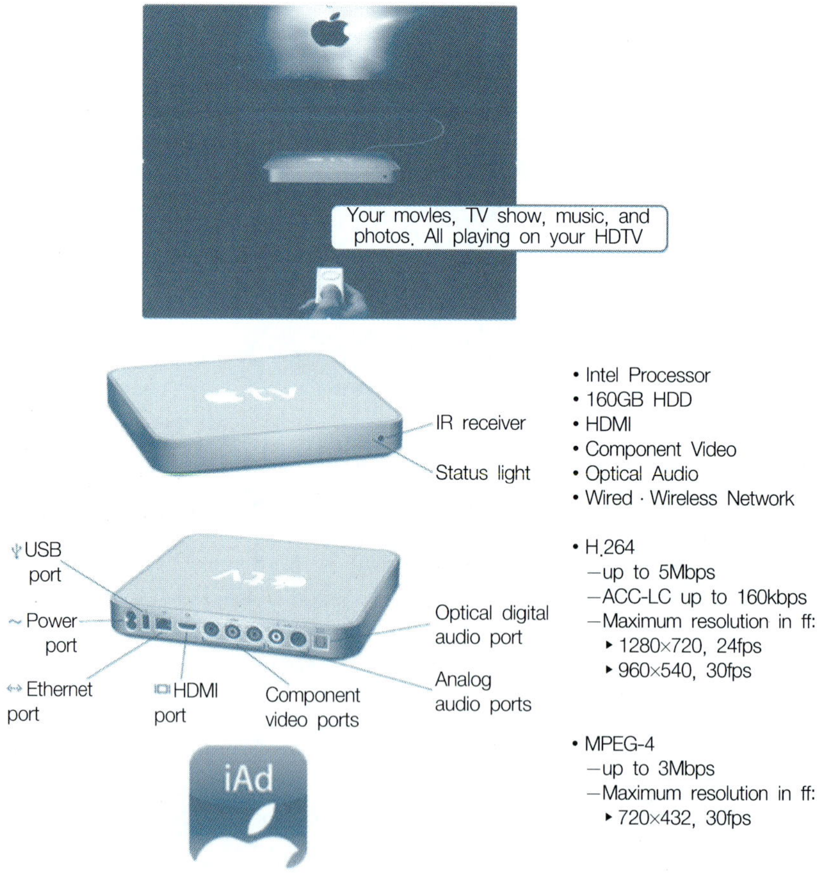

그림 8-9 ‹‹‹ 애플의 스마트 TV(iTV) 및 iAd의 H/W 분석

애플(Apple)은 기존 애플TV를 새롭게 업그레이드한 제품으로, 애플 iOS 플랫폼 기반의 iTV를 개발하였다. 일단 모바일 기기분야를 선점한 애플이 TV 시장에 진출할 경우 애플의 멀티 스크린으로 인터넷 연결과 DVR(Digital Video Recorder) 기능을 가진 LCD TV를 출시하였다.

3. 삼 성

삼성(SAMSUNG)은 우선 독자노선으로 바다 플랫폼과 콘텐츠를 만드는 것을 목표로 개발을 추진함과 동시에 구글의 OS 탑재 TV 병행여부를 검토중이다. 자체 애플리케이션 마켓인 삼성 Apps를 발표한 삼성전자는 국내외에서 애플리케이션 컨테스트를 진행하며 스마트 TV 생태계 확장을 지속적으로 추진중이며, 콘텐츠 역량 강화를 위해 미국에서 훌루 Hulu, ESPN과 제휴를 맺고, 삼성 인터넷 TV 전용 애플리케이션을 출시했다. 이 전용 애플리케이션은 삼성 Apps에서 해당 애플리케이션을 TV로 다운로드받아서 드라마 및 스포츠 동영상을 감상하는 애플리케이션이다.

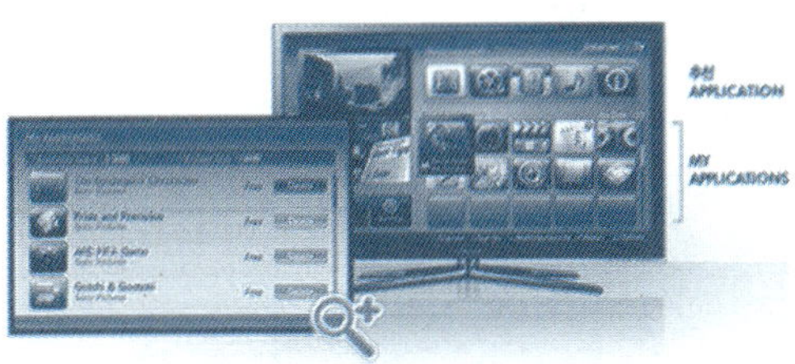

(a) 개인화된 UI

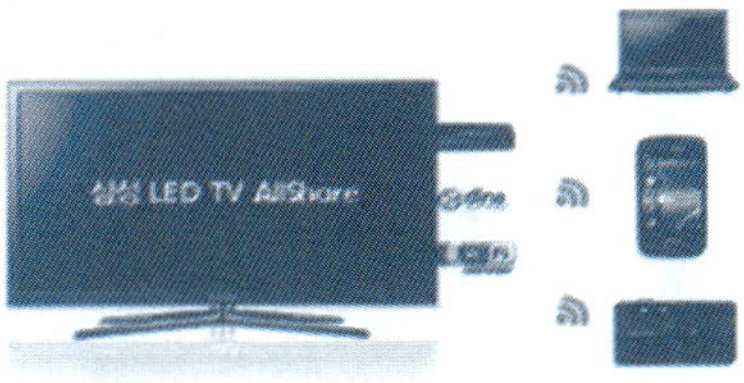

(b) 전체 공유

(c) 삼성 앱의 증가

그림 8-10 ‹‹‹ 삼성 스마트 TV의 특성

그림 8-11 ‹‹‹ 삼성 스마트 TV 앱 구성 특성

4. 엘 지

엘지(LG)전자는 독자적으로 개발한 플랫폼 기반의 스마트 TV와 구글 TV 두 가지를 병행하고 있는데, 자체 개발한 넷캐스트 플랫폼을 탑재한 스마트 TV를 통하여 부두 Vudu나 넷플릭스 Netflix 등의 온라인 동영상 사이트에 접속하여 동영상 시청이 가능하게 하고, TV용 App 등으로 게임, 생활정보, 교육, 뉴스 등의 콘텐츠를 제공할 예정이다.

그림 8-12 ‹‹‹ LG 스마트 TV의 특성

표 8-2 ‹‹‹ 스마트 TV 업계 동향비교

구 분	업체명	추진 방향	주요 내용
TV 제조사	삼성전자	단말/기기 특화	OS(바다)를 탑재한 스마트 TV 개발착수
	LG전자	플랫폼인 TV 개발	고급형 TV에 Google OS 적용(예정)
	소니	제품 라인 확장	GoogleTV에 브라비아 HDTV 채택
OS 사업자	Google	검색/광고 특화	안드로이드 2.1을 탑재한 GoogleTV 출시
	Apple	PC/OS 특화	아이폰 4.0을 탑재한 일체형 iTV 출시
OTT 사업자	Netflix	플랫폼(API) 개방	STB, 게임콘솔, TV 등의 단말에서 서비스
	Vudu	Vudu Apps 특화	제휴 업체 TV 단말 내 Vudu Apps 내장
	Yahoo	Yahoo 위젯 특화	제휴 업체 TV 단말 내 Yahoo 위젯 내장
	Youtube	Youtube XL 특화	삼성, LG, 파나소닉 등의 TV에 기본 탑재

※ 자료 : ETRI(2010), 바보상자에서 만능상자로의 진화한 스마트 TV

05 스마트 TV 서비스 발전동향

1. 구글 TV

서비스 분석으로 구글은 2010년 5월, 구글의 개발자 컨퍼런스인 "Google I/O Conference"에서 오픈 TV 플랫폼인 구글 TV 출시 계획을 발표하였다.

제 8 장

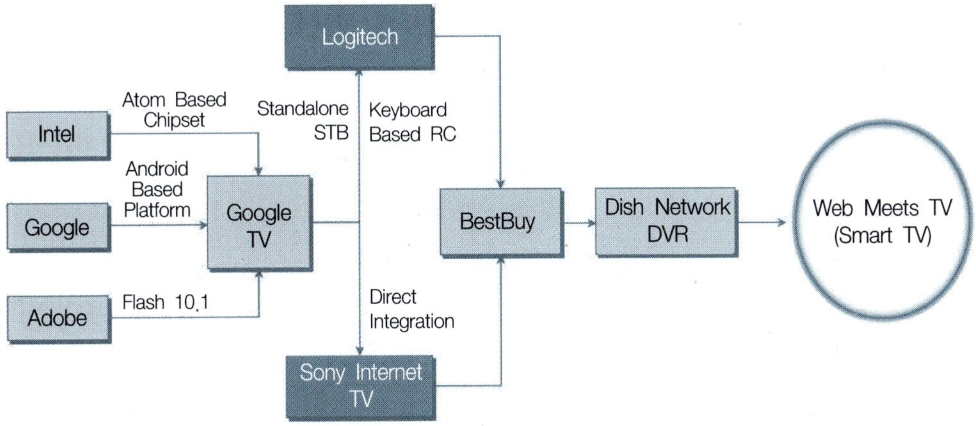

※ 자료 : JP Morgan(2010), Google TV

그림 8-13 ‹‹‹ 구글 스마트 TV 서비스의 공급망

구글은 "Web과 TV와의 결합(TV Meets Web, Web Meets TV)"이라는 기본 컨셉으로 개방형 플랫폼을 통한 시장 주도권을 확보하기 위한 전략을 추진하였다.

- 지능형 · 능동형 기능의 융합을 통한 홈네트워킹의 Hub로 포지셔닝한다.
- 구글의 핵심 비즈니스 모델은 '검색 광고'로 구글 TV는 검색 광고를 인터넷(구글닷컴)에 이어 모바일(안드로이드폰), TV에까지 확장한다.

  이는 구글이 추가하는 TV에 관심가진 배경으로는 TV 선호도 및 사용량, 시장규모가 PC, 스마트폰 보다 우위이기 때문이다. 여기에는 다음과 같은 시장 목표가 있다.
- 최다 이용시간 점유매체로 2009년 미국 청소년의 TV 시청시간은 하루 7시간 30분으로 최고 매력적인 광고매체이다. 2009년 미국 TV광고시장 830억 달러, 2010년 미국 온라인 광고시장 250억 달러로 추정하고 있다.
- 최다 이용자 보유 매체로 전세계 40억 명이 TV 이용자로 PC 이용자 수는 10억명, 모바일 이용자 수는 20억명으로 최고 선호 디바이스 매체인 TV로 비디오 시청선호단말 TV 81%, 데스크 PC 61%, 노트북 46% 순으로 최고 엔터테인먼트 이용선호매체인 "TV로 영화, 드라마, 스포츠, 홈 비디오를 보고 싶다"

구글 스마트 TV 서비스의 강점으로 검색에 최적화된 UX 제공을 목적으로 하는 개방형 안드로이드 기반 생태계를 조성하기 위해 S/W 개발, H/W 제작, 판매 및 유통 등을 위한 파트너십을 구축하였다.

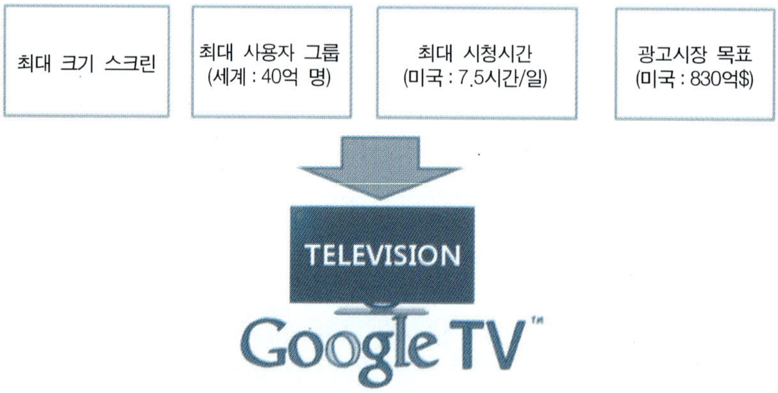

TV가 웹 만나고, 웹은 TV를 만난다.

그림 8-14 ‹‹‹ 구글의 스마트 TV 시장 목표분석

그림 8-15 ‹‹‹ 구글의 스마트 TV의 파트너십 구축분석

표 8-3 ‹‹‹ 구글 스마트 TV의 파트너십 현황분석

구분	역할
S/W 플랫폼 개발	• Google : Android, 크롬 브라우저 및 검색 엔진 제공 – Quick Search Bar, 검색에 적합한 입력방식(QWERTY 키보드, 터치패드가 결합된 리모컨, 안드로이드폰 활용), 음성 및 동작인식으로 채널, VoD, OTT 등의 콘텐츠를 한번에 검색 가능 – 모바일 안드로이드 앱스토어의 APP을 TV에 설치 가능(안드로이드 플랫폼 업그레이드 후) – 웹과 TV 간 호환성 향상으로 끊김없는 이용환경 제공(방송시청 중 채팅, 홈쇼핑 이용 등) • Adobe : 크롬 브라우저에 Flash 10.1 내장, 웹상의 플래시 기반 콘텐츠 이용이 가능
H/W 제작	• Sony : TV 및 Blu-ray player 개발 및 제공 • Intel : 저전력 고성능 CPU(아톰 프로세서, CPU칩 EE4100) 제공 • Logitech : 입력장치 및 STB 개발 및 제공 ※ LG도 Sony 이후 Google과의 파트너십을 발표(2010.08) ※ 2011년부터 모든 TV 제조사, STB 제조사에 구글 TV OS가 오픈소스로 제공될 예정
방송 콘텐츠 공급	• Dish Network : 위성의 실시간 방송을 자체 STB를 통해 제공하고 구글 OS 탑재 – 디쉬 네트워크가 제공하는 모든 방송 콘텐츠가 구글 TV 검색 기능과 통합 연동되어 제공됨 • 인터넷 동영상 및 OTT 사업자(Netflix, Amazon 등) : 인터넷 방송 및 동영상 스트리밍 서비스 제공 ※ 지상파, 케이블, IPTV 등 실시간 방송사업자들도 제휴 가능
판매/유통	• BestBuy : 2010년 가을부터 북미지역 Google TV 판매 ※ Apple의 북미지역 소매유통망(Apple 스토어 매장)과 대응되는 유통 채널

안드로이드 기반 OS에 크롬 브라우저를 사용, 웹과 TV간 호환성을 향상시켰으며, HTML5 기반 크롬 브라우저상의 웹 애플리케이션과 안드로이드 기반 내이티브(Native)

애플리케이션 설치 및 사용 모두를 가능하게 하였다. 플래시(Flash) 지원을 통해 기존 웹 TV 대비 웹 동영상 및 게임시청 환경을 개선시켰고, 유료방송사와의 파트너십을 통해 실시간방송과 인터넷 검색 및 시청을 하나의 인터페이스로 통합해 편리성을 제고하였다.

이로서 하나의 스크린에서 유료채널 등 실시간 방송은 물론, Netflix, Amazon 등이 제공하는 VoD와 자사의 YouTube 등의 웹 콘텐츠까지 검색 및 시청이 가능하고, 그 외에도 시청중 정보검색 및 채팅, Twitter 등의 소셜 커뮤니케이션 기능이 가능하고, 검색한 프로그램의 녹화(DVR) 기능도 제공하며, 하나의 스크린에서 방송 및 유료채널 목록, DVR, 인터넷 등의 다양한 콘텐츠 검색 및 북마크 구성도 가능하다.

2. 애플 TV

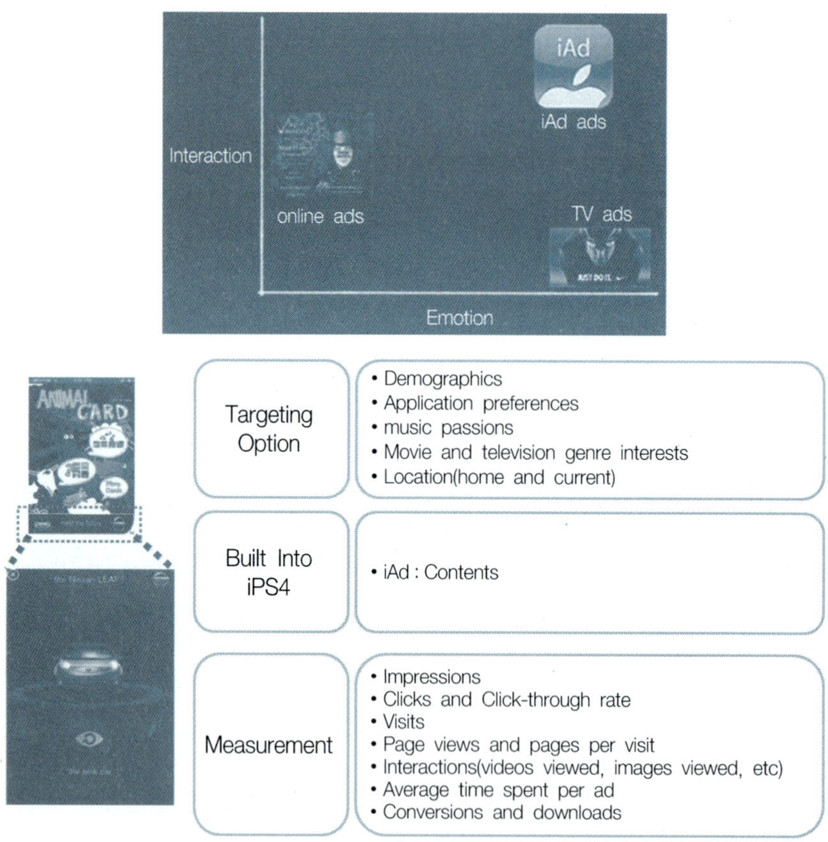

그림 8-16 ‹‹‹ 애플의 iTV 플랫폼 분석

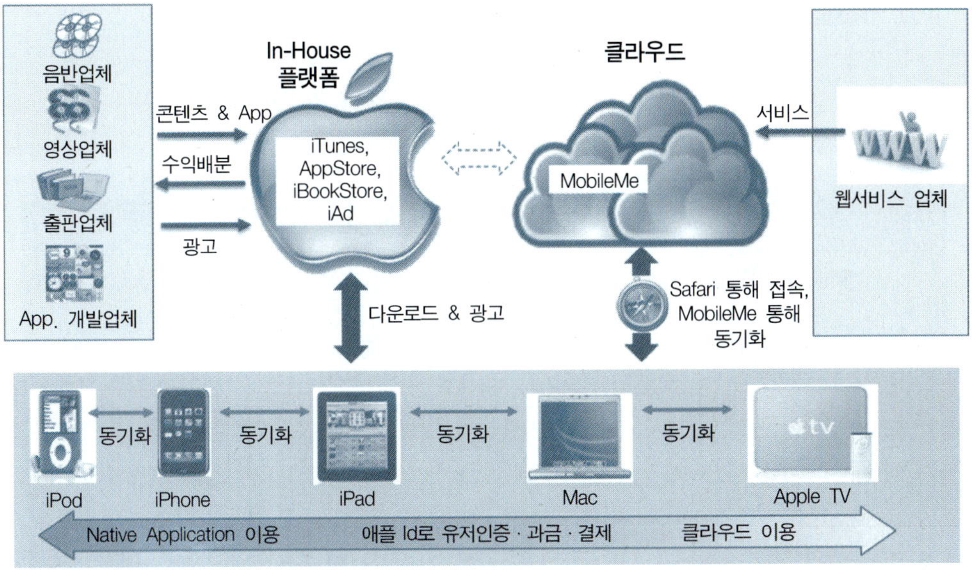

※ 자료 : Atlas(2010). 도래하는 스마트 TV 시대, Game–Changer의 유력후보는 구글보다 애플

그림 8–17 ‹‹‹ 애플의 N–Screen 전략분석

iTV 서비스는 아이팟, 아이폰, 아이패드와 함께 개인/가정용 멀티디미어 단말 라인업을 완성할 일체형 TV인 iTV를 출시하여 2007년도 초기 버전인 Apple TV가 자체 디스플레이 미제공 및 콘텐츠 부족으로 시장에서의 반응이 낮음에 따라 콘텐츠 확충 및 자사 브랜드 단말기 우선 제공하였다.

iTV는 아이패드와 아이폰, 맥북 등 기존의 Apple 제품과 연결도 자유로워 사실상 TV가 가정의 디지털 허브 역할을 수행하였다. iTV는 TV와 아이패드(PC), 아이폰(휴대폰)이 한 화면으로 언제 어디서나 끊김없이 콘텐츠를 서로 주고받으며 연결이 가능하여 집에서 iTV로 동영상을 보다가 출근하게 되면 이를 아이폰으로 전달해 버스를 타고 가면서 볼 수 있고, 회사에 도착하면 아이폰 영상을 아이패드로 전송해 동영상 보기를 마치는 방식이다.

iTV의 특징으로 애플 자체의 폐쇄형 플랫폼(Mac OS X) 탑재하였으며, 자체 개발한 사파리 블라우저를 채택하여 무선인터넷 사용 환경을 기존 WAP 방식에서 Web으로 전환하는 역할을 담당한다. iTunes, 앱스토어 기능 확장으로 디지털 콘텐츠의 Remote Administration 및 편집 기능을 제공한다. 또한, iPod, iPhone, iPad, iTV에 이어서 iCar로 진화, 향후 지능형 홈네트워킹과 차량에서의 정보형 멀티미디어를 제공하는 iCar로 BMW의 MINI로 확대하고 있다.

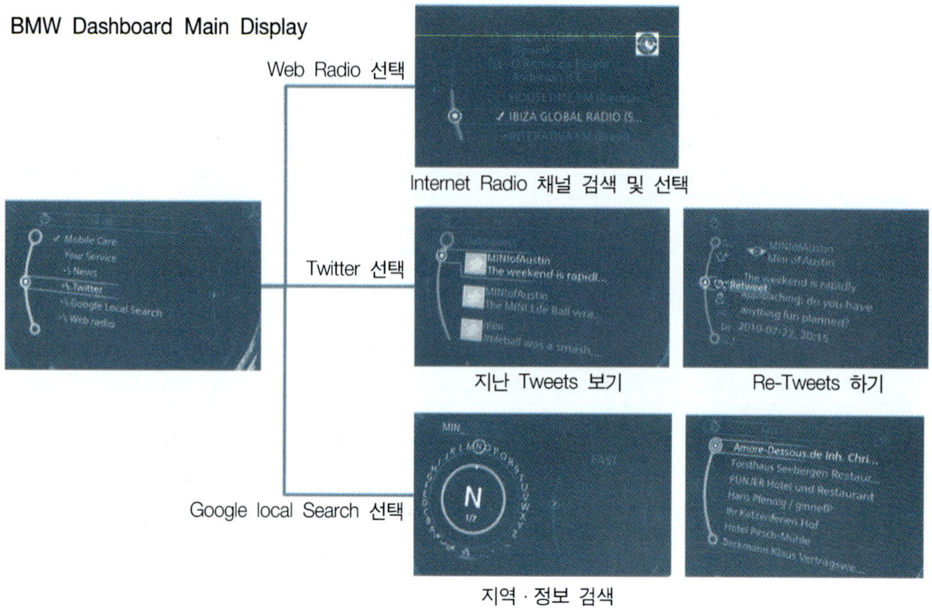

그림 8-18 ‹‹‹ 애플의 아이폰 장착한 BMW iDrive 오디오의 통신연결 사례

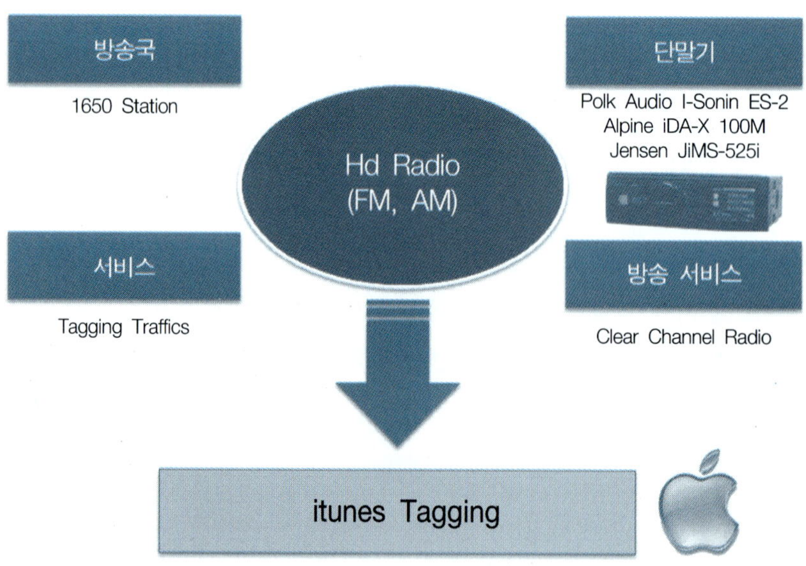

그림 8-19 ‹‹‹ 애플의 디지털 라디오 태깅 서비스 분석

애플은 스마트 TV를 'Digital Home Hub'로 포지셔닝하는 것으로 멀티미디어 콘텐츠를 "Hub & Spoke" 방식을 통해 단말과 콘텐츠를 Cloud(MobileMe)와 Streaming(Lala Media)으로 묶는 에코시스템(Ecosystem)이며, iPad와 같은 클라이언트 기기가 핵심적인 역할을 담당한다.

3. 구글 스마트 TV와 애플의 iTV 서비스 비교

글로벌 스마트 TV시장에서 주도권 확보를 위한 구글과 애플간 경쟁이 본격화됨에 따라 아이폰이나 구글 안드로이드폰 등 제품간 경쟁이 아니라 H/W와 S/W, 콘텐츠 서비스까지 연결하는 비즈니스 모델의 충돌이 예상된다.

표 8-4 ‹‹‹ 구글 TV와 애플의 iTV의 경쟁력 비교

구분		Google	Apple	비교
통합성	검색 기능	●	◕	• Web과 Mobile과 연계된 검색 기능은 Google이 경쟁 우위
	개인화	●	◕	• Cloud 환경에서는 Google의 경쟁 우위 • Cloud에 기반한 개인화 서비스 경쟁
	주변 기기	◕ 키보드 등 리모트 기능 확대	● Box 자체의 통합 추진 예상	STB, 리모컨, DVD Player 등 사용성 개선 측면에서는 Google의 컨셉이 나쁘지 않으나, 일체화된 통합에서는 다소 부족한 UX
양방향성	Social	●	●	방송 콘텐츠에 대한 Social Networking 기능에서는 동일한 3rd Party 참여 전망
	Unique Control	◑ Voice Commands	● 전혀 새로운 UI 도입 예상	• Google : 변형된 리모컨 등 주변기기를 통한 전략 • Apple : Box 자체 통합 추진에 따른 Gesture UI
Partner 협력	H/W 측면	● 다양한 Set Maker 참여 유도	◕ 대만 Hon Hai 아웃소싱	• Google : H/W 제조 파트너들과의 협력 용이 • Apple : 자체 Chipset 설계에 강점
	CP, S/W 측면	◔ Open된 Web 환경의 적용	● 다양한 미디어 사업자 제휴	• Google : Open된 환경에서의 기존 Web 협력 • Apple : 기존 협력 미디어 사업자를 통한 협력
콘텐츠 이용환경	폐쇄성	○ Android(Cross Platform)	● iOS/MAC OS	• Google : 이 기종 단말 간 연결성 용이 • Apple : H/W 및 S/W Platform간 최적화
	추구 포인트	○ 검색과 광고 Platform의 확장	최적화된 Seamless UX	• Google : 자사 Platform Biz.의 확대 추진 • Apple : Tunes를 통한 콘텐츠 소비 환경 일체화

※ 자료 : ROA(2010), 스마트 TV 진화에 따른 주요 사업자 동향과 대응 방안

구글은 안드로이드 플랫폼에 기반한 스마트 TV 보급을 통한 N-Screen 전략을 완성하고자 기존 리눅스 OS에 기반한 CE 제품군과 안드로이드 플랫폼의 장점을 살린 스마트 TV 전용 개발 환경의 확대가 핵심 과제이다. 아울러 애플은 3rd Party들과의 공조를 통한 비즈니스모델 확장, iTunes Store를 바탕으로 하는 멀티미디어 콘텐츠 시장 주도함으로써 폐쇄적 플랫폼 환경 자체를 벗어날 수 없는 상황에서 기존 3rd Party들과의 공조를 통한 시장 확대가 핵심 과제이다.

06 스마트 TV 향후 전망

스마트 TV는 스마트폰의 경우와 같이 단기간에 TV시장을 점유해 나가지는 못할 것이지만, 모바일 단말과는 달리 TV는 교체주기가 길어 기존 아날로그 TV에서 디지털 TV로 전환 이후 상당한 시일이 경과한 후에 교체수요가 발생할 것이다.

- 소비자의 TV시청방식 변화(수동적 → 능동적)에 대한 적응기간 필요하다.
- 지상파 실시간방송에 대한 수요, 특히 국내 방송환경에서 지상파 콘텐츠를 대신할 영향력있는 콘텐츠 제공사업자가 단기간내에 나타나기 어렵고, 지상파 콘텐츠 중심의 시청 패턴을 바꾸기 어렵다.
- 그 외 영상콘텐츠에 대한 저작권문제, 방송의 국가별 Localization, 보안문제, 망중립성 등 스마트 TV의 법적지위, 고급화된 UI, 인터넷 품질(QoS) 등 현안 해결이 되어야 서비스 활성화가 가능하다.

하지만, 장기적으로는 구글, 애플, TV제조사(삼성, LG, 소니), 지상파 방송사, 케이블 사업자, IPTV 사업자 등 다양한 사업자들이 경쟁하는 과정을 통해 스마트 TV 시장이 확대되며, 미디어 시장을 주도할 것으로 예상됨에 따라 사용자 편의성을 높인 UI 개발, 다양한 기능을 포함한 N-screen 서비스 제공 등과 같이 소비자에게 더 많은 가치(서비스)를 가져다주는 방향으로 기존 TV에서 스마트 TV로 시장이 대체될 것으로 전망된다.

제9장

모바일 방송

IPTV 서비스는 기존의 방송 서비스와 통신 서비스를 융합하는 새로운 차세대 서비스로 대두되고 있다. IPTV 서비스는 Open Internet 형태와 Managed Internet 형태로 추진되고 있으며 국내에서는 Managed Internet을 기반으로 상용화 중에 있다. IPTV 서비스를 위한 콘텐츠는 IP망을 통해 사용자에게 전달되는데, 이때 기존 TV를 시청하면서 경험한 사용자의 Quality of Service 및 Quality of Experience를 IP망에서 어느 수준까지 만족시킬 수 있는지는 여전히 기술적 숙제로 남아 있고, 특히 Open Internet의 경우 그 심각성은 더욱 크다.

또한, IPTV 서비스는 점차 무선 네트워크로 확대될 것으로 전망하고 있으나, 여전히 QoS/QoE 측면에서 어떻게 무선 네트워크의 링크 특성 및 여러 가지 제약들을 극복할 것인지는 미지수로 남아 있다. 여기에서는 IPTV 서비스를 다양한 무선 네트워크로 확장하는 모바일 IPTV와 이를 위한 다양한 형태의 기술적 접근에 대해 설명한다. 동시에 현재 빠르게 진행되고 있는 국내외 관련 표준화 쟁점 및 주요 이슈사항들을 정리하여 모바일 IPTV에 대한 이해에 도움이 되도록 한다.

01 모바일 IPTV

디지털 TV에서 Take-Out TV인 모바일 TV(DMB, DVB, MediaFLO 등)로 TV는 계속 진화하고 있다. 또한, 2006년부터는 정보통신의 대표적 국제표준화단체인 ITU-T에서 새로이 IPTV Focus Group(이하 FG IPTV)이 설립되고 국내에서는 TTA 산하 PG219(IPTV Project Group) 및 IPTV 포럼코리아가 발족하는 등 TV는 또 다시 IPTV라는 새로운 형태로 빠르게 이동하고 있다. 또한, 최근 IPTV 서비스와 관련하여 방송영역과의 조율이 활발하게 진행됨에 따라 향후 IPTV 시장은 더욱 확산될 것으로 전망된다.

여기에서 다루는 모바일 IPTV 그림 9-1은 기존 IPTV 기술에 무선기술과 이동성기술을 확장한 형태의 새로운 서비스를 가리키며, 여기서의 모바일 IPTV 서비스는 특정 무선기술상에서의 서비스에 국한되지 않는다.

현재 IPTV 관련 대부분의 표준화 및 관련 기술개발은 시급한 사업적 이유로 QoS가 지원되는 안정된 네트워크 환경에서 충분한 화면크기와 성능을 가진 고정형 ITPV를 통해 고화질(SD/HD급) 콘텐츠를 송수신하는 것에 중심을 두고 진행되고 있다. 하지만 가까운 미래에 많은 사람들은 IPTV 서비스를 이동단말을 통해 언제, 어디서나 사용하고자 하는 요구가 증가할 것이며 이를 위해서는 무선기술과 이동성 기술에 대한 필요성이 커질 것으로 예상된다.

이에 대비해 국내에서는 PG219 산하 WG2193(Mobile IPTV 실무반)에서 관련 기술들을 선행 연구중에 있으며 이를 통해 선점된 기술과 경쟁력을 바탕으로 모바일 IPTV 시장의 국제표준화를 선도하고자 노력하고 있다. 여기서는 모바일 IPTV와 관련된 기술적 이슈를 설명한다. 또한, 국내외 표준화 동향과 모바일 IPTV 서비스를 위해 현재 진행되고 있는 다양한 기술적 접근방법 등에 대해 설명한다.

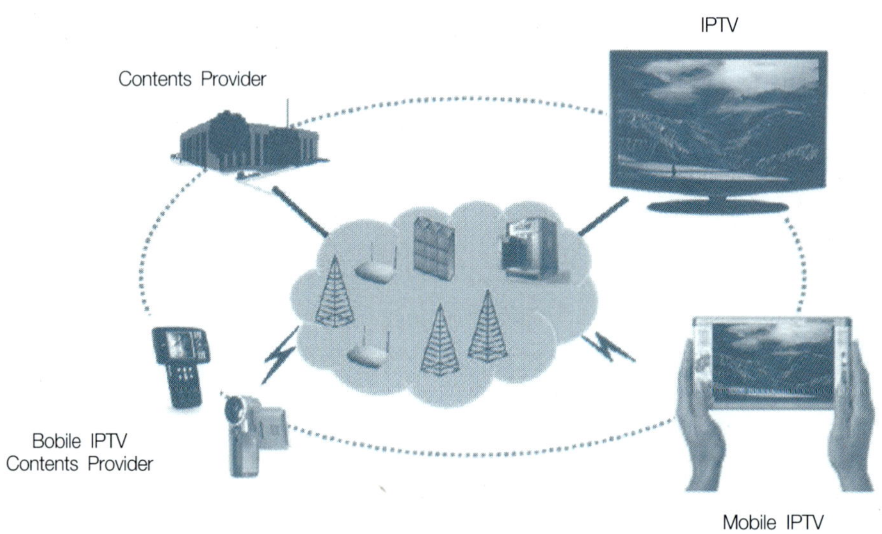

그림 9-1 ‹‹‹ 모바일 IPTV 전체 구성도

02 모바일 IPTV의 의의

우리 산업계를 달구는 핫트렌드인 IPTV에 대한 논의가 수년째 뜨겁다. 이는 그 중요성이나 사업적 가치 그리고 앞으로 세계 시장에서의 우리의 위치를 고려해서 제자리걸음만 하고 있는 상황에서 이제는 더 이상 지체할 수 없다는 위기감마저 감도는 가운데 IPTV에 대한 논쟁이 이제는 법제화로 옮겨가 있다.

TV의 미래는 IPTV, 특히 모바일 IPTV가 될 것이라는 전망이 우세한 가운데(그림 9-2 참조) 기존의 방송시장에서 기득권을 가진 공중파, 케이블 방송사와 이제 새롭게 방송시장에 뛰어들 준비를 하고 있는 통신사들 간의 혈전은 어쩌면 당연한 일인지도 모르겠다.

모바일 IPTV란 유선 인터넷상에서 이루어지는 IPTV 서비스가 모바일에서 이루어지는 것을 말한다.

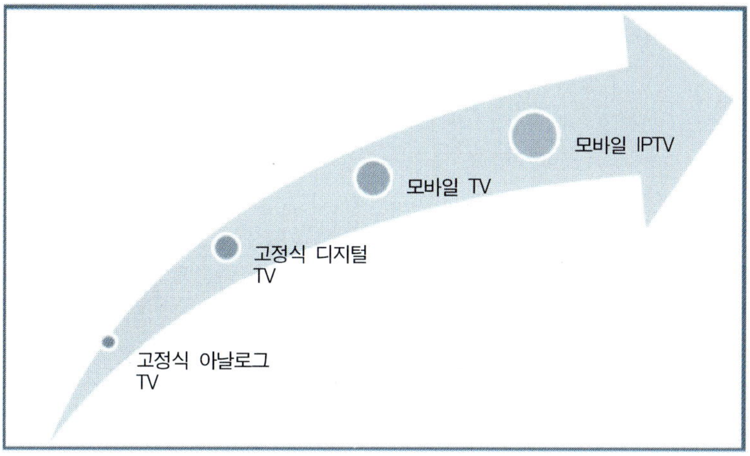

그림 9-2 ‹‹‹ TV의 진화과정

세계 최고의 인터넷 인프라를 갖추고 있는 우리로서는 아쉽게도 디지털 시대에 맞지 않는 법·제도와 행정기관 간 갈등으로 IPTV 실행이 계속 늦춰지고 있는 가운데 세계의 기술발전 추세는 벌써 모바일 IPTV 표준화를 논의하는 단계에까지 이르고 있다. 업계에 따르면 국제전기통신연합(ITU)은 그 동안 안정된 환경에서 고화질(HD)급의 화면과 성능을 제공할 수 있는 IPTV와 관련한 연구에 중점을 두었지만 머지않은 장래에 이동단말에서의 IPTV 수요가 발생할 것으로 보고 모바일 IPTV 표준에 관심을 돌리고 있다.

향후 모바일 IPTV는 인터넷의 연결성과 양방향 서비스를 활용할 수 있는 IPTV의 특징과 이동성을 통한 사용자 편익증대를 동시에 만족시킬 수 있는 기술로 향후 무선환경에서 자유롭게 IPTV를 사용하려는 사용자들이 늘어나면서 수요가 계속 증가할 것으로 예측되고 있다. 해외에서는 이미 모바일 와이맥스를 기반으로 하는 IPTV 서비스를 제공하고 있으며, 홈네트워크 분야에서는 IPTV 서비스를 수신한 셋톱박스가 무선을 통해 가정 내 다른 무선단말에 서비스를 전달하는 형태로 적용범위를 확산하고 있다.

모바일 IPTV는 그러나 특성이 전혀 다른 무선 랜과 와이브로(휴대인터넷)망, 무선 랜과 CDMA(코드분할 다중접속)망 간의 이동처럼 서로 다른 무선망 간에 서비스의 연속성을 보장할 수 있는 다양한 기술적 뒷받침이 필요한 상태이다(그림 9-3 참조).

이에 따라 지난 7월 제네바에서 열린 제1차 ITU-T IPTV 포커스 그룹 회의에서는 모바일 IPTV 시나리오 구성을 기반으로 하는 제안서가 채택되어 내년 중순까지 관련 연구를 진행할 예정이다. 국내에서도 이 같은 국제적 움직임에 발맞춰 삼성전자 디지털 미디어 연구소 등 관련 연구단체를 중심으로 모바일 IPTV 표준화 연구를 선도하고 있지만 아직 유선 IPTV 조차 도입되지 않은 상황이어서 연구에 많은 애로를 겪고 있다.

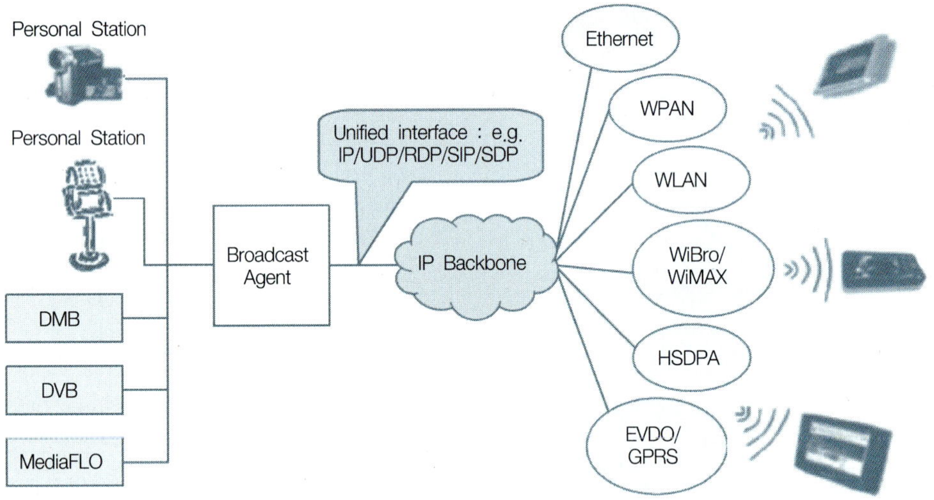

그림 9-3 다양한 무선접속을 통한 모바일 IPTV 구성도

03 모바일 IPTV의 장단점

IPTV가 양방향성을 무기로 유비쿼터스형 미디어가 될 것이라는 데는 이견이 없다. 특히 그림 9-2에서 보듯 IPTV가 모바일로 옮겨갈 것이라는데도 의견을 같이 한다. 현재 DMB(디지털 미디어 방송)가 고정형 TV에서 이동형 TV 시대로 가는 촉매 역할을 하고 있듯 IPTV도 유비쿼터스 시대의 핵심 트렌드인 모빌리티와 동조해 이동형으로의 진화는 당연해 보인다. 이동공간인 지하철에서 TV를 볼 수 있듯 이제 지하철에서 원하는 동영상을 꺼내보고 공유하는 것이 보편화되는 것이다.

모바일 와이맥스를 기반으로 하는 IPTV 서비스가 '모바일 IPTV'의 기반이 되고 홈네트워크에서도 IPTV 서비스를 수신한 셋톱박스가 무선을 통해 가정 내 다른 무선단말에 서비스를 전달하는 형태로 적용범위가 확산될 수 있다(그림 9-3 참조).

아이서플라이는 IPTV 서비스 매출이 올해부터 탄력을 받기 시작하면서 2011년에 263억 달러에 이를 것으로 내다봤다. 이는 2006년 7억 7,920만 달러와 비교하면 34배 이상 늘어난 수치이다. 여기에 광고수입과 부가 서비스 매출은 포함되지 않았다. 특히 통신업체가 자꾸 떨어지는 음성매출을 보존하기 위해서 IPTV 사업에 주도적으로 나서면서 성장을 견인할 것으로 전망하고 있다.

IPTV 콘텐츠 가운데 가장 관심을 끌 분야로는 동영상 서비스를 꼽았다. 이 때문에 기능과 서비스를 중심으로 시장 경쟁이 전개될 가능성이 높으며, 고선명을 기반한 HD 프로그램, DVR 등과 결합한 주문형 비디오(VoD) 사업이 IPTV 분야의 핵심 사업으로 부상한다고 분석하였다. 동영상뿐만 아니라 IPTV 플랫폼을 기반한 부가 사업의 전망도 낙관적이다. IPTV가 디지털 음악과 주문형 게임, 데이터 서비스, 홈시큐리티와 같은 다양한 콘텐츠 상품을 제공하는 창구로 떠오르고 있다는 점이다. 부가 서비스 매출은 2010년에 10억 달러 이상을 기록한다고 예측하였다.

IPTV를 통한 광고 매출도 지금은 초기 시장으로 수요가 거의 없지만 2010년에 10억 달러에 달한다고 덧붙였다. 아이서플라이 측은 "케이블 TV 시장과 비교해 아직은 규모는 작지만 IPTV 가입자와 매출은 괄목할 만한 성장세를 이어갈 것"이라며 "아직은 확실한 강자가 없지만 통신・케이블을 포함해 치열한 시장경쟁이 불가피할 것"으로 보고 있다. 이런 모바일 IPTV의 장・단점을 중심으로 살펴보면 표 9-1과 같다.

표 9-1 ‹‹‹ 모바일 IPTV의 장단점

장 점	단 점
• 시청 시간이 랜덤 • 이동성(핸드오버 : 장소, 공간 극복) • 접근성 • 공간적 제약 극복 • 모든 단말에 IPTV화 • UCC처럼 개인의 녹화자료도 IP망으로 전송 가능	• 사용 시간이 절대적으로 적음 • 모바일 콘텐츠 부족 • 소형 스크린 • 라이브 콘텐츠에 대한 요구 감소 • 성능 저하(모바일 기기) • 이동성(계속 움직이기 때문에 문제 발생) • 대역폭 제한 • 성능 및 크기 등이 다른 단말이 존재 • 프로토콜 문제 및 패킷 손실 문제 • Convergence 문제 • 환경에 따른 문제 • 개발의 문제점

04 모바일 IPTV에서의 주요 이슈 사항

모바일 IPTV는 무선구간에서 이동성을 지원하여 언제, 어디서나 자유롭게 IPTV 서비스를 이용하도록 하는 서비스이다. 사용자는 무선접속이 가능한 구간에서 자유롭게 IPTV 서비스를 사용하며, 또한 다른 무선구간으로 이동하는 경우에도 핸드오버와 같은 이동성 지원기술을 통해 IPTV 서비스를 지속할 수 있다. 특히 특성이 서로 다른 무선구간을 이동하는 경우에는 매우 복잡한 기술적 이슈가 발생하게 되지만 이와 같은 기술들은 모바일 IPTV의 가용범위를 확대하는 효과를 가지므로 관련 표준화 단체들은 필요한 기술에 대한 연구범위를 넓히고 있다.

또한, NGN(Next Generation Network)에서의 이동성 연구는 ITU-T SG13과 이동통신 네트워크 표준을 담당하는 SG19가 공동으로 NGN- GSI(Global Standards Initiative)산하에 Mobility Management라는 그룹을 형성하여 표준화 작업을 진행하고 있으며 FMC(Fixed Mobile Convergence)와 같은 이슈들도 동시에 연구되고 있다.

앞서 설명한 바와 같이 현재의 IPTV 서비스는 콘텐츠를 최종적으로 수신하는 사용자가 SD/HD급 이상의 고화질 콘텐츠를 충분히 전달할 수 있는 안정된 네트워크와 이를 수신할 수 있는 성능 좋은 단말을 가지고 있으며, 또한 서비스를 송신하는 송신자로부터 사용자에 이르기까지의 데이터 경로도 유선으로 연결되어 비교적 안정적인 QoS를 지원한다는 전제를 가지고 있다. 하지만 이와 같은 전제들이 모바일 IPTV에서는 기술적으로 상당한 어려움이 있다.

즉 모바일 IPTV의 가장 큰 기술적 이슈는 데이터를 수신하는 최종 경로가 무선구간이며, 사용자가 사용할 수 있는 무선구간에서의 가용 대역폭은 상황에 따라 수시로 변경된다는 것이다. 즉 유선에 비해 서비스를 수신함에 있어서 안정적이지 않으며, 경우에 따라서는 연결이 끊길 수도 있다. 또한, 무선구간에서는 데이터 손실률 및 지연이 유선구간에 비해 크게 발생할 수 있으므로 사용자에게 IPTV 서비스가 원활하게 전달되지 못하는 경우도 종종 발생한다.

이와 같은 기술적 이슈는 무선망 간의 이동뿐만 아니라 이동하지 않는 무선환경에서도 발생한다. 즉 해당 무선구간에 얼마나 많은 사용자가 접속되어 있는지, 유선망접속점(AP, BS 등)에서 얼마나 멀리 떨어져 있는지, 또한 사용자의 위치 및 어떤 간섭이 주변에서 발생하고 있는지 등 다양한 형태로 사용자의 무선환경 특성이 변하기 때문이다.

또한, 모바일 IPTV 사용자는 자유롭게 이동하면서 서비스를 이용하고자 하므로 이와 같은 무선구간간의 이동에 대한 기술적 이슈도 발생한다. 또 하나의 기술적 이슈는 사용자가 수신하고 있는 모바일 IPTV 단말의 성능한계이다(CPU 성능, 메모리 성능, 지원가능 코덱, 화면 사이즈 등). 모바일 IPTV는 소형의 이동단말이 주를 이룰 것으로 전망되므로 성능의 한계는 필수적으로 극복해야 하는 기술적 이슈이다.

즉 대화면의 일반 가정용 IPTV 단말에서 수신할 수 있는 고화질의 콘텐츠를 사용하기에 매우 어렵고 또한 SD/HD급의 콘텐츠가 모바일 IPTV 단말에서 요구되지도 않는다. 물론 현재 Set-top을 중심으로 개발되고 있는 미들웨어들도 모바일 IPTV 단말에는 적합한 형태가 아니다. 따라서 모바일 IPTV 서비스를 위해선 다양한 기술적 이슈들이 해결되어야 한다.

05 모바일 IPTV 최근 동향

휴대성과 편의성을 갖춘 모바일 기기를 이용해 TV 방송을 시청할 수 있는 '모바일 TV'는 인터넷 이용자의 잠재적 욕구까지 충족시켜 줄 수 있는 기반을 갖고 있다. 공간적 제약 없이 이동중에 손쉽게 언제, 어디서나 TV를 시청할 수 있고(이동성) 불특정 다수를 대상으로 하지 않는 개인맞춤 방송이 가능하기(개인형 미디어) 때문이다. 또 다양한 콘텐츠를 수신하고 무선 인터넷 등을 이용할 수 있다(융합형 멀티미디어)는 점도 빼놓을 수 없다.

시장조사기관 가트너에 따르면 세계 모바일 TV 시장은 2007년 1,878만 대에서 2010년에는 1억 1,347만 대 규모로 성장할 것으로 예측하고 있다. 3년 만에 시장 규모가 6배로 커진다는 것이다. 또 2010년이 되면 모바일 TV폰이 세계 휴대전화 시장의 9%를 차지해 '10명 중 1명'은 모바일 TV를 즐기게 될 것으로 가트너 측은 예상하고 있다.

미국과 유럽은 이미 모바일 TV 시장을 장악하려는 시스템 기술 경쟁을 벌이고 있다. 핀란드의 노키아가 주축이 된 'DVB-H' 기술 진영에는 프랑스의 SFR, 독일의 보다폰, 네덜란드의 KPN, 스위스의 스위스컴 등이 참여하고 있다. DVB-H 진영은 올해 20여 개국에서 시범 서비스 및 본 방송을 실시할 계획이다.

북미 시장에서는 퀄컴이 자사가 개발한 미디어플로(MediaFLO) 방식의 서비스를 본격화하려는 준비를 하고 있다. 하나 국내에서는 모바일은 고사하고 유선 IPTV조차 정식 서비스를 못하고 있는 실정이다. 급변하는 국제 정세 속에서 우리의 전략은 미흡하기만 하다. 국가의 미래 성장 동력과 경쟁력을 위해서라도 국내의 좁은 시장에서 헤게모니 쟁탈보다는 좀 더 넓은 시야로 글로벌 시장과 경쟁력을 목표로 정부와 산업계가 시야를 돌리는 전략과 정책이 필요하다 할 것이다.

1. 모바일 IPTV 국외 동향

우리나라 방송과 통신계가 최근 몇 년 동안 IPTV 서비스 도입을 놓고 논쟁을 벌이고 있는 동안 해외 통신업체들은 통신과 방송이 융합된 형태의 IPTV를 속속 내놓고 있다. 정부 규제나 서비스의 근거 법안 미정비로 인해 IPTV 서비스를 하지 못하고 있는 우리나라는 희귀한 경우이다. 그것도 기술과 서비스 능력면에서 최고이며 국제 표준까지 주도를 하는 마당에서 말이 안 되는 상황이 벌어지고 있는 것이다.

최근 미국·일본·영국·이탈리아·중국·홍콩 등 20여개 국가 280여개 업체가 IPTV 서비스를 시행 또는 추진하고 있다. 모바일 IPTV도 와이맥스를 기반으로 하는 서비스가 진행중에 있으며, 홈영역에서도 셋톱박스를 통한 IPTV를 수신해 각 무선단말로 서비스를 제공하는 형식으로 영역을 확대해 나가고 있는 실정이다. 그 중에서도 통신강국인 영국은 IPTV 서비스에서도 앞서 나가고 있다.

지난 2000년 영국의 통신업체 비디오 네트웍스는 세계 최초로 IPTV 서비스 '홈초이스'를 시작하였다. 이후 PCCW, 패스트웹 등 군소통신업체들을 중심으로 IPTV 서비스 제공이 확산되었다. IPTV 서비스가 가능하려면 일정한 품질 이상의 초고속 인터넷 네트워크가 구축되어 있어야 하는데 이들 군소업체들은 발빠르게 특정 지역에서 제한적으로 서비스에 들어간 것이다. 2005년 이후 분위기는 더욱 고조되었다. 전 세계적으로 초고속 인터넷 네트워크 구축이 붐을 이루면서 미국의 AT&T · 버라이존, 영국의 BT, 독일의 DT 등 각국의 주요 통신업체들이 네트워크 구축과 동시에 부가 서비스 형태로 IPTV 서비스를 실시하기 시작하였다.

미국의 시장조사업체 아이서플라이에 따르면 IPTV는 2006년 이후 매년 92%의 높은 성장세를 기록, 오는 2010년에는 6,300만 가구가 IPTV 서비스에 가입할 것으로 전망되고 있다. 영국 공영방송사 '채널4(Channel 4)'를 중심으로 구성된 컨소시엄이 최근 이동휴대방송용 주파수를 확보, 지상파 DMB의 현지 본 방송 추진이 급물살을 타고 있다. 이에 따라 한국형 지상파 DMB의 유럽 진출에 가속도가 붙을 것으로 전망된다.

정보통신국제협력진흥원 런던사무소는 "지난달 말 채널4 등 4개사가 연합한 컨소시엄이 주파수(밴드3 대역)를 확보하고 우리 측에 추가 테스트를 요청하는 등 한동안 정체되었던 지상파 DMB의 영국 진출이 활기를 띠고 있다"고 하였다. 이어 "영국 채널4는 포드캐스팅(Podcasting) 같은 동영상 서비스, 낮은 동영상 전송비트율 개선 등 2가지에 관심을 보이고 있어 국내업체들이 다음달 네덜란드에서 열리는 국제방송장비전(IBC)에서 기술 시연을 하기로 했다"고 덧붙였다.

이에 더해 영국은 대만의 에이서와 공동으로 추진하던 자체 규격인 'DVB-IP' 방식의 서비스를 2008년 1월부로 중단키로 지난달 전격 결정, 한국 지상파 DMB 채택 가능성이 더욱 높아지게 되었다. 영국은 지난해 6월부터 7개월 동안 런던에서 지상파 DMB 실험방송을 실시한 후 단말기 부족 등 여러 문제에 봉착해 본 방송까지 잇지 못했다.

그러나 최근 전통적이고 보수적인 영국이 IT에 관심을 보이고 IT 서비스 및 제품 수용가 확산되면서 모바일 TV에 대한 관심도 부쩍 높아진 것으로 관측된다. 특히 영국 방송사들이 지상파 DMB에 관심을 보인 것은 유럽연합위원회(EU Commission)를 중심으로 통신 측인 노키아의 DVB-H 지지세력이 늘면서 이에 대한 견제 움직임으로도 해석된다.

유럽연합위원회는 지난달 17일 DVB-H를 디지털 TV의 휴대폰 전송을 위한 표준 신호로 공식 지지를 밝힌 바 있다. 비비안 레딩(Viviane Reding) 미디어 총괄 담당(커미셔너)이 특히 유럽의 GSM 기반 통신 시장에는 DVB-H가 적합하다고 주장하고 있는 것으로 알려졌다.

그러나 현지에서도 DVB-H 상용화에는 주파수(UHF 대역) 부족, 디지털 저작관리(DRM) 표준 미비, 언어장벽, 나라별로 다른 주파수 정책, 수익모델 부재 등에 대한 논란이 벌어지고 있어 유럽위원회의 DVB-H 지지선언이 반드시 DVB-H를 공식 도입하는 수순은 아닌 것으로 해석되고 있다. 이 규제 기관은 2007년 10월이나 11월에 경매 조건을 발표할 예정이었지만, 경매를 한 번 이상의 행사로 진행할 것인지, 그리고 2.6GHz의 주파수로 작동하는 대역을 패키지로 묶을 것인지를 현재 평가하고 있다. 하지만 이번 조치는 기존의 통신사업자들 사이에서 논쟁거리가 될 가능성이 있다.

모바일 와이맥스는 여러 가지 면에서 현재 사용중인 3G 셀룰러 네트워크를 계승할 4G의 자리를 빼앗을 가능성이 있는 서비스로, 통신사업자들이 이미 많은 돈을 쏟아 부은 와이파이 무선 기술의 경쟁 기술로 꼽히고 있다. 와이맥스는 데이터 트래픽에 맞추어진 장거리 고대역폭 무선 기술이지만 와이파이와는 달리 직선 공간, 즉 장애물이 없는 공간에서만 사용할 수 있다는 조건이 없다. 이 기술의 기초는 무선 대도시 네트워크를 위한 IEEE 802.16 계열 표준이며, 이 기술을 촉진시키고 공인된 제품을 호환성이 있는 것으로 인증하도록 2001년 6월에 설립된 산업단체인 와이맥스 포럼에서 와이맥스(Worldwide Interoperability for Microwave Access)라는 이름을 땄다.

반면에 모바일 와이맥스의 기초는 802.16e-2005 표준이며, 휴대폰과 같은 장치는 완전 모바일 방식으로 사용할 수 있고 랩탑과 같은 시스템은 사방으로 돌아다니면서 사용할 수 있다. 하지만, 모바일 와이맥스가 특별히 관심을 모을 것으로 예상되는 곳은 현재 유선 인프라가 제한된 수준으로만 구축되어 있는 개발도상국들이다. 이것은 기존의 셀룰러 타워를 보완하는 와이맥스 기지국을 설치하는 데 관련된 비용이 고정 통신선로를 처음부터 새로 설치하는 것에 비해 더 낮을 가능성이 있기 때문이다.

특히 지형이 평평하고 인구밀도는 낮은 지역에서 그러하다. 선진국에 속한 일부 이동통신사업자들도 모바일 와이맥스를 멀티미디어와 같은 데이터 중심형 애플리케이션을 위한 대역폭을 증가시키는 수단으로 추천하고 있다. 예를 들어 스프린트넥스텔은 2006년에 2.5GHz에서 작동하는 미국 와이맥스 네트워크를 구축하는 데 30억 달러(15억 파운드)를 사용할 것이라고 발표하였다. 이 네트워크는 2007년 말까지 가동을 시작할 것이며 2008년 말까지 최소한 1억 명 이상의 사람들에게 서비스를 제공할 것이다. 모바일 와이맥스로 인해 현재 이동통신 사업자가 아닌 사람이 이 영역으로 진입할 수 있는 기회가 생겼다.

2. 모바일 IPTV 국내 동향

현재 산업계를 비롯하여 국민들의 시선은 국회로 시선이 집중되어 있다. 국회에서 입법추진 중인 IPTV 관련법 통과여부인 것이다. 현재로서는 올 국회통과가 어려울 것이라는 전망이 지배적인 가운데 발의중인 IPTV 관련법안 가운데 무선 IPTV와 관련된 별도의 언급이 없다는 점이다. 그런 만큼 일부에서는 IPTV 사업자(유선)가 무선 IPTV 서비스도 할 수 있게 되는 것 아닌가 하는 우려가 DMB 업체 등 관련업체들의 우려가 나오고 있다.

무선 IPTV 경쟁업체가 될 것으로 보이는 DMB 업체들은 KT에 대한 규제조항이 논의되지 않는 상황에서 IPTV가 시행되면 선발 뉴미디어인 DMB는 존폐위기에 놓일 것이라는 게 DMB 업계의 입장이다. 업체들은 현재 유선 IPTV로 포장되어 있는 IPTV 사업은 일부 의원이 발의한 법안대로 갈 경우 무선사업도 할 수 있게 되는 엄청난 혜택을 담고 있다며, IPTV 사업은 반드시 유선과 무선이 분리되어야 한다고 요청을 하고 있는 상황이다.

실제로 서상기 의원이 발의안 '디지털미디어서비스사업법'의 경우 IPTV를 "미디어 서비스를 제공하기 위해 디지털 미디어 콘텐츠 사업자로부터 콘텐츠를 공급받아 이를 이용자에게 제공하는 사업"으로 규정하고 있다. 유선과 무선의 구분을 두지 않고 있는 것이다.

지상파 DMB 방송사들의 연합체인 지상파 DMB 특별위원회는 "현재로서는 IPTV 법안이 통과되고 서비스가 시행되면 무선 및 모바일 IPTV가 다 가능해진다"며, "DMB가 어렵게 모바일 방송을 제공하고 있는데 거대 통신사가 아무 장벽 없이 시장에 진입하게 되면 DMB 사업자는 죽으라는 소리"라고 목소리를 높였다.·이에 업계는 IPTV 법안 논의에서 무선 IPTV 문제를 진지하게 논의해 줄 것을 정부 및 국회에 촉구하고 있다. "고정 매체인 케이블과의 규제 형평성뿐만 아니라, 기존 이동방송인 DMB와의 경쟁상황도 심각히 고려해야 한다"는 것이 업계의 주장이다.

지상파 DMB 업계는 "거대 통신사가 무선으로 IPTV 서비스를 하게 되면 다양한 결합상품이 가능하다는 점에서 가뜩이나 어려운 DMB 업계는 존폐위기에 놓일 수밖에 없다"며, "IPTV 논의에서 토종 뉴미디어인 DMB에 미치는 영향이 충분히 논의되어 적절한 규제정책이 마련되어야 한다"고 촉구하였다.

한편, 현재 KT가 제공중인 와이브로 서비스에서는 고속 이동중 IP 네트워크로 모바일로 방송을 제공할 수 있는 모바일 IPTV가 사실상 개발되어 있어 현재와 같이 유무선 구분없이 IPTV 법안이 논의될 경우 KT는 법이 통과되는 즉시 모바일 IPTV 서비스가 가능한 것으로 알려졌다. 이런 가운데 국내에서는 IPTV 서비스가 시작 전이기 때문에 여기서는 모바일 IPTV 및 유사 서비스를 중심으로 관련 기업들의 전략 및 동향을 살펴보고자 한다.

1) 삼성전자

삼성전자는 유럽을 중심으로 진행되는 DVB-H 기술과 미국 중심의 미디어플로 기술 등 지역별로 차별화된 모바일 TV 기술을 모두 확보하고, 신속하게 상용화 제품을 만들어 시장경쟁력을 강화하고 있다. 양 시장을 모두 노리는 전략인 셈이다. 삼성전자는 2005년 2월 노키아에 이어 세계 2번째로 'DVB-H' 폰을 개발하였다.

2006년 1월에는 미국에서 열리는 세계 최대의 전자 가전 전시회인 'CES'에서 미디어플로 기술을 시연하기도 했다. 삼성전자는 휴대전화뿐만 아니라 노트북, 내비게이션, 휴대용 DMB TV 등 다양한 제품을 통해 모바일 TV 시장을 주도해 나갈 전략이다.

2) LG전자

LG전자도 DVB-H폰과 미디어플로폰, 그리고 3세개(G) 이동통신 서비스인 '광대역 부호분할다중접속(WCDMA)' 방식의 DMB폰을 모두 개발해 모바일 TV 시장 공략에 나서고 있다. 특히 일반 디지털 TV에만 적용해 온 광시야각 액정표시장치(LCD) 구현 기능을 휴대전화에 최초로 채택해 상하 좌우의 170도 옆에서도 선명한 시청이 가능하게 하였다. LG전자의 대표적 모바일 TV폰인 'LG-VX9400'은 북미 모바일 TV 시장에서 큰 인기를 끌고 있다.

3) SK텔레콤

SK텔레콤이 모바일 TV 시장 공략에 나선다. SK텔레콤은 지난 7일부터 네덜란드 암스테르담에서 열린 방송전시회 'IBC 2007'에서 독일 방송 솔루션 업체 T-시스템즈와 양해각서(MOU)를 맺고 모바일 TV 시장에 함께 진출하기로 하였다.

두 회사는 유럽과 아시아를 포함한 글로벌 모바일 TV 시장에 공동 진출키로 합의하였다. 또 유럽의 모바일 TV 표준인 DVB-H를 포함해 지상파 DMB, DVB-T 등 다양한 모바일 TV 기술개발에 협력하기로 하였다.

2002년 11월 3G 프리미엄 멀티미디어 서비스인 '준(June)'을 선보인 SK텔레콤은 최근 들어 WCDMA 서비스가 활성화되면서 모바일 TV 관련 기능을 다양화하는 데 주력하고 있다. 특히 국내외 드라마 보기에 상당한 경쟁력을 갖췄다는 평가를 받는다. '드라마 먼저 보기' 기능은 지상파 TV의 인기드라마를 10분 정도로 짧게 편집해 실제 방영일보다 며칠 먼저 볼 수 있게 해준다. 이 회사 관계자는 "연말에는 실시간 TV 프로그램을 중간부터 보게 되면 처음으로 다시 돌아갈 수 있는 기능도 제공할 예정"이라고 말했다.

4) KT

KT는 최근 하나의 플랫폼에서 개발됨 IT 신규 서비스를 홈네트워크, 텔레매틱스, 스마트폰, PDA, 휴대폰, 산업자동화, 백색가전, 로봇 미들웨어 등에 손쉽게 적용할 수 있는 KOSP(KT OSGi Service Platform) 개발을 완료하였다. KT는 KOSP에 대해 개방형 서비스 게이트웨이(OSGi) 표준화 단체로부터 규격 적합성 인증을 획득한 데 이어 성능검증이 끝나는 대로 상용화 준비에 나선다는 방침이다.

이러한 기술이 상용화될 경우 와이브로용으로 개발된 서비스를 u-시티 및 홈네트워크나 로봇 등에도 손쉽게 적용할 수 있다. 따라서 언제, 어디서나 어떠한 단말을 이용해서도 IT 서비스를 이용할 수 있는 유비쿼터스 환경 구현에 한 걸음 더 다가설 수 있게 되었다. 이에 따라 현재 물리적 결합 없이 서비스 결합상품을 내놓고 있는 통신사업자의 서비스 구현에도 일대 혁신이 일어날 전망이다.

방윤학 KT 기술연구소장은 "이번 KOSP에 대한 인증은 KT 솔루션의 우수성을 보여주는 쾌거"라며 "향후 와이브로, u-시티, 홈네트워크, 로봇 등 다양한 신성장 사업에 통합 서비스 플랫폼으로 적용 가능하다"고 말했다. 서비스 업체가 KOSP를 적용할 경우 홈네트워크용으로 개발한 서비스를 텔레매틱스나 모바일 등 다른 영역에도 쉽게 적용하고 관리할 수 있는 것으로 평가를 받고 있다. 그 동안 OSGi에서는 각종 통신단말에 적용되는 소프트웨어 애플리케이션을 원격지에서 재부팅 없이 설치 · 시작 · 정지 · 업데이트 · 제거할 수 있는 관리 프레임워크와 정보기기 · 휴대 단말 · 보안 시스템과 같은 인터넷 장비의 표준 연결 규격 등을 개발해 왔다.

성승학 KT 기술연구소 부장은 "KOSP를 이용할 경우 기존에 각기 별개의 서비스로 이용했던 IPTV, VoIP, 홈네트워크 서비스도 손쉽게 융합 서비스로 구현이 가능하다"며 "기술개발이 완료된 만큼 성능 검증을 거쳐 2008년 정도에는 상용 서비스 구현이 가능하도록 만들 것"이라고 전했다. 현재까지 OSGi 프레임워크 R4 표준에 대한 인증을 통과한 업체는 5개 업체로, 해외에서는 이클립스의 Equinox를 비롯해 3개 업체, 국내에는 KT와 삼성이 유일하다.

현재 국내에서는 KT · 삼성전자 · ETRI 등 11개 업체가 '한국 OSGi 사용자 포럼'을 창립해 활동중이며, 최근에 텔레매틱스, 홈네트워크 등 OSGi의 적용분야가 늘어나고 있어 KT의 이번 OSGi 솔루션 확보 발표가 관련 산업의 활성화에 크게 기여할 것으로 예상된다.

KTF는 3G 서비스인 '쇼(SHOW)'의 출범과 함께 초당 화면수를 10프레임에서 12프레임으로 늘리는 등 모바일 TV의 영상품질을 크게 향상시켰다. 이 회사는 현재 KBS, MBC, SBS를 포함해 38개 채널을 실시간으로 제공하고 있다. 또 영화, 스포츠, 교육, 종교, 손수제작물(UCC) 등의 동영상 콘텐츠 3만여 건도 KTF의 '모바일 TV'를 통해 볼 수 있다.

5) LG텔레콤

LG텔레콤은 올 1월부터 휴대전화에서 방송시간 및 프로그램 정보를 제공하는 'DMB 방송 가이드'를 실시해 좋은 반응을 얻고 있다 .이 DMB 방송 가이드를 이용하면 채널 검색 및 이동에 드는 시간을 대폭 줄일 수 있고 방송을 보면서 다음 프로그램에 대한 상세정보를 동시에 확인할 수도 있다. 무선 IPTV도 시간 문제인 만큼 무선까지 포함하는 방송법 개정안을 내놓겠다고 말했다.

전문가들은 PMP나 UMPC 같은 멀티미디어 단말기가 집에서는 IPTV 셋톱 기능을 하고, 집밖에서는 무선 인터넷을 이용한 IPTV 시청기능을 하게 될 것으로 보고 있다. 초기 제품이나 다음이 선보인 '다음고 타비'도 비슷하다. 집안에서는 인터넷선을 직접 단말기에 연결하면 되고, 실외에서도 무선 인터넷(와이파이)용 중계기(AP)가 설치된 지역에서 수신기를 단말기에 꽂아 무선 인터넷으로 시청하는 모델이다.

06 모바일 IPTV 국내 표준화 동향

ITU-T에서의 IPTV 활동을 대응하기 위해 TTA에서는 2006년 PG219를 신설하였다. 동시에 국내에서는 초기부터 모바일 IPTV의 중요성을 인식하고 ITU-T에서 본격적으로 논의되기 전에 국제표준을 선행 준비하고자 WG2193(Mobile IPTV 실무반)을 설립하였다. 초기 ITU-T에서는 시급한 유선망에서의 IPTV 서비스를 중심으로 표준화가 진행되었지만 WG2193에서는 IPTV가 향후 무선망으로 점차 확대될 것을 예상하여 이에 필요한 국내규격작업을 개발하였다.

표 9-2 ‹‹‹ TTA WG2193에서 작성된 IPTV에서의 이동성 지원기술 목차

요구사항	상세항목
서비스 요구사항	Multimedia Contents
	High Layer Protocol
	Middleware
	Mobility
단말 요구사항	무선구간에서의 링크 특성 검출기술
	수신단말 Capability
	Multi-Interface 지원기술
네트워크 요구사항	서버
	Middlebox Traversal
	Contents Delivery Network
	무선 링크 Adaptation
서비스 품질보장(QoS/QoE)	Network QoS 적응기술
	End-To-End Signaling
	품질보장 기능측정을 위한 단말/라우터 간 기능
	Media QoS/QoE
보안 요구사항	서비스 보안
	콘텐츠 보안
	단말 보안
	사용자 보안

WG2193에서는 2006년도 "IPTV에서의 이동성 지원기술" 작업을 수행하여 ITUT에서 논의되고 있지 않은 Mobile IPTV를 위한 기술적 요구사항들을 자체적으로 표준 개발하였다. 이렇게 개발된 요구사항들 중 시급하게 ITU-T FG IPTV에 반영되어야 하는 기술들은 지속적으로 FG회의를 통해 해당 기술을 반영하였다.

또한 WG2193에서는 Mobile IPTV 관련 국제표준화에 대응하고자 국내표준안의 영문작업을 동시에 수행함으로써 향후 국제표준화에 대비하였다. 현재 WG2193에서는 아직 국제적으로도 개발되지 않은 Mobile IPTV 기술 표준규격을 주도하기 위해 "Mobile IPTV Specification" 개발을 관련 회원사들과 함께 준비중이며 이를 위해 현재 모바일 IPTV와 관련된 모든 국제표준기술들을 분석하고 시장에서 필요로 하는 모바일 IPTV 시

나리오들을 분석하는 Gap Analysis 작업을 진행중이다.

표 9-2는 현재 WG2193에서 완료된 "IPTV에서의 이동성 지원기술" 규격초안이며 향후 TTA내 관련 PG 및 전문가들을 통해 지속적으로 내용을 보완해 나갈 계획이다.

07 모바일 IPTV 국제 표준화 동향

모바일 IPTV 서비스를 위해 다양한 표준기술들이 개발되고 있다. 국내 DMB와 해외 DVB/MediaFLO로 대표되는 단방향성 모바일 TV는 IP기술을 기반으로 개발되지 않았다. 하지만 IP를 기반으로 하는 인터넷상의 무수히 많은 콘텐츠 및 다양한 장점들을 기술적으로 수용하기 위해 IP기술을 결합하는 확장 표준화를 진행중에 있다(그림 9-4의 좌측 기술접근방식). 또한, IPTV 국제표준화를 담당하고 있는 ITU-T FG IPTV에서는 현재 NGN을 기반으로 하는 고정형 IPTV에 많은 비중을 두고 있다.

물론 ITU-T FG IPTV관련 워킹그룹에서 모바일 IPTV를 위한 기본적인 기술적 요구사항들이 최근 추가되고는 있지만 여전히 시장에서의 시급한 기술표준은 고정형의 IPTV 서비스이다. 이와 같이 기존 IPTV 기술을 무선 네트워크에서 가능하도록 확장한 형태도 모바일 IPTV 서비스의 기술이다(그림 9-4의 우측 기술 접근방식).

또 하나의 방식은 이동통신영역에서의 모바일 IPTV 서비스 지원기술이다. 이와 관련하여 OMA(Open Mobile Alliance)에서의 BCAST가 매우 중요한 기술로 간주되고 있다.

여기에서는 모바일 IPTV를 위한 세 가지의 방식에 대해 간략히 살펴본다.

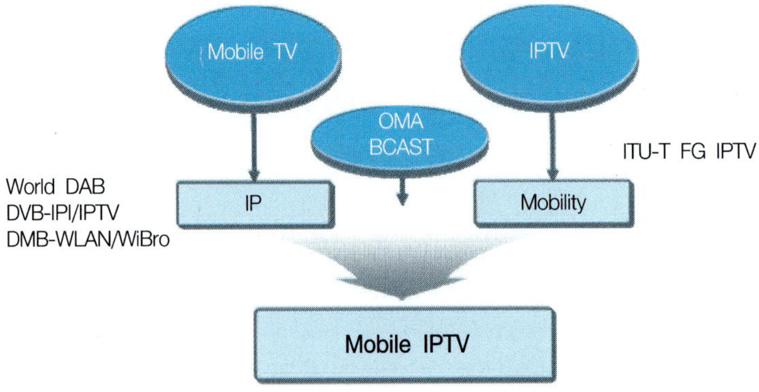

그림 9-4 ‹‹‹ 모바일 IPTV 서비스를 위한 다양한 기술적 접근

1. 모바일 TV와 IP를 결합한 형태의 모바일 IPTV 서비스

이와 같은 형태의 모바일 IPTV는 전형적인 디지털 방송 네트워크를 사용하여 IP 기반의 오디오, 비디오 및 다양한 콘텐츠들을 사용자에게 전달하는 방식이며 방송과 통신 융합의 가장 대표적인 형태다. 모바일 TV는 단방향 형태로 안정된 무선방송 전송방식을 사용하므로 서비스가 안정적이며 양방향 서비스로의 확장을 위해 리턴채널을 결합하는 형태로 개발중이다.

가장 대표적인 표준화는 현재 DVB-CBMS이며 DVB-IPTV Commercial Module을 통해 IPTV에 필요한 구조 및 요구사항들을 연구한 후 DVB-IPI Technical Module을 통해 모바일 IPTV를 위한 표준 초안을 개발하였다.

DVB의 경우 유럽지역의 표준이며 유럽전역에 서비스가 가능한 3GPP 기술을 주로 리턴채널로 사용하여 양방향 모바일 IPTV를 연구하고 있다. 국내에서는 모바일 TV기술로 DMB가 널리 사용되고 있으며 최근 리턴채널을 위한 기술로 WiBro를 접목한 양방향 형태의 모바일 IPTV 기술을 초기 개발하고 있다.

2. 고정형 IPTV에 모바일 기능을 결합한 형태의 모바일 IPTV 서비스

IPTV는 다양한 표준단체에서 개발되고 있으며 2006년부터는 ITU-T에서 FG IPTV를 통해 국가 간의 통일된 표준화 규격을 작업중이다. 특히 미국에서는 ATIS를 중심으로 기존 통신사업자들이 NGN 기반의 IPTV 관련 장비들을 개발하고 있다. 현재 대부분의 IPTV 표준화는 NGN을 기반으로 하는 안정된 유선망을 중심으로 하고 있다. 기존 IPTV는 IP 기반의 다양한 콘텐츠를 IP망을 통해 사용자에게 전송하는 방식이므로 이를 모바일 IPTV로 확장하기 위해서는 사용자가 사용하는 환경이 무선이어야 한다.

무선기술들은 특정 기술에 국한되지 않지만 최근에는 광대역 무선접속기술인 WiMAX(국내에서는 WiBro)를 이용하여 IPTV 서비스를 제공하는 초기 형태의 모바일 IPTV 기술이 개발되고 있다. 또한, IPTV 서비스와 같은 멀티미디어 콘텐츠를 해당 무선기술상에서 보다 효율적으로 전달하기 위해 무선기술을 확장하고 있다.

즉, WiBro의 기반기술인 IEEE 802.16e에서는 MBS(Multicast Broadcast Service)에 대한 전송방식에 대한 표준이 완료되었으며, WiMAX Forum에서는 Release 1.5에서 MBS에서 대한 요구사항을 정의하였고 이를 위한 표준화 작업에 현재 WiMAX NWG에서 진행중이다. IPTV의 DeFecto 표준기구 중 하나인 OMA(Open Mobile Alliance)에서도 IMS를 기반으로 하는 모바일 IPTV 서비스를 2008년부터 본격적으로 개발하고 있다.

3. 이동통신 영역에서의 모바일 IPTV 서비스

현재 국내에서 이동통신상의 멀티미디어 서비스는 이동통신 사업자들을 통해 이루어지고 있다. 물론 법적 이슈로 아직 실시간 방송이 서비스되고 있지는 않지만 이런 형태의 서비스 또한 초기 모바일 IPTV 서비스라 할 수 있다. 이동통신 영역에서 IPTV 서비스를 보다 원활하게 제공하기 위해 연구되고 있는 가장 대표적인 표준화는 OMA BCAST (BroadCAST)이다. 이는 다양한 이동통신 단말들이 IPTV와 같은 형태의 서비스들을 원활하게 수신할 수 있도록 Enabler라는 기능을 표준화한다.

3GPP와 3GPP2기반에서의 IPTV 서비스에 대한 연구는 각 표준단체에서 활발하게 진행중이며 특히 3GPP에서의 MBMS(Multimedia Broadcast/Multicast Service) 표준이 Release 6에서 정의되었으며, 현재 Release-7 및 Release-8 3G LTE(Long Term Evolution)망에서 방송 서비스의 전송효율을 높이기 위한 기능 확장을 포함하는 진보된 eMBMS(Evolved MBMS) 규격 개발이 진행중이다.

08 모바일 IPTV 향후 전망 및 시장동향

1. 향후 전망

IPTV 서비스는 2000년 초부터 유선부문에서 논의가 시작되었고 2005년부터는 도입 논의가 활발하게 진행되었으나, 방향을 잡지 못하다가 2006년 7월 방송통신 융합추진위 발족으로 큰 기대를 모으기도 하였다. 그러나 기대와는 달리 IPTV 서비스 법제화가 지연되고 있고 올 정기국회에서도 법안 통과가 어려울 것으로 전망되고 있어 아쉬움과 함께 우리가 주도를 할 수 있는 신성장 산업에서 실기를 하여 글로벌 시장에서의 기회를 놓치는 것 같아서 아쉬움이 많다.

IPTV는 우리나라 IT 산업의 위기탈피와 성장동력으로서의 중요한 촉매제라 할 수 있다. 최근 IT분야의 활력이 일부 대기업 중심으로만 이루어지고 있어 우려감이 높은 가운데 IPTV 등장은 그야말로 우리 정보기술(IT)을 새롭게 변모시킬 중요한 실마리가 되리라고 기대를 모으고 있다.

IPTV와 관련된 네트워크, 방송·콘텐츠 업체 등은 기대감 속에 서둘러 투자를 하였고 2000년부터 2007년까지 세계 IPTV 관련 특허 102건 중 40건의 특허를 출원하는 쾌거를 이루기도 하였다. 특히 국제전기통신연합(ITU-T)에 반영된 770건의 표준 가운데 한국 IPTV 기술이 차지하는 비중이 18%로 국제표준을 주도할 입지도 확보하고 있다.

IPTV가 상용화하지 않는 상황에서 일구어낸 성과이기에 가치는 더욱 크다. 그러나 국내의 상황은 전략과 정책의 부재로 이런 호기를 상실할 위기에 처해 있기 때문이다. 관련 기업들은 투자가 회수되지 않아 80여 중소기업과 대기업들이 어려움을 겪고 있다. 연구 보고서에 의하면 IPTV 지연으로 연 1조 원 가량의 기회비용을 포함한 경제적 손실을 입고 있다고 한다. 2000년 초반부터 각 국가에서 IPTV 상용 서비스를 시작하였고 현재 30여 국가에서 상용 서비스를 제공하고 있다.

한국정보산업연합회가 전망한 것처럼 IPTV는 통신·방송업계는 물론 컴퓨팅·콘텐츠 업계에 새로운 시장을 창출해 나갈 것으로 기대를 모으고 있다. 그리고 유비쿼터스화가 진전되면서 이동성과 편의성을 아우르는 모바일로의 발전이 급속히 일어날 것으로 보인다. 따라서 앞서 보았듯이 모바일 IPTV의 개인과 산업적 활용도도 다양하게 확대되어 나갈 것으로 보인다.

이는 단순한 새로운 서비스의 확대를 떠나 기존 산업경쟁력을 높이고 다양한 비즈니스 서비스 모델(IPTV가 사내 전사자원관리(ERP)와 통합 등 대규모 시스템으로 확장이 용이하기 때문에 고화질 광고방송뿐 아니라 정보교류, 사내교육, 대외홍보, 고객관계관리(CRM), 지식경영(KM)에 활용할 수 있다.)들을 창출해 나아감으로써 산업에 활력과 파급력면에서도 기대가 되는 산업이다. 따라서 국가적 차원에서 몇 안 되는 국제경쟁력을 갖춘 부문에서의 산업적 활성화를 위해 노력해야 할 것이다.

2. 시장동향

아이서플라이는 IPTV 서비스 매출이 올해부터 탄력을 받기 시작하면서 2012년 이후에는 300억 달러 이상으로 이를 것으로 내다봤다. 이는 2006년 7억 7,920만 달러와 비교하면 34배 이상 늘어난 수치이다. 여기에는 광고 수입과 부가 서비스 매출은 포함되지 않았다.

특히 통신업체가 떨어지는 음성 매출을 보존하기 위해서 IPTV 사업에 주도적으로 나서면서 성장을 견인할 것으로 전망하고 있다. IPTV 콘텐츠 가운데 가장 관심을 끄는 분야로는 동영상 서비스이다.

이 때문에 기능과 서비스를 중심으로 시장 경쟁이 전개될 가능성이 높으며 고선명을 기반한 HD 프로그램, DVR 등과 결합한 주문형 비디오(VoD) 사업이 IPTV 분야의 핵심 사업으로 부상한다고 분석하였다. 동영상뿐만 아니라 IPTV 플랫폼을 기반한 부가 사업의 전망도 낙관적이다. IPTV가 디지털 음악과 주문형 게임, 데이터 서비스, 홈시큐리티와 같은 다양한 콘텐츠 상품을 제공하는 창구로 떠오르고 있다는 점이다.

부가 서비스와 IPTV를 통한 광고매출은 2012년 이후에는 20억 달러 이상을 기록할 것으로 예측하였다. IPTV 가입자와 매출은 괄목할 만한 성장세를 이어갈 것으로 예측되면서 통신·케이블을 포함해 치열한 시장경쟁이 불가피할 것으로 보고 있다.

제10장

개방형 STB 기반의 U-Health

01 U-Health 서비스 동향분석

U-Health(유비쿼터스 헬스)는 보건의료에 유무선 네트워킹 기술을 접목시켜 병원을 찾지 않더라도 언제, 어디서나 건강상태의 평가, 진단 및 치료, 건강관리를 받을 수 있도록 하는 의료서비스를 지칭한다. RFID 같은 U-Health 장비나 서비스를 일부 도입해 U-Health 병원으로 변신중이다. 일부 지자체에서도 시범사업으로 유무선 네트워킹을 이용해 지역 보건소와 대학병원을 연결하는 서비스를 실시하고 있다. 휴대폰 업체나 전자회사 등 기업에서도 U-Health 사업진출에 열을 올리고 있으며 병원 내 IT시스템 도입이 확대되는 등 병원의 원격진료 시스템이 점차 확산된다.

홈네트워크형 U-Health도 확산일로 환자의 혈압, 맥박, 혈당 등 생체신호를 병원 밖에서 측정한 후 운동과 식이, 투약 등 원격 서비스를 제공하는 이른바 '홈네트워크형' U-Health 서비스도 급증하고 있다. 휴대폰을 이용한 만성질환자 관리 서비스는 이미 시행됐거나 시행중이다.

가톨릭의료원은 당뇨병 환자가 집에서 측정한 혈당을 인터넷상의 웹-차트에 입력하면 담당 의사가 기록된 혈당이나 환자의 다양한 정보를 해석해 진단을 전송할 수 있도록 하는 '인터넷 혈당관리 시스템'을 시범 운영했다.

서울대병원 강남센터는 포스코건설과 'u-헬스케어서비스' 협약을 맺고 송도시티에 재택진료를 제공할 계획이다. 가정마다 체성분 분석기와 전자혈압계, 혈당측정계 등을 설치해 거주자가 직접 비만도나 혈압, 혈당 등을 측정하면 서울대병원 강남검진센터에 있는 첨단 의료기기가 이를 분석해 그에 필요한 건강식단이나 운동지침을 알려주거나 병원 진료예약 등을 해주는 서비스다.

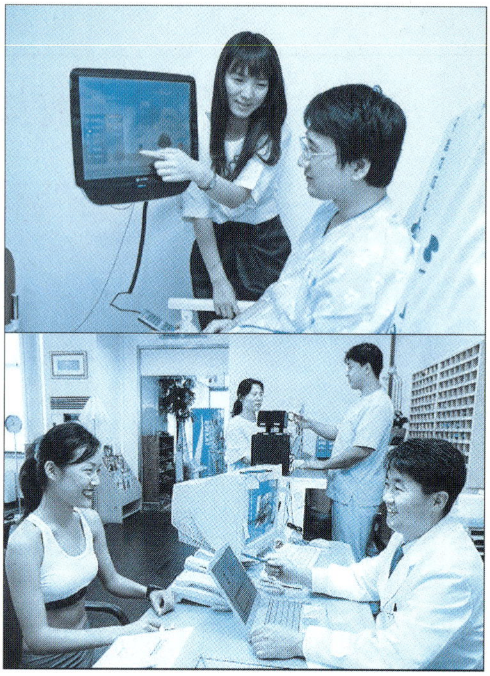

그림 10-1 ‹‹‹ U-Health 기반의 의료 서비스 모델

휴대전화 단말기에 건강관리 기능을 추가하는 것도 트렌드다. 삼성전자는 스포츠용품 업체 아디다스와 손잡고 스포츠 특화 전화인 '마이코치(micoach)'를 출시했다. 휴대전화에 암밴드, 심장박동 모니터, 보폭센서 등을 부착해 운동 시 자신의 심장박동수, 달리기 속도, 칼로리 소비량 등 각종 정보를 실시간으로 저장하고 보여준다. 뿐만 아니라, 저장된 정보를 마이코치 사이트(www.micoach.com)에 올리면 상세한 분석을 통해 신체 상태에 맞는 맞춤형 운동 프로그램 정보를 보여준다.

LG전자는 외장형 혈당 측정기기를 휴대폰에 연결해 채혈침으로 손가락에 피를 낸 뒤 일회용 스크립에 묻혀 측정기에 꽂으면 혈당수치가 단말기 화면에 곧바로 뜨는 '당뇨폰'에 이어 혈압측정 등이 가능한 휴대폰을 곧 선보일 예정이다.

LG전자는 캐나다 앨버타의대 등 해외 병원들과 함께 휴대폰으로 혈압, 체온 등과 같은 환자의 건강수치를 측정해 병원이나 주치의에게 전송하는 시스템 구축작업을 추진하고 있다. 이러한 U-Health는 신성장동력 산업으로 정부 차원에서도 많은 관심을 두고 있다. 보건복지가족부는 올해 u-의약품 종합관리 시스템, 원격 건강모니터링 시스템 등을 추진할 예정이다. 또, 2009년부터 U-Health 산업개발에 예산을 투입하고 있다.

02 안드로이드 기반 오픈 STB 플랫폼

1. 안드로이드 플랫폼의 구조

안드로이드는 Google OHA(Open Handset Alliance)에서 발표한 모바일 오픈 솔루션이다. 안드로이드는 기존의 모바일 솔루션의 공개 범위와 매우 다르게 최하단의 OS부터 최상단의 킬러 애플리케이션까지 모든 범위를 소스레벨로 공개했다. 더욱이 공개된 솔루션의 안정성이 하드웨어만 있으면 누구나 핸드폰을 만들 수 있을 정도로 높고 다양한 애플리케이션이 포함되어 있으며 그것의 완성도 또한 높아 이미 대만의 HTC에서는 안드로이드 솔루션을 이용하여 핸드폰을 제조 판매하고 있다.

다른 핸드폰 제조업체인 삼성, LG, 모토로라 또한 안드로이드를 이용한 핸드폰 개발에 대한 계획을 이미 세우고 있다.

그림 10-2는 안드로이드 플랫폼의 구조이다. 그림에서 볼 수 있듯이 OS는 Linux Kernel을 사용하였고 Library는 많은 오픈 솔루션을 이용하였다.

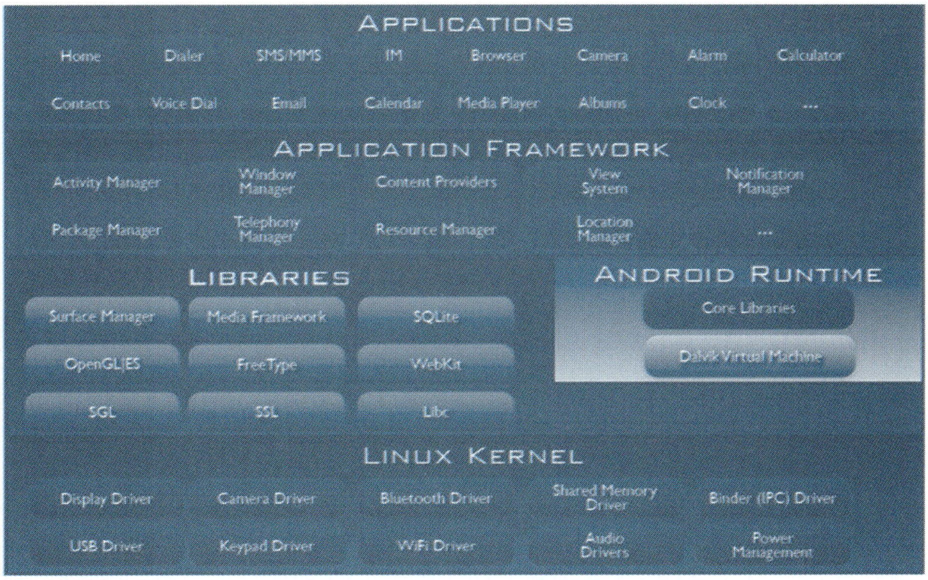

그림 10-2 ‹‹‹ 안드로이드 플랫폼 구조도

제 10 장

Android Runtime은 구글이 자체 개발한 Dalvik Virtual Machine과 Core Library로 구성되어 있고 이것 또한 소스 레벨로 공개된 상태이다. Application Framework은 다양한 기능의 프레임웍이 이미 완성되었고, Application은 전화 송·수신, SMS 송·수신, 인터넷, 이메일, 구글맵스 등의 킬러 애플리케이션이 안드로이드 솔루션에 이미 포함되어 있다.

여기에서도 이 솔루션을 모바일 핸드폰이 아닌 고정형 셋톱박스에 올려 플랫폼을 통일하고 서비스와 콘텐츠를 통일하여 비용절감 및 효율성을 꾀하는데 있다. 또 하나 안드로이드 특이할 사항은 바로 개발 환경이다.

안드로이드는 자바의 개발 IDE로 유명한 Eclipse에 그림 10-3과 같은 Plug-in을 제공하여 개발을 용이하게 할 수 있고, 개발 응용 애플리케이션을 PC에서 쉽게 확인해 볼 수 있는 그림 10-4와 같은 Goldfish ARM Emulator 환경을 핸드폰의 형상과 동일한 형태로 제공하고 있어 애플리케이션 개발 및 검증을 쉽고 빠르게 할 수 있다는 큰 장점을 가지고 있다. 더불어 안드로이드 솔루션은 ADB(Android Debugger Bridge)라는 디버깅 환경을 제공하여 개발자에게 개발 중 문제해결을 쉽게 할 수 있다.

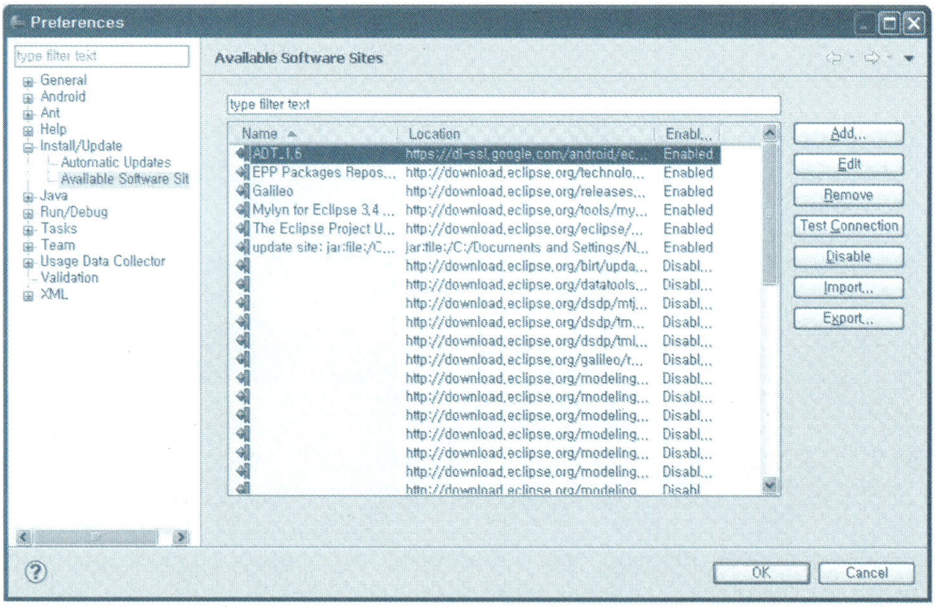

그림 10-3 ‹‹‹ Eclipse 안드로이드 Plug-in

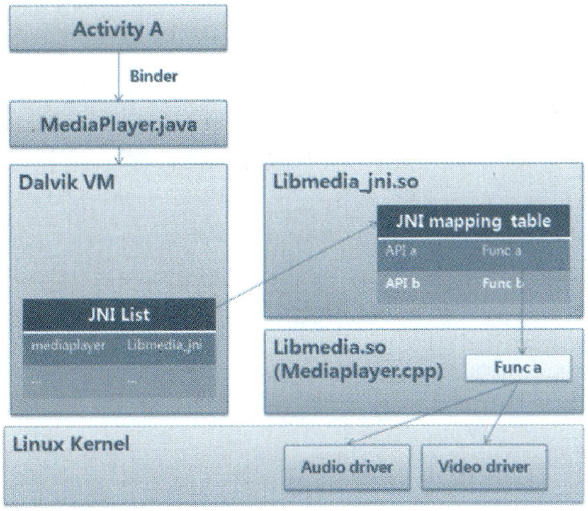

그림 10-4 ‹‹‹ Goldfish 안드로이드 에뮬레이터

표 10-1은 안드로이드 플랫폼의 주요 특징을 보여주고 있다. 안드로이드는 모든 소스 및 컴포넌트가 오픈 소스 기반이다. 즉 제조사에서 제품을 만들 때 가장 부담이 되는 라이선스 정책을 용이하게 할 수 있다.

표 10-1 ‹‹‹ 안드로이드 플랫폼의 주요 특징

Feature	Description
응용 프레임웍	컴포넌트를 교체하고 재사용할 수 있음
Dalvik VM	현재는 모바일 디바이스에 최적화
통합 브라우저	Webkit 기반 브라우저
최적화된 Graphics	2D 라이브러리와 OpenGL ES 1.0 라이브러리 제공
SQLite	데이터 베이스
Media 지원	이미지, 오디오, 비디어(MPEG4, H.264, MP3, AAC, AMR, JPG, PNG, GIF)
GSM Telephony	하드웨어에 맞게 포팅 가능
Bluetooth, EDGE, 3G, WiFi	하드웨어에 맞게 포팅 가능
카메라, GPS, 나침반, 가속기	하드웨어에 맞게 포팅 가능
풍부한 개발환경	에뮬레이터, 디버거, 프로파일링, Eclipse 플러그인

그림 10-5 <<< 미디어 플레이어 실행과 JNI

안드로이드 플랫폼의 장치 드라이버는 일반 리눅스 커널의 장치 드라이버 형태를 그대로 사용하기 때문에 특별한 설계가 필요하지 않다. 단 장치 드라이버를 접근하는 경로가 모두 JNI 함수로 구현되어야 하기 때문에 이를 고려하여 장치 드라이버를 작성할 필요가 있다. 그리고 일부 장치 드라이버는 일반 리눅스에서는 필수적인 사항이 아니지만 안드로이드 플랫폼에서는 필수적으로 지켜져야 하는 사양이 정해져 있는 경우도 있다.

03 모바일/고정형 오픈 STB 플랫폼

1. 프레임 버퍼의 성능 개선방안

안드로이드는 프레임 버퍼 두 개를 할당하여 서로 번갈아 가면서 화면을 구성하는 더블 버퍼링 구조가 포함되어 있다. 모바일 안드로이드 프레임 버퍼를 셋톱박스의 프레임 버퍼로 기능개선을 위해 셋톱박스의 화면 크기는 모바일 제품의 화면 크기보다 훨씬 크다. 최근 방송시장에서는 HD가 기술 트렌드가 되고 있어 그 크기는 더욱더 커지게 되었다.

이에 안드로이드 프레임 버퍼 장치 드라이버를 셋톱박스의 일반적인 화면 사이즈인

720 × 576(576i), 1280 × 720(720p), 1920 × 1080(1080i) 중 하나를 지원할 수 있도록 수정해야 한다. 요즘 디스플레이의 상당부분이 LCD로 바뀌면서 고해상도인 1080i를 지원하는 것이 일반화되었기에 1080로 프레임 버퍼를 수정한다.

1080i의 해상도를 지원하게 되면 안드로이드의 킬러 애플리케이션 중 하나인 웹 브라우징을 LCD의 큰 화면에서 편리하게 사용할 수 있다. 그리고 화면 resolution은 24bit RGB 모드로 수정한다. 24bit RGB 모드를 사용하면 자연색 그대로를 표현할 수 있기에 좀더 자연스러운 HD급 메뉴가 가능해진다. 26bit RGB 모드의 1080i를 지원하기 위해서는 리눅스 커널의 drivers/video/에 있는 프레임 버퍼 driver를 셋톱박스의 프레임 버퍼에 맞게 수정한다. 이때 커널 파라미터의 CONFIG_FB=y, CONFIG_FB_BPP_24=y를 설정하여 driver에서 사용하도록 편리하게 bpp를 바꿀 수 있다. 그림 10-6은 커널 로그가 부팅 시 출력되면 더블 버퍼링 프레임 버퍼가 정상적으로 설정된다.

```
Window[0]- FB1 : map_video_memory: clear ff600000:00177000
        FB1 : map_video_memory: dma=57c00000 cpu=ff600000 size=00177000
Window[0] - FB2 : map_video_memory: clear ff6bb800:000bb800
        FB2 : map_video_memory: dma=57cbb800 cpu=ff6bb800 size=00177000
```

그림 10-6 ‹‹‹ 안드로이드 프레임 버퍼 관련 커널 로그

2. 고정형 플랫폼 미들웨어 개발

방송 수신기인 셋톱박스는 많은 멀티미디어 기능과 다양한 출력, 그리고 칩셋에 대한 솔루션도 많고, 기능에 따라 하드웨어의 종류도 적지 않다. 특히 나라마다 지역마다 스펙 및 기능을 조금씩 바꾸어 차별화를 하고 있고 같은 나라, 같은 지역이라 하더라도 바이어마다 조금씩 커스트마이징을 해야 되는 상황이다. 이에 가장 빠르게 시스템을 설계하고 가장 빠르게 바이어를 지원하는 타임 투 마켓이 매우 중요한 기술 분야이다.

이에 타임 투 마켓의 경쟁력을 확보하기 위해 제조사는 자체적으로 이를 가장 효율적으로 하기 위한 미들웨어 솔루션을 확보하거나 또는 미들웨어 전문업체의 솔루션을 가져다가 포팅하는 방법을 사용하고 있다.

셋톱박스에 미들웨어는 필수적이다. 미들웨어 설계 시 크게 고려해야 할 부분은 다양한 하드웨어를 지원하는 포팅 레이어를 어떻게 설계할 것인지, 그리고 포팅 레이어를 이용한 코어 API를 얼마나 효율적으로 설계하는지에 따라 시스템의 성능 및 안정성이 결정

된다. 코어 API설계 시 고려해야 할 부분은 셋톱박스에서 지원해야 할 애플리케이션이 어떤 것인지 먼저 그것에 대한 사양을 정하여 그것에 맞는 코어 API는 개발이 되어져야 한다. 그림 10-7과 같이 셋톱박스 소프트웨어 구조도와 같이 미들웨어가 레이어 구조로 설계되어야 한다.

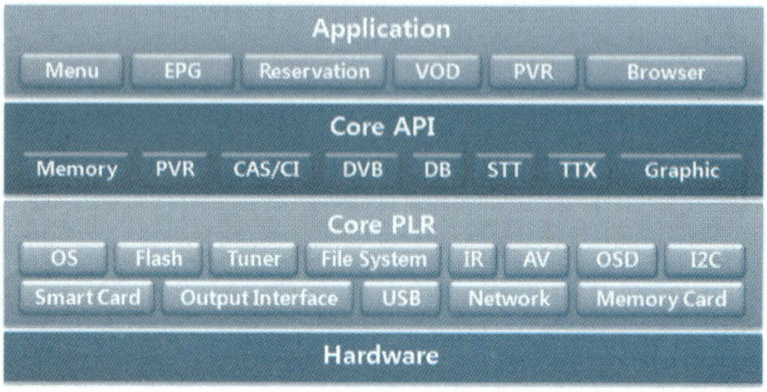

그림 10-7 ‹‹‹ 고정형 셋톱박스 소프트웨어 구조도

Core PLR은 하드웨어별로 포팅을 용이하기 위한 API셋으로 구성되어 있다. 하드웨어에 컴포넌트가 새롭게 추가되면 추가된 하드웨어에 맞는 포팅 레이어 API를 제작하면 된다. 그림 10-7은 셋톱박스에 맞추어져 있는 포팅 레이어이고 하드웨어가 셋톱박스가 아닌 것이라면 해당 하드웨어에 맞는 컴포넌트들로 구성하면 된다. 포팅 레이어를 얼마나 잘 만드느냐에 따라 하드웨어 의존성 여부가 결정된다.

애플리케이션 및 코어 API이상에서는 하드웨어와 연관된 어떠한 API도 호출하지 않는 구조가 최상의 구조로 하겠다. 포팅 레이어의 안정성 정도에 따라 전체 시스템의 안정성이 결정된다. 애플리케이션의 종류에 따라 Core API의 기능 또한 막강해지고 API수 또한 많이 필요하게 된다. 포팅 레이어 API와 다르게 Core API는 미들웨어 개발 시 단 한 번만 개발하면 되는 모듈이기에 매우 치밀하게 설계를 할 필요가 있고 향후의 호환성까지도 고려가 되어야 한다.

그렇지 못하면 향후 Core API수정 또는 보완뿐만 아니라 애플리케이션의 수정도 불가피하기 때문이다. 애플리케이션까지 수정을 하게 되면 작업량은 상상을 초월할 정도로 많아지고 시스템의 안정성은 사라지고 제품의 QA, QC시간이 많이 소요되기 때문이다.

3. 자바에서 방송 API를 호출하기 위한 JNI 개발

JNI는 Java Native Interface이다. 즉 Java Code에서 시스템에 Dependant한 Native API를 호출하여 사용하기 위한 인터페이스이다. 많은 임베디드 시스템의 Low-Level Code들은 아직까지 Java로 구성되어 있지 않다. 대부분 C 또는 C++로 작성되어 있고 이것을 모두 Java로 바꾸기란 거의 불가능한 수준이다. 하지만 애플리케이션은 자바로 되어 있고 그 애플리케이션에서 Native API를 사용하고자 한다면 그때는 JNI를 사용하여 구현하면 된다. 여기에서 주의할 점은 JNI를 사용하는 순간 Java의 플랫폼 독립성이 사라진다는 것이다. 즉 JNI API가 포함된 애플리케이션들은 다른 Java 플랫폼에서 동작하지 않는다는 것이다. 이에 JNI를 설계할 때 애플리케이션에서 사용하는 API만을 잘 정리하여 인터페이스화시킬 필요가 있다. 불필요하게 많은 Native API를 JNI 인터페이스로 만들 필요가 없다. 플랫폼의 독립성은 높으면 높을수록 유리하기 때문이다.

04 바이오 STB형 U-Health 서비스

손목에 찬 상태로 다양한 건강정보를 측정할 수 있는 소형 헬스케어 장치가 개발되어 고령화 시대를 맞아 증가하고 있는 만성질환을 움직이면서 손쉽게 관리할 수 있는 길이 열린 것이다. 현재 선진국에서도 소목형 다측정기능을 가진 헬스케어 장치로 혈압측정기와 혈당측정기만 손목시계형으로 제품화된 상황이다.

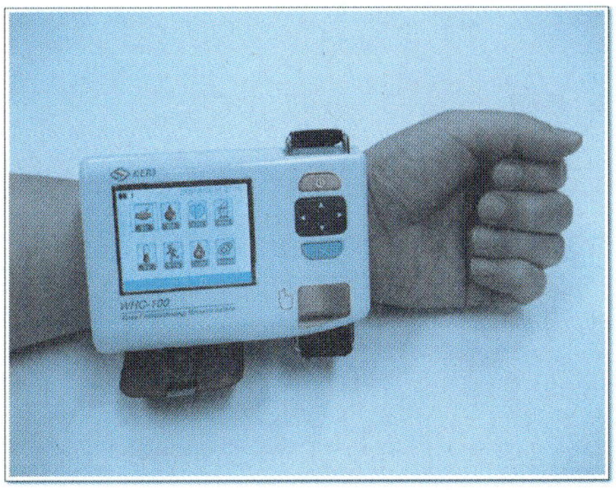

그림 10-8 ‹‹‹ 손목시계형 헬스케어 장치

한국전기원은 혈압, 혈당, 심전도, 맥박수, 피부온도, 체지방, 움직임(활동) 등 7가지의 건강정보를 생활하면서 측정, 실시간 컴퓨터로 무선 전송해 의료진에게 전달할 수 있는 손목시계형 헬스케어 시스템을 개발했다.

특히, 혈압측정기능은 절대압력과 맥박의 펄스 파형을 도식화해 표시함으로써 눈으로 상태를 직접 확인, 혈압측정이 가능하다. 측정시간의 단축과 더불어 혈압측정시 맥박수를 동시에 측정해 표시해준다.

심전도 측정은 건성 전극을 사용, 간편하게 심전도 파형을 측정하면서 기록 및 전송이 가능하도록 해부정맥 현상 등의 건강이상을 체크할 수 있다. 이 시스템의 크기는 110×75×30mm로 측정된 건강관리 데이터를 저장할 수 있는 512Mb의 플래시 메모리와 전원공급을 위한 Li-ion 배터리를 포함한 무게가 210g으로 충전은 휴대전화 충전기를 사용하여 충전할 수 있다.

또한, U헬스케어 서비스가 휴대전화를 매개체로 다양하게 출시되어 건강관리부터 여가생활, 스포츠 기록관리 및 금연관리, 임신관리 등을 할 수 있는 서비스도 등장하였다. IT융합 서비스로 총 7종의 헬스케어 애플리케이션을 서비스가 가능한 대표적인 애플리케이션은 테마별 건강안내, 금연관리, 물 섭취량관리, 바이오리듬/운세, 임신관리 및 월경주기 관리 등이다.

유럽에서 오픈한 삼성 앱스토어에는 사운드박스, 바이오리듬, 골프, 임신관리 등이 있다. 이러한 손목형 헬스케어 시스템과 이동형 헬스케어 시스템 등이 개방형 STB 기반의 바이오 셋톱박스와 결합한다면 고령사회에 대비한 헬스케어 시스템의 개발에 박차를 가하고, 정부가 추진하고 있는 신성장동력 산업의 하나인 헬스케어 분야에 활용될 것이다.

05 결 론

개방형 STB 기반의 U-Health 및 BM 개발과 함께 U-Health의 핵심기술인 센싱의 정확도, 의료정보에 대한 표준화 작업, 원격의료의 허용범위나 건강보험 같은 의료법제도가 정비되고 네트워크를 통해 병원 밖에서 생체정보를 주고 받기 때문에 정보보호가 해결되고, 인터넷 등 병원 밖에서 이용하는 각종 의료형정보를 홈게이트웨이 역할을 하는 STB가 U-Health를 위한 원격 모니터링이 가능할 경우 노인환자나 만성질환자들에게 많은 도움을 주는 것은 물론 질병예방 차원에서도 효과가 클 것이다.

제11장 차량용 방송통신 시스템

01 차세대 차량 IT 융합기술

최근 정보통신기술의 발전과 융합 환경으로 차량과 IT기술의 융합이 급격하게 진행되고 있다. 그동안 차량과 이동통신기술을 접목한 차량교통 정보통신 시스템(VICS : Vehicle Information and Communication System)은 자동차 정보화를 목적으로 통합화한 위치정보 통신 시스템과 통신계 매체, 측위계 매체, 방송계 매체 등을 통합한 시스템이었다.

그러나 차세대 차량 IT개발은 완성 자동차 회사가 주도함으로써 운전자에게 다양한 편의기능을 제공하는 플랫폼이 도입되고 있다.

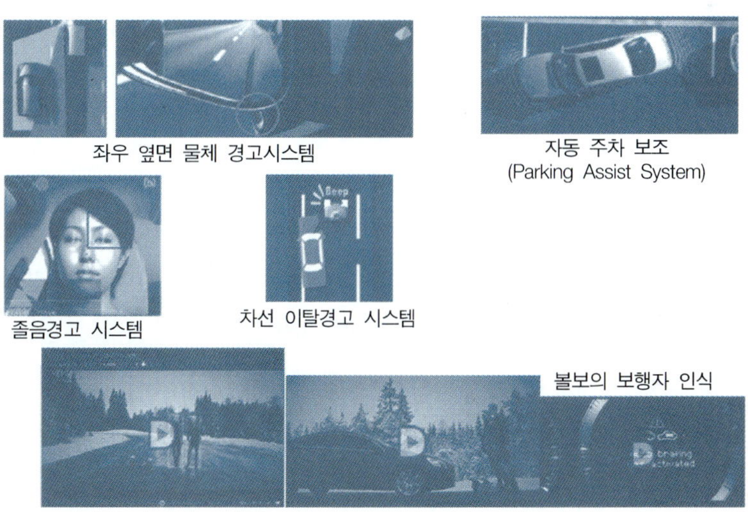

그림 11-1 ‹‹‹ 차량 IT를 위한 정보기술 융합 플랫폼 분석

1. 차세대 차량 IT 플랫폼 동향분석

최근, BMW는 차를 직접 몰지 않아도 각종 차량 데이터를 얻을 수 있는 드라이빙 시뮬레이션 시스템, 차와 차 간 통신 시스템, 아이폰을 이용한 각종 편의 사양, 신용카드처럼 사용할 수 있는 자동차 키, 수소연료전지차, 각종 안전장치 등의 차세대 차량 IT 플랫폼을 공개했다.

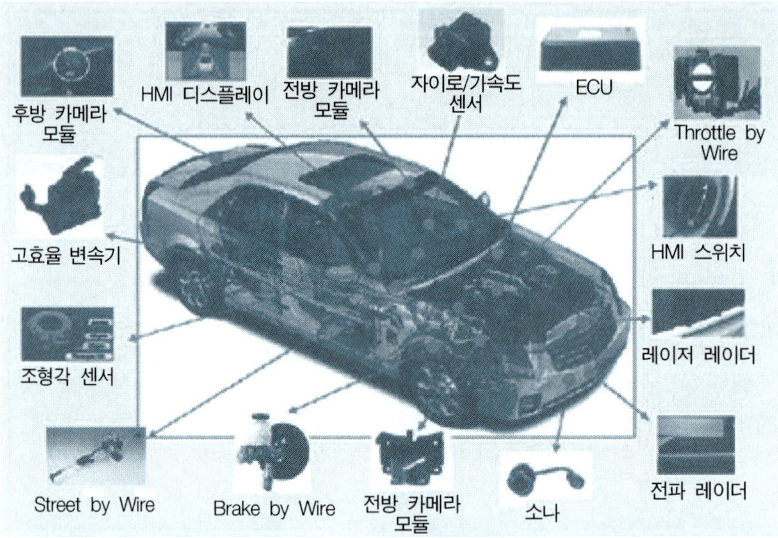

그림 11-2 ‹‹‹ 차세대 차량 IT를 위한 서비스 현황분석

1) 드라이빙 시뮬레이션 시스템

드라이빙 시뮬레이션 시스템은 바퀴만 없을 뿐 차에 앉아 보면 마치 진짜 운전하는 것처럼 사방이 버츄얼 스크린이다. IMAX 같은 스크린이 360도 있다고 생각하면 된다. 시계 100도의 주행 상황을 시뮬레이션하는 시뮬레이터, 고정된 차체를 중심으로 전후 좌우에 도로와 주변 상황을 영상으로 재현하는 시뮬레이터 등이 있다.

2) 차량 간 통신 시스템

차량간 통신 시스템은 차량과 도로 인프라 사이의 정보교환을 하는 시스템이다. 예컨대 교통신호등에서 나오는 정보를, 사거리를 지나는 차량에 전달하는 기능이 있다. 이럴 경우 신호등을 지나는 차량이 교차로에서 정지하지 않고 이동, 연비를 최대한 절약할 수 있도록 하는 것이다. 이로서 모든 신호등과 모든 차량이 정보를 주고받는 시스템을 구축하면 자동차 연비를 개선시킬 수 있을 뿐 아니라 교통체증과 교통사고를 대폭 줄여 효율성 높은 미래 도시를 구축할 수 있다.

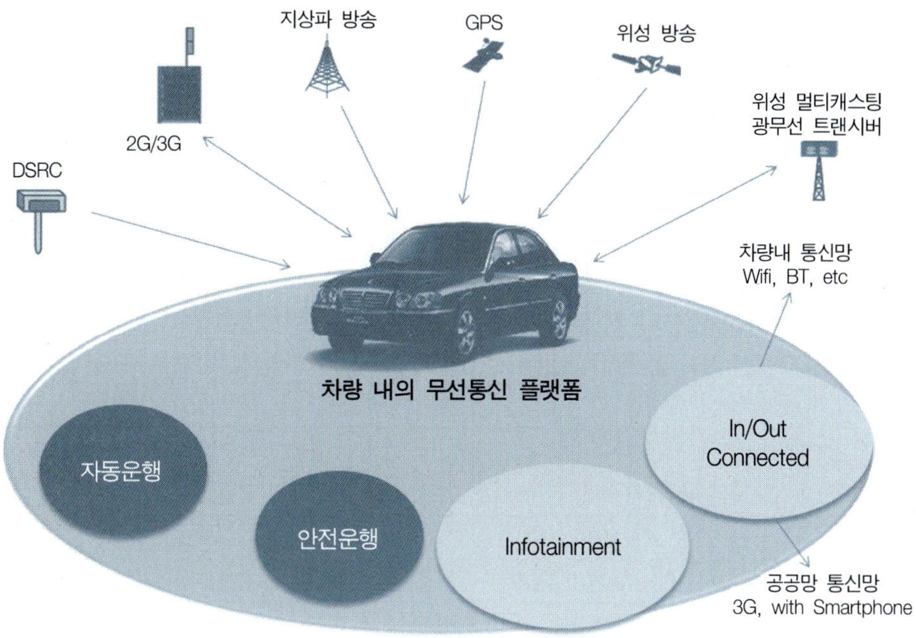

그림 11-3 차량IT용 무선통신 플랫폼 분석

이 밖에도 교통상황, 도로상태, 기타 요인들에 대한 데이터를 지나는 차량에 전송해줘 안전운전을 하도록 설계돼 있다. 특히, 특정 구간에서 사고, 교통정체, 도로상황 등에 대한 정보를 즉시 내보낼 수 있도록 고안돼 있다. 교차로에 진입하는 모든 차량에 대한 정보를 서로 공유, 안전거리를 미리 확보할 수 있다.

3) 레이저/초음파 센서의 안전운전유도 시스템

이 시스템은 레이저 및 초음파 센서로 안전운전을 유도하는 시스템으로 BMW는 차 귀퉁이 네 모서리에 초음파 센서를 부착, 100~200m 앞을 측정하고, 앞 라디에이터 그릴 부근에 레이저 스캐너를 장착해 먼 거리를 인지하도록 설계했다.

표 11-1 ‹‹‹ 차량 내의 연결 서비스

분야	서비스	핵심기반 기술
교통관리최적화	(1) 교통흐름관리	레이더, 센서, 영상, VMS, DSRC, 서버 기술, 인터넷, FM DARC, 신호체계관리
	(2) 돌발상황관리, 자동교통단속	DSRC, 레이더, 센서, 실시간 영상, 방송, VMS
	(3) 교통공해 및 시설관리지원	레이더, 센서, 영상, VMS, 음성, 공해측정
전자지불처리	(4) 요금 및 교통요금 전자지불	DSRC, 센서, 영상, 차종분류, 스마트카드
교통정보 유통활성화	(5) 기본 교통정보 관리 및 제공	INTERNET, GPS, 셀룰러, DSRC, 센서, 영상
여행자정보 고급화	(6) 차량여행자 부가 정보제공	INTERNET, GPS, GIS, 셀룰러, DSRC, 센서, 영상, 실시간 교통정보, LCD
	(7) 비차량 여행자 부가 정보제공	인터넷, DSRC, 센서, 영상, IR, 셀룰러
대중교통활성화	(8) 대중교통관리 및 정보제공	DSRC, 센서, 영상, 셀룰러, RFID, INTERNET, KIOST
화물운송효율화	(9) 물류정보, 위험물차량관리	GPS, 셀룰러, DSRC, 센서, 영상
	(10) 화물전자행정	GPS, 셀룰러, DSRC, 센서, 영상, RFID
차량 및 도로의 첨단화	(11) 안전운전지원	DSRC, 센서, 영상, 비어컨, 음성인식 및 제어
	(12) 자동원전지원	DSRC, 레이더, 센서, 영상, 차량간 통신
차량 멀티미디어	(13) INFO-STATION	고속 DSRC, 3G/4G 셀룰러, IP-V6
	(14) 초고속 멀티미디어 서비스	60 GHZ ROF, PICO-CELL DSRC
차량 안전 및 관리	(15) 차량 진단 및 BLACK BOX	온도, 음성, 센서, UWB, BLUETOOTH, 셀룰러, 엔진 제어, 차량간 통신, 온도, 음성, 센서
	(16) 긴급 구조	GPS, 셀룰러, DSRC, 레이더, 센서, 영상
	(17) 도난차량 추적	GPS, 셀룰러, DSRC, 영상
	(18) 자동검문	GPS, DSRC, 셀룰러, 비어컨, 음성인식 및 제어
	(19) 안전운행 및 제어	GPS, DSRC, 비어컨, 음성 인식 및 제어, 센서, 영상, 차량간통신

4) 신용카드형 자동차 키 시스템

구글이나 애플 등이 차량에 첨단 정보통신기술을 적용시키는 것으로 IT기술을 자동차에 응용하고 있다. 배터리 충전상태에 대한 데이터, 전기동력만으로 이동 가능한 차량거리 등 정보를 운전자의 휴대폰에 전달하는 시스템도 개발했다. 또한, 차량 키에 호텔 객실 예약정보를 담거나, 신용카드 기능을 첨부해 차내에서 버스·기차·비행기를 예약하고, 키에 e티켓을 저장할 수도 있는 시스템을 선보였으며, 운전자가 별도의 비용 없이 구매할 수 있는 보안 칩을 제공하고 있다.

2. 차량용 반도체 동향분석

최근 차량용 반도체 시장은 매년 성장을 거듭하여 연평균 8.5%씩 성장해 2012년 전세계 203억달러 규모에 이를 것으로 전망되고 있다.

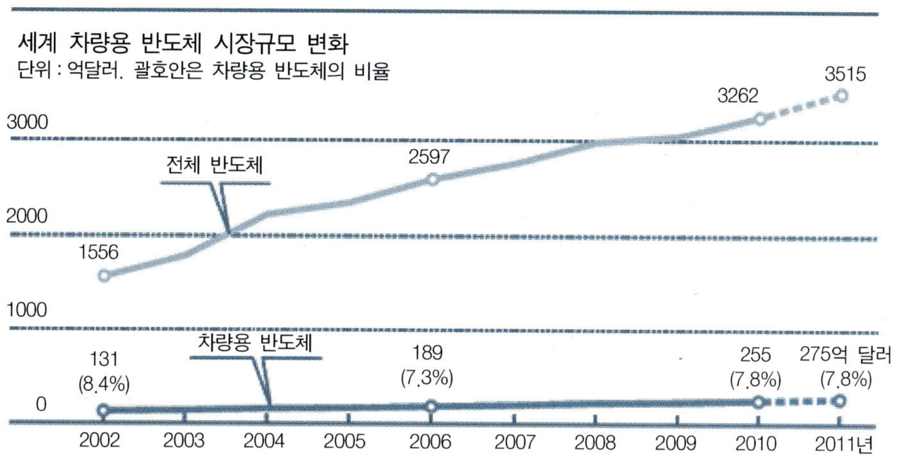

※ 자료 : 가트너데이타퀘스트

그림 11-4 ‹‹‹ 차량용 반도체 시장 분석

미국의 프리스케일과 독일의 인피니온 및 프랑스 STM 등 외산 제품에 대부분의 물량을 의존하고 있어 국내 팹리스 기업들이 국산 반도체로 시장 진출을 꾀하고 있다. 특히, 차량용 반도체의 국산화를 위해 다믈멀티미디어(주)와 씨앤에스테크놀로지(주)가 차량용 맞춤형 반도체를 개발중에 있으며 차량용 오디오 분야부터 공동 설계 · 생산할 예정이다. 향후에는 배터리관리 시스템 IC, 전지전압 모니터링(CVM) IC 등 전기자동차와 2차 전지 등의 반도체로 영역을 확장될 것이다.

또한, 현대모비스는 차량용 반도체로 개발한 ISG(Idle Stop&Go · 차량이 멈췄을 때 엔진을 자동으로 꺼뜨렸다 출발시 재시동하는 기술)와 발전제어 시스템(엔진 힘으로 움직이는 차량용 발전기가 제동 · 감속이나 내리막길 주행 시에만 주로 발전, 엔진에 걸리는 부하를 최소화해 연비를 높여주는 장치)을 제어하는 반도체, 주차보조 및 차선 · 영상인식 반도체, 열쇠 대신 버튼을 눌러 시동하는 스마트키에 적용되는 반도체 등이다. 이러한 반도체들은 연료를 덜 소모하고, 더 안전하고 편리한 지능형 자동차용 필수 부품이다.

02 차량용 디지털 오디오 동향분석

전통적인 차량용 오디오 프로그램들은 FM과 AM을 통해 다른 주파수로 방송되고, 라디오는 특정 방송을 듣기 위해서는 각 주파수에 맞게 튜닝해야 했다. 적은 수의 방송을 위해서도 많은 양의 주파수 스펙트럼을 필요로 하여 사용자들의 선택의 폭이 좁았다.

특별히, Eureka 147 기반의 유럽형 디지털 라디오 방송인 DAB(Digital Audio Broadcasting)는 다중화(multiplexing)와 압축기술을 통해 여러 오디오 스트림을 DAB 앙상블이라 불리는 하나의 방송 주파수에 보낼 수 있다.

DAB 앙상블 내에서 각 방송사는 상이한 비트 레이트를 할당받을 수 있고, 평균 비트 레이트를 낮춘다면 하나의 앙상블 내에서 채널 수를 늘릴 수 있지만, 스트림의 품질은 낮아지는 것을 감수해야 한다. DAB 표준에서의 에러 정정은 신호를 보다 강건하게 해주지만 스트림을 위해 사용할 수 있는 총 비트 레이트는 감소하게 된다. 또한, DAB는 스펙트럼 효율을 상당히 높여준다. spectral efficiency는 MHz당 프로그램 수로 측정된다. DAB는 이 효율이 아날로그 통신에서보다 높아(특히 주요 도시 밖의 지역에서) 사용자가 들을 수 있는 방송수가 늘어난다.

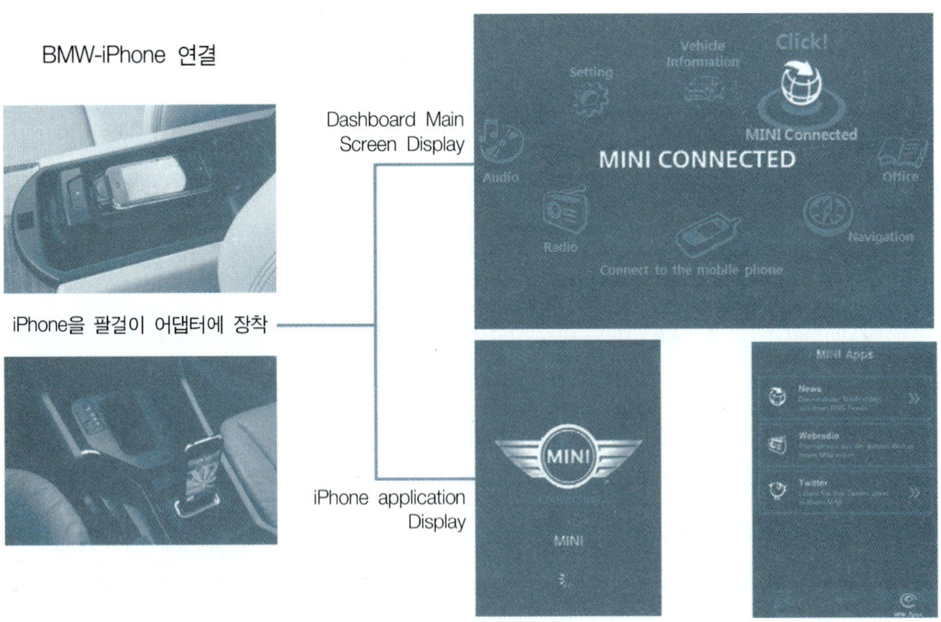

그림 11-5 ‹‹‹ 애플 아이팟 장착한 BMW iDrive 오디오

차량용 라디오 방송을 디지털화하는 원래의 목적은 신뢰도를 높이고 잡음이나 채널 간 간섭, 다중경로에 보다 강하게 하기 위함이었다. 한편, 영국 정부는 한정된 주파수 스펙트럼에 가능한 한 많은 방송국을 유치하여 라이센스 수입을 늘리고자 했다. 현재는 94%정도가 FM과 비교하여 동일하거나 더 나은 음질이라고 인식한다.

1. 디지털 라디오 시장분석

세계 디지털 라디오 시장은 2008년 이전까지 29억 달러 수준이었으나, 향후 5년간 156억달러 이상으로 증가될 것으로 예상된다.

In-Stat(www.instat.com)에 따르면 2009년 전세계적으로 연 2,300백만대에서 2012년 연 5,500백만대로 성장할 것으로 예상되며, 아날로그 라디오 방송에서 디지털 라디오 방송으로 전환에 따라 전 세계 디지털 라디오 수의 30% 이상을 차지할 것으로 예측된다. 국내 디지털 라디오 방송 시장은 지난 2005년 지상파 DMB 서비스가 시작된 이후 한국전파진흥협회가 2009년 4월부터 6월까지 3개월 동안 DMB 단말기 판매 동향을 분석한 결과 6월말을 기준으로 지상파DMB 단말기의 누적 보급대수는 2,155만대를 육박하고 있다.

미주 지역에서는 2002년 FCC에서 AM과 FM에 대한 방송 표준으로 HD Radio를 선정하였으며, 2007년 이후 HD Radio 1,360개의 라디오 Station에서 상용 서비스가 젊은 세대의 전폭적인 지지를 바탕으로 가파르게 상승하고 있다.

2. 디지털 라디오 기술분석

현재 세계적으로 미국 및 유럽의 몇몇의 국가에서 디지털 라디오 방송을 하고 있지만 대부분의 국가에서는 디지털 방송 도입을 준비하고 있다. 여러 종류의 디지털 라디오 규격마다 특징이 다름에 따라 각 국가에서의 고유의 디지털 정책에 맞는 디지털 라디오 규격을 선정하고 있다.

우리나라에서는 DAB 방송을 포함한 T-DMB를 세계 최초로 상용방송을 하고 있지만, 현재 DAB 방송대신 T-DMB 방식의 DMB-Radio로 방송을 하고 있다. DRM+를 포함하는 DRM의 규격은 2009년 9월에 발표되었으며, 현재 전 세계적으로 DRM+의 송신기술을 확보한 곳은 독일을 Fraunhofer, 미국의 Harris, 프랑스의 Digidia 등이 있으며, 수신기술을 확보한 곳은 독일의 RFmondial 및 한국의 전자부품원이 있다.

30MHz 이하의 주파수를 사용하는 DRM 기술을 독일, 프랑스, 나이지리아 등의 국가에서 정책적으로 도입을 결정하였으며, 방송장비 및 단말기를 포함하는 송수신기 시장이 형성되지 않은 관계로 아직 진행이 더딘 상태이다. DRM 컨소시엄에 등록된 송신 관련 장비를 만드는 기업으로는 Digidia, Fraunhofer, Nautel, Thomson Broadcst & Multimedia, VT Communications 및 Hitachi Kokusai Electric 등의 회사가 있다.

DRM 컨소시엄의 회원인 독일의 Fraunhofer에서는 DRM+용 MPEG Surround를 이용한 솔루션을 개발하였으며, IBC2008 및 CES2009에서 공개하였다. 프랑스의 Digidia사는 2008년 최초로 DRM+ 전송 시스템을 개발하였으며, 전자부품원과 송수신 정합 테스트를 완료한 상태이다.

또한, 2008년 미국의 Harris사에서는 6kW급 AM/HD-Radio(IBOC)/DRM 지원하는 송신기 시리즈를 개발 완료하였으며, 영국의 Mirics사에서는 DRM(AM)/DRM+(FM)/Band III/L-Band에서 동작하는 RF Tuner를 개발하였고, MAXIM사에서는 FM, DAB(+)용 튜너를 개발 완료하였다.

DRM+를 포함하는 튜너를 개발중이며, ATMEL사에서는 AM/FM/DRM/HD-Radio용 Broadcast Radio Front-end IC를 개발하였다. 전자부품원과 PNP 네트워크는 세계 최초로 저전력 DAB/DRM 통합 Baseband/RF 칩셋으로 윈도우 기반의 USB 형태의 디지털 라디오를 개발하였다.

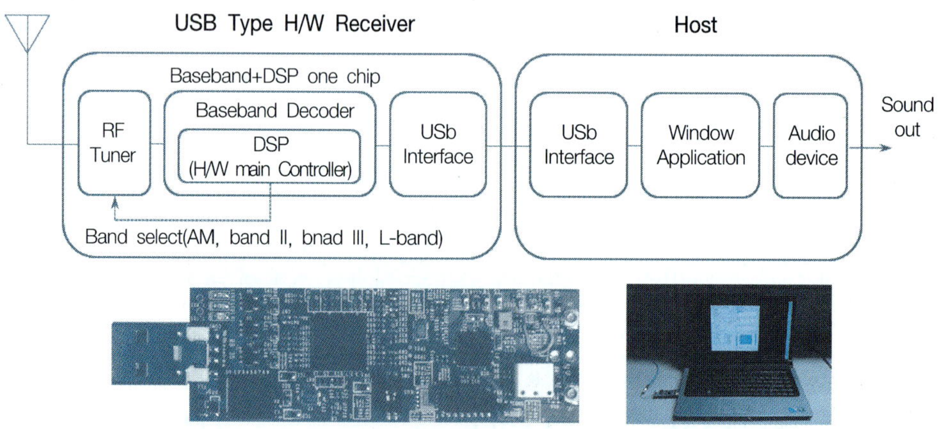

그림 11-6 ‹‹‹ 윈도우 기반의 USB형 디지털 라디오 설계

03 차량용 영상 플랫폼 동향분석

차세대 지능형 자동차에 장착되는 영상 플랫폼용 카메라는 전방 카메라, 후방 카메라, 사고시 운전상황을 기록하는 블랙박스 카메라로 나눈다. 이는 운전자에게 편안한 주차 및 운전을 지원하기 위하여 차량용 카메라 보급이 차량의 후장(After market)시장에서 블랙박스 및 주차지원 시스템의 수요와 맞물려 크게 증가하고 있다.

차량용 영상 플랫폼용 카메라는 운행중의 사각지대를 연속적인 영상으로 제공하고, 좌회전 또는 우회전으로 방향전환 시에 충돌의 위험을 제거하여 안전운전에 필요한 영상정보를 제공한다.

1. 후방 카메라 동향분석

후방 카메라는 후진 시 운전자에게 후방의 영상 정보를 제공하며 충돌의 위험이 없도록 안전한 후진을 지원하고 일반적으로 광각 렌즈를 이용한 모듈을 사용하여 넓은 시야를 제공한다.

후진 운전 시 작동 모드
(좌우 영상선택 가능)

그림 11-7 ‹‹‹ 초광각 렌즈(150도 이상) 후방 카메라 구현

좌우 측면 카메라는 운행중 좌우 사각지대를 없애기 위한 안전운전 지원 시스템으로 좌측과 우측에 각각 한 대씩의 카메라를 설치하여 LCD 또는 내비게이션 모니터에 좌측 및 우측 측면의 영상을 동시에 제공하고자 하는 것이다.

따라서 운전중 도로 레인을 바꿀 때마다 백미러를 통하여 좌우 공간을 확인한 후에 차량 레인을 바꾸는 과정을 모니터 화면의 좌우 영상을 확인한 후 전환하는 차량안전지원 시스템이다.

2. 차량용 블랙박스

차량용 블랙박스(EDR, Event Data Recorder)는 자동차 사고 전후의 운전상황과 주변상황을 기록하여 신속한 사고처리 및 사고전후의 원인 분석을 위한 시스템이다.

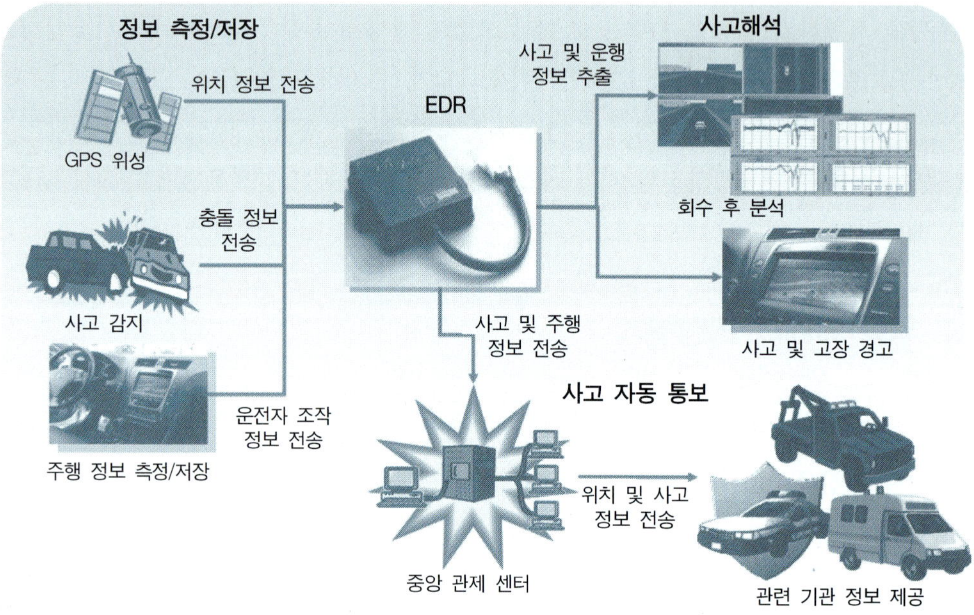

그림 11-8 ‹‹‹ 차량용 블랙박스 플랫폼 구성도

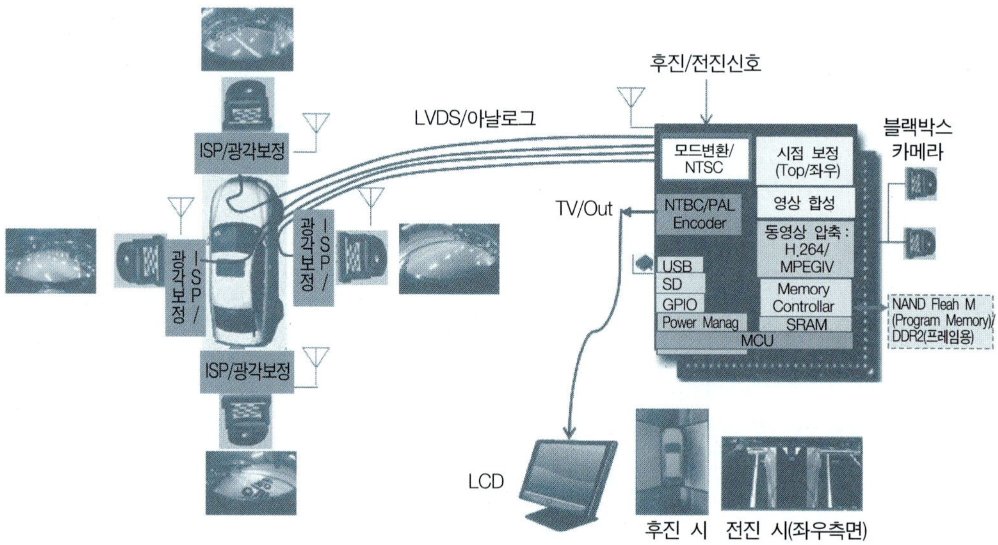

그림 11-9 ‹‹‹ 다중 카메라 기반의 차량용 영상플랫폼

이를 위해 장착된 운행기록계는 차량의 주행속도, 거리의 기본 운행정보를 기록하며, 이는 블랙박스의 하위 기능에 해당한다. 차량용 블랙박스는 GPS를 이용한 위치정보, 브레이크, 가속페달, 엔진 RPM, 전조등 작동여부 및 일정기간의 차량 운행기록 뿐만 아니라 일정 시간의 영상, 음성 데이터를 저장한다.

차량용 블랙박스 카메라는 주로 운전석 앞의 차량 백미러 지지대에 설치하여 전방 운전 상황을 연속적으로 촬영 기록하며, 더불어 후방 상황을 촬영하기 위하여 차량 내부의 후방에 카메라를 추가로 설치한다. 즉 사고상황을 기록하는 카메라는 차량의 전·후방 실내에 설치하여 2채널의 동영상으로 정확한 운전상황을 제공하게 된다.

차량용 블랙박스는 사고 발생시에 긴급 구조센터에 응급신호를 송출하면, 보험, 의료기간, 경찰에 신속한 조치를 취할 수 있으며, IT 컨버전스용 차량 서비스가 발전하기 위해서는 통신 인프라가 우선적으로 선행되어야 하며, 자동차 사업자 및 포털 사업자에게도 새로운 기회를 제공할 것이다.

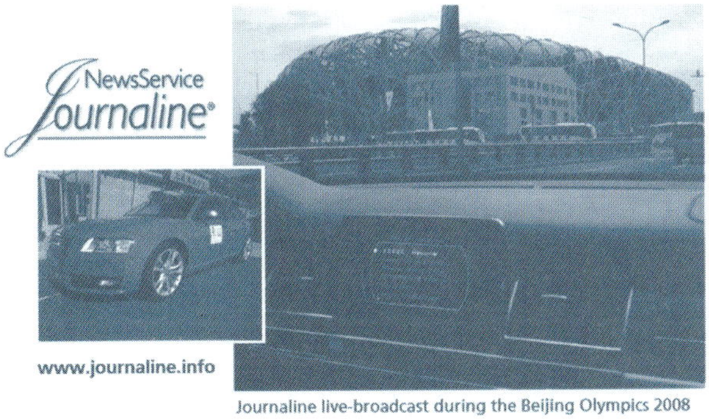

그림 11-10 ‹‹‹ 차량용 모바일 방송과 영상 서비스 플랫폼

04 결 론

편의성, 안정성을 제공하는 친환경적인 차량 IT의 동향분석으로 업무/정보/휴식의 공간으로 발전하는 자동차와 IT의 융합인 애플의 'iPod' 통합차와 디지털 라디오 및 차량용 영상 플랫폼을 분석하였다. 특히, 멀티모드의 차량용 오디오를 위한 디지털 라디오의 설계와 광각 카메라 기반의 차량용 영상 플랫폼의 구현사례를 통해 차세대 차량 IT 기술발전 방향을 제시하였다.

IV부 차세대 미디어 융합기술

제12장

차세대 방송통신 융합기술

01 차세대 멀티 방송통신

차세대 멀티 방송(DxB : Digital any x Broadcasting) 표준화 기술은 이동환경 중 언제, 어디서나, 누구나, 저렴한 비용으로 다양한 멀티미디어 서비스가 가능한 유비쿼터스 시대의 새로운 통합방송 표준기술이다.

차세대 멀티 방송(DxB) 표준화 기술은 유럽 디지털 라디오 방식인 DAB(Digital Audio Broadcasting)/DMB(Digital Multimedia Broadcasting), 유럽 디지털 비디오 방송방식인

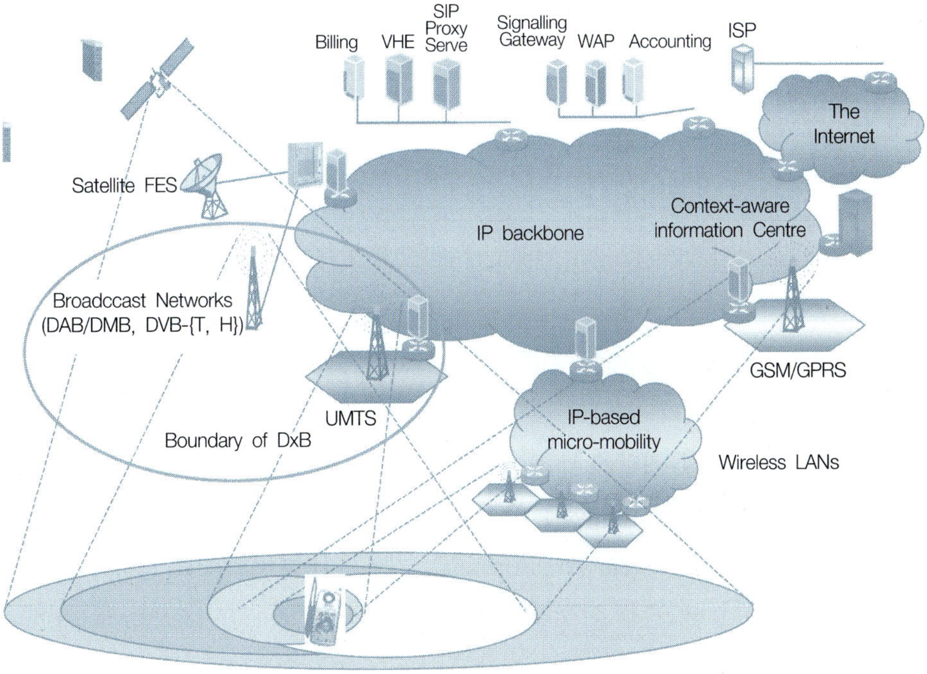

그림 12-1 ‹‹‹ 차세대 방송통신 융합 네트워크 개념도

제 12장

DVB(Digital Video Broadcasting)-{T, S, H} 및 일본의 ISDB(Integrated Services Digital Broadcasting)-T 등의 다양한 방송 서비스를 IP(Internet Protocol) 기반으로 통일하여 Harmonization하며, 향후 IP 기반의 3G, 3.5G 및 4G 이동통신 기술과 확장 및 융합이 가능한 새로운 방송통신 융합을 위한 차세대 개념의 통합방송 표준화 기술이다.

차세대 멀티 방송(DxB) 표준화 기술개발을 통해 유럽형 DAB 기반으로 세계 최초로 실시간 TV 서비스가 가능한 한국형 DMB 표준을 다른 국가에서도 채택하도록 유도하며, 향후 국제표준 가능성이 매우 높은 DxB 표준화 기술개발의 초기부터 참여하여 새로운 기술확보는 물론 국내기술을 차세대 멀티 방송(DxB) 표준에 제안하여 채택할 수 있도록 하고 있다.

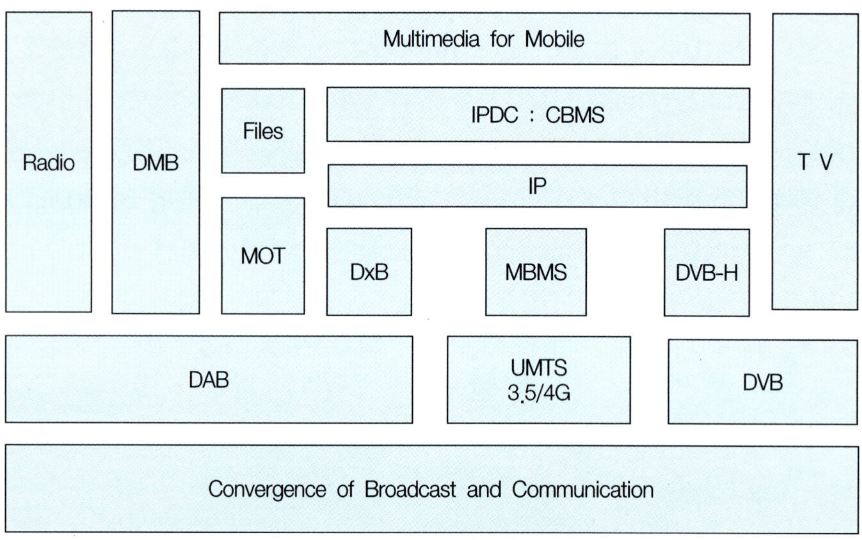

그림 12-2 ‹‹‹ 차세대 방송통신 융합 계층별 개념도

1. 차세대 멀티 방송통신 개발의 중요성(필요성)

차세대 멀티 방송통신 개발에 대해 먼저, 기술적인 측면을 살펴보면 최근에는 이동환경 중에 다양한 멀티미디어 서비스에 대한 수요가 증가하고 있는 추세에 맞추어, 국내에서는 지상파 DAB(Digital Audio Broadcasting) 기반의 DMB(Digital Multimedia Broadcasting)를 개발하였으며, 유럽을 중심으로 기존의 DVB(Digital Video Broadcasting)-T를 기반으로 DVB-H를 개발하였다.

이미, DVB-T망이 구축되어 있는 유럽, 아시아 및 호주 등에서 DVB-H 표준이 유력시 되고 있으며 핀란드, 영국 및 독일에서 시험 서비스중에 있고, 동남아시아, 유럽 일부 지역을 중심으로 국내 DMB 표준을 시범 서비스하고 있다.

따라서, 국가별, 대륙별로 다양한 멀티미디어 방송수신 및 통신기술과의 융합을 위해 새로운 기술 분야이며 관련 기술에 대한 국가경쟁력, 국제표준 채택 등을 위해서는 관련 기술의 표준화 개발이 시급히 요구되고 있는 실정이다.

또한, 차세대 방송 및 통신의 흐름은 궁극적으로 방송과 통신 서비스의 융합이라는 단일 종합 서비스 시스템으로 진화할 것으로 예상되며, 이러한 서비스의 통합적 지원을 위해서는 각각의 단일 규격 지향 플랫폼을 효과적으로 융합할 수 있는 표준화 기술개발이 필수적이다.

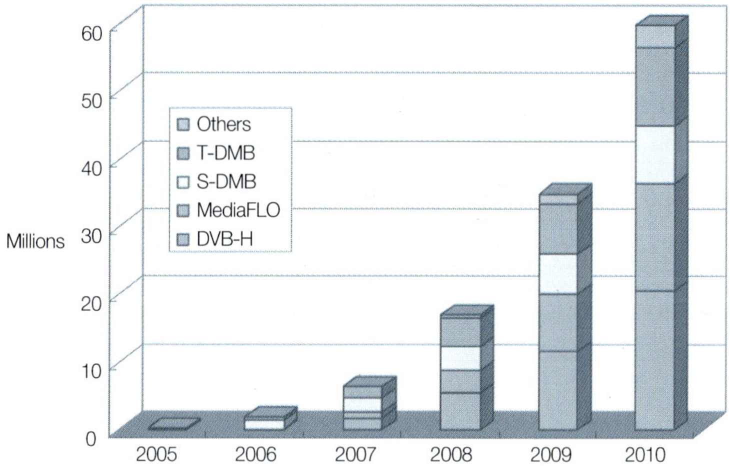

그림 12-3 <<< 차세대 멀티 방송통신 기술별 가입자 수

경제・산업적 측면으로 살펴보면 디지털 전자산업의 경우, 디지털 시대가 전개됨에 따라 오디오, 데이터, 영상과 같은 정보의 융합, 방송, 통신 및 인터넷과 같은 네트워크의 융합, 컴퓨터, 통신, 디지털 정보가전 등 기기의 융합 등으로 디지털 컨버전스 시대가 가속화되고 있다.

관련 산업의 확대에 따라 수 연내 국가별 지역별로 자동차, HiFi 홈시어터, 휴대용 등과 같은 다양한 디지털 멀티미디어 방송방식에 대한 수신기의 수요 및 서비스 시장이 폭발적으로 증가할 것으로 예상된다.

세계 시장은 멀티미디어 지상파 방송(단독형 및 복합형 포함) 규모가 2008년에 459억

불, 2012년 1,033억불 규모로 전망되며, 미국 연평균 200% 이상, 유럽 등 기타는 125% 이상 시장 확장되고 있다.

국내 시장은 멀티미디어 지상파 DMB 송수신기 개발을 통해 생산(수출)이 2008년 20억 불(10억 불), 2012년 120억 불(80억 불) 규모로 2012년 이내 세계 1위의 디지털 멀티미디어 방송수신기 생산국이 될 것이라는 비전이 제시되고 있다.

국가별 대륙별로 다양한 차세대 디지털 멀티미디어 방송 분야에 대해 국내 업체들이 국제경쟁력을 확보하고, 관련 분야의 국제 기술을 선도하며, 세계 시장을 선점할 수 있는 기회가 되는 것이다.

따라서 폭발적인 증가가 예상되는 디지털 멀티미디어 방송에 대한 수신기 및 서비스 시장 선점 및 확보를 위해 차세대 멀티 방송(DxB) 표준화 기술을 개발이 절실히 요구된다.

표 12-1 ‹‹‹ 차세대 멀티 방송통신 기술별 가입자 수

(단위 : Millions)

	2005년	2006년	2007년	2008년	2009년	2010년
DVB-H	0	0.11	1.856	5.535	11.661	20.63
MediaFLO	0	0.065	0.801	3.242	8.386	15.722
S-DMB	0.295	1.263	2.124	3.564	5.924	8.571
T-DMB	0	0.442	1.581	4.248	7.488	11.518
Others	0	0	0	0.398	1.339	3.268
Total	0.295	1.88	6.362	16.987	34.798	59.709

2. 차세대 멀티 방송통신의 국내외 현황 및 동향

차세대 멀티 방송통신의 국내외 규격(국제규격(ISO, IEC), 지역블록규격(CE 등), 국가규격(KS, JIS 등), 단체규격) 제정 현황을 살펴보면, 차세대 멀티 방송(DxB) 표준화 기술 관련한 국내외 규격은 아직까지 제정된 바 없는 신규 표준 기술이며, 유럽의 DAB 진영, DVB 진영 및 유럽 특정 국가에서 지원하는 컨소시엄 진영을 중심으로 관련 표준화 기술 개발 초기 단계에 있으며, 국내에서는 관련 활동이 전혀 없는 실정이다.

따라서 차세대 멀티 방송(DxB) 표준화 기술을 조기에 개발하여 관련 기술에 대한 국내 업체들의 국제경쟁력을 제고하고, 관련 분야의 국제 기술을 선도하여 세계 시장의 선점

및 확보가 가능할 것으로 사료된다.

차세대 멀티 방송통신의 국내외 개발동향 및 향후 전망을 보면 국내의 경우는 이동환경 중에 다양한 멀티미디어 서비스에 대한 수요가 증가하여, 국내에서는 지상파 DAB (Digital Audio Broadcasting) 기반의 DMB(Digital Multimedia Broadcasting) 서비스를 개발하여 국제 표준화 단계에 있다.

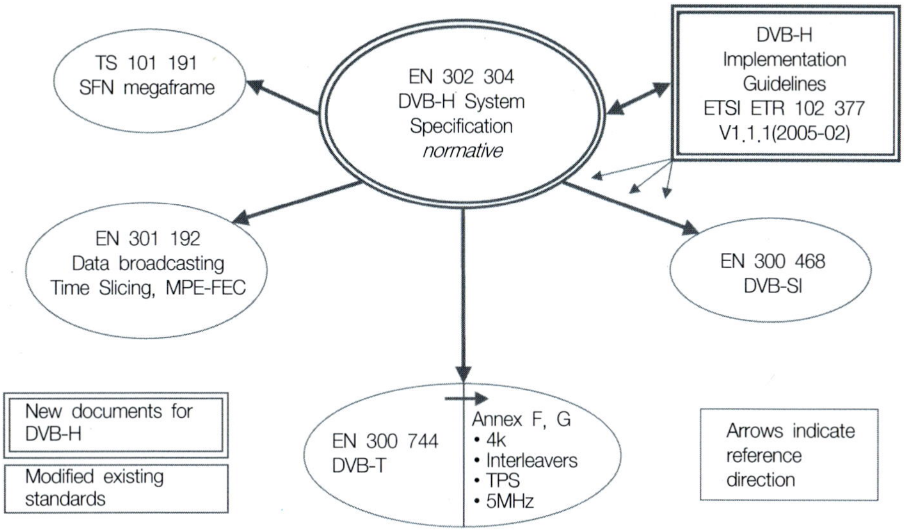

그림 12-4 DVB-T/DVB-H 표준화 구성도

2005년 3월 방송위원회에서 KBS, MBC 등 6개의 지상파 DMB 사업자를 선정하였고, 2005년 7월부터 DMB 본방송이 시작되었다.

현재, DxB 프로젝트의 테스트 방안 및 관련 테스트 송신장비, 테스트 방안 및 수신기는 초기 개발 단계에 있으며, 국내에서는 전자부품연구원에서 2004년 11월부터 DxB 수신기를 개발하였다.

해외의 동향을 살펴보면 독일은 정부 지원의 Sony, Vodafone, IRT, T-Systems, Siemens, FhG-HHI 6개사가 기존의 DVB-T망과 DAB망을 이용하여 멀티미디어 서비스를 제공하고, 3G와 WLAN을 통한 양방향 서비스를 제공하기 위한 DxB 프로젝트가 2005년 1월부터 시작되었다.

DVB 진영과 이동통신 단말기 업체 주도의 DVB-TM-CBMS 표준을 개발하고, 동남아시아, 유럽 일부 지역을 중심으로 국내 DMB 표준을 시범 서비스하고 있다.

DVB-H는 O2, Sony, ntl 및 노키아 중심으로 유럽의 DTV 표준 방식 DVB-T를 근간으로 개발하여 2004년 11월에 국제 표준화가 완료되었다.

3. 파급효과

기술적으로는 국내외 차세대 멀티 방송 표준화에 기여할 수 있고, 중소기업 등의 국내 멀티 방송 표준화 기술개발 활동 지원하는 효과를 기대할 수 있으며, 기술선진국과 대등한 멀티 방송 표준화 기술확보를 통하여 관련 제품의 설계기술을 선도할 수 있는 가능성을 기대할 수 있다.

차세대 방송통신 융합기술과 신규 시장을 선점할 수 있고, 차세대 멀티 방송통신 시스템에 대한 기반 기술을 확보할 수 있으며, 이동 TV 핵심기술 확보를 통한 국제표준화를 선도할 수 있는 이점을 기대할 수 있다.

또한, 차세대 통합형 무선 및 이동통신 서비스의 조기 도입 촉진할 수 있고, 이로써 원천기술 확보를 통한 방송통신 산업에서의 부품 수입 대체 및 이에 따른 국외 시장경쟁력이 강화되는 효과를 기대할 수 있을 것이다.

경제적으로는 개발도상국 및 미개발지역의 관련 기술 이전을 통하여 고부가가치를 창출할 수 있으며, 관련 산업 및 기반 기술확보를 통하여 핵심 인력양성 배출을 기대할 수 있고, 국내 멀티 방송 기술개발에 따른 관련 부품, 시스템 산업으로의 육성을 통하여 경쟁력을 확보할 수 있을 것이다.

4. 활용방안

이 기술개발의 결과물로 예상되는 차세대 멀티 방송(DxB) 기술 동향 연구 및 표준화 기술개발로 중요 일부 핵심기술에 관해서는 국제 표준화 제안 및 핵심기술의 concept 적인 기술에 대한 부분은 특허화를 시도하여 국제 표준화 기술개발에 적극 참여할 수 있을 것이다.

차세대 방송통신 융합을 위한 국내 자체 표준 기술개발에 활용하고, 개발되는 중요 결과물들은 홈페이지나 학회 또는 워크숍의 형태로 정리 발표하여 차세대 멀티 방송(DxB) 기술에 적극 대처할 수 없는 중소기업 등의 기술개발 움직임에 적극 지원이 가능하다.

또한 3.5G 및 4G 복합 휴대기기용 단말기 기술로의 개발 확장이 가능하며, MBMS (Multicast/Broadcast Mode Service) 국제 표준화 주도 및 기여할 수 있을 것이다.

02 융합형 멀티미디어 시장의 변화

방송 산업과 통신 산업 분야의 융합으로 인한 미디어 산업구조의 화학적인 변화가 관련 시장변화에 미친 직접적인 영향을 요약하면 다음과 같다.

① 콘텐츠와 매체가 분리됨에 따라 수직적 산업구조에서 수평적 산업구조로의 전화

② 고객접점 채널의 중요성 부각

③ 콘텐츠의 중요성 증대

④ 인터넷 미디어 위상의 강화를 들 수 있다.

첫째, 방송과 통신의 융합으로 다양한 매체의 등장이 가속화됨에 따라 다수의 콘텐츠가 다수의 매체를 통해 전달되었고 결과적으로 콘텐츠와 매체 간 분리화가 일어났다.

기존에는 개별 콘텐츠마다 그에 적합한 전달매체가 따로 정하여졌기 때문에 매체와 콘텐츠의 구별이 모호하였다. 실례로 신문매체의 경우 콘텐츠는 뉴스로서 매체는 신문지와 같은 개념으로 따로 구분하지 않고 사용하였다.

또한, 방송매체의 경우 콘텐츠인 방송 프로그램과 매체인 TV가 구별 없이 사용되었다. 그러나 콘텐츠 생산과 유통이 수직적으로 결합된 구조가 점차 수평적으로 분리되면서 시장에서 규모의 경제를 확보할 수 있는 방향으로 변화되었다.

둘째, 최종적으로 고객에게 서비스를 제공하는 접점인 '고객접점 채널'의 중요성이 부각되고 있다. 이것은 고객이 직접 비용을 지불하거나 광고주가 대신하여 비용을 지불하는 대상을 말한다. 방송통신 융합 환경에서 경쟁우위는 누가 매체를 소유하느냐에 있지 않고, 누가 고객접점이 될 수 있는 채널을 장악하느냐로 전환하였다.

예를 들면, 가정 내 TV 채널을 장악하기 위해 방송 산업의 지상파 방송사업자, 케이블 방송사업자, 위성방송사업자 간 IPTV가 경쟁한다. 또는, 사무실의 PC라는 채널을 장악하기 위해 콘텐츠 업체들 간에 실외의 휴대단말이라는 채널을 장악하기 위해 이동통신 사업자 간에 경쟁이 치열해지고 있다.

이와 같이 매체는 고객과 콘텐츠를 연결하는 접점 역할을 담당하는데, 융합은 다매체 환경을 파생시켜서 매체확보보다는 고객의 충성도(loyalty)를 확보하는 것이 훨씬 중요하게 되었다. 10년 정도의 역사를 가진 인터넷 포털은 물리적인 매체를 가지고 있지 않지만 높은 미디어 파워를 확보하였다. 한국의 대표 포털인 네이버나 다음의 주간 방문자(UV, Unique Visitor)수는 2,000만 명 이상(Korean Click 기준)으로 PC라는 채널의 절대적인

영향력을 가지고 건실한 수익 모델을 만드는 데 성공하였다. 인터넷 포털의 약진이 채널의 중요성을 잘 설명한다.

셋째, 다매체 시대에는 매체의 영향력은 줄고 콘텐츠가 산업의 중심으로 작용한다. 매체가 제한적이었을 때는 매체 소유자가 직접 고객에게 제공할 콘텐츠를 선택했던 반면, 지금은 콘텐츠 소유자가 고객에게 제공한 콘텐츠를 선택한다. 고객은 제공받는 콘텐츠의 사용 여부에 대한 선택만 있었고, 콘텐츠 제공자도 고객에게 콘텐츠를 제공할 다른 방법이 없었기 때문에 이 시기에 매체의 영향력은 절대적이었다. 그러나 이제는 고객에게 가치를 어필할 수 있는 것이 미디어 매체의 브랜드가 아니라 콘텐츠 브랜드로 전환되었다.

예를 들면, 고객은 케이블 TV 매체인지 위성 TV인지 매체를 중요하게 생각하기보다는 특정 채널만을 기억하게 되며, 드라마를 시청하는 매체보다는 특정 프로그램을 기억하게 된다. 해외의 경우를 살펴보면 일찍이 디즈니, 유니버설과 같은 세계적인 콘텐츠 제공사업자들을 중심으로 콘텐츠 분야의 시장 영향력이 막강하였다.

따라서 방송이나 통신사업자들은 시장에 진입시 콘텐츠 투자에 공격적인 전략을 취하고 있다. 국내 대표적인 이동통신 사업체인 SKT는 국내 최대의 연예기획사인 iHQ, 음반기획사인 서울 음반을, 채널 공급자인 YTN 미디어, 2006년에는 영화제작사 청어람을 인수하였으며, 콘텐츠 시장지배력을 확보하기 위해 약 1,000억 원 규모의 엔터테인먼트 펀드를 운영중에 있다.

KT의 경우도 아래에서 보는 바와 같이 유선전화, 초고속 인터넷 등 기존사업군은 성장이 감소하고 있는 반면, 신규사업군도 10%대 성장세에 머물러 있다.

따라서 새로운 성장 동력원 확보를 위해 영화제작사 싸이더스 FNH를 KT 196억 원, KTF 84억 원을 투자하여 지분율 51%로 인수하여 양질의 콘텐츠를 확보하였다.

쇼박스 영화펀드, 음악펀드에 출자하였으며 최근에는 최대의 방송 콘텐츠 제작사인 올리브나인에 220억 원을 출자하여 지분율 19.12%로 인수하여 방송계 네트워크 강화나 방송사업의 역량을 강화하였다.

향후 스카이라이프를 통해 위성방송 사업으로까지 진출(지분율 29.8%)을 확대해 나갈 것이며 최근에는 IPTV 사업을 상용화하였다. 이러한 통신사업자의 콘텐츠 투자는 앞으로도 지속적으로 이루어질 것으로 예상된다.

마지막으로, 인터넷 미디어의 약진은 상대적으로 활자 매체인 신문과 같은 전통 미디어의 영향력 감소로 이어졌다.

인터넷에서 기반을 확보한 포털들은 영향력을 무선과 TV까지 확장하려고 노력하고 있다. 2007년부터 전격적으로 시행하게 되는 이동통신의 무선망 개방은 콘텐츠 업체가 유선과 같이 직접 고객과 접속할 수 있는 계기를 마련할 것으로 보인다.

그간은 이동통신사가 망의 폐쇄적으로 운영하였으나, 망이 개방되면 콘텐츠 업체는 WINC라는 접속번호를 부여받게 되어 고객은 콘텐츠 업체를 직접 접속할 수 있게 되었으며 TV 서비스 시장으로 진입하고 있다. 최근에 IPTV 시범사업에 다음커뮤니케이션 컨소시엄이 선정되어 서비스를 제공하고 있으며 네이버도 통신사와 제휴하여 TV Portal 사업을 하였다.

03 방송통신 융합에서 채널 유형별 기대가치 전망

통신망 또는 방송망에서 고객과의 접점을 제공하는 채널들은 각기 가치제안(Value proposition)을 가지며, 교차영역에 해당하는 채널 간에 경쟁 양상을 보일 것으로 전망한다. 특히, 특정 채널에서 상당한 지배력의 경쟁력을 확보한 사업자는 여타 산업으로의 전이(Leverage)를 통해 시장확장을 추진하게 될 것이다.

여기서는 궁극적인 방송통신 융합 산업에서 최종적인 고객 접점 채널이 되는 TV, 모바일 디바이스, PC별 미래 가치제안 및 발전전망에 대해 예측하고자 한다.

1. TV(Home media)

미디어 산업에서 대표적인 홈 미디어 매체인 TV 사용자들은 가족단위의 군집특성을 보이며, 양방향이 아닌 단방향성 정보전달, 즉 엔터테인먼트 중심의 대중매체에 영향을 받는다. 특히, TV라는 윈도우 앞에서 소비하는 시간이 크고 집중도가 높은 편이다. 이러한 사용자층을 기반으로 한 TV 윈도우를 통한 가치창출 방안은 디지털화와 인터넷과의 결합을 활용한 Digital Cable TV나 IPTV로의 발전방안을 생각할 수 있다. 여기서, 타 매체의 콘텐츠가 영상 콘텐츠로 재구성되는 양방향 채널의 신규시장이 등장하게 된다. 또한, 군집적 특성을 가지는 사용자들에게 Personality 특성의 서비스를 제공할 수 있다.

2. 이동형 디바이스

핸드헬드(Handheld) 디바이스는 개인화(Personality)와 이동성(Mobility)을 동시에 충족시키는 철저한 개인적 특성의 기기이다. 이러한 이동형 디바이스는 윈도우 크기의 한계성과 프라이스의 영향으로 단시간 소모 위주의 미디어로서, 양방향성 커뮤니케이션 속성이 강하고 미디어가 부가적인 양상을 보인다. 향후 Mobility에 브로드밴드 특성이 결합되어 신규 미디어로 진화함에 따라 WiBro/HSDPA와 같은 3.5G가 등장하여 이동형 미디어로써의 영향력이 증대되고 있다.

3. PC

퍼스널 컴퓨터(PC : Personal Computer)는 개인화 형식의 고정형의 디바이스 특성을 가진다. 기술적 진보로 TV 위도와의 화질 및 콘텐츠 형상의 차이가 없다. 하지만, PC는 양방향적인 특성으로 인해 대중의 참여도가 높은 UCC 서비스가 활성화될 수 있으며, 신문, 방송, 잡지 등 모든 매체의 윈도우로 활용이 가능하다.

PC 윈도우의 Value proposition은 윈도우 특성의 발전보다는 다양한 표현방식 및 서비스 방식으로 발전하여 YouTobe와 같은 UCC 생성용 수직형 포털(Vertical portal)이다.

향후 대형 포털의 미디어 영향력을 계속적으로 증대될 것으로 예상된다.

04 방송통신 융합과 웹 2.0

웹(Web) 2.0이라는 용어의 유래에 대해서는 약간의 논란이 있지만, Tim O' Reilly가 웹 컨퍼런스에서 사용하기 시작했다고 일반적으로 알려져 있다. 웹 2.0은 기술 자체라기보다는 초기 웹의 사용과 구별되는 새로운 형태의 웹 사용을 통틀어 가리키는 개념으로 이해하는 것이 적절하다(웹 2.0 비즈니스 전략, Sigma Insight). 웹 2.0은 소비자에서 참여로, 개별제품에서 웹 플랫폼으로, 무리에서 끼리로, 거래에서 관계로, 통제에서 자치로 변화되는 것을 그 특징으로 들 수 있다.

웹 2.0에서 특히 많이 사용되고 더 중요하다고 여겨지는 기술은 AJAX(Asynchronous

JAva script + XML), RSS, Flex, Tag, Blog 등이 있는데, 이러한 기술을 바탕으로 하여 웹 2.0에서 나타나는 여러 가지 가능성은 개방과 참여, 소수자의 중시, 플랫폼에 의한 비즈니스를 가능하게 하여 새로운 비즈니스 기회를 제공한다. 이는 기술의 융합, 그리고 서비스의 융합으로 새로운 가능성을 보여주는 방송통신 융합과 그 개념이 상통한다고 할 수 있다.

웹 2.0을 기반으로 만들어지는 UCC는 새로운 디지털 콘텐츠로서 인터넷뿐만 아니라, 모바일, TV 등에까지 그 영향을 확산시킬 수 있다. 이는 방송통신 융합과 더불어 가치를 창출하고, 영역을 확대하여 새로운 비즈니스를 만들어낼 수 있도록 연구되어야 할 것이다.

05 미래 융합산업을 위한 선결과제

방송통신 융합 환경의 주요 이슈와 산업간 경쟁구도를 중심으로 고찰하여 향후 융합서비스 상용화 및 활성화를 위한 향후 정책방향에 관해 제시하고자 한다.

① 현재 위성 DMB뿐 아니라 지상파 DMB는 안정된 수익구조의 부재로 경제적으로 심각한 재무위기에 처해 있다.

이는 현실적으로 위성 또는 지상파 프로그램의 재전송이 불가하고, 신규 콘텐츠 개발에서의 실패에서 기인하는 다양한 킬러 콘텐츠의 확보가 되지 않았기 때문이다. 따라서 지상파 방송 프로그램의 재전송은 위성 DMB 초기 활성화를 위한 필요하지만, 단순 재전송 방식은 지양하고 프로그램 재가공을 통해 지상파 방송과의 상호 협조적인 협업체계를 갖추어야 한다.

② 미디어 산업에서 TV 윈도우 기반 방송시장에서의 우위를 선점하기 위한 통신사-지상파-케이블 간의 미디어 간 경쟁이 가열화 양상을 보이고 있다.

통신사업자의 경우 IPTV 서비스를 본격적으로 출시하였고, 지상파 방송은 다채널화(Multi Mode Service, MMS)를 위한 기술적 검증을 완료한 상태이다. 또한, 케이블 분야는 디지털 전환(DOCSIS 3.0)과 PP의 디지털 전환에 대한 SO의 지원이 진행되고 있다. 이와 같이, TV 기반 IPTV 시장은 미디어 간 경쟁으로 인해 IPTV 관련 법적 또는 규제적 제약이 존재한다. 따라서 IPTV 유형 가운데 지상파 및 케이블 대체형 IPTV는 규제 프레임워크를 마련하는데 시간이 소요될 것이며, 여타 유사

방식의 서비스들이 틈새시장을 확보해 나갈 것으로 예상된다.

③ 융합시장 선점의 핵심 방안은 다양하고 풍부한 콘텐츠를 차별화된 방식으로 서비스 하는 전략이다.

따라서 콘텐츠 확보에 시장참여자들의 관심이 집중되는 양상을 보인다. 방송 프로그램을 중심으로 콘텐츠 제작자의 위치에 있는 지상파에 대한 영향력은 실로 막강하므로, 방송사업자들은 이를 지속적으로 유지해 나가기 위해 노력한다. 케이블 사업자들은 자체 제작 프로그램을 통해 콘텐츠 통제력을 강화해 나가고 있다.

④ 막대한 자본력을 바탕으로 콘텐츠 회사를 인수 합병하거나 펀드를 조성하는 전략을 추진해 나가고 있다.

특히, 인터넷 방송의 경우 가장 큰 문제점으로 볼 수 있는 저작권 문제가 해결되지 않은 콘텐츠 및 성인물과 같은 불법 동영상의 범람에 대응하는 자체적 정화노력과 미디어 채널로서의 위상을 제고하여야 한다. 이를 통해 의합법적인 상용 콘텐츠의 유치가 가능해지고, 핵심 미디어로의 확고한 위상을 확보할 수 있을 것이다.

정보통신기술의 발전과 디지털 컨버전스의 가속화는 방송통신과 관련된 기기와 콘텐츠는 물론 네트워크와 각종 서비스 및 산업까지 융합시키고 있다. 즉, 여러 가지 기능을 복합적으로 제공하는 PMP나 DMB 폰과 같은 기기들이 일상적으로 사용되고 있고, 방송망을 통한 통신 서비스나 통신망을 이용한 방송 서비스가 제공되고 있다. 또한, 방송과 통신의 특성을 모두 가진 Web Casting, IP Casting, VoD, 데이터 방송 등의 융합된 서비스가 출현하였고, 방송과 통신사업자들이 상대 영역에 진출하여 기존에는 상이하게 구분되던 사업과 산업도 융합되는 현상을 보이고 있다.

방송통신 융합에 관한 각국의 동향을 살펴보면 세계 각국은 종전의 통신과 방송 서비스 간의 영역을 없애고 상호 진입규제를 완화하거나 폐지하는 추세이다.

미국은 1996년 새 통신법 제정을 통해 통신·방송·케이블 TV·신규 미디어 등의 모든 분야에서 진입규제를 철폐하는 흐름을 보이고 있고, 일본은 종래의 엄격한 법체계를 개정하고, 양대 진영 사업자들 사이에 다양한 형태의 업무제휴·합병을 유도하고 있는 실정이다. 유럽연합(EU)은 2002년 EU지침(Directive)을 제정, 예외적으로 사업권을 허가할 뿐 원칙적으로는 통신·방송망을 통한 모든 서비스에 한해 최소한의 진입규제를 권고하고 있다.

영국은 2003년 개정 통신법으로 규제 최소화 정책을 견지해 방송전송 서비스에 한해 허가제 철폐했다. 한국은 지상파 방송·SO·DMB 사업자들의 주요 업무를 상당 부분 시장 자율에 맡기고 있는 실정이다. EU는 녹서나 보고서 발간을 통해 단계적이고 지속적인 논의를 통해 수평적 규제체계를 마련하였고, 마침내 EU Directive(2002)는 전자 커뮤니케이션 전 분야에 수평적 규제체계를 적용하는 기반이 되었다. EU의 대표적인 특징으로는 전송계층과 콘텐츠 계층을 철저히 분리한 2분위론의 프로토 타입으로서 현재까지 각국 규제환경에 큰 영향력을 끼치고 있는 체계를 갖추고 있다. 유럽 24개 회원국이 EU의 수평적 규제체계를 수용하였으며, 그리스의 경우 1단계까지 수용하였다.

영국은 Ofcom을 중심으로 방송과 통신을 관할하는 통합형 규제체계를 갖추고 있다. 정책규제 통합조직인 영국의 Ofcom은 Office of Communication Act(2002)를 통해 설립되었으며, 동법에 의거하여 공식적인 권한 수행기관이 되었다. Ofcom에는 방송, 통신, 라디오 및 주파수 산업 전반에 대한 기존 규제기구들의 기능이 통합되어 단일화 형태로 운영된다. 해외 주요국들이 수평적 규제체계를 전면 또는 부분적으로 도입하고 있는 추세이다. 전통적인 수직적 규제체계를 유지해 온 미국도 운영 측면에서는 수평적 규제체계의 긍정적 효과를 경험하고 있다.

미국은 통합기구인 통신위원회(FCC)가 방송통신 분야의 법적 규제를 관할하는 수직적 규제체계의 형태이다. 전반적으로 수직적 규제체계이지만, 단일규제기관에서 단일법을 통해 방송통신 융합 서비스를 적절히 규제하여 운영하고 있다. 개정통신법(1996)을 통해 방송통신 산업 모두 규제하고 있다. 일본은 미국과 같이 통신법과 방송법의 이원화된 분리체계 '전기통신 역무이용방송법'으로 방송통신 융합 서비스를 규제하는 수직적 규제방식을 채택하고 있다. 통합 규제기구인 총무성의 주도 하에 정보통신정책국이 방송통신 정책 및 법규제의 정비를 총괄적으로 담당하고 있다.

1. 기술현황

유럽의 경우 이탈리아의 Fastweb, Telecom Italia(TI), 프랑스의 Free Telecom, France Telecom(FT), 영국의 British Telecom(BT) 등 여러 나라에서 IPTV 상용 서비스를 제공하고 있다.

이탈리아의 Fastweb은 이탈리아 기반 초고속 인터넷 서비스 제공업체로 현재 약 38만 명의 초고속 인터넷 가입자를 확보하고 있으며, 19만 명의 IPTV 서비스 가입자를 확보하고 있다. Fastweb의 IPTV 서비스는 Cinema SKT, Sport SKY, CALCIO SKT로 제공되며 이 세 가지를 모두 신청할 경우 월 46유로로서, Fastweb은 향후 IPTV 서비스를 대도시 및 인구 밀집지역에 중점적으로 제공할 예정이다.

프랑스의 FT는 1003년 'MaLigne TV'라는 IPTV를 런칭하였고, 2006년 말까지 22개 대도시지역 서비스를 계획하였다. 가장 큰 시장을 형성하고 있는 프랑스에서는 Free Telecom과 FT, Neuf Telecom의 세 개의 통신사업자가 각각 13만 명, 11만 6천 명, 3만 명의 가입자를 확보하고 있다.

영국의 유럽에서 가장 오래된 IPTV 시장으로 Video Networks사의 'HomeChoice', Kingston Communication사의 'KIT'라는 Broadband TV 서비스가 런칭되었다.

Video Networks사는 2004년에 재런칭하여 최근 4만 명 이상 가입자를 확보하였고 서비스 시작에 비해 시장성이 매우 미미한 편이다.

미국의 거대 통신사업자들은 위성 TV의 재판매 형식을 통한 방송 서비스의 제공과 FTTP의 구축에 중심을 두고 있는 반면에, 소규모 통신사업자들은 IPTV 서비스를 늘려가고 있다. 캐나다는 미국의 경우와 마찬가지로 전화사업자들이 IPTV를 제공하고 있으며, 케이블 사업자와의 치열한 경쟁의 돌파구로서 IPTV를 채택하였다.

전 세계적으로 IPTV에 대한 참여 러시가 지속되고 있는 가운데, 그중에서도 특히 아시아·태평양 지역은 역내 각 국가의 높은 브로드밴드 가입자율과 통신규제 당국의 대대적 지원으로 IPTV 분야에서 오는 2010까지 세계시장을 선도하며 성장세를 지속해 나갈 것으로 보인다. 특히 홍콩의 경우 IPTV 가입자가 현재 전체 가구 중 50% 정도의 점유를 하고 있어 가장 빠른 성장세를 보이고 있다.

또한, 아시아·태평양 지역은 높은 브로드밴드 가입자율과 ADSL, FTTH 등 브로드밴드 기반 설비, 일본, 홍콩 등과 같이 좁은 지역에 인구가 밀집된 지역적 특성으로 IPTV 성공에 필요한 모든 여건을 갖추고 있다. 향후 통신사업자들은 소비자 유도와 경쟁력 유지를 위해 IPTV를 중심으로 기존의 인터넷 서비스와 인터넷 전화 등의 서비스를 한데 묶어 제공하는 통합 서비스를 출시함으로써 더욱 큰 시너지 효과를 얻을 것으로 전망하고 있다.

2. IT 산업동향

IT 산업은 초고속 성장을 통해 국가 경제의 핵심역량으로 자리 매김하였지만, 기존 시장의 포화로 성장률이 저하되고 있는 실정이다. 국내 IT 산업 평균성장률은 30.7%에서

2001년 이후 성장률은 15.7%로 급격히 저하되고 있다.

따라서 방송통신 융합을 통해 과거의 IT 인프라스트럭처 조기 구축을 통한 급속한 경제성장과 IT 강국의 성공 모델을 다시 추진해야 할 시점에 있다고 할 수 있다. 한편, 세계 경제적 관점에서 살펴보면 인터넷과 이동통신의 급격한 확산으로 IT 산업이 세계 경제 성장을 주도해 나가고 있다고 볼 수 있다. 또한, 세계적인 IT 기업들은 디지털 컨버전스(Digital convergence) 환경에 대응하기 위해서 기존 하드웨어 및 소프트웨어 분야에서 콘텐츠 및 네트워크 분야로 관심을 전환하고 있다. 고도성장을 실현했던 IT 산업은 2001년 거품 붕괴의 영향으로 성장이 둔화양상을 보이며 조정기를 거치고 있으나, 세계 각국은 신성장 동력산업으로서 네트워크의 광대역화(국내 BcN)와 디지털 컨버전스 및 방송통신 융합을 포함한 융합 서비스의 적극적인 도입을 추진중에 있다.

국내 방송통신 관련 분야의 품목별 수출입 실적은 반도체와 무선통신기기의 수출이 괄목할만한 성장세를 보이고 있음을 알 수 있다. 이에 따라 두 분야와 관련된 수입품목도 해마다 증가하고 있는 추세이다. 또한, 패키지 소프트웨어, 컴퓨터 관련 서비스, 디지털 콘텐츠 부분의 수출도 해마다 증가하고 있음을 알 수 있다.

2001년부터 감소되기 시작한 외국인 직접투자는 2003년도에 절반 가까이 줄었다가 IT 산업을 중심으로 2004년부터 다시 증가하기 시작하였다. 한편, 국내 총사업체 수는 완만한 증가세를 보이고 있으나, 방송통신 관련 사업체 중 정보통신기기 분야는 전반적으로 급증하고 있다. 그러나 정보통신 서비스 분야는 부가통신 서비스와 방송통신 서비스 분야들을 필두로 급속히 저하되고 있는 현상을 보이고 있다. 방송통신 관련 생산액은 2001년부터 정보기기와 방송기기를 제외하고는 모든 부분에서 생산액이 증가하고 있다.

방송통신 융합에 의한 기술의 변화를 살펴보면 다음과 같다.

디지털화가 가속화되면서 디지털 컨버전스도 급속히 진행되어 산업의 패러다임을 변화시키고 있는 상황에서 방송과 통신 영역에서의 컨버전스 모델로 떠오르는 것이 IPTV이다.

통신사업자 입장에서 기존의 통신 서비스 기반 위에서 비디오 서비스를 제공함으로써 트리플 플레이 서비스(TPS : Triple Play Service)를 완결하기 위한 대안으로 부각되고 있는 서비스로서, 좁은 의미로는 PC에서 TV로 확장시킨 개념이지만, 넓은 의미에서는 초고속 인터넷의 가입자 망 구간을 물리적 방송매체로 활용하여 A/V(Audio/Video) 형태의 방송채널을 적극적으로 수용하는 것을 포함한 개념이다.

IPTV는 IP망을 기반으로 하고 있어 통신, 커뮤니티, 투표, 양방향 광고, T-커머스 등 양방향(Interactive) 서비스가 가능하다는 것이 특징이며, 점대점 전달 방식으로 개인화된 채널을 볼 수 있어 개인화된 TV 포털이 가능하다. 초고속 인터넷, VoIP와의 결합을 통해 번들 서비스가 용이해 트리플 플레이 서비스를 제공할 수 있다. 지능형 TV추천, 개인화된 광고, VoD, 디지털 비디오 레코딩(DVR) 등 비디오 프로그램 등의 개인화가 이루어질 수 있으며, 주문형 게임, 음악, 미디어 애플리케이션, 홈네트워크 관리, 보안 등의 부가가치 서비스가 가능하다. 비디오 및 오디오 스트리밍 서비스시에는 QoS와 QoE를 보장해 줄 수 있다.

차세대 멀티 방송통신 개발 관련해서는 먼저, 기술적인 측면을 살펴보면 최근에는 이동 환경 중에 다양한 멀티미디어 서비스에 대한 수요가 증가하고 있는 추세에 맞추어 국내에서는 지상파 DAB(Digital Audio Broadcasting) 기반의 DMB(Digital Multimedia Broadcasting)를 개발하였으며, 유럽을 중심으로 기존의 DVB((Digital Video Broadcasting)-T를 기반으로 DVB-H를 개발하였다.

이미, DVB-T망이 구축되어 있는 유럽, 아시아 및 호주 등에서 DVB-H 표준이 유력시 되고 있으며 핀란드, 영국 및 독일에서 시험 서비스중에 있고, 동남아시아, 유럽 일부 지역을 중심으로 국내 DMB 표준을 시범 서비스하고 있다.

따라서 국가별 대륙별로 다양한 멀티미디어 방송수신 및 통신기술과의 융합을 위해 새로운 기술 분야이며 관련 기술에 대한 국가 경쟁력, 국제표준 채택 등을 위해서는 관련 기술의 표준화 개발이 시급히 요구되고 있는 실정이다. 또한 차세대 방송 및 통신의 흐름은 궁극적으로 방송과 통신 서비스의 융합이라는 단일 종합 서비스 시스템으로 진화할 것으로 예상되며, 이러한 서비스의 통합적 지원을 위해서는 각각의 단일 규격 지향 플랫폼을 효과적으로 융합할 수 있는 표준화 기술개발이 필수적이다.

차세대 멀티 방송통신 개발은 기술적으로는 국내외 차세대 멀티 방송 표준화에 기여할 수 있고, 중소기업 등의 국내 멀티 방송 표준화 기술개발 활동을 지원하는 효과를 기대할 수 있으며, 기술선진국과 대등한 멀티 방송 표준화 기술확보를 통하여 관련 제품의 설계 기술을 선도할 수 있는 가능성을 기대하는 효과를 가져올 수 있다.

차세대 방송통신 융합기술과 신규 시장을 선점할 수 있고, 차세대 멀티 방송통신 시스템에 대한 기반 기술을 확보할 수 있으며, 이동 TV 핵심 기술확보를 통한 국제 표준화를 선도할 수 있는 이점을 기대할 수 있다.

또한, 차세대 통합형 무선 및 이동통신 서비스의 조기 도입 촉진할 수 있고, 이로써 원천기술 확보를 통한 방송통신 산업에서의 부품 수입 대체 및 이에 따른 국외 시장경쟁력이 강화되는 효과를 기대할 수 있을 것이다.

경제적으로는 개발도상국 및 미개발지역의 관련 기술 이전을 통하여 고부가가치를 창출할 수 있으며, 관련 산업 및 기반 기술확보를 통하여 핵심 인력양성 배출을 기대할 수 있고, 국내 멀티 방송 기술개발에 따른 관련 부품, 시스템 산업으로의 육성을 통하여 경쟁력을 확보할 수 있을 것이다.

방송통신 융합에 따른 경제발전을 전망해보면 산업적 직접 효과로서 우선, 가치사슬의 변화를 들 수 있다. 방송통신 융합 시장은 독립적인 산업 인프라를 가졌던 방송시장과 통신시장의 파생 시장이 아니라, 디지털화와 네트워크 광대역화라는 공통분모로 통합된 새로운 방송통신 융합 시장이다.

과거에는 방송통신 산업 가치사슬의 각 단계가 전송수단인 컴퓨터망, 통신망, 방송망에 따라 수직적으로 결합된 산업구조를 형성해왔으나, 이제는 가치사슬의 단계별로 통합된 수평적인 산업구조로 변모하였다.

따라서 가치사슬 부문별로 경쟁의 양상과 산업구조가 다르게 발전해 나가는 추세이다. 특히, 위성방송과 케이블 TV와 같이 방송산업 가치사슬상에서 유통산업 부문은 점차로 경쟁구조의 양상을 변화하고 있다.

이러한 변화의 동인이 되는 방송기반 인프라 제공자 간의 경쟁은 방송의 디지털화(digitalization)와 네트워크 고도화로 인한 매체나 채널의 융합을 통해 나타나지만, 근본적인 원인은 주요 콘텐츠인 방송 프로그램의 수급을 보다 원활히 할 수 있느냐에 달려있다. 멀티미디어 산업 가치사슬의 변화 추이를 분석하면 콘텐츠 제작산업은 규모의 경제를 극대화한 독점적 시장구조를 추구함에 따라 망과 분리되고 있으며, 콘텐츠 유통 및 배급 산업은 번들링의 중요성이 점차 커지고 있다.

또한, 유료화에 대한 사용자 인식이 변화됨에 따라 과금의 중요성도 부각되고 있다. 일반적으로 콘텐츠 유통산업은 공급 측면에서는 규모의 경제가 발생하고, 수요의 측면에서는 네트워크 외부성이 발생하는 비대칭적 과점시장 구조의 형태이므로, 마케팅이나 차별화 전략이 중요하다.

네트워크 산업 부문은 다양한 접속망 간의 경쟁이 치열하기 때문에 규모의 경제가 극대화되고 선점효과가 중요하다. ISP 사업자와 수직적 결합이 시도되는 분야이다.

마지막으로, 인터페이스 산업부문은 멀티미디어 기반의 다양한 단말기가 등장함에 따라 점차 단말기의 소형화 및 이동성이 발전하는 추세이다. 현재까지 단말기 간 경쟁은 없으나, 향후 플랫폼 및 단말기 간 경쟁이 예상된다. 방송통신 융합의 진화 단계를 고려해 볼 때 관련 산업구조는 서비스 결합(bundling)이나 구조적 통합(integration)이 지속적으로 이루어질 것이다.

방송통신 융합 환경에 따른 유통산업 전 영역의 전반적인 추세를 살펴보면 콘텐츠를 제공하는 유통매체 간 경쟁이 심화되고, 나아가 신규 매체의 등장으로 기존 매체의 광고 점유율이 분산되고 고정적인 시청점유율도 큰 변동을 일으키며 지속적으로 하락하게 될 것이다.

국내 광고매출 추이를 살펴볼 때 신문, TV 등 전통적 미디어의 성장률 둔화에 비하여 케이블, 인터넷 영역의 광고매출은 지속적으로 큰 폭으로 증가하고 있다. 유통산업에 대한 영향에 비해 콘텐츠 산업 측면은 가시적인 변화는 더디게 진행될 것으로 예상되고 있다(high-risk).

유통영역과는 달리 콘텐츠 영역에서 케이블 PP의 지상파 의존도는 상당히 높으나, 급속히 발전하고 있는 콘텐츠 시장의 진화를 고려할 때 영화나 애니메이션과 같은 특정 장르나 전문화된 프로그램 채널은 오히려 케이블 PP들의 인지도나 시청률이 앞서가기도 하고 이러한 추세는 점차 확산될 것으로 전망된다.

그리고 융합 서비스 산업과 같은 신규 매체의 등장으로 전혀 새로운 콘텐츠가 개발되기보다는 향후 기존 콘텐츠가 거대화되는 방향으로 콘텐츠 진화 가능성이 보여지고 있다.

또한, 컨버전스를 통한 디지털 콘텐츠 시장의 변화 중에는 '융합(Convergence)'의 반대 개념인 '분화(Divergence)'를 의미하기도 하며, 콘텐츠 사업자 입장에서는 유통 채널의 확대와 신규 시장의 확대나 새로운 사업기회에 대한 가치제안(value proposition)이 될 수도 있다.

방송통신 융합 환경의 주요 이슈와 산업간 경쟁구도를 중심으로 고찰하여, 향후 융합 서비스 상용화 및 활성화를 위한 향후 정책방향에 관해 제시하고자 한다.

첫째, 현재 위성 DMB뿐 아니라 지상파 DMB는 안정된 수익구조의 부재로 경제적으로 심각한 재무 위기에 처해 있다. 이는 현실적으로 위성 또는 지상파 프로그램의 재전송이 불가하고, 신규 콘텐츠 개발에서의 실패에서 기인하는 다양한 킬러 콘텐츠의 확보가 되지 않았기 때문이다.

따라서 지상파 방송 프로그램의 재전송은 위성 DMB 초기 활성화를 위한 필요하지만, 단순 재전송 방식은 지양하고 프로그램 재가공을 통해 지상파 방송과의 상호 협조적인 협업체계를 갖추어야 한다.

둘째, 미디어 산업에서 TV 윈도우 기반 방송시장에서의 우위를 선점하기 위한 통신사

-지상파-케이블 간의 미디어 간 경쟁이 가열화 양상을 보이고 있다.

통신사업자의 경우 IPTV 서비스를 본격적으로 출시하였고, 지상파 방송은 다채널화 MMS(Multi Mode Service)를 위한 기술적 검증을 완료한 상태이다.

또한, 케이블 분야는 디지털 전환(DOCSIS 3.0)과 PP의 디지털 전환에 대한 SO의 지원이 진행되고 있다. 이와 같이, TV 기반 IPTV 시장은 미디어 간 경쟁으로 인해 IPTV 관련 법적 또는 규제적 제약이 존재한다. 따라서 IPTV 유형 가운데 지상파 및 케이블 대체형 IPTV는 규제 프레임워크를 마련하는데 시간이 소요될 것이며 여타 유사방식의 서비스들이 틈새시장을 확보해 나갈 것으로 예상된다.

셋째, 융합시장 선점의 핵심 방안은 다양하고 풍부한 콘텐츠를 차별화된 방식으로 서비스하는 전략이다. 따라서 콘텐츠 확보에 시장참여자들의 관심이 집중되는 양상을 보인다.

방송 프로그램을 중심으로 콘텐츠 제작자의 위치에 있는 지상파에 대한 영향력은 실로 막강하므로, 방송사업자들은 이를 지속적으로 유지해 나가기 위해 노력한다. 케이블 사업자들은 자체 제작 프로그램을 통해 콘텐츠 통제력을 강화해 나가고 있다.

마지막으로, 막대한 자본력을 바탕으로 콘텐츠 회사를 인수 합병하거나 펀드를 조성하는 전략을 추진해 나가고 있다. 특히, 인터넷 방송의 경우 가장 큰 문제점으로 볼 수 있는 저작권 문제가 해결되지 않은 콘텐츠 및 성인물과 같은 불법 동영상의 범람에 대응하는 자체적 정화 노력과 미디어 채널로서의 위상을 제고하여야 한다. 이를 통해 합법적인 상용 콘텐츠의 유치가 가능해지고, 핵심 미디어로의 확고한 위상을 확보할 수 있을 것이다.

연구를 통해 도출된 바람직한 방송과 통신의 융합은 각 분야에서 기존가치의 저하 없이 새로운 가치를 창출(value creation)하고, 영역을 확대(coverage extension)하며 소비자 관점에서도 기능들을 통합(function integration)함으로써 우리나라가 새로운 기술과 세계 시장을 선도하기 위한 방송통신 융합의 시너지 효과를 창출하는 것이다. 즉, 방송통신 융합을 통한 새로운 비즈니스 창출을 선발자의 이점(First Mover's Advantage) 극대화와 방송통신의 진흥과 균형발전은 물론 고용창출과 경제성장 그리고 국가경쟁력 제고의 기회로 활용하는 것이다.

따라서 기존 관성의 법칙을 탈피한 새로운 방송통신 융합 패러다임에서 요구되는 법·제도와 정책 및 규제로의 변화가 절대적으로 필요하고, 사회·문화적인 분위기들도 바람직한 방송통신 융합 환경을 조성하는 방향으로 진화하여야 할 것이다. 즉, 정보통신기술의 발전과 디지털 컨버전스의 가속화에 보조를 맞추는 인문·사회적인 발전이 병행되어야만 방송통신 융합을 통한 기술·경제·산업적 발전 효과를 극대화할 수 있다.

아날로그 시대와 디지털 시대의 초기 단계에는 방송 서비스와 통신 서비스가 서로 독립적인 영역을 확보하여 발전해 왔다. 방송 서비스의 디지털화는 음성, 데이터, 영상, 멀티미디어 등 모든 형태의 콘텐츠를 애플리케이션 간의 이동과 저장이 가능하고 타 서비스와의 통합을 용이하게 만들어 다양한 고품질의 정보제공을 가능하게 했다. 또한 통신 서비스의 고속화 및 고용량화는 대용량 콘텐츠를 저렴한 비용으로 제공하게 만들어 줌으로써 문자 중심의 서비스에서 점차적으로 오디오 및 동영상 서비스 제공을 가능하게 했다.

미디어 서비스의 이용자인 일반대중은 점차 방송과 통신 미디어 모두에서 고화질의 동영상 서비스 제공을 요구하고 있으며, 사용자가 직접 제작한 이미지나 동영상 콘텐츠를 의미하는 UCC(User Created Contents)가 일반 대중들에 의해 인터넷을 통하여 공유되고 있다. 정부 또한 소비자의 권익보호를 위해 품질관리 기준을 강화하고 시장경쟁 환경을 유도하기 위해 규제를 완화하는 등 일련의 노력을 경주하고 있다.

이와 같은 사회적 요구는 방송과 통신 서비스가 서로 독립된 영역을 벗어나 상호간에 융합이 이루어지도록 하였다. 이와 같은 사회적 배경에 비추어 볼 때 방송통신 융합이란 "디지털화 및 광대역화 등 정보통신기술의 발달로 인해 양 산업에서의 가치활동이 통합됨에 따라 멀티미디어 콘텐츠가 다양한 네트워크를 통하여 혼합형 단말기에 의해 전달되는 현상"이라고 정의할 수 있다.

제13장

방송통신 융합과 디지털 콘텐츠 기술

01 콘텐츠와 네트워크의 결합

방송과 통신의 융합이 불러온 매체 환경의 변화는 '원 소스 멀티 유즈'나 '크로스 미디어'와 같이 콘텐츠의 생산방식과 유통구조, 이용자의 콘텐츠 소비양식 등에 많은 영향을 미치고 있다.

방송통신 융합은 그림 13-1과 같이 '콘텐츠와 네트워크의 결합'으로 콘텐츠, 네트워크, 단말기 간의 가치사슬을 새롭게 재편하고 있다. 즉, 방송과 통신의 융합(DMB, IPTV), 유선과 무선의 융합 등 이종 산업 간 가치사슬의 해체와 통합을 통해 새로운 시장, 산업, 서비스 및 단말이 출현하고 있으며, 이러한 융합 미디어 서비스의 상용화는 본격적인 경쟁과 수요가 늘어날 전망이다.

기존의 콘텐츠 생산과 유통구조는 전송수단에 따라 수직적으로 결합된 형태로 통신업자나 방송사 등 망사업자가 지배력을 행사하여 경쟁사를 배제해 왔으나, 방송통신 융합에 따라 단계별로 수평적인 산업구조로 바뀌고 있다.

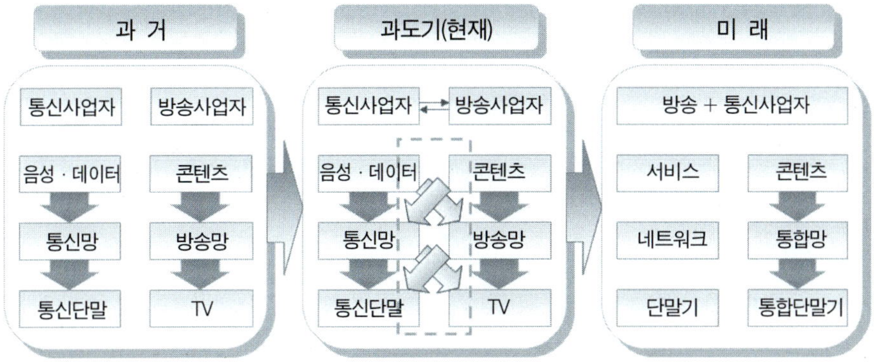

그림 13-1 ‹‹‹ 방송통신 융합 컨버전스 추이

즉, 기존의 네트워크 중심의 가치사슬구조를 벗어나 가치 중심이 점차 콘텐츠와 단말기와 같은 말단으로 이동하기 때문에 방송통신 융합 서비스에 있어 양질의 콘텐츠 확보 및 사용자 중심의 콘텐츠 유통체계를 갖추는 것이 무엇보다 중요하다.

뿐만 아니라 방송통신 융합에 의한 다매체 · 다채널 환경에 따라 콘텐츠 경쟁심화가 예상되므로, 디지털 콘텐츠 육성을 위해서는 적극적 지원책보다 규제완화를 통해 자연스러운 시장경쟁 환경을 조성하는 것이 필요하며 규제의 경우 유통사업자와 콘텐츠 사업자는 매우 다른 방식으로 경쟁을 하기 때문에 새로운 규제의 틀을 마련하는 것도 필요하다.

방송통신 기술과 서비스의 융합은 왜 일어나는지에 대하여 살펴보고자 한다.

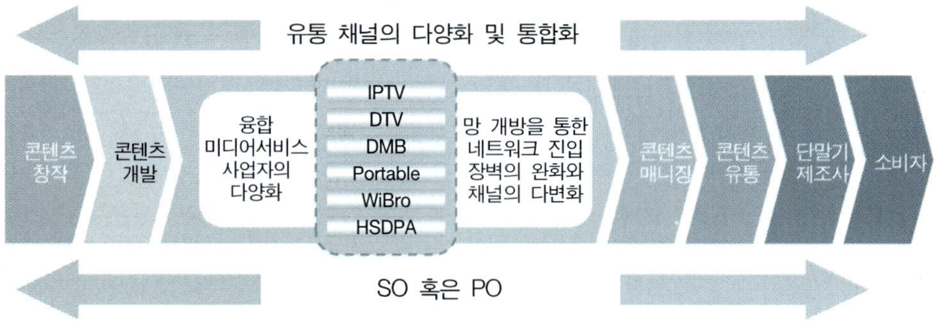

그림 13-2 ‹‹‹ 융합 미디어 콘텐츠 시장의 가치사슬구조

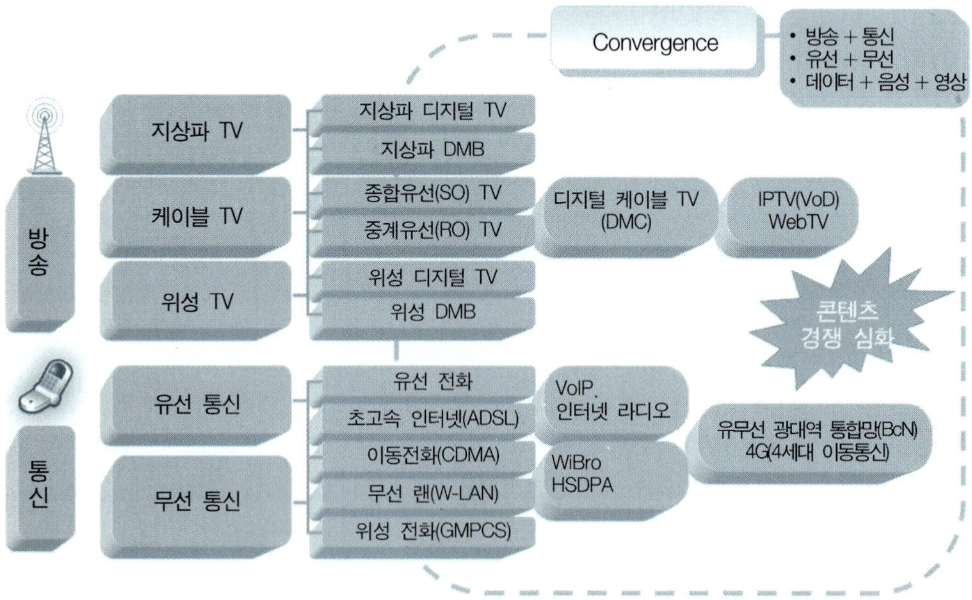

그림 13-3 ‹‹‹ 융합에 따른 콘텐츠 경쟁 양상

1. 방송통신 기술과 서비스의 융합

1) 신규 서비스 시장창출

통신시장이 이미 포화상태에 이른 것은 잘 알려진 사실이다. 게다가 인터넷전화나 와이브로와 같은 신성장 서비스조차 신규 서비스 시장 창출이 아닌 기존 시장의 잠식이라는 인식때문에 여전히 활성화되지 못하고 있다. 성장을 거듭하던 인터넷 포털의 성장세도 6년만에 꺾인 것으로 나타나고 있어 신규 통신 서비스 시장 창출을 위한 기회가 필요하였다.

방송 서비스 또한 최근 수년 동안의 한류 덕택에 겉으로는 드라마 공화국이라는 위상을 유지해 왔지만 2007년의 방송 콘텐츠 수출 중 약 89.7%가 드라마에 치중되었고 과중한 제작비 등으로 인해 더 이상 성장하지 못하는 한계에 이르렀다. 제작단가를 낮추기 위해 핵심 문화 콘텐츠 제작기술을 개발해야 하고, 문화 콘텐츠 사업활성화를 위해 사용자가 원하는 고품질의 다양한 콘텐츠를 개발해야 하는 등 새로운 시장창출을 위한 기회가 필요하였다. 이와 같은 방송과 통신의 시장 침체와 포화상태는 콘텐츠가 새로운 매개체가 되어 신규 방송통신 융합 서비스 시장을 창출하는 기회가 되었다.

2) 다양한 멀티미디어 단말기 출현에 따른 융합 콘텐츠의 필요성

불과 수년 전만해도 방송 콘텐츠는 TV 또는 데스크톱 PC를 통해서만 시청할 수 있었지만 이제는 모바일 PC, 휴대폰, 내비게이션 단말기 등 TV를 시청할 수 있는 단말기는 아주 다양해졌다. 인터넷을 즐길 수 있는 멀티미디어 단말기 또한 다양해졌다.

이와 같은 멀티미디어 단말기에서 사용할 수 있는 다양한 방송통신 융합 콘텐츠는 방송 서비스와 통신 서비스를 융합하는 새로운 계기가 되었다.

3) 사용자의 다양한 콘텐츠 요구

사용자들은 하나의 단말기에서 전화, 인터넷, 방송, 게임 등 자기의 취향에 맞는 고품질의 다양한 서비스를 사용하고자 한다. 방송통신 융합형 콘텐츠가 이와 같은 사용자의 요구를 만족시켜 줄 수 있는 수단이 된다. 지금 사용자에게 부족한 것은 다양한 콘텐츠이고 돌파구는 역시 문화 콘텐츠이다.

콘텐츠 산업은 전자기기산업, 제조업 및 서비스 산업과도 산업연관효과가 있어 콘텐츠 산업의 육성은 곧바로 타산업의 동반성장을 유도하게 되며 국가 브랜드 및 경쟁력 강화에 기여할 것으로 기대된다. 이와 같은 콘텐츠 산업의 육성을 뒷받침하기 위해서는 가장 먼저 소비자가 선택할 수 있는 다양한 콘텐츠 개발이 선행되어야 하고 정부를 포함한 산업계 전반에 걸친 콘텐츠 진흥전략 수립과 추진이 필요하다.

2. 방송통신 융합 서비스의 산업동향

방송과 통신의 융합의 결과로 신규 사업자들의 시장 참여와 새로운 매체의 출현이 가시화되고 있어 이와 같은 방송통신 융합 서비스 플랫폼에 맞는 새로운 유형의 콘텐츠가 등장할 것으로 예상된다. 예를 들면, IPTV에 탑재될 양방향 데이터캐스팅 콘텐츠나 모바일 서비스 콘텐츠를 비롯한 신규 방송 콘텐츠의 유형이 생성될 뿐만 아니라 이동수신 등의 수용환경변화를 반영한 신규 콘텐츠의 필요성 역시 크게 높아지고 있다. 이처럼 뉴미디어의 중심이 PC에서 인터넷 기반 TV로 이동해 보다 많은 사람들이 인터넷을 통해 다양한 콘텐츠를 이용할 것으로 전망된다.

방송통신 융합시대의 콘텐츠는 비단 미디어 산업뿐 아니라 전자상거래, 소프트웨어 산업, 정보통신산업, 문화산업에까지 영향을 미치고 있어 지식기반 경제의 핵심이 되어가고 있다. 따라서 양질의 콘텐츠 확보는 경제발전의 핵심 요인으로 부상하고 있다. 이는 양질의 콘텐츠가 갖는 가치는 경제적 파급효과가 매우 크기 때문이다.

결국, 방송과 통신의 융합은 사업자, 네트워크 및 서비스의 융합을 가져오기 때문에 서비스의 융합은 최종적으로 이용자가 디지털 기기를 통하여 이용하는 콘텐츠가 중심이 되는 산업을 형성하게 된다. 따라서 콘텐츠가 미디어 및 플랫폼을 지배하게 될 것이며, 이용자는 이용자 중심의 디바이스와 콘텐츠가 융합된 서비스를 이용하게 될 것이다. 이처럼 방송통신 융합시대의 연결고리는 콘텐츠에 있으며 콘텐츠의 역할은 매우 중요하다 하겠다.

1) 방송 서비스 산업동향

방송사업은 지상파 방송, 유선방송, 위성방송 등으로 구분된다. 케이블 TV로도 불리는 유선방송사업은 2005년 1월 본 방송을 시작한 CJ 케이블넷을 중심으로 디지털로의 변환을 진행하고 있다. 디지털 케이블 방송은 기존의 위성방송이나 디지털 방송과 비교하여 Return channel의 사용이 자유로워 보다 다양한 양방향 서비스를 제공하고 있다.

위성방송은 디지털 위성방송 사업자가 2000년 12월에 선정되어 2002년 3월부터 본격적인 서비스를 시작하였다. HD 방송 및 PVR(Personal Video Recorder) 서비스 제공도 이루어지고 있으며, 2007년 3월에 200만 가입자를 돌파하였다. 위성 DMB 서비스의 경우에는 지상파 DMB 보다 빠른 2005년 5월에 방송 서비스를 시작하여 2006년 말에 100만 가입자를 돌파하였고 현재 약 160만 6,600명 이상 가입자를 확보하고 있다.

2) 통신 서비스 산업동향

초기의 통신기술은 저속의 Text data의 교환을 목적으로 이루어져 왔으며 1990년대 이후에 와서 본격적인 고속화 서비스 단계에 이르렀다. 현재 유선통신 기술은 초고속 인터넷으로 표현되는 ADSL(Asymmetric Digital Subscriber Line) 및 VDSL(Very high bit rate Digital Subscriber Line)을 거쳐 FTTH(Fiber-To-The Home) 서비스로 발전되고 있다. 이러한 초고속 서비스는 일반이용자의 단말에서 수백 Mbps 이상의 서비스 제공을 가능하게 하였다. 유선통신 서비스 시장은 유선통신망과 휴대무선인터넷(WiBro) 및 고속하향 데이터 전송(HSDPA) 서비스를 제공하는 무선통신망을 융합하는 유무선 광대역통합망(BcN)으로 기술발전이 이루어지고 있다. 이러한 통신망의 발전에 따라 방송, 통신과 전화 서비스를 묶는 TPS(Triple Play Service)에 이어 무선통신 서비스도 함께 제공되는 QPS(Quadruple Play Service)가 가능하게 되었다.

3) 방송통신 융합 서비스 산업동향

방송의 디지털화, 통신기술의 발달, 미디어 및 정보처리기술의 향상 등으로 방송과 통신기술의 융합이 가속화되고 있으며 신규 서비스 플랫폼을 등장시키는 가장 큰 요인이 되고 있다. 방송통신 융합의 대표적인 예로는 IPTV를 들 수 있다. IPTV 서비스는 인터넷 프로토콜을 이용하여 언제든지 원하는 방송 서비스와 부가 서비스를 이용할 수 있는 새로운 유형의 미디어 서비스다.

현재 우리나라의 IPTV 서비스는 VoD 및 실시간 방송 서비스를 제공하고 있으며, SK 브로드밴드의 '브로드앤 TV', KT의 '메가 TV', 그리고 LG데이콤의'myLGTV' 서비스가 제공되고 있다. IPTV 서비스와 더불어 디지털 방송신호를 이용한 지상파 DMB와 위성 DMB 등 이동수신 방송 서비스 또한 방송통신 융합의 대표적인 예라고 할 수 있다.

02 방송통신 융합 콘텐츠 산업 및 기술동향

방송 콘텐츠는 지상파, 케이블, 위성 등의 방송 서비스를 통해 제공되는 드라마, 영화, 뉴스 등 주로 문화생활과 관련된 정보를 의미한다. 통신 콘텐츠는 인터넷, 모바일 등의 통신망을 통해 제공되는 포털, 전화, VoD, 온라인 게임 등 주로 산업과 관련된 정보를 의미한다. 이처럼 방송과 통신은 서로 다른 플랫폼을 기반으로 특화된 콘텐츠를 제공하였다.

그러나 콘텐츠 산업은 아날로그에서 디지털 융·복합 형태로 진화함으로써 다양한 비즈니스 모델 등장 및 선진화된 유통구조로 전환되고 있다. 하나의 콘텐츠가 IPTV, DMB, WiBro 등의 다양한 소비매체를 통해 유통되거나 다른 장르의 콘텐츠로 가공되어 부가가치를 창출하고 있으며, 이러한 융·복합 서비스를 위한 창의적이고 다양한 콘텐츠의 중요성이 날로 증대되고 있다. 방송통신 융합 콘텐츠는 IPTV나 DMB와 같은 방송과 통신이 융합된 새로운 매체를 통해 제공되는 사용자 참여형 및 맞춤형 콘텐츠를 의미한다.

디지털 콘텐츠 산업은 현재 엔터테인먼트 위주의 디지털 콘텐츠와 제조, 서비스를 포함한 전산업 영역에 체화·융합되는 융합형 콘텐츠 시장으로 재편될 전망이다. 융합 콘텐츠는 콘텐츠 간 융합, 새로운 매체, 새로운 플랫폼과의 융합, 제조 및 서비스업 등 타 산업과의 융합으로 구분되며, 이러한 차세대 융합형 콘텐츠는 시장형성 초기단계이나 디지털 컨버전스의 진전에 따라 폭발적 성장이 기대되고 있다. 특히 방송과 통신기술의 융합이 가속화됨에 따라 콘텐츠의 소비환경이 다변화되며 소비자의 요구 또한 더욱 복합하고 다양화된 형태로 진화하고 있다.

1. 방송통신 융합 콘텐츠 산업동향

1) 방송통신 융합 콘텐츠 산업의 해외동향

구글은 기존 사업을 기반으로 모바일 검색 영역으로 진출하는 등 높은 부가가치를 창출할 수 있는 비즈니스 모델로 사업 영역을 확장하고 있다. 아울러 소니, MS, 구글, 인텔 등은 디지털 홈의 주요 콘텐츠를 HD 영상 콘텐츠로 설정하고 서비스의 차별성으로 경쟁하고 있으며, 애플은 온라인 음악 서비스를 통해 콘텐츠를 저가로 공급(i-Tunes)하고 전용 단말기(i-Pod)를 통해 부가가치 창출을 실현하고 있다. 또한 애플은 자사의 TV 셋톱박스

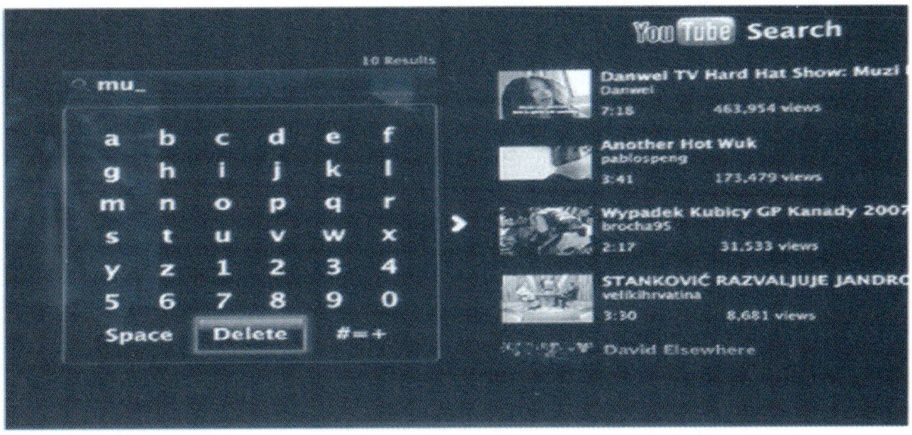

그림 13-4 ‹‹‹ Apple TV에서의 YouTube UCC 동영상 검색

로 YouTube 동영상을 TV화면에서 검색이 가능하도록 서비스(그림 13-4 참조)하고 있다.

한편, 방송통신 융합시대의 차세대 융합 콘텐츠로 3D 콘텐츠 산업이 활성화되고 있다. 미국 헐리우드는 오는 2010년까지 3D 콘텐츠로 제작되는 영화가 17편에 이르고 국내 일부 영화사도 입체영화 제작을 준비중이다. 오는 2011년까지 전세계 영화관 가운데 20% 정도가 3D 스크린으로 교체될 것으로 영화업계의 추산이다.

일본에서는 3D 방송이 상용 서비스에 들어가면서 3D 방송을 볼 수 있는 3D TV에 대한 관심이 높아지고 있다. 3D TV는 기존 2D TV와 달리 3D필터와 3D 영상을 구현할 수 있는 솔루션과 3D 안경 등이 필요하다. 현재는 3D TV를 보기 위해서는 3D 필터를 부착한 안경을 갖춰야 하지만, 머지않아 안경 없이도 볼 수 있는 3D TV가 나올 것으로 예상된다.

또한, 미국, 유럽, 중국, 일본 등 세계 30여 개국 670여개 사업자들이 IPTV 서비스를 실시하거나 도입중이며 전세계 가입자 수는 2007년 말 기준 1300만 명에 이르고 있다. 미국은 버라이존이 2005년부터, AT&T가 2006년부터 IPTV 서비스를 시작하였고 영국은 비디오 네트워크를 세계 최초로 서비스하였다. 프랑스는 2003년 프리텔레콤 서비스를 통해 400만 가입자에게 서비스를 제공하고 있다. 중국은 차이나텔레콤이 IPTV 사업자인 Shanghai Media Group(SMG)과 함께 IPTV 서비스를 보급하는 것을 필두로 데이터 방송과 STB 서비스를 제공하고 있다. 유럽은 TV-Bank, TV-Messaging, TV-Game, TV-Betting, TVCommerce 서비스 등 다양한 서비스 분야에서 데이터 방송 서비스를 제공하고 있다.

2) 방송통신 융합 콘텐츠 산업의 국내동향

2007년 5월 현재 국내 미디어 이용자 추세는 주문형과 이동형을 합쳐 1,200만 명을 넘어선 것으로 추산되고 있다. 이는 방송통신 융합시대의 콘텐츠 수요성과 사업성을 보여주는 예로, 다음(Daum)은 IPTV 사업에 뛰어드는 등 높은 부가가치를 창출할 수 있는 비즈니스 모델로 사업 영역이 확장되고 있다.

국내의 주요 방송통신 사업자들은 무선사업자의 위성 DMB 서비스 진출, 케이블 TV 사업자의 초고속 인터넷 서비스 제공, 주요 통신사업자의 IPTV 서비스 준비 등 방송통신 융합시대에 발빠르게 대응해 나가고 있다.

또한 곰 TV, 판도라 TV, 인터넷 동영상 포털(네이버, 다음 등), 아프리카 TV, 유팸 TV 등 다양한 형태의 인터넷 TV 서비스가 제공되고 있다. 하나로텔레콤은 2006년 7월부터 실시간 방송이 제공되지 않는 주문형 비디오(VoD) 서비스를 시작으로 지상파 방송의 재방송을 비롯한 실시간 방송 서비스 등 pre-IPTV 서비스인 하나TV를 상용화하였으며, KT도 2007년 7월부터 pre-IPTV 서비스인 메가TV를 본격적으로 서비스함으로써 본격적인 경쟁체제로 들어섰다.

또한 2008년 9월 KT, SK브로드밴드, LG데이콤이 사업허가를 취득하여 2008년 말부터 VoD 및 실시간 방송 등 IPTV 상용 서비스가 개시되었다. 케이블 방송사업자 역시 DV라는 브랜드를 내놓고 영화, 드라마, PPV 등의 서비스를 제공하고 있다.

그림 13-5 C-Cube 서비스 화면구성 사례

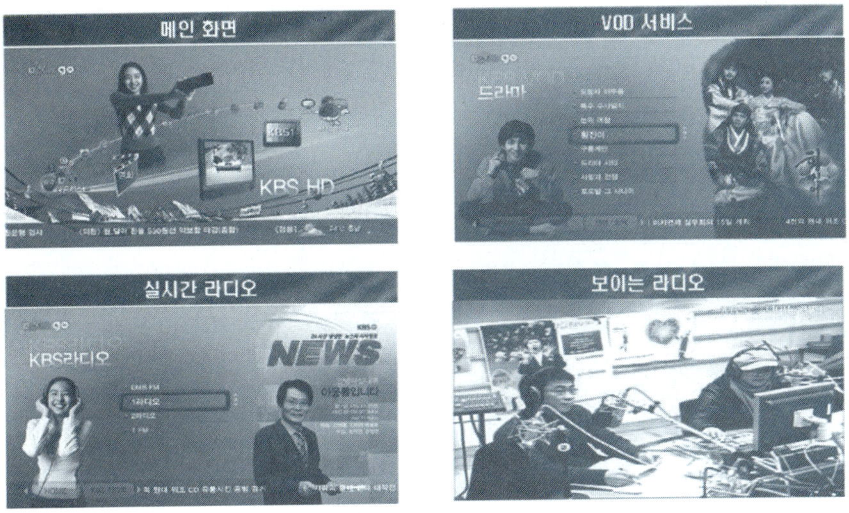

그림 13-6 ‹‹‹ Daum 서비스 화면구성 사례

2006년 11월부터는 당시 정보통신부, 방송위원회 공동으로 IPTV 시범사업을 추진하여 C-Cube(주관사 : KT), 다음(주관사 : 다음커뮤니케이션) 컨소시엄 등 2개 컨소시엄을 선정함으로써 방송통신 융합 서비스 제공에 필요한 초기 수준의 기술개발을 완료하고 약 340여 가구를 대상으로 다양한 IPTV 서비스를 성공적으로 제공하였다.

그림 13-5와 그림 13-6은 방송통신 융합 서비스의 화면구성 사례를 보여준다.

2. 방송통신 융합 콘텐츠 기술동향

방송통신 융합 서비스 환경에서 디지털 콘텐츠의 주요 특성은 양방향성(Interactivity)과 개인맞춤형(on Demand)이다. 소비자들은 인터넷 사용과정에서 이러한 양방향성과 개인맞춤형 서비스를 경험해왔고, 최근 웹 2.0 시대의 조류에 맞추어 직접 콘텐츠 생산에 참여하고 공유하는데 익숙해 있다. 이러한 소비자의 콘텐츠 이용 트렌드는 인터넷 영역을 넘어 TV 방송 영역으로까지 확대되고 있다.

1) 방송통신 융합 콘텐츠 기술의 해외동향

방송과 통신의 융합으로 국내외에서 HDTV 방송 콘텐츠의 고품질성과 인터넷의 양방향성 및 개인맞춤형이 융합된 실감적인 특성을 반영하는 차세대 융합 콘텐츠 원천기술 확보를 위한 연구가 진행되고 있다.

영국의 BBC에서는 맞춤형 방송기술을 위한 메타데이터 저작, 송출, 소비 및 이종 메타데이터 호환성에 대한 연구를 진행하고 있다. 또한 미국 CMU에서는 Multiview/Panoramic 서비스 기술을 연구하고 있으며 Adobe에서는 대화형 멀티미디어 및 데이터 서비스 기술 연구를 활발히 진행하고 있다.

IPTV, 3DTV, 세컨드라이프 등의 새로운 방송통신 융합환경에서 서비스될 차세대 3D 콘텐츠의 거대 신규시장을 선점하기 위한 연구 또한 활발히 진행되고 있다. 유럽연합의 ATTEST, 3DTV NoE 과제, BBC의 Prometeus 과제, NHK의 Multi-viewpoint HDTV 과제, MERL의 3DTV 시스템, MSR의 다시점 비디오 시스템 개발 등 많은 기초 연구들이 수행되고 있고 일본 NICT는 2006년 4월 홀로그램 디스플레이와 연계하여 2015년 "3D 입체영상 및 음향을 포함하는 오감 방송통신 실현"을 목표로 연구중에 있다.

일본에서는 국가차원에서 공감각 3DTV 및 UDTV(Ultra-Definition TV) 기술개발을 추진하고 있다. 2007년 말부터 일본의 후지 위성방송에서 Side-by-Side 포맷 입체영상을 이용하는 3DTV 방송을 하루에 약 15분씩 제공하고 있다.

한편, 유럽에서는 MOBILE3DTV 과제를 통해 이동방송 규격인 DVB-H에서 3DTV 콘텐츠를 서비스하기 위한 전체 방송 시스템 개발을 목표로 하고 있다.

다시점 3DTV 방송기술은 2002년부터 2년동안 수행된 유럽의 ATTEST 과제를 통해 3D 콘텐츠 획득, 부호화, 전송, 스테레오 및 다시점 영상생성 기술개발을 진행하였다.

2008년 2월부터는 고품질의 3D 콘텐츠 획득, 전달, 재생하기 위한 기술과 전달 데이터의 포맷을 정의하기 위한 3D4YOU 과제를 진행중이다.

한편, 2004년 미국 MERL에서 16개의 HD급 카메라로 다시점 동영상을 획득하여 프로젝터 16대 및 렌티큘라 스크린으로 제작된 다시점 3D 디스플레이를 통해 초당 12프레임 정도를 디스플레이할 수 있는 end-to-end 다시점 3DTV 시스템을 구현하였다. 일본에서는 2005년부터 총무성 지원하에 TV 화면에 나온 음식의 냄새를 맡을 수 있고, 상품의 촉감도 느낄 수 있는 공감각 입체 TV 기술개발을 추진중이며, 2007년 NTT, SONY, NHK 등 60여개 단체가 참여하는 URCF를 구성하여 기술개발을 진행중이다.

방송통신 융합환경에서는 제작자에 의해 일방적으로 제공되는 기존 영상 콘텐츠를 넘어 다양한 사용자 인터랙션을 지원하는 실사기반의 3D 콘텐츠의 제작·서비스를 위한 Full 3D 복원기술이 필수적이다. 미국에서는 Google Earth의 StreetView, Microsoft의 Photosynth 등의 정적환경의 3D 콘텐츠 서비스가 시작되었고, Stanford 대학 등에서는 도심 지역의 3차원 복원을 위한 프로젝트를 수행중이다. 미국 CMU와 영국 Surrey대학은 제한된 실내환경에서 다시점 영상을 이용하여 인체의 외형과 모션을 동시 복원하기 위한 기술을 연구중이고, Microsoft사는 일반적인 실내 환경에서 다시점 영상을 이용한 동적 환경의 깊이 영상추출 및 이를 기반으로 한 자유시점 영상기반 렌더링 기술을 연구중이다.

2) 방송통신 융합 콘텐츠 기술의 국내동향

한국의 TU미디어는 위성 DMB에서 side-by-side 포맷을 적용한 3DTV 위성방송 서비스 제공을 위해 TTA를 통해 위성 DMB 송수신 정합표준 개정을 추진하고 있으며, ETRI에서는 지상파 DMB와 위성 DMB에서 3D 입체영상을 서비스할 수 있는 방송기술을 개발하고 있다. MBC는 LG전자와 공동으로 지상파 DMB 데이터 서비스 프로토콜 중 하나인 MOT(Multimedia Object Transfer)를 이용한 '3D 정지영상 슬라이드쇼' 기술을 2006년에 선보였다.

3D DMB 기술을 개발중인 ETRI는 우선 2008년 상반기에 휴대용 컴퓨터(UMPC) 기반 3D DMB 시제품 테스트를 거쳐 하반기에 3D 데이터 시험방송, 2009년 하반기에 3D 데이터 상용방송을 진행한다.

한편, ETRI, KIST, GIST, 광운대, 삼성전자, LG전자 등에서 다시점 3DTV 방송을 위한 요소기술 개발 및 국내외 표준화에 적극적으로 참여하고 있다. ETRI에서는 2007년부터 무안경 개인형 3D 방송기술 개발과제를 통해 3D DMB 방송 시스템 개발 및 다시점 3DTV 요소기술 개발을 함께 추진하고 있고 GIST는 실감방송연구센터를 통해 실감방송에 필요한 여러 가지 요소기술 개발을 추진해오고 있다.

또한, ETRI는 2011년 세계 육상 선수권대회에서 인터랙티브 3D 콘텐츠 서비스 기술을 이용한 방송을 통해 시청자가 원하는 각도에서 원하는 3D 장면을 볼 수 있도록 직접 조정하여 방송을 시청할 수 있는 3D 방송 인터렉티브 기술을 개발중이다. 예를 들면 축구경기에서 특정 선수가 골을 넣었을 때 그 선수의 골 장면이 3D 영상으로 보이며 시청자가 앵글을 조정하면 원하는 각도에서 골장면을 자세히 볼 수 있도록 해준다.

또한 상상속의 캐릭터를 만드는 디지털 크리처 기술, 유체 시뮬레이션 기술, 비사실적 디지털 초상화 기술, 기능 확장형 렌더링 기술 등을 포함하는 영상제작 기술을 개발하고 있으며 게임엔진 기술, 가상현실 기술, 양방향 체험학습을 지향하는 u-러닝 콘텐츠 기술, 저작권보호 및 유통기술 등을 개발하고 있다.

03 방송통신 융합기술 및 콘텐츠 시장전망

1. 방송통신 융합기술 시장전망

세계적으로 방송통신 융합은 21세기에 있어 가장 중요한 산업 중 하나로 인식되고 있고 각국에서는 관련 산업의 육성과 기술개발에 이미 수년 전부터 많은 지원을 아끼지 않고 있다. 국내에서도 관련 기술개발과 산업의 육성이 선진국 대열에 진입할 수 있는 성장 동력으로 인식되고 있다.

국내에서는 다양한 신규 유형의 방송통신 융합 서비스를 통해 DMB, IPTV, WiBro 등 융합 서비스를 활성화하여 2012년 1조 5천억 원의 신규시장을 창출하고 방송통신 융합 분야에서는 1만 2천여 명의 신규 고용을 창출할 것으로 예상된다. 또한 최근 한국콘텐츠진흥원과 미국 내 3대 연예 및 저작권 에이전시인 윌리엄모리스와 한국 콘텐츠의 글로벌 시장진출 및 헐리우드 진출을 위한 상호양해각서를 체결하는 등 해외시장 진출도 활발하게 일어나고 있다.

이와 같이 디지털 방송과 유무선통신의 융합 환경에서 향후 5년간 미디어 환경은 급격한 변화가 예상되며, 인터랙티브 3D 기술이나 홀로그램 기술 적용과 같이 콘텐츠의 차별성을 부각시켜야 신규 시장의 활로를 열어줄 것으로 예상된다.

2. 방송통신 융합 콘텐츠 시장전망

1) 해외 디지털 콘텐츠 시장전망

세계 디지털 콘텐츠 시장의 규모는 2006년 2,560억 달러에서 2007년 2,985억 달러로 16.6% 성장했으며, 2012년까지 13.3%의 연평균 성장률을 기록하면서 5,565억 달러를 달성할 것으로 전망된다. 이 중에서 2012년 방송통신 융합기술에 해당하는 디지털 방송과 디지털 영상 시장규모가 2,468억 달러로 전체 디지털 콘텐츠 시장의 46.5%를 차지할 것으로 예상되고 있다. 표 13-1은 세계 디지털 콘텐츠 시장의 부문별 규모와 성장 추이를 나타낸다.

표 13-1 ‹‹‹ 세계 디지털 콘텐츠 시장의 부문별 규모 및 성장 추이

(단위 : 백만 달러)

구 분 \ 연도	2005	2006	2007	2008	2009	2010	2011	2012
디지털 콘텐츠	214,286	256,006	298,542	344,337	394,611	447,013	500,052	556,509
디지털 방송	58,079	68,438	79,595	92,515	110,445	126,775	146,617	165,393
디지털 영상	41,624	47,487	52,025	57,060	62,327	68,497	74,935	81,383

한편, 세계 디지털 방송시장 규모는 2012년까지 15.8%의 연평균 성장률을 기록하면서 약 1,654억 달러에 달할 것으로 전망되며, 아직 시장 초기 단계인 IPTV 시장은 2012년까지 연평균 55.1%의 급성장할 것으로 예상된다. IPTV 시범 서비스는 주요 서비스가 방송 콘텐츠로 IPTV 시장에서의 콘텐츠의 중요성은 매우 크다고 할 수 있다. 차세대 방송기술인 Full 3D 서비스가 보급될 경우 약 10% 이상의 시장창출 효과가 있을 것으로 기대된다.

표 13-2 ‹‹‹ 세계 디지털 콘텐츠 시장의 부문별 규모 및 성장 추이

(단위 : 백만 달러)

구분 \ 연도	2005	2006	2007	2008	2009	2010	2011	2012	CAGR
전 체	58,079	68,438	79,595	92,515	110,445	126,775	146,617	165,393	15.8%
디지털 TV	56,822	66,325	76,100	86,418	99,091	109,400	122,006	133,997	12.0%
IPTV	1,257	2,113	3,495	6,096	11,354	17,375	24,611	31,396	55.1%

표 13-2는 세계 디지털 방송시장의 규모와 성장 추이를 나타낸다.

2005~2008년 중국의 D-TV 시장규모는 약 3,651억원이었고, 콘텐츠 부분은 약 578억원이었다. 최근에는 중국은 정부 위주의 시장 전략을 민영, 외자 등 시장 자금의 참여형태로 추진중이어서 그 시장규모는 더욱 확대될 전망이다.

유럽에서는 TV-Bank, TV-Messaging, TVGame, TV-Betting, TV-Commerce 등의 사용자 참여형 콘텐츠를 통한 데이터 방송 서비스를 제공중이며 이 중에서 TV-Commerce 서비스는 매년 11.2%씩 전체 데이터 방송시장의 40%를 차지할 것으로 예측된다.

2) 국내 디지털 콘텐츠 시장전망

최근 국내 디지털 콘텐츠 시장은 약 6조 300억 원 규모로 전년 동기 대비 10.5% 성장했으며 전년도보다 시장규모가 12.8% 증가해 약 11조 2천억원 이상은 기록한다. 국내 디

지털 콘텐츠 산업은 2007년 10조원 규모에서 2012년 이후 16조원 규모 이상으로 연평균 10.1% 이상의 성장을 지속할 것으로 전망되어 당분간 높은 성장세를 지속하게 될 것이다. 이중 디지털 영상 및 디지털 방송은 각각 5,892억 원과 18,059억 원으로 급격히 성장할 것이다.

최근 국내 디지털 콘텐츠 산업은 비교적 안정적인 성장을 기록하였으나 게임업계의 M&A 이후의 부진은 아쉬운 부분으로 남아 있다. 그러나 하반기에는 IPTV의 실시간 방송시대 돌입과 DRM 해제 및 대형 포털의 음원 시장진출 등을 발판으로 11조원의 시장규모를 형성할 것으로 전망된다.

방송통신 융합 콘텐츠 서비스의 주요 관련 분야인 디지털 방송 분야는 방송통신 융합에 따라 IPTV 서비스가 상용화되었고, 모바일 방송도 위성 DMB 및 지상파 DMB 전국방송 등으로 방송 서비스 지역이 확대되는 등 시장규모가 더욱 커질 것으로 예상된다. 특히 디지털 방송시장의 콘텐츠 업종은 최근 약 26% 이상의 성장률을 기록했다.

IPTV 관련 산업은 2011년 이후에도 연평균 57%의 급격한 성장세를 구현하며 164억 100만 달러 이상에 이를 것으로 전망된다. 또한 IPTV가 기존의 VoD에 지상파 재전송을 포함한 실시간 방송, 교육, 금융거래, 검색, 채팅, 이메일 송수신, 게임 등의 다양한 분야의 콘텐츠 서비스를 제공할 수 있어 산업 파급효과가 막대할 것으로 기대되고 있다.

04 방송통신 융합의 멀티미디어 콘텐츠 기술

1. 방송통신 융합에 따른 멀티미디어 콘텐츠

1) 디지털 미디어 콘텐츠 보안

아날로그 콘텐츠의 경우는 노력과 시간이 소요되고 복제 회수에 비례하여 질이 저하되며 시간과 공간의 제약이 있던 반면, 정보통신기술이 발달함에 따라 생긴 디지털 콘텐츠는 신속하고 원본과 동일한 품질을 유지할 수 있고 인터넷을 이용하여 급속하게 전송할 수 있게 되었다.

아날로그 콘텐츠의 저작권 보호를 위해서는 법과 규제가 행해졌다면 신속하고 확산이 용이한 디지털 콘텐츠에서는 디지털 콘텐츠 보호기술을 이용하여 저작권을 보호해야 한다는 필요성이 제기되고 있다. 아날로그 방송에서는 노이즈 등으로 인한 화질 저하가 있고, 방송주파수 자원 사용효율이 낮은데다가 멀티미디어 데이터 서비스를 제공하는 데 어려움이 있었다.

하지만, 디지털 전송, 편집 기술의 발전으로 프로그램의 제작과 편집 및 전송과정에서의 신호의 열화를 개선하고, 디지털 압축, 복원, 저장 기술이 발전되고, 디지털 멀티플렉싱 기술과 인터넷망과 같은 양방향성을 제공할 수 있음에 따라 디지털 방송에서는 고화질/고음질이 실현되고, 다채널, 통합 데이터 서비스, PVR(Private Video Recoding) 등 부가기능이 추가될 수 있게 되었다.

이렇게 디지털 방송이 현실화되면서 미국에서는 디지털 지상파 방송 프로그램의 불법 복제 수단을 STB에 의무적으로 탑재하도록 하는 방송처리와 같은 디지털 콘텐츠 보호법안이 등장하게 되었다.

디지털 미디어 콘텐츠 보안기술은 크게 DRM(Digital Rights Management), CAS (Conditional Access System), 복사방지(Copy Protection)으로 구분할 수 있다.

DRM(디지털 저작권 관리)는 디지털 콘텐츠에 대한 지적 재산권을 관리하고 제어하기 위한 제반행위로서 암호화 기술을 이용하여 인터넷망의 VoD에 주로 사용되고, 실시간 방송 콘텐츠 보호영역으로 진화하여 무선 콘텐츠 보호에 사용된다.

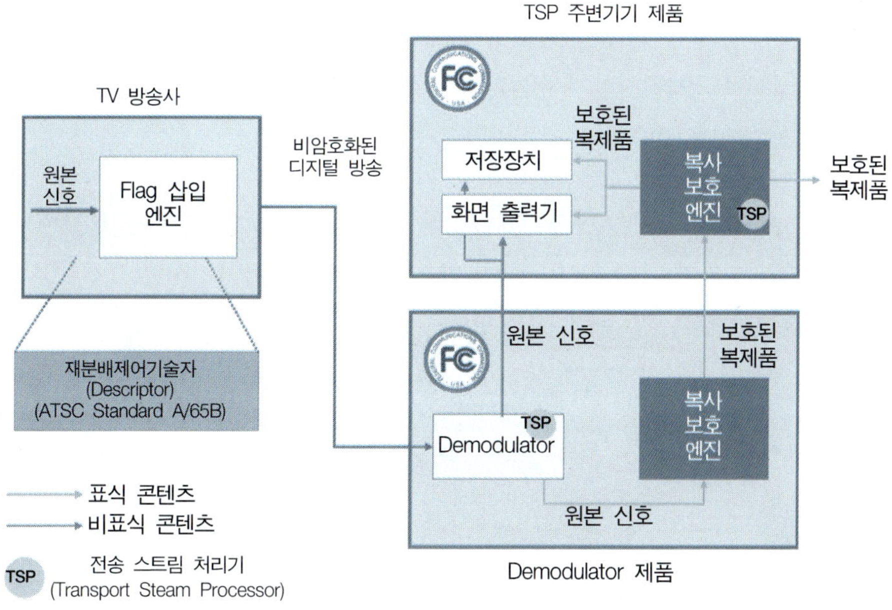

그림 13-7 ‹‹‹ 방송처리 동작도

3대 구성요소로 원본 디지털 미디어 콘텐츠 파일을 암호화하는 모듈인 DRM Packager, 라이센스를 발급하는 서버인 DRM 라이센스 서버, 라이센스를 이용한 암호화된 DRM 콘텐츠 복호화 수행 및 콘텐츠 사용권한을 감시하는 DRM Agent가 있다.

Sync 서비스 & 임베디드 DRM은 휴대용 단말기에서 다양한 DRM 콘텐츠 사용을 가능하게 해 주는 DRM의 일종이다.

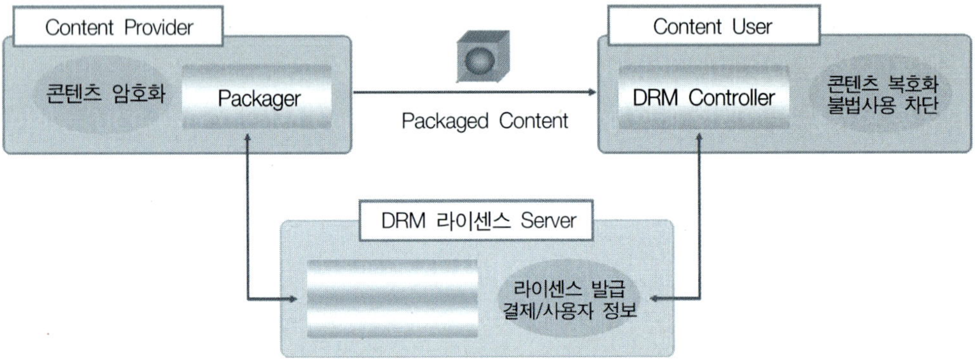

그림 13-8 ‹‹‹ DRM 3대 구성요소

이는 사용자가 PC에서 Sync Manager를 이용하여 DRM 콘텐츠 간 변환 작업을 수행하여 Sync Manager가 각사 DRM의 decryption 모듈과 Portable Device의 encryption module을 실행하고, PC는 Sync 서버로부터 콘텐츠 재생 권한과 Sync로 재암호화한 콘텐츠를 사용자가 PD로 전송, 사용자 PD의 Sync Decryption module이 사용권한에 맞게 복호 및 재생되는 원리로 작동된다.

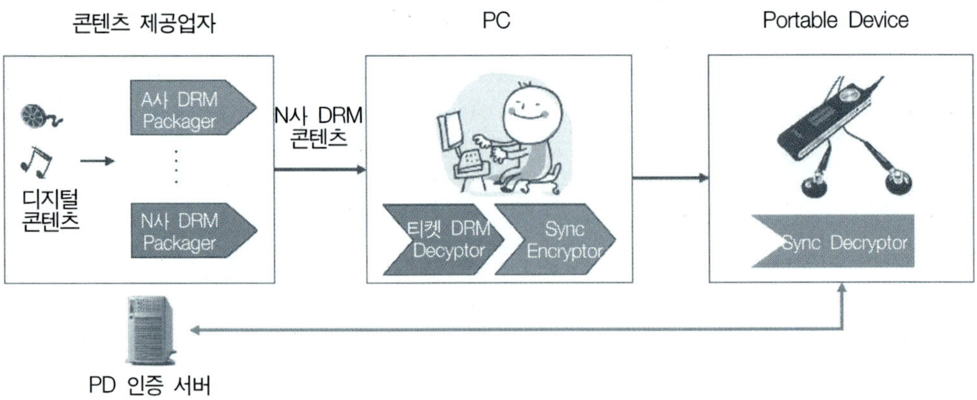

그림 13-9 ‹‹‹ Sync 서비스 & 임베디드 DRM 동작원리

표 13-3 ‹‹‹ 해외 DRM 솔루션 현황

회사명	주력상품	특 징
Microsoft	Yanus (WMRM 10.0)	WMRM의 일부 소스 코드를 공개하여 필요에 따라 컴파일하여 사용 운영체제에 독립적인 Device DRM
IBM	EMMS	일본의 음악 콘텐츠 보호의 선두 주자였지만, 현재는 한 걸음 후퇴. RealNetworks와 제휴하여 반격도모 % Electronic Music Management System
Real Networks	Helix	Windows Media 포맷과 애플의 퀵타임 지원 MS DRM, Apple DRM, Real Networkd DRM 호환성 지원
Sony	MagicGate/OpenMG OpenMG X 등	Microsoft와 디지털 가전의 분야에서 대항 PC에서 디바이스로 전송되는 미디어의 보호
InterTrust	Rights I System	1990년 설립된 InterTurst는 멀티플 디바이스와 OS를 통합하는 일반 DRM 플랫폼을 제공하는 회사로서 DRM 영역의 선도 기업 DRM 원천기술 보유회사로 소니-Philips에 매수(2002.12) DRM Framework, 보안성 강조, 사용자 편리성 취약, 시장진입 실패
Apple	Fairplay	애플 iPod 장치와 iTunes 뮤직 스토어를 연결하는 독자적인 DRM 타 디바이스나 웹 서비스와 연동 불허
Verimatrix	VCAS	KT 홈엔 사업에 적용

표 13-4 ‹‹‹ 국내 DRM 솔루션 현황

회사명	주력 제품	특 징
디지캡	Mobile DRM	WIPI 플랫폼용 DRM, OMA 표준에 기반
마크애니	DocumentSafer	문서 보안기술
	ContentSafer	멀티미디어 콘텐츠 보호기술
	WebSafer	웹콘텐츠 보호기술
실트로닉	RightSafer	멀티미디어 콘텐츠 불법복제 방지
	eDocuSafer	온라인 문서 보호기술
	CastSafer	방송용 콘텐츠 보호기술
코어 트러스트	Media Keeper	멀티미디어 콘텐츠 보호기술
	Software Keeper	ESD(Electronic Software Delivery) 구축 솔루션
	iTV Keeper	MPEG-2, VoD 및 멀티캐스팅 DRM
테르텐	MediaShell 등	멀티미디어, 문서, 소프트웨어 등 다양한 콘텐츠 유통 및 라이프사이클 관리
파수닷컴	Fasoo DRM Platform	통합 DRM 플랫폼을 기반으로 Enterprise DRM, Commerce DRM, Embedded DRM 다양한 분야
한마로	MediaRose	온라인 DRM 기술
	Handheld DRM	모바일 DRM 기술, OMA 표준(2.0) 지원

CAS(Conditional Access System : 수신권한 제어 시스템)은 스크램블링(Scrambling) 기술을 이용하여 시청자격이 있는 가입자만 시청할 수 있도록 권한을 부여하는 시스템으로서 인터넷망의 VoD 콘텐츠 보호영역으로 진화되고 있다.

복사방지(Copy protection)는 암호화 기술을 이용하여 장치간 전송 데이터, 저장 미디어(DVD)의 디지털 콘텐츠 보호에 사용되고 있으며 DTCP, HDCP, APS 등이 있다.

국내 DRM 표준화 활동을 보면 상용화된 DRM은 많으나 호환성이 없다. 따라서 DRM 간 데이터 교환을 위한 상호 연동이 가능한 인터페이스 규격을 제정하는 것이 필요하며, EXIM 기술규격 표준화를 추진중에 있다. 이러한 디지털 미디어 콘텐츠의 보안기술 트렌드와 발전 방향을 살펴보면 표 13-5와 같다.

표 13-5 ‹‹‹ 디지털 미디어 콘텐츠 보안기술 표준

기술 분야	표준단체	기술 내용	현재 상태
DRM	MPEG-21	범용적으로 사용할 수 있는 DRM framework 표준 개발	진행중
	DMP	DRM의 정책 및 기술사양 표준을 마련하기 위한 프로젝트 형태의 포럼	진행중
	OMA DRM	모바일 환경에서 사용될 수 있는 DRM 기술사양 개발 Open Mobile Alliance	진행중
	CPTWG (www.cptwg.org)	DVD, 디지털 방송 콘텐츠의 불법복제 방지기술 표준화 MPAA, CEMA, ITA 등의 Copy Protection 기술자들이 주도 Content Protection Technical Working Group	진행중
	ISMA (www.isma.tv)	IP상에서 오디오, 비디오와 같은 스트리밍 공개 규격 작성 Internet Streaming Media Alliance	진행중
	CORAL (http://www.coral-interop.org/)	삼성전자를 비롯해 HP, 인터트러스트, 필립스, 마쯔시타, 소니, 폭스영화사 등 7개사가 ‘코럴(Coral) 컨소시엄’ 결성 이기종 DRM 간에도 서로 호환되는 공개 표준화 규격 제정 추진	2004.10.4 ~
CAS	DVB CPCM	유럽 방송표준으로 사용될 수 있는 방송 콘텐츠 보호기술 사양 개발 Copy Protection and Content Management	
	ATSC CAS	디지털 지상파 방송의 수신권한 제어기술	
복사 방지	5C DTCP	IEEE 1394 등의 디지털 인터페이스를 통해 전송되는 디지털 콘텐츠의 불법복제 방지기술 DTCP : Digital Transmission Content Protection; 5C: Hitachi, Intel, MEI, Sony, Toshiba	
	4C CPRM	저장매체의 불법복제 방지기술 ; CPRM : Content Protection for Recordable Media) ; 4C: IBM, Intel, MEI, Toshiba	
	HDCP	DVI, HDMI 등의 디지털 인터페이스를 통해 디지털 디스플레이로 전송되는 디지털 신호의 불법복제 방지기술	
	OpenCable CPT	디지털 케이블 방송의 복제 방지기술	

방송통신 융합의 근간은 디지털 기술의 발전으로서 서비스가 융합되고 보호기술이 융합되는 것이 그 요체라 할 수 있다. 하지만, 국내에서는 보호기술이 미흡한 부분이 있는 것이 사실이다. 적극적인 보호방법으로는 불법 콘텐츠 사용자 추적기술(Forensic Tracking)이 있는데, DRM 콘텐츠 재생 시점에 사용자 정보를 기록하여 유출된 콘텐츠를 분석하여 공격자를 추적하는 기술이지만 콘텐츠 사용자를 범죄시하는 등 비윤리성이 내포되어 있고, 실시간으로 사용자 정보를 워터마킹 기술로 기록해야 하는 등 구현에 많은 어려움이 있다. 방송통신 융합으로 양방향 데이터 서비스에 대비하여 독자 CAS 기술개발이 필요하며, DTV 시대에 대비하여 HDCP 등 콘텐츠 복사를 방지하는 기술에 대한 연구가 필요하다.

2) 디지털 콘텐츠 식별체계

디지털 콘텐츠 식별체계는 온라인 인터넷 또는 오프라인상에서 유통될 수 있는 콘텐츠에 대하여 유일하고 영구적으로 관리할 수 있는 고유번호와 관련 메타데이터를 등록하여 체계적으로 관리하므로, 저작권을 보호하고 유통경로를 추적하며 인터넷 이용자가 쉽고 편리하게 원하는 콘텐츠를 구매하거나 무료로 이용할 수 있는 환경을 제공할 수 있다.

디지털 식별체계에 대한 필요성은 상대적으로 인터넷 환경에서 저작권 보호가 일찍이 문제화되었던 국제 출판계에서 먼저 제기되어졌으며, 1994년 미국 출판협회는 온라인 출판물의 저작권 보호 및 유통경로 추적을 위해 DOI(Digital Object Identifier)를 제안하게 되었으며, ISBN과 같은 오프라인 출판물 식별번호에 대한 DOI의 활용을 지원한다.

미국의 CNRI(Corporation for National Research Initiatives)는 일반 인터넷 이용자가 DOI를 사용하여 편리하게 원하는 온라인 출판물의 정보 및 해당 출판물 콘텐츠에 접근할 수 있는 DOI 변환 시스템인 Handle System을 개발하였으며, 이를 계기로 국제 DOI 재단인 IDF(International DOI Foundation)을 설립하여 국제표준화 작업을 추진하게 되었다.

국내외에서 DOI 외에 일본의 CID(Content IDentifier), 정보사회진흥원의 UCI(Universal Content Identifier), 문화콘텐츠진흥원(KOCCA)의 COI(Content Object Identifier), KISTI의 KOI(Knowledge OI), 기술표준원의 SOI(Standard OI) 등과 같은 다양한 디지털 콘텐츠 식별체계가 정의되어 활용되고 있다. 디지털 콘텐츠 식별체계는 식별 대상을 고유하게 식별하게 기능과 URN(Uniform Resource Name) 변환(Resolution) 서비스 기능이 결합되어 온라인 인터넷 환경에서 다양한 서비스를 제공할 수 있다.

(1) URN

- 인터넷상의 디지털 콘텐츠에 접근하기 위한 기존의 방법은 www.mic.go.kr과 같이 인터넷 주소를 의미하는 URL(Uniform Resource Locators) 체계를 사용하고 있으나, 이와는 별도로 각각의 디지털 콘텐츠를 식별하여 유통하기 위해서는 디지털 콘텐츠별로 영구적이고 유일한 식별자를 부여해야 하는데 이를 URN (Uniform Resource Names)이라고 한다.
- URN은 urn:uci:g113++i300-9999912345와 같이 시스템이 인식하는 일련의 숫자와 알파벳의 조합으로 구성되며, 상품의 바코드가 상품의 생산연월일, 가격 등의 다양한 정보를 포함하는 것과 같이 해당 디지털 콘텐츠의 제작자, 제작연월일, 장르 등의 다양한 정보(메타데이터)를 포함하는 체계이다.

표 13-6 ‹‹‹ 디지털 콘텐츠 식별체계의 적용분야

식별체계	관리기관	비 고
UCI (Universal Content Identifier)	한국정보사회진흥원	디지털 또는 실물 자원
COI (Content Object Identifier)	한국문화콘텐츠 진흥원	저작권 등 문화 관련 콘텐츠
KOI (Knowledge Object Identifier)	한국과학기술 정보연구원	학술 관련 콘텐츠
SOI (Standard Object Identifier)	기술표준화	국내외 표준 관련 콘텐츠
NID (Name Identifier)	이만 GNS(민간)	이름으로 접근할 수 있는 인터넷 자원
DOI (Digital Object Identifier)	IDF(미국 중심)	출판(ISBN, ISSN) 관련 콘텐츠
CID (Content Identifier)	cIDf(일본)	디지털 동영상 관련 콘텐츠

디지털 식별체계는 서비스 영역이 인터넷을 기반으로 한 온라인 환경이므로 전세계적으로 고유한 식별자가 발급되도록 관리해야 한다. 국제표준화기구인 IETF/IANA와 MPEG-21 DII RA에서 국제적 활용을 위한 식별체계의 네임스페이스 등록관리 기능을 제공하고 있으며, IETF에 신청한 URN 관련 ID는 최종적으로 등록과정이 완료되면 IANA에서 관리되고 있다.

대부분의 디지털 식별체계는 식별대상과 관련된 ISSN, ISBN 등과 같은 오프라인 코드와의 호환성을 제공하며 식별 메타데이터 내에 관련된 오프라인 코드를 함께 관리한다. 또한, 디지털 식별자를 발급하는 기관을 등록 관리기관 혹은 RA(Registration Agency)라고 하며, RA 기관은 한번 발급된 식별자는 영구히 관리하게 된다.

디지털 식별체계는 식별 대상을 식별하고 관리하기 위해 식별자를 발급할 경우 식별체계마다 고유하게 정의된 식별 메타데이터를 등록하여 식별자와 함께 관리하며, 디지털 콘텐츠 식별자와 함께 관리되는 메타데이터에 포함된 정보를 사용자에게 제공하거나 메타데이터 내에서 관리하는 해당 URL 정보로 이동하는 변환 서비스를 제공한다.

국내에서는 추진되고 있는 디지털 식별체계로는 UCI와 COI를 들 수 있다.

표 13-7 <<< 디지털 콘텐츠 식별체계 해외동향

기 관	내 용
IDF	DOI(Digital Object Identifier)를 개발하여 실제 적용하고 있으며, 전세계적으로 7개의 RA와 천만건의 콘텐츠를 확보하고 있음
cIDf	일본의 NTT Docomo 주도로 개발되었으나 실제 적용은 미미한 실정이나 기술적으로는 상당수준에 있음
IETF	URN 프레임워크, DDDS변환 구조, IANA와 namespace 협력 등 기술적 작업을 위주로 활동 전개
MPEG-21	디지털 콘텐츠 프레임워크 제정을 목표로 하는 세계적인 표준화 기구로써 최신 유통기술 확보 및 표준화, 디지털 콘텐츠 식별체계도 한 부분으로 포함되어 있음
TV-anytime 포럼	디지털 방송 플랫폼 표준 제정을 목표로 하여 CRID라는 자체 식별체계를 제정하여 사용
DMP	디지털 미디어의 본격 유통표준 제정을 위한 사설 기구로써 실세계의 디지털 미디어 이용 저해 요인에 대한 제반 기술적 · 정책적 해결방안 제시

(2) UCI

식별 가능한 자원의 유통과 활용을 위하여 유일한 코드를 부여하고 이를 관리해 주는 체계 및 기타 식별체계 간의 연계표준으로서 2003년 정보사회진흥원에서 독자 개발하였다. UCI(Universal Content Identifier)는 식별체계 구성요소인 구문구조, 메타데이터, 운영절차가 유기적으로 연계되어 있으며, UCI가 구현된 시스템 및 이를 활용한 DRM, 웹 서비스, 거래인증 등의 UCI 응용모델까지 넓은 의미의 UCI로 간주한다.

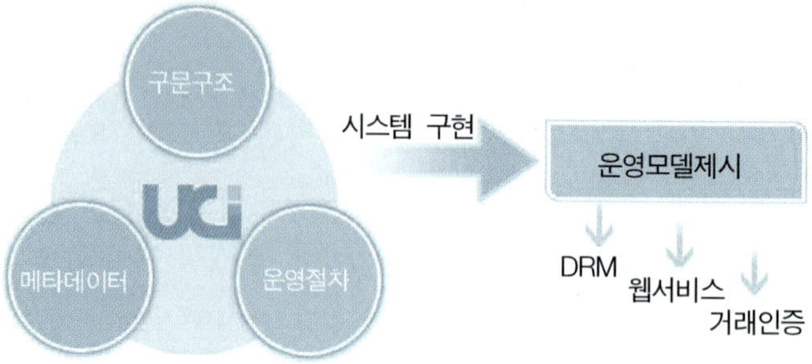

그림 13-10 UCI 개념도

UCI 운영 및 등록기관은 주무부처는 정보통신부로서 2000년부터 "국가 URN 기반 구축사업"을 통해 UCI 개발하였다. 운영기관은 한국정보사회진흥원(u-비즈니스팀)이며, 2005년 UCI 적용 시범사업을 추진하고 있으며 KISTI, SBSi, 하나로드림에 UCI체계 적용 및 100만 건을 등록했다.

추진경과는 다음과 같다.

- 2000년 : 정보화지원사업(정책과제)로 식별 시스템 구축사업 진행(DPC)
- 2001년 : 경제정책조정회의에서 정통부와 문광부간 역할분담 합의
- 2002년 : 온라인디지털콘텐츠산업발전법 제정, 공포 한국전산원을 디지털 콘텐츠식별 시스템 운영기관으로 지정
- 2003년 : 독자적인 UCI 식별체계 개발 완료
- 2004년 : KISTI, KTH 등 6개 기관을 대상으로 식별 시스템 시험운영 관련 특허출원
- 2005년 : 총괄시스템 고도화 및 시범적용사업 실시
  IETF Informational 표준제정 완료(RFC4179)
  콘텐츠 유통 표준기구 DMP(Digital Media Project) 표준채택

UCI의 특성을 보면 전 세계적으로 유일한 식별자가 적용되는 포괄성(Global scope)이 있고, 동일한 식별자가 부여될 수 없는 유일성(Global uniqueness), 기존 식별자 ISBN, ISSN, DOI 등이 수용 가능한 호환성(Legacy support), 해당 URL 또는 다른 연결 정보로 변환 가능한 변환성(Resolution), 기존 URN 기반 식별체계의 필수 메타데이터와 상호운용성이 보장되는 상호운용성(Interoperability)을 들 수 있다.

또한, UCI의 모든 이용자들에게 공개를 원칙으로 하는 공개성(Publicity), 총괄기구, 등록관리기관, 등록자 세 단계로 구성되어 구조적 계층성(Hierarchical structure)이 있고,

UCI 부여는 서로 동일한 작품의 다른 디지털 개체에는 다른 UCI를 부여하는 다형성(Polymorphism), UCI 식별 메타데이터에서 한정 코드는 정확성을 보장해야 하나 부가적인 정확성 없이도 그 메타데이터의 의미 파악이 유용한 Dumb Down 원칙을 추구하는 상속성(Inheritance) 등을 UCI의 특성으로 볼 수 있다.

Dumb Down 원칙은 하위요소가 있는 메타데이터와 하위요소가 없이 여러 개 반복된 값을 가진 메타데이터를 매핑시, 상위요소(TOP Level) 하나에 열거식으로 의미 없이 값을 나열하는 것을 말한다.

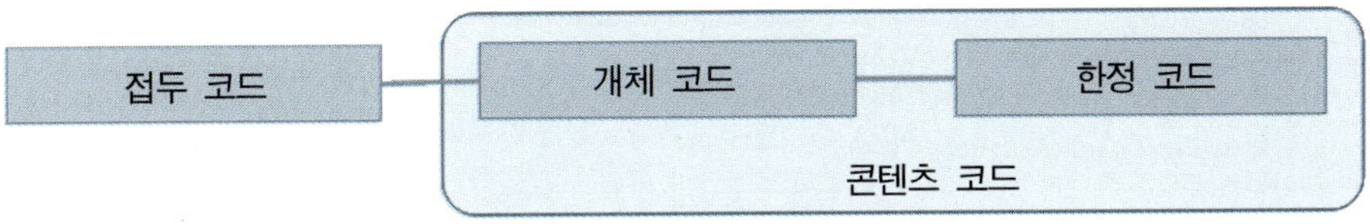

그림 13-11 ‹‹‹ UCI 구문 구조

표 13-8 ‹‹‹ UCI 구문내용

접두 코드 (prefix code)	• 구문구조의 가장 앞에 붙는 코드로 식별체계의 관리 구조와 관련되어 있는 필수사항 • RA코드, 하부 RA코드, 등록자 코드 등이 입력 ※ RA코드는 R(지역), G(장르), I(기관)로 구분하여 개별번호 부여
개체 코드 (instance code)	• 기존 식별체계를 그대로 사용할 수 있으며, 유일성을 보장하는 범위내에서 자체적으로 부여하여 관리가 가능한 필수사항
한정 코드 (qualifier code)	• 디지털 콘텐츠 형태상의 변화가 생길 경우 이를 관리하기 위한 수단이며 선택사항

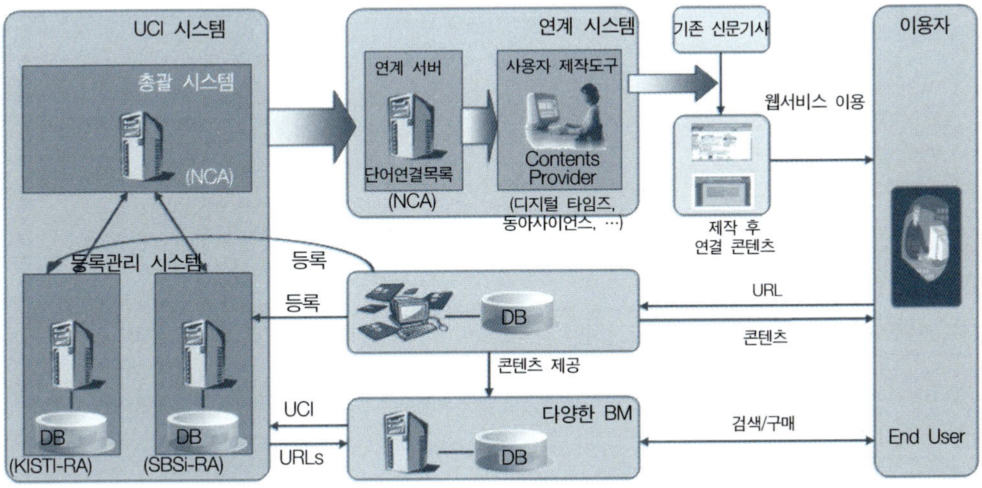

그림 13-12 ‹‹‹ UCI 서비스 개념도

표 13-9 ‹‹‹ COI 운영 및 등록기관(RA)

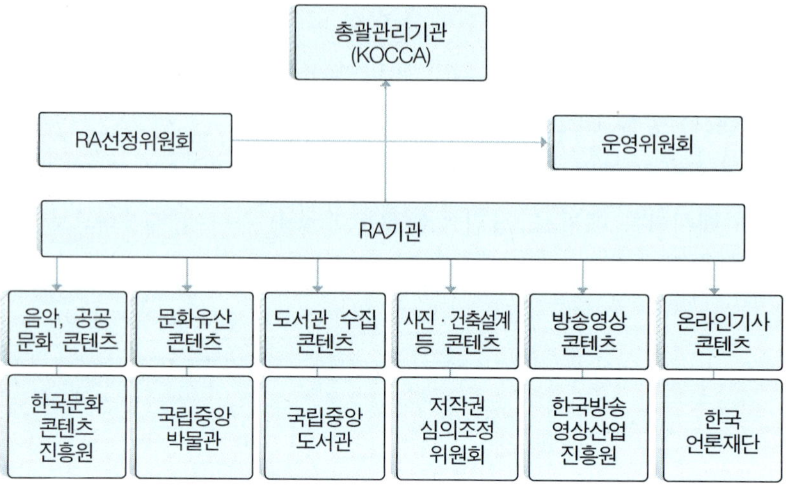

예로 G100:I100-koi(25895860958) : 과학기술분야 KISTI(G100)의 하부 RA 중 하나인 인물정보DB센터(I100)에 등록된 정보이다.

(3) COI

디지털 문화콘텐츠의 저작권 관리를 체계화하고 투명한 유통을 도모하기 위해 문화관광부에서 표준화한 식별체계로서, 디지털 문화콘텐츠에 부여되는 고유한 인식코드 또는 이를 관리하는 체계를 말한다. COI(Content Object Identifier) 운영 및 등록기관(RA)은 주무부처가 문화관광부이고, 한국문화콘텐츠진흥원(KOCCA)이 운영기관으로 되어 있다.

표 13-10 ‹‹‹ COI 식별대상 유형

유 형	예
추상적인 창작정보를 식별	작사, 작곡, 소설, 시나리오
연주, 가창, 공연과 같은 창작물을 표현하거나 실연하는 것	라이브 등 연주 행위
온라인 환경에서 유통할 목적으로 디지털 파일 형태로 고정된 저작물	MP3, 영화, 동영상, PDF
오프라인에서 유통될 수 있는 매체에 고정된 저작물	음악 CD, 영화, DVD, 도서
실물 저작물 범주에 속한 수많은 저작물 객체	제작 일련번호가 부여된 타이틀

COI 구문구조는 그림 13-13과 같이 Prefix 부분에서 COI 운영정책상의 Naming Authority 체계를 반영하고, Suffix 부분에서 식별대상에 부여하는 고유성 및 식별성 부분을 반영하는 구조로 되어 있다.

그림 13-13 ‹‹‹ COI 구문 구조

표 13-11 ‹‹‹ COI 구문 내용

COI 고유번호	식별체계 COI를 식별하는 고유번호
RA 번호	RA기관에 부여한 고유번호
서비스 번호	동일한 RA 기관에서 제공하는 응용 서비스를 구별하는 고유번호, 서비스별로 응용 메타데이터의 내용과 Resolution 서비스 결과 형태가 달라질 수 있음
등록자 번호	COI 식별자를 RA기관에 발급 요청하고 관련 메타데이터를 제공하는 기관 또는 개인의 고유번호
일련 번호	RA기관이 자유롭게 부여하는 식별 대상의 고유일련 번호

Prefix 부분에서 RA기관 응용 서비스 관리 기능을 반영하는데, 총괄관리기관의 관리 범위를 RA기관의 응용 서비스 단계까지 확장한 것으로서, RA기관의 응용 서비스별 메타데이터의 정의체계 수립하고 응용 서비스별 변환 서비스를 차별화하는 수단을 제공한다.

3) 콘텐츠 차단 서비스

P2P, 웹하드, 메신저 등의 기본사상은 사용하고 있지 않은 PC의 CPU 및 디스크를 공동으로 사용하여 정보를 빠르고 안전하게 가공 및 공유하는데 있지만, 현실적으로는 유해정보의 유통 통로로 이용되고 있어 폐해가 증가하고 있다.

최근 유해정보 유통의 다양한 패러다임은 유료인 웹(www)에서 무료인 P2P, 웹하드, 메신저로 전환하고 있으며, 그 사용량은 계속 증가추세에 있다.

유해 콘텐츠의 확산은 청소년 Sex 중독 등의 심각한 사회문제로 대두되고 있고, 문화콘텐츠의 불법유통으로 인해 지적재산권이 침해되고 콘텐츠 관련 사업이 붕괴되는 등 콘텐츠 산업의 커다란 장애물로 자리하고 있다. 또한 현상까지 일어나고 있다.

이런 불필요한 트래픽이 인터넷 사업자의 Bandwidth를 대다수 점유하여 다른 건전한 목적의 네티즌의 인터넷 사용을 침해하고, ISP의 통신장비를 증설하게 하여 예산을 낭비하고 있다.

이러한 불법 및 유해 콘텐츠의 유포 및 사용에 대한 법적 근거 마련으로 본격적인 차단과 단속이 가능하지만, 이는 불법 및 유해 콘텐츠 사용자의 식별기술 및 트래픽에 대한 차단기술이 있어야 효과를 볼 수 있다.

이러한 기술을 구현하는 서비스로는 모든 트래픽을 검색 및 서비스 카테고리별 트래픽을 구별하고 구별된 트래픽 중 불법 콘텐츠 DB와 비교 차단 요청한 불법 콘텐츠를 다운로드하고 있으면 필터링하여 구현할 수 있는데, 불법 및 유해 콘텐츠의 폐해를 막고, 콘텐츠 산업의 보호를 위해 보다 적극적으로 도입을 검토해야 할 것이다.

제14장 미래의 방송통신 융합

01 방송통신 융합 2.0

현재의 방송통신 · 인터넷이 융합 · 연계되고 있는 상황은 방송통신 융합 1.0환경으로 본다. 그리고 미래 차세대의 사물 인터넷, 시간망, 공간망이 동기화되어 탄생할 새로운 디지털 미디어의 생태계를 방송통신 융합 2.0으로 본다.

새로운 네트워크 혁신이 방송통신 융합 2.0시대의 미디어 빅뱅을 선도하는 심층기반(Deep Infrastructure)으로 보고 차세대를 목표로 하는 방송통신 융합대국의 기본전략을 제시하는데 있다. 네트워크, 컴퓨팅, 인프라의 관점에서 각각 중장기적 발전방향을 서술하고 이 과정을 통하여 만물지능 네트워크(AToN : All Things on Network)의 선제적 구축 필요성을 제안함과 동시에 방송통신 융합으로 진입하는데 요구되는 '만물지능 통신망' 개념과 구축전략 그리고 정책 방향성 등을 서술한다.

만물지능공간은 사물 인터넷이 발전된 개념으로서 차세대 방송통신 융합의 연장선상에 있다. 만물지능공간은 인간과 만물의 지능이 공명, 통섭되는 공간을 만들고 인간에게는 전지전능하고 무한한 가능성을 제공해 줄 것이기 때문에 오늘날의 관점에서 보는 어떠한 네트워크에서도(Any network) 콘텐츠 캐스팅(Contents casting)이 가능한 것 중심의 방송통신 융합 서비스 공간과는 다르다. 차세대 방송통신 융합 시대를 만들어가는 만물지능공간 개발의 다차원적 맥락은 표 14-1에서 정리된 바와 같이 열가지 차원에서 검토해 볼 수 있다.

먼저 통신 차원에서는 2차원 통신에서 3차원 통신으로 3차원 통신에서 '4차원 통신'으로 전이될 것이며 정보통신 대상은 사람에서 기계(컴퓨터, 통신 및 전자기기 등)로, 기계에서 다시 사물로 그 대상이 확장되는 과정을 의미한다.

2차원 통신은 양자간의 음성과 같은 정보를 수 · 발신하는 차원이며, 3차원 통신은 2차

표 14-1 방송통신 융합 2.0 시대의 국가전략과 만물지능 공간개발

구 분	방송통신 융합 이전	방송통신 융합 1.0	방송통신 융합 2.0
차원	2차원 통신(X, Y)	3차원 통신(X, Y, Z)	4차원 통신(X, Y, Z, T)
대상	사람×사람(P×P)	사람×기계(P×M)	사람×기계×사물(P×M×T)
가입자망 속도	K/Mega bit (이동 수천 Kb)	100Mega bit (이동 수십 Mega)	1~10Gign bit (이동 수백 Mega 이상)
정보속성	음성 및 데이터 통신 (Communication)	디지털화한 모든 정보 콘텐츠(Contents)	인간과 만물들 간의 실시간 상황(Context), 최적 해
네트워크	정보통신망(PSTN, ISDN)	광대역 방송통신 융합망 (BcN)	만물지능 네트워크 (All Intelligent Things Network)
서비스	정보통신 서비스	방송통신 융합 서비스	만물지능공간 서비스
웹 환경/미디어	정보통신×PCWeb 1.0	방송×통신×인터넷 Web 2.0/Web blog	만물지능 미디어 Web 3.0/Brogiect
단말	전화, PC, 휴대전화	100억개 단말환경	1조개 단말환경
기술범위	Only IT	Advanced IT	IT×NT×BT×CT×GT
가치사슬	Communication casting as a Services	Contents casting as a Services	Context casting as a Services
공간개발	정보처리/교환 공간 Space of Networking 폐쇄적 사적 공간	가상공간 Space of convergence 참여적 공유 공간	만물지능공간 개발 Space of Intelligent Govemance 공명/통신적 공간
효과	의사소통 증대 정보처리와 공유	지식의 유통과 혁신 디지털 경제 창출	인간과 만물의 상생, 통신 글로벌 국가 과제 해결
비전/ 국가전략	• 컴퓨터 잘하는 나라 • Cyber Korea • e-Korea	• 방송통신 융합 초일류 국가 • Bcn 선도국가 • u-Korea	• 만물지능 네트워크 선도국 • 만물통섭 사회 실현 • Conseilience IT Korea

원 정보에 3차원의 가상공간 정보가 연계된 정보를 수신·발신하는 차원이며, 4차원 통신은 3차원 정보에 실시간은 물론 과거와 미래의 시간이 결합된 정보를 수신·발신하는 통신을 말한다.

예를 들어 4차원 통신은 어떤 사람의 현재 혈압이 위험상황에 처해 있는 것이 실시간으로 감지된다면, 동시에 그의 과거병력에 대한 히스토리 정보들이 실시간으로 추적·분석되며 다음으로는 그의 미래 건강상태 변화예측 및 응급조치를 하는데 있어 앞으로 일어날 가능성이 있는 시나리오별로 관련된 상황정보를 수집, 통합, 시뮬레이션하여 중요한 의사결정에 필요한 모든 상황판단이 이루어지도록 하는 것을 말한다.

만물지능 네트워크 기반 방송통신 융합 2.0 시대에 가입자망에서 네트워크 속도가 수

십 기가비트 수준으로 제공되며 정보의 주요 속성은 인간과 사물, 공간 등 만물들 간의 실시간 상황정보 및 최적의 솔루션 정보가 될 것이다.

실시간 통신, 미디어 콘텐츠, 상황정보의 수발신을 처리하고 이를 활용하여 이용자에게 개인화된 컨시어지형 지능 서비스를 제공하기 위해서는 BcN에서 ATcN(All Intelligent Things Network)으로의 망 진화가 요구된다. 즉 만물간의 지능적 통섭을 실현하는 망으로서의 만물지능 네트워크로의 전환이 있어야 한다.

또한, 방송통신 융합 2.0 시대에 있어서는 상황에 기반한 지능미디어가 출현하고 Web 3.0 체제가 실현될 것이다. Web 3.0은 지식과 상황정보의 탐색에 있어 지능성이 극대화되고 만물들 하나하나가 인터넷을 기반으로 '사물 블로그(Blogject)'의 주체가 되도록 해 줄 것이다.

또한, 네트워크 말단에 연결되는 단말/디바이스는 무선 네트워크의 확산과 퍼베이시브화(Pervasive), 임베디드화(Embedded), 임플란트(Implant)화가 급속히 진행됨으로써 방송통신 융합 2.0 시대에는 인간의 삶이 1조개 단말에 둘러싸여 영위될 것이다. ICT에 융합되는 기술범위는 지식의 통섭이 거의 모든 기술영역으로 확장되어 거의 제한이 없어지고 그럼으로써 ICT의 문제해결 역량과 가능성은 그 만큼 커질 것이다. 지능적 상황중심의 만물통섭은 상상을 초월하는 다차원 가치사슬망의 티핑(Tipping)을 가져올 것이다.

공간개발 관점에서는 방송통신 융합 이전의 경우는 네트워크 용량이 공간 그 자체이며 통신 당사자간의 폐쇄적인 공간이었다. 방송통신 융합 1.0 시대의 공간은 정보생산자와 소비자 간의 참여가 활성화된 가상공간이며, 방송통신 융합 2.0 시대는 가상공간과 현실세계간의 지능연계 체계와 이를 전 국가가 사회적으로 운용하는 컨버전스가 확립되어 인간과 사물, 사물과 사물 등 만물 간의 공명, 통섭이 이루어지는 공간을 개발하고 활용하게 된다.

디지털 혁명과 IP 기술의 침투로 네트워크 기능이 더욱 고도화되고 있다. 다양한 환경하에서 다중융합 서비스(MPS : Multiple Play Service)는 물론 실감화, 지능화, 개인화라는 새로운 방송통신 수요도 우리 생활 속으로 파고들고 있다.

머지않아 유선망을 기반으로 3중 융합 서비스(TPS : 전화, 인터넷, 방송)뿐만 아니라 이동통신 인프라와 연계한 4중 융합 서비스(QPS : Quadruple Play Service) 등으로 고도화될 전망이다.

또한 이용자는 IPTV 기반의 학습, 의료 등 융합 서비스로 다양한 멀티미디어 콘텐츠 및 응용 서비스의 기반을 제공하는 SoTV(Service over TV)의 혜택도 누릴 수 있게 되고 있다. 방송통신 융합 환경에 따른 다매체, 다채널, 대용량 콘텐츠 소비 등에 대한 이용자의 관심 증대에 따라 고품질 실감형 서비스도 출현을 기다리고 있다.

그러나 2020년을 시계로 하는 미디어 대융합의 세계는 단순히 방송, 통신, 인터넷, 신문 등 개별 미디어의 융합(Media Confluence)에 머무르지 않는다.

두 줄기 강물이 두물머리에서 서로 만나 큰 강물이 되어 도도히 흘러가듯, 디지털 컨버전스의 심화와 네트워크의 완전 IP화 등을 기반으로 방송과 통신 그리고 신문은 서로 합류되어 새로운 융합 콘텐츠 기반의 복합 미디어 생태계를 만들어내고 있다. 그리고 다시 커뮤니케이션의 대상은 '사람들의 네트워크'에서 '사람 · 사물의 모든 네트워크'로 바뀌고 '언제든지 연결된다'에서 '언제나 연결되어 있다'로 지금까지의 네트워크의 상식을 뛰어넘는 방향으로 진화를 가속화하고 있다.

2008년 4월 미국의 국가정보위원회(NIC)는 2025년까지 다양한 분야에서 미국의 국가경쟁력에 영향을 미칠 수 있는 6대 와해성 기술, 즉 와해성 기술이란 정치, 경제, 군사 기타 사회적 측면 등 다양한 분야에서 국가 경쟁력에 위협이 될 수 있거나 혹은 국력신장에 기여할 정도로 파급효과가 큰 기술을 의미한다.

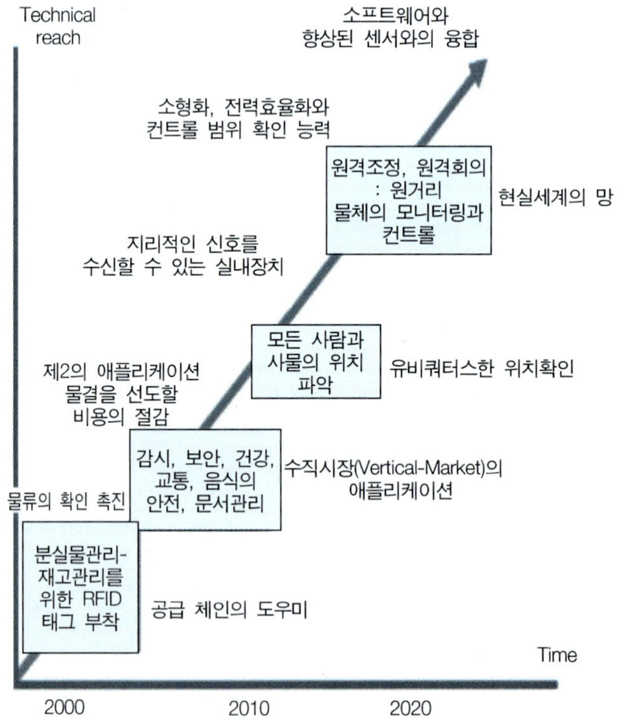

그림 14-1 ‹‹‹ 사물 인터넷의 발전 로드맵

6대 와해성 기술(Disruptive Technology) 중의 하나로 사물 인터넷(Internet of Things)을 들고 있다. NIC는 인터넷과 정보통신기술의 지속적인 발전에 힘입어 2020년경에는 인간생활의 거의 모든 부분에 걸쳐 원격제어와 모니터링이 가능해지고 사물 인터넷이 성공할 경우 국가경제에 엄청난 파급효과를 가져올 것으로 전망하고 있다(그림 14-1 참조). NIC는 사물 인터넷이란 인터넷 및 유사 네트워크를 이용, 원격에서 감지 및 인식을 정보의 교환을 가능하게 하는 기술로 사물이 인터넷의 콘텐츠가 되는 개념으로 보고 있다.

강물이 바다를 만나는 기수 삼각주에서 수많은 생명이 모여들듯이 만물지능통신의 바다는 방송통신 융합망을 기반으로 사물망이 연결되고 다시 적절한 시간과 정교한 장소 등이 동기화되어 이용자가 처한 환경을 인식하여 필요로 하는 서비스를 간편하고 안전하게 제공한다. 장소라는 유한자원을 연결(Network of Places)하여 가처분 공간을 확장하고 시간이라는 희소자원을 접목(Network of Time)하여 가처분 시간을 증대시킨다.

만물지능통신(AToN : All Things on Network)이란 사람, 사물, 시간, 장소 등 만물이 서로 동기화되고 공명화되어 시스템의 전체 최적화를 추구하는 커뮤니케이션의 신세계라고 할 수 있다.

작금의 방송과 통신 그리고 인터넷의 융합을 방송통신 융합 1.0단계라고 한다면 모든 사물과 생활세계를 미디어 환경으로 변화시키는 만물지능통신을 방송통신 융합 2.0단계라고 할 수 있다.

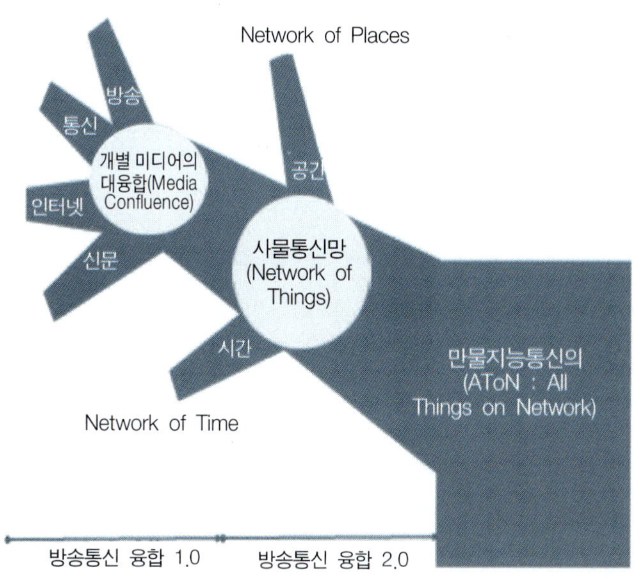

그림 14-2 방송통신 융합 1.0과 방송통신 융합 2.0

사람 중심의 방송통신 융합 서비스 단계를 방송통신 융합 1.0으로 사람과 사물, 환경이 연동되는 사물간의 양방향 서비스 단계를 방송통신 융합 2.0으로 본다. 방송통신 융합 1.0단계가 사람과 사람간의 쌍방향·광대역 네트워크 시대이었다면 방송통신 융합 2.0단계는 사람·시간·공간 그리고 사물이 동기화되는 만물지능 통신시대로 규정한다(그림 14-2 참조).

21세기 초반 미디어 빅뱅의 진보방정식을 풀어낼 수 있는 수단이 만물지능 네트워크의 구축에 있다는 점을 강조하고자 한다.

2020년을 목표로 하는 방송통신 융합 대국의 발전방향을 혁신적 네트워크 기반의 선도적 구축에서 찾는다. 같은 맥락에서 네트워크, 컴퓨팅, 인프라의 관점에서 그 발전방향을 고찰하고 새로운 방송통신 융합 강국전략으로서 '만물통신기반'의 세계 선도적 구축과 정책방향성을 제안한다.

02 미디어 빅뱅 이후의 방송통신 융합 대국

1. 만물지능 통신망의 조건과 주요국의 미래 방송통신 융합망 구상

2000년대 중반에 들어와서 선진각국은 현재의 인터넷의 한계에 도전하면서 새로운 인터넷의 재구축에 경쟁적으로 나서고 있다. 패킷 손실 등이 발생하는 TCP/IP 프로토콜의 문제, 이미 사회적 인프라로 사용되고 있는 상황에서 새로운 기술을 과감하게 검증할 수 없는 문제, 의료·교통·긴급상황 대처 등 시큐리티·안정성의 결여, 광네트워크, 모바일·와이어리스 네트워크와 센서 네트워크 등 혁신적 기술과 신개념의 수용의 문제 등 여러 관점에서 기존 인터넷의 한계가 지적되고 있다.

미래 인터넷이란 이러한 한계점을 근본적으로 극복할 수 있는 혁신적 개념이자 새로운 아키텍처에 의한 구상(Clean Slate)이다. 1990년 초반 웹과 함께 세상에 파고든 인터넷은 인류가 발명한 최대의 과학적 걸작품이자 세계적 인프라로서 자리잡았다. 따라서 미래 인터넷은 첨단 유무선 네트워크 및 서비스 기술을 총칭할 뿐만 아니라 인류사회의 핵심적 하부구조이다.

같은 맥락에서 통신과 방송의 진정한 융합은 인터넷 인프라의 혁신과 분리하여 생각할 수 있는 문제가 아니다. 전화, 방송, 신문 등 대부분의 미디어가 인터넷 속으로 빨려들어 가고 인간생활의 대부분이 인터넷 기반위에 올려지는 상황을 감안할 때 미래 인터넷에 대한 적극적인 도전 없이는 방송통신 융합대국전략도 사실상 불가능하다.

미래 방송통신 융합 네트워크로의 고도화를 위한 공통적 조건은 다음과 같다.

첫째, 이용자의 상황이나 요구사항을 적절하게 판단하고 대응하는 이용자 중심 네트워크(User-oriented Network)이어야 한다.

둘째, 미세한 데이터부터 초대용량 데이터까지 처리할 수 있는 유연한 네트워크(Scalalable Network)이어야 한다.

셋째, 이용자가 각자의 장소나 상황에 따라서 간편한 조작방법으로 단말을 사용하고 서비스를 받을 수 있는 연결적인 네트워크(Network Portability)이어야 한다.

넷째, 사이버 공격이나 예상치 못한 재해 등 모든 위협에 대응할 수 있는 신뢰성과 기능 의 연속성을 확보할 수 있는 견고한 네트워크(Dependable Network)이어야 한다.

다섯째, 네트워크상의 서비스와 지식이 연계되어 현실세계와 가상세계 간의 끊김없이 연결되는 네트워크(Seamless Network)도 필수불가결한 조건이다.

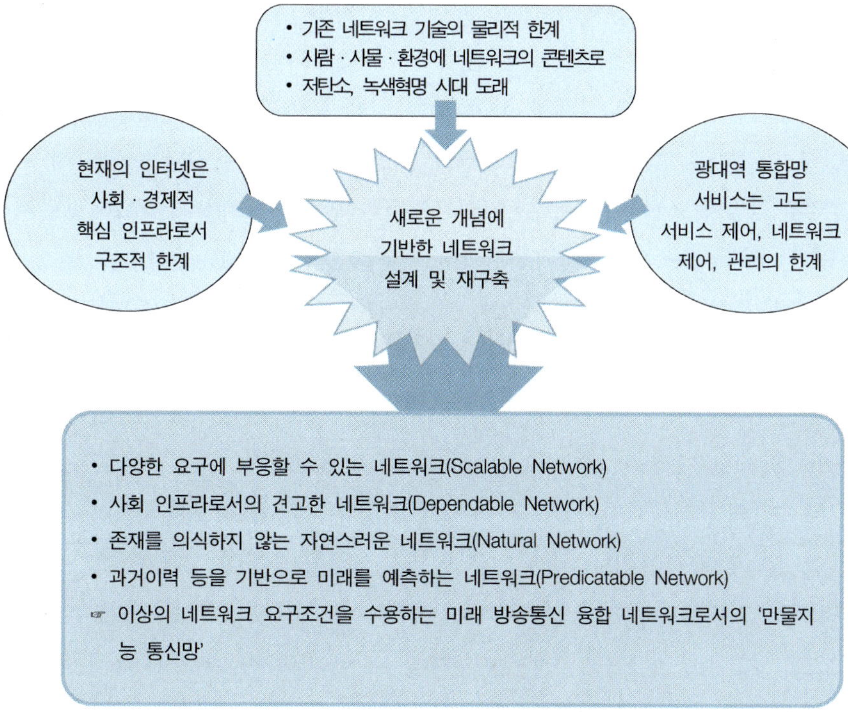

그림 14-3 ‹‹‹ 미래 방송통신 융합 네트워크의 조건

여섯째, 센서 네트워크나 네트워크상에 축적된 지식이나 경험으로부터 이용자의 행동이나 시스템 유지·관리와 동시에 미래를 예측할 수 있는 네트워크(Predictable Network) 등이 기본적으로 확보되어야 한다(그림 14-3 참조).

동시에 지구온난화의 억제와 경제발전을 양립시키는데 기여하는 네트워크(Green Network), 사물과 환경을 소통하면서 적절하게 제어할 수 있는 똑똑한 네트워크(Intelligent Network) 등도 방송통신 융합 2.0시대의 만물지능 네트워크가 지녀야 할 근본 조건이다.

이번에는 미래 정보통신망에 대한 이상과 같은 상황인식을 배경으로 미국, EU, 일본 등 주요국의 미래 네트워크 확보전략을 간추려 보기로 한다.

먼저 미국은 2000년부터 현재의 인터넷을 그 설계 이념부터 수정하여 장래의 네트워크를 구축하는 클린 슬레이트 인터넷 구상이 논의되기 시작하였다. 그 이후 미국 전미과학재단(NSF)은 완전히 새로운 네트워크 아키텍처나 요소기술연구를 조성하기 위하여 FIND(Future Internet Design)라는 연구 프로젝트를 설립하였다.

FIND는 장래의 네트워크에 관한 유망한 연구 테마에 대하여 2006년부터 대학을 중심으로 펀딩을 개시하였다. FIND의 펀딩 특징은 공모단계에서는 장래의 네트워크의 전체상을 특정하지 않으며 연구영역에 중점 분야를 설정하지도 않을 뿐만 아니라 단기간에 성과를 요구하지도 않는 기초연구를 중심으로 하고 있다는 점이다.

또한 현재의 인터넷은 IP를 전제로 하고 있는 만큼 IP에 구애받지 않는 혁신적인 기술을 현재 일상 인프라로 자리잡은 네트워크에 적용하는 것이 어렵다는 판단하에 NSF는 완전히 새로운 네트워크 아키텍처나 요소기술을 개발하기 위한 테스트베드로서 GENI(Global Environment for Network Innovation) 구축을 추진하고 있다.

GENI는 현재 계획·설계단계에 있으며 2010~2011년경에 테스트베드 구축을 시작하여 2015년경에 구축을 완료할 계획이다.

EU의 경우는 EU 전체의 국제경쟁력·기술의 향상 등을 목적으로 한 연구개발 프로그램인 FP7(the Seventh Framework Programme)을 설립하였다.

FP7에서는 "광역·고신뢰 네트워크 서비스 기반"에 대해 정보통신분야 과제 중에서 가장 많은 예산이 할당되어 있으며 새로운 비즈니스를 창출하여 경제적 호기를 가져다줄 것으로 위상을 부여받고 있다(그림 14-4 참조).

2008~2013까지 수행될 FP7의 정보통신기술구상에 의하면, 유럽이 유무선 분야에 있어서 보다 강력한 리더십을 확립하는 것을 목적으로 한 "The Network of Future"와 테스

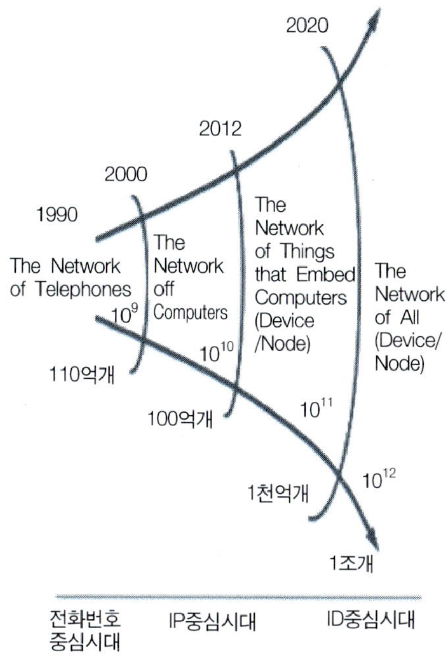

- 미래의 정보 인프라는 수십억의 인구와 무수한 조직 그리고 문자 그대로 100만 조에 달하는 장치(Iterally trllons of devlces)를 연결할 것이다.(CT in PP7 At Glance, November, 2006)
- NGN은 연결 가능한 단말기는 100억대이지만, 2015년의 수요를 전망한 NWGN에는 1000억대의 단말기가 연결될 것이다. (일본 정보통신연구개발 이사장, 2007.10)
- 내장형, 공학적 또는 사이버 · 물리적 시스템이라고 할 수 있는 물리적 세상과 연결된 Networking&Information Technology) 시스템은 미국의 국방, 지능형 시스템, 핵심 인프라 및 국가생존과 경쟁력 확보를 위해 필수적이다. [Leadership Under Challenge: Information Technolgy R&Din a Competitive World,August 2007

그림 14-4 ‹‹‹ 만물지능통신 빅뱅 시대의 도래

트베드 구축과 탐색적인 장기 연구개발 조성을 위한 FIRE(Future Internet Research and Experiment)라고 하는 연구개발 프로젝트를 야심차게 출범시키고 있다.

전자의 연구개발 목적은

① 유비쿼터스 네트워크의 기초와 아키텍처

② 미래의 네트워크 기반용으로 최적화된 제어, 관리, 유연성

③ 미래의 네트워크를 위한 요소기술과 시스템 아키텍처

등이다. FIRE 프로젝트에서는 장래의 인터넷을 지향한 혁신적 연구의 이론적 성과를 컨셉의 타당성과 이용자로의 사회적 · 경제적 영향을 실증하는 것을 목표로 테스트 베드의 구축과 장기연구개발의 조성을 동시에 실행한다.

일본은 국제경쟁력 강화를 위해 기본기술의 연장이 아닌 새로운 설계사상 · 기술에 의한 '신세대 네트워크' 기반의 실현을 위한 대처가 시작되고 있다. (독)정보통신연구기구(NICT)는 신세대 네트워크의 아키텍처 확립과 이에 기반한 네트워크의 설계도 작성을 기반으로 2006년에 'AKARI 아키텍처 설계 프로젝트'를 발족하였다.

그리고 2007년에는 산학연 공동대응 체제로 적극적으로 대응하기 위하여 '신세대 네트워크 추진 포럼'을 설립하였다.

AKARI의 미래의 네트워크를 설계하기 위한 접근법으로서 현재의 굴레에 얽매이지 않고 백지에서 이상적인 네트워크를 설계하여 이를 실현하는 것을 지향하고 있다.

AKARI는 '신세대 네트워크 아키텍처 AKARI 개념설계서'를 발표하였으며, 동 설계서에서 프로토콜의 계층구조가 복잡화되고 시스템 전체로서의 신뢰성을 유지하는 것이 곤란하다는 점 등의 현재의 네트워크가 안고 있는 과제를 정리하여 대용량, 유연성, 개방성, 안전성, 다양성 등 11개에 달하는 장래 네트워크의 설계요구를 도출하고 있다.

동시에 현재의 패킷 교환망을 보다 대용량·저비용으로 하는 광패킷 교환 등의 광통신 기술을 베이스로 한 새로운 컨셉의 네트워크와 이를 실현하기 위한 광스위치 등 핵심요소 기술을 제안하고 있다.

미국은 차세대 프로토콜 등의 기초연구 비율이 높으며 대학중심의 활동이며 공모단계에서 연구영역에 중점 분야를 설정하고 있지 않다. EU는 고속무선통신을 중심으로 무선연구의 비율이 높으며 산학관이 연계하여 기초부터 응용까지 연구대상으로 하며 공모단계에서는 연구영역에 중점분야를 설정하고 있지 않다. 이에 반해 일본의 경우는 광통신을 중점 분야로 하고 연구초기 단계에서 전체 아키텍처를 검토하며 설계도 작성부터 착수하고 있다.

그렇다면 우리의 미래 네트워크 전략 모델은 어떤 접근법이어야 할까?

우리나라는 세계가 인정하는 세계 최고의 인터넷 기반국가이고 PC와 인터넷을 자유자재로 활용하는 최고수준의 디지털 네이티브 국가이다. 또한 세계최고의 고밀도 국가이자 아파트 기반의 도시형 국가이다. 바로 이점에서 세계 최첨단 미래 네트워크로서의 만물지능 통신망을 설계하고 세계 최초로 국가경영 전략차원에서 구축하는 만물지능 입국의 정당성을 확보할 수 있다.

2. 차세대 방송통신 융합망으로서의 만물지능 통신망 개념구도

이상에서 살펴본 바와 같이 IT 선진국들은 지금의 인터넷이 갖는 본래적 한계를 뛰어넘고 21세기형 국가적 과제를 극복하면서 국가경쟁력을 유지하기 위한 선제적 대안으로서 미래 네트워크에 대한 전략적 대응을 서두르고 있다.

여기에서 제안하고 있는 만물지능 네트워크는 세계적인 미래 네트워크나 미래 인터넷에 대한 움직임과도 일치하는 요소로서 우리나라가 야심차게 추진해 나가야 하는 전략적 방향이라고 할 수 있다(그림 14-5 참조).

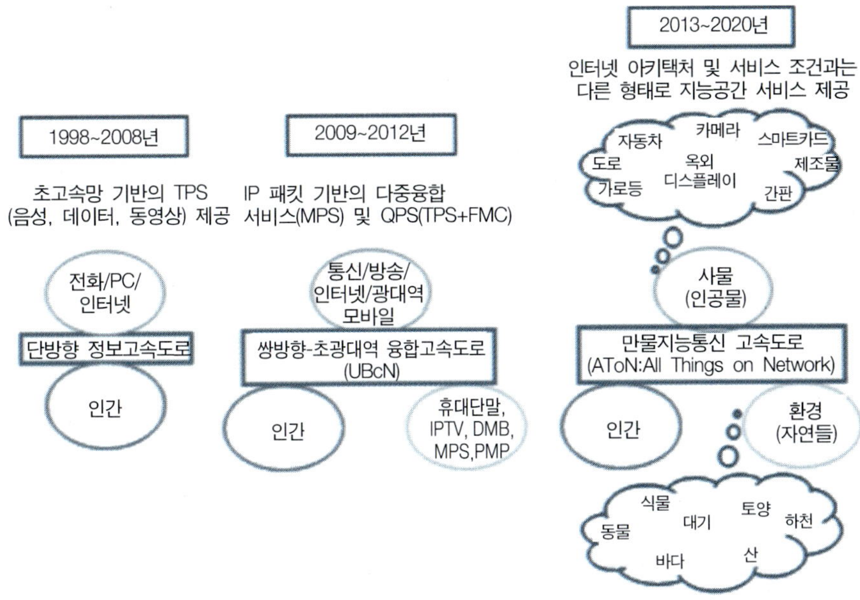

그림 14–5 ‹‹‹ 차세대 방송통신 융합망 만물지능 고속도로

특히 미국, 일본, EU의 연구 개발동향이나 정책적 대응방향에서도 알 수 있는 바와 같이 '만물지능 네트워크'를 성공적으로 구축한다면 이는 곧 '새로운 국가경제의 성장동력' '범지구적 과제와 위기 해결의 솔루션', 그리고 '보다 편리하고 안전한 개인의 삶의 질제고'를 가져올 수 있다고 판단하기 때문이다.

'만물지능 네트워크'는 인류사회의 문명사적 관점에서 거대한 메가트렌드이자 패러다임으로서 전세계의 공통 발전을 위한 선결조건이라고 보여진다.

2020년경을 전망한 네트워크 개념설계에 있어서 모든 사물과 환경 그리고 인간이 동기화・공명화되는 만물지능통신이라는 대전제는 피할 수 없는 메가트렌드가 될 전망이다.

유럽의 미래지향적 무선통신포럼(WWRF)은 2017년의 만물 네트워킹의 개념을 '세계 70억의 인구를 지원하는 70조개의 무선 디바이스'(7 trillion devices serving 7 billion people) 환경이라고 규정하고 있다. 예컨대 모든 사물과 사람은 네트워크와 연결되어 있으며 네트워크는 더욱 중요한 역할을 할 것이라고 본다.

미국정부의 경쟁력위원회 위원장을 지낸 새뮤얼 팔 미사노 IBM 회장은 세계는 작아지거나 평평해지고 있을 뿐 아니라 '똑똑해지고' 있다고 다음과 같이 진단한다. "가까운 장래에 세계에는 인간 1명당 10억개의 트랜지스터가 존재하는 사항이 되겠지만 각 트랜지스터의 가격은 1000만분의 1센트에 불과할 것이다. 수천억개의 상품은 지능형 IT를 채용할 것이다. 자동차·가전제품·카메라·도로·건물 심지어 파이프라인까지 처리속도와 에너지 효율을 높이는 자체지능을 갖출 것이다.

어마어마한 클라우딩 시스템이 등장하여 갖가지 사물을 처리할 뿐만 아니라 산더미 같은 데이터를 분석하고, 예측하고 모델화하고 처리할 것이다. 근 미래의 인터넷은 이 모든 것을 연결하고 다시 20억 인구를 연결할 것이다.”

기술과 네트워크는 더욱 발전하고 더 낮은 비용으로 이용 가능해지며 우리의 물리적 인프라와 디지털 인프라는 한없이 융합해간다. 그리고 거의 모든 처리과정과 사물들이 디지털로 인식이 가능해지고 서로 인터넷으로 연결된다.

3. 방송통신 융합 대국을 위한 기본전략

세계규모로 상호접속된 컴퓨터 네트워크로서의 인터넷의 부상은 우리나라로서는 축복이었다. 우리의 디지털 네이티브 세대들은 WWW와 전자메일 등과 같은 데이터 유통망 기능을 활용해 PC방 공간을 무대로 온라인 게임을 즐기고 엄마와 아이들은 함께 유치원이나 학교 숙제를 하는 디지털 치맛바람의 대리공간으로서 활용되는 한국적 상황을 낳았다.

디지털 네이티브 세대의 부상을 배경으로 세계최초로 ADSL를 기반으로 초고속 인터넷 기반을 최단시간에 전국적으로 구축하였다. 또 세계 최초로 CDMA 상용화에 성공하면서 모티즌들의 급속한 증가와 세계최고 수준의 단말제조기술을 보유하게 되었다. 지금은 전국민의 대부분이 최첨단 휴대단말 서비스를 누리는 모바일 정보고속도로 환경(Mobile Wonderland)을 보유하게 되었다(그림 14-6 참조).

PC 기반의 네티즌, 휴대단말 기반의 모티즌 그리고 최근 웹 2.0 환경하에서 적극적으로 정보를 발신하는 블로그 등 유비티즌의 증가 등 디지털 네이티브 세대들은 기존 매스미디어의 영향력을 능가하는 제4의 권력으로 영향력을 발휘하고 있다. 디지털 네이티브 세대들은 종이신문보다는 네트워크로 원하는 콘텐츠에 접속하고, 방송 프로그램과 상관없이 독자적인 시각으로 뉴스를 발신한다.

향후 쌍방향·초광대역망의 정비와 공중파 디지털화가 완료되면 디지털 네이티브들의 활약무대는 더 한층 넓어지고 매스미디어의 일방향 정보를 대량으로 소비하기보다는 맞춤형 미디어 수용형태를 선호하고 보다 적극적으로 발신하면서 기존 매스미디어와 당당히 경쟁하는 저널리즘을 표방할 수 있다.

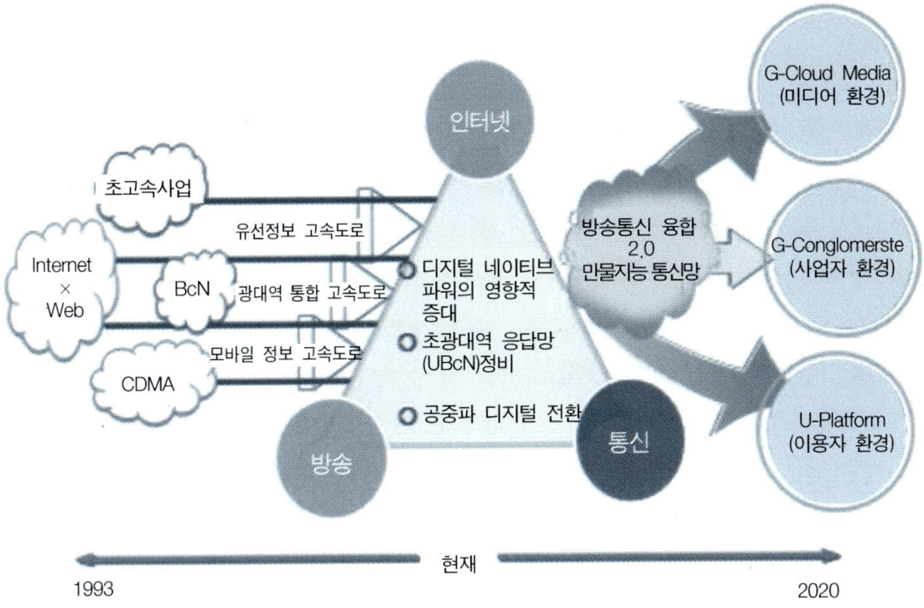

그림 14-6 ‹‹‹ 방송통신 융합 2.0 환경하의 미디어 진화

신문사나 방송사들은 각각의 주력 콘텐츠 공급자로서 나름대로 저널리즘 활동을 하는 거대한 디지털 구름 속의 미디어 역할를 수용하지 않으면 안 된다. 전력회사가 공급하는 전력 네트워크에 플러그를 꽂고 원하는 서비스를 받듯이 은행의 존재를 의식하지 않고 저축해둔 예금을 ATM으로 필요할 때에 꺼내 사용하듯이 매스미디어와 네트워크로 융합된 거대한 미디어 클러스터를 클라우드 미디어 환경으로 볼 수 있다.

MS나 구글과 야후가 전세계를 상대로 플랫폼을 제공하듯이 미래의 매스미디어들은 글로벌 미디어 복합 기업과 국민국가 단위의 레거시 미디어 기업으로 양극화될 것이다.

클라우드 미디어 환경하에서 구름속의 글로벌 미디어 복합기업들이 쏟아내는 다양한 콘텐츠들을 필요한 형식으로 필요한 만큼 소비하고 활용하는 디지털 네이티브의 미디어 인터페이스 형태를 "유비쿼터스 플랫폼(u-Platform)"으로 명명할 수 있다.

만물지능 통신망을 기반으로 펼쳐지는 방송통신 융합 2.0 환경에서는 글로벌 클라우드 미디어, 글로벌 융복합 미디어 사업자, PC · TV · 신문이 혼연 일체가 된 u-플랫폼간의 역동적인 신질서가 재구축될 것이다.

4. 단계별 만물지능 고속도로 구축전략

2008년 3월 방송통신 일원화 행정체계가 출범함에 따라 본격적인 방송통신 융합 서비스 시대로 접어들었다. KT, SKT, LG 데이콤 등 전국적 서비스를 전개하는 3개의 IPTV 사업자가 선정, 서비스를 개시함에 따라 2008년은 방송통신 융합원년으로 그리고 2009년에는 미디어 빅뱅의 원년이다.

2009년 발표한 방통위의 초광대역 융합망(UBcN : Ultra Broadband convergence Network)이 계획대로 구축되면 우리나라는 세계 최초로 전국 규모의 양방향 · 광대역 정보고속도로를 보유 · 운용하는 방송통신강국의 길로 진입하게 된다.

그러나 우리나라가 진정한 차세대 방송통신대국이 되기 위해서는 초고화질 · 실감형 양방향 TV를 기반으로 전화, 인터넷 및 방송 등이 결합되어 제공되는 다중융합 서비스(MPS)의 기반구축에 머물러서는 안된다(그림 14-7 참조).

그 이유는 두 가지로 요약할 수 있다.

하나는 선진국은 일제히 2015년 이후의 포스트 방송통신수요를 겨냥한 미래 인터넷, 차세대 네트워크 구축에 경쟁적으로 참여하고 있기 때문이다.

또 하나는 네트워크와 콘텐츠의 패러다임이 사람과 사람 간의 방송통신 융합 수요를 넘어 도시 시설물과 자연환경까지 소통과 콘텐츠의 대상으로 패러다임이 전환되고 있기 때문이다.

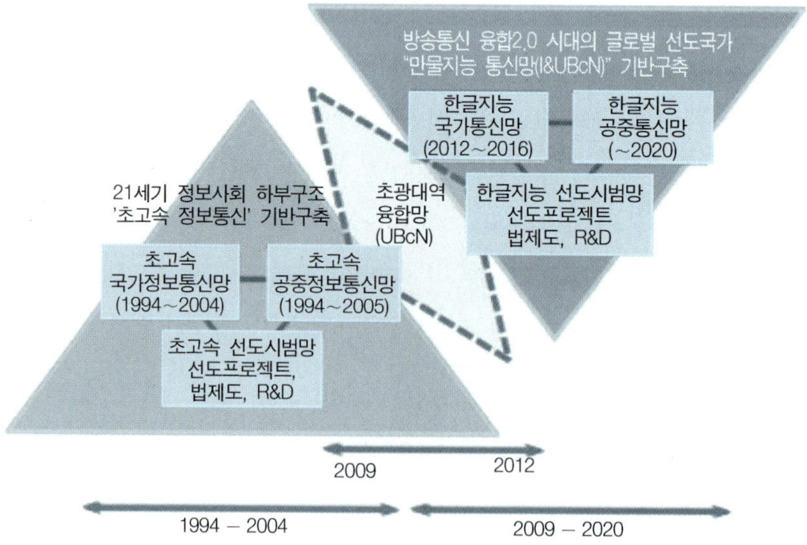

그림 14-7 ‹‹‹ 만물지능 통신기반 구축사업의 위상

1998년 당시 IMF 금융위기를 배경으로 ADSL 기반의 단방향 정보고속도로 구축과 인터넷 활용기반의 정비가 환란 극복에 크게 기여하였다. 10년후 우리는 또 다시 미국발 금융위기에 따른 세계동시 불황에 직면하여 방송통신 융합과 IT 전략을 어떻게 운용할 것인가는 우리에게 시사하는 바가 크다.

우리나라가 이 시기에 초고속 정보통신망 구축을 무한경쟁 시대에 필요한 국가발전의 원동력이 되는 새로운 사회간접자본이라고 인식하지 못했다면 아마도 오늘날과 같은 우리나라의 세계적인 정보화 선도국 위치나 혁신적 발전은 어려웠을 것이다.

만물지능 네트워크가 성공적으로 구축되기 위해서 두 번째로 요구되는 사안은 만물을 지능화하는 기술과 대상에서 타국이 전혀 상상할 수도 없는 어마어마한 수준에서 실현해야 한다는 점이다. 빠른 속도로 발전하는 센서 및 RFID 태그 기술을 감안하여 수백억, 수천 억개 이상의 사물이 지능화되어 네트워크에 연결될 수 있는 수준까지 고려해 볼 필요가 있다. 얼마나 많은 사물들을 지능화시키고 네트워크에 연결시키느냐 하는 것이 바로 만물지능화 시대의 생존전략이다.

20세기 후반에 들어 선진국가로 진입하거나 국력을 한층 강화한 나라로 싱가포르, 스

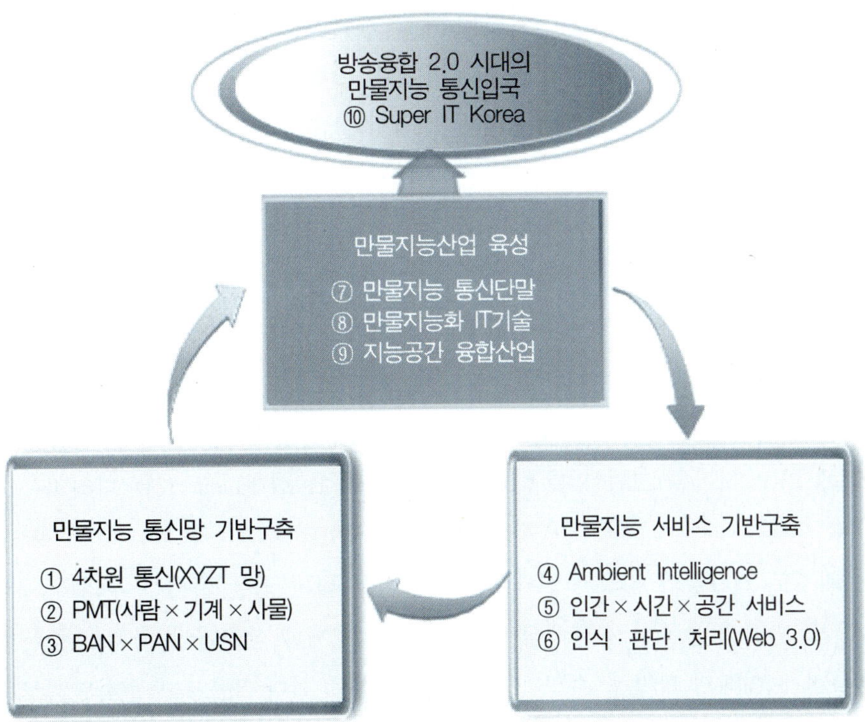

그림 14-8 ‹‹‹ 방송통신 융합대국의 가치사슬

웨덴, 핀란드, 노르웨이, 아일랜드 등이 있다. 여기서 눈여겨볼 대목은 이들 국가의 공통점이 정보화 혹은 IT를 국가 성장 동력과 혁신의 지렛대로 활용했다는 것이다. 이는 IT가 지식혁명시대의 국가 미래를 설계하는 강력한 기술이자 비교 우위전략으로 작용했음을 여실히 보여준다.

우리나라는 IT 839로 상징하듯 지금까지 서비스 · 인프라 · 기기간의 가치사슬을 자극하는 정책을 전개하여 왔다. 이젠 IT 패러다임 내에 완결되는 시대가 아닌 제3의 환경으로서 IT를 인식하는 만물지능통신의 시대가 다가오고 있다.

만물지능 통신망과 만물지능 서비스, 만물지능산업 간의 새로운 가치사슬효과를 극대화하는 만물지능 입국의 길을 세계 선도적으로 개척해야 할 때이다(그림 14-8 참조).

만물지능 통신 기반은 두점을 연결하는 선의 통신에 시간과 장소를 연계한 4차원 지능공간통신, 소통의 대상을 사람, 기계, 사물로 확장하고 생명선으로서의 인체 통신과 이용자 주변의 개인통신 그리고 센서 통신망을 유기적으로 연결시키는 것을 말한다.

만물지능 서비 스기반이란 지능이 제3의 환경으로서 우리 주변을 둘러싸고 인간 · 시간 · 공간을 연계한 지능공간통신 그리고 인식 · 판단 · 처리라는 웹 3.0 환경을 수용하는 상황을 말한다.

마지막으로 만물지능산업이란 방송통신 융합 콘텐츠를 처리하는 단말을 초월하여 사물과 상황을 콘텐츠로 처리하는 단말과 장치산업, 만물지능화 기술을 품은 부품과 소재산업 그리고 무수한 지능공간을 끊김없이 연결하는 융합공간산업으로 구성된다.

5. 디지털 네이티브를 위하여

기술 이노베이션과 미디어의 상호관계는 가변적이다. 기술혁신의 가능성은 폭포효과를 가져오기도 하지만 엄청난 투자를 하여도 실질적인 효과가 나타나지 않는 경우도 있다.

그러나 우리나라는 인류가 발명한 가장 위대한 걸작품으로 일컬어지는 인터넷과 PC를 활용하기에 가장 적합한 조건을 갖추고 있고 또 그것을 실현하고 있는 나라라는 사실은 부인할 수 없다.

"세계 최초로 전가정의 80%가 인터넷을 활용하는 나라"라는 사실은 우리의 세계적 브랜드이고 또 미래 방송통신 융합대국 전략을 통하여 계속 살려가야 하는 소중한 혁신적 기술의 출현에 의해서 확장될 수도 있고 위축될 수도 있다. TV가 출현하면서 그때까지 매스미디어로서의 주역이었던 라디오는 틈새 미디어로서의 역할로 밀려났다. 21세기에 들어와서도 정보기술의 역할과 가능성은 여전히 새로운 기술의 등장에 따라 쉼없이 흥망성쇠를 거듭할 것이다.

하지만, 분명한 것은 당대의 최첨단 기술을 적극적으로 수용한 미디어가 지배적 미디어로서 생존에 성공한다는 것이다(그림 14-9 참조).

전파나 네트워크 등 전송수단을 보유하는 사업자가 서비스나 콘텐츠를 일체적으로 제공하는 수직통합형 비즈니스 모델은 점차 한계상황을 맞이하고 있다. 지상파의 디지털화로 TV는 디지털화되고 본래 디지털화이었던 네트워크와 동질화된다. 네트워크가 고품질화·쌍방향·초광대역화됨에 따라 네트워크는 보다 실감적이고 입체적인 영상을 자유자재로 유통시키게 된다. 이는 고품질 영상매체로서의 TV와 네트워크 단말이 균질화됨을 의미한다. 초대용량 하드디스크를 내장한 축적형 TV의 보급으로 24시간, 1주일 모든 TV 프로그램은 서버나 자체 하드디스크에 저장된다. 이는 TV와 PC의 기능을 소멸시키고 이용자의 미디어 수용형태의 변화를 가속화한다. 수직통합형 비즈니스 모델은 이용자에게 필요한 서비스를 패키지로 이용할 수 있도록 하는 장점은 있다.

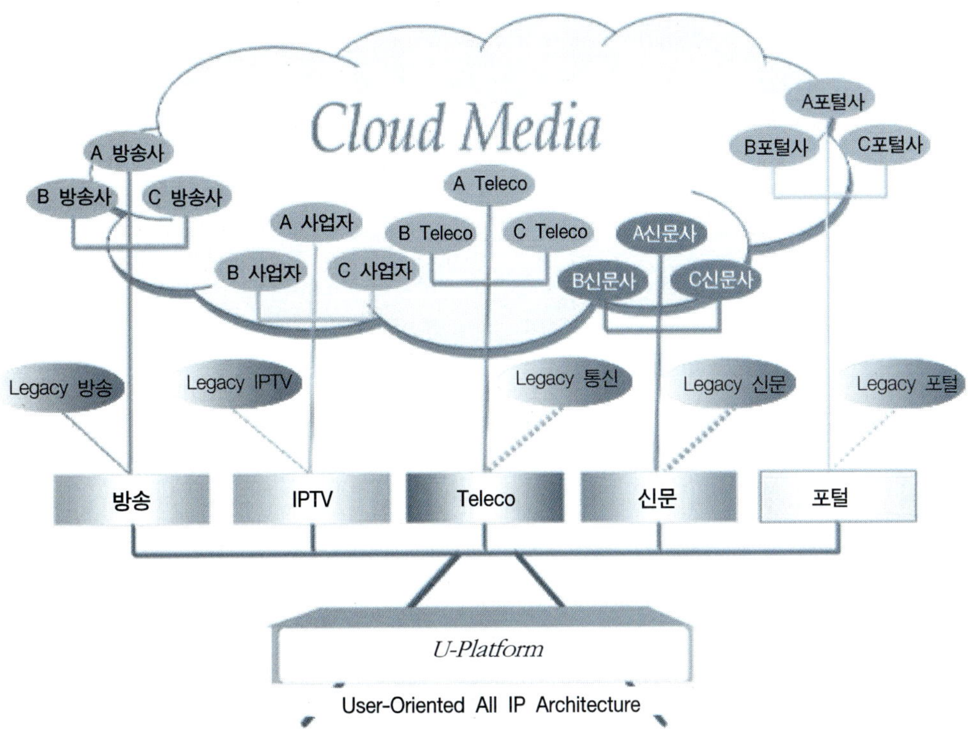

그림 14-9 ‹‹‹ 디지털 네이티브 관점의 방송통신 융합 2.0 환경

그러나 이용자가 스스로 원하는 조건을 선택하여 다양한 서비스를 조합하여 맞춤형 서비스를 받도록 하는 데는 한계를 지닌다. 미디어와 네트워크가 대융합되는 환경하에서는 하드웨어로서의 전파방송과 소프트웨어로서의 프로그램 제작은 기능에 따른 수평분리형 또는 계층교차형 비즈니스 모델이 더욱 설득력을 갖게 된다.

이용자의 관점에서는 방송, 통신, IPTV, 신문, 포털 등의 미디어의 구분은 의식할 필요가 없다. 클라우드 컴퓨팅의 개념이 전통적인 미디어 아성을 근본부터 뒤흔들 수 있다. 유년시절부터 PC나 휴대단말은 장난감처럼 주무르며 자란 디지털 네이티브(Digital Native) 세대들은 미디어 수용형태가 기성세대와 크게 다르다.

콘텐츠의 축적량으로 미디어를 개관하면 신문은 100년, 방송은 50년, 인터넷은 15년, 통신은 5년 정도로 보면 될 것이다. 그러나 쌍방향·초대용량 네트워크 시대와 만물지능통신시대를 거치면서 미디어는 우리의 예상을 뛰어넘는 속도로 대빅뱅을 맞이할 것이다. 지난 100년동안 축적된 에너지가 일시에 분출되면서 이용자 관점에서는 거대한 구름속의 클라우드 미디어로, 모든 콘텐츠는 거대한 종합댐의 물처럼 간주되면서 미디어 서비스는 파이프를 통해 가정에 배달되는 수돗물 같은 클라우드 컴퓨팅 서비스의 일환으로 비춰지지 않을까?

일본의 미디어 전문가 후지하라는 2020년 1월 1일에는 "기존의 TV와 신문과 같은 미

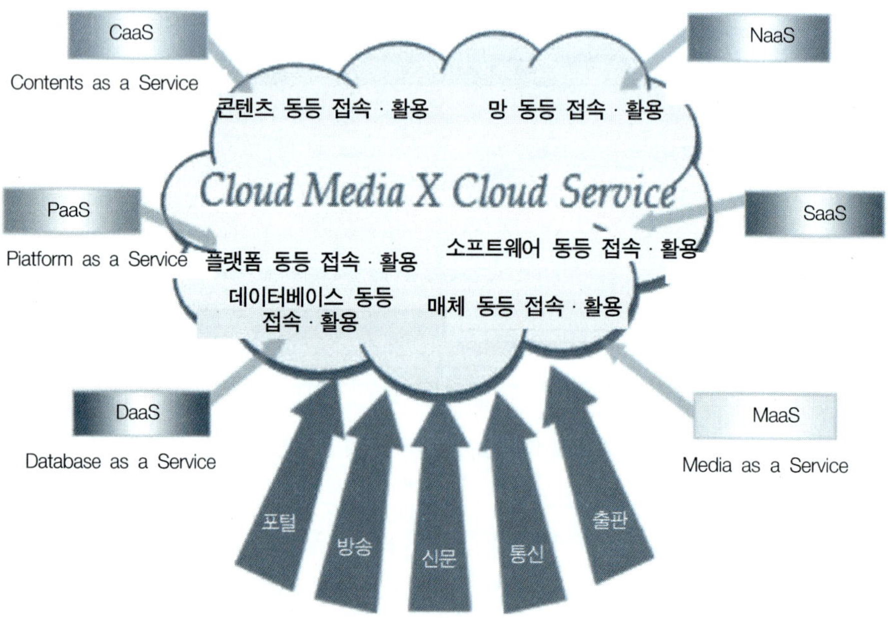

그림 14-10 <<< 디지털 네이티브(유비티즌) 시대의 미디어 정책기조

디어를 완전히 집어삼킨 인터넷상의 가상공간 'e 플랫폼'에서 원하는 정보와 콘텐츠를 전기처럼 간단히 접속하여 필요한 만큼 받아쓸 수 있는 수도꼭지를 틀기만 하면 물이 콸콸 쏟아지는 미디어와 네트워크가 완전히 융합된 상황을 실감있게 그려내고 있다(그림 14-10 참조).

미디어와 네트워크와의 완전 융합은 지상파의 완전 디지털화와 쌍방향 초광대역 정보고속도로의 보급으로 더욱 가속화되고 TV의 대용량 하드디스크의 내장으로 TV와 PC의 경계는 사실상 없어진다. 방송사는 물론 신문사 등 활자 미디어도 점차 인터넷과 융합되면서 콘텐츠 프로바이더(기사의 공급자)로 그 위상이 약화될 가능성을 배제할 수 없다.

우리는 TV, 신문, 통신, 인터넷을 아우르는 미디어 대빅뱅 시대를 앞두고 방송과 통신, 방송과 신문간의 갈등과 대립을 반복하고 있다. 디지털 네이티브가 제4의 세력으로 성장하고 있고 미디어의 디지털화, 전송로의 초광대역화, TV와 단말의 고축적화로 TV, 방송, 통신, 신문간의 경계는 급격히 허물어지고 있다.

사업별 종적 규제체계의 부분적 수정은 어디까지나 상황을 모면하는 미봉책(Patchwork)에 불과하다. 소프트웨어, 네트워크 그리고 콘텐츠 간의 동등 접속과 활용뿐만 아니라 플랫폼, 데이터베이스, 미디어간의 동등 접속과 활용을 보장하는 담대한 기능별 수평 규제체계로의 대전환이 방송통신 융합대국으로 가는 현명한 선택이다.

따라서 디지털 네이티브 세대들의 역량이 마음껏 발휘될 수 있는 세계 최초의 방송통신 융합 2.0 환경을 대비한 만물지능 통신망을 선제적으로 구축하는 일이 무척 중요하다. 동시에 이를 기반으로 만물지능통신 서비스를 창출하면서 만물지능산업을 신성장 동력화하는 강력한 IT 역량화 국가(Strong IT-enabled Nation)전략을 수립하는 일도 절실하게 요구된다.

지금은 미디어 차원의 방송통신 융합을 넘어 새로운 만물지능통신 패러다임의 대전환과 국가적 대응전이 필요하다. 역사상 처음으로 우리에게 주어진 문명사적 선진국가로의 기회를 놓쳐서는 안 될 것이다.

참고문헌

가구의 월평균 소득별 사교육비, 통계청, 2007.

가치사슬을 고려한 디지털 콘텐츠 이용실태 분석, KISDI, 2008.8.

강민구외-한국인터넷정보학회지7권3호-2007-09

강민구외-한국인터넷정보학회지9권1호-2009-03

강민구외-한국인터넷정보학회지11권1호-2010-03

강민구외-한국인터넷정보학회지11권4호-2010-12

강선무, 미래 인터넷 Testbed, 통신학회 3월호, 2008.

강재원 · 이상우, "통신방송 융합에 따른 시장 간 경쟁과 산업구조의 변화에 대한 연구", Telecommunications Review, 제16권, 제1호, 2006, pp.47-61.

강태규 · 김도영 · 김봉태, "유무선 통합 네트워크에서의 VoIP를 위한 공통 논리기능 구조분석," 한국 전자통신연구원, 전자통신동향분석, 제17권, 제5호, 2002.10., pp.47-54.

광대역통합네트워크(BcN) 포럼: http://www.bcnforum.or.kr

국가기간교통망 계획(2000~2019), 건설교통부, 2007.11.

권은정 · 최동준 · 권오형, DVB IPTV 표준화 동향 분석, IITA 기술정책정보단.

김경호 외, 텔레매틱스 표준화 동향, 전자통신동향분석 제20권 제3호, 2005.6.

김국진, 방송통신 융합의 이해, 나남출판, 2003, p.25-26.

김국진, 방송통신 융합의 이해, 나남출판, 2003, pp.25-26.

김대수, 국내 데이터 방송 서비스 시장 동향, SW 정책연구센터, 2006.09.

김대호, "미디어 산업의 방송 통신 융합 대응 유형에 관한 연구", 한국방송학보, 통권 16-4, 2002, pp.7-39.

김문구, 지경용, 박종현, "디지털 컨버전스 시대의 모바일 브로드밴드 전개 : 와이브로와 HSDPA," 한국통신학회지, 제26권 제4호, 2006.4.

김문구 · 박명철, "지각된 가치와 위험이 와이브로 서비스의 이용의도에 미치는 영향에 관한 연구," Telecommunications Review, 17권 6호, 2007.12.

김문구 · 지경용 · 박종현 · 이선미, "모바일 브로드밴드 시장조사 분석 보고서," 한국전자통신연구원, 2006.

김문수 · 김호, "기술 및 수요속성에 따른 정보통신 서비스 확산 패턴," 기술혁신연구, 제11권 2호, 2003, pp.71-89.

김상훈, 하이테크 마케팅, 박영사, 2004.

김영수, 디지털케이블 방송과 IPTV 서비스의 동향과 분석, KBI 포커스 07-17(통권 37호), 2007.9.15.

김원제, "컨버전스에 따른 미디어 콘텐츠 시장 동향 및 비즈니스 전략", 2007.1.

김정근, 민옥기, 김학영, TV 포털 서비스의 개념 및 동향, 전자통신동향분석 제21권 제5호, 2006.10.

김정환, "전세계VoIP 시장동향," 한국전자통신연구원, 주기기술동향, 1055호, 2002.7.

김채규 · 임성재 · 이길행 · 이지형 · 김진서, 한국전자통신연구원, 방송통신 융합 신전략 : 방송통신 융합 기술 발전과 콘텐츠 진흥 전략, Telecommunications Review · 제19권 1호 · 2009년 2월.

김향미 · 임명환, 일본 텔레매틱스 사업 및 서비스 동향, IITA 주간기술동향 제 1173호, 2004.11.24.

김홍식, 산업분석 IPTV 왜 주목하는가?, 2007.03.12.

네트워크 : 플랫폼, 백본, 가입자망, 단말 투자금액, 방송통신위원회.

노일수 · 허필선, 유럽텔레매틱스 서비스 및 사업동향, IITA 주간기술동향 , 제1178호, 2004.12.29.

대학입시설명회 IPTV로 시청하세요, 디지털타임즈, 2008.11.11.

藤原治, ネット時代, 10年後新聞とテレビはこ うなる, 朝日新聞社, 2007년 2월.

디지털 융합 미디어 서비스 시장동향과 전망, 삼성경제연구소, 2008.1.

디지털타임즈, IT · GT 육성으로 오바마시대 대비해야, 2008년 11월7일자 사설, 2008.

디짓월드 서밋 기조연설, 송도균, 2008.11.19.

류내원, IPTV 서비스 기술발전 전망, TTA Journal No.116, 2008.03.

류원 · 엄태원 · 이현우 · 황승구, 차세대 IPTV 기술개발동향, TTA Journal No.122.

류춘열, 컨버전스와 사회 변동, 커뮤니케이션북스, 2005, pp.33-34.

류춘열, 컨버전스와 사회변동, 커뮤니케이션북스, 2005, pp.33-34.

메가TV, 학교대상 "T-스쿨" 서비스 실시, 전자신문, 2008.10.28.

문병주, IPTV 기술 및 시장 동향, 주간기술동향 통권 1279호, 2008.01.17.

문영백 외, 텔레매틱스 단말기술 및 시장 동향, 전자통신동향분석 제20권 제3호, 2005.6.

문진영 · 박혜경 · 박종열 · 백의현, IPTV 표준화 기관 동향, 전자통신동향분석 제21권 제4호, 2006.08.

문화체육관광부, "차세대 융합형 콘텐츠 육성 전략 보고서", 문화체육관광부 전략 보고서, 2008.10.

민재홍, 조평동, "VoIP 기술동향," 한국전자통신연구원, 주기기술동향, 1021호, 2001.11.

민재홍 · 조평동, "VoIP를 위한 인터넷과 공중전화망 연동기술의 분석," 전자통신동향분석, 제16권 제5호, 2001.10., pp.21-32.

박경세, 방송통신 융합의 기술적 요인, KBI 이슈 페이퍼 05-07(통권 11호), 2005.08.31, 방송통신 융합 서비스 동향 분석, KBS 방송 기술 연구 2008.

박노익, "방송통신 융합시대의 IT 정책방향－IPTV 도입정책을 중심으로", 통신연합 2008권 제45호, 한국통신사업자연합회, 2008.9.30, pp.34-39.

박노익, IPTV 기술개발 및 표준화 정책방향, TTA Journal No.122, 2009.03.

박노익, 인터넷 프로토콜과 통신방송 융합, TTA Journal No.107.

박수홍, Mobile IPTV, TTA Journal No. 114, OpenTV®, Inc., OpenTV® PVR 2.0™ Technical White Paper, IBM, The end of television as we know it – A future industry perspective.

박종봉, "IPTV 서비스, 국내외 현황과 향후 발전모습", TTA Journal No.122, 2009.03.

박종열 · 문진영 · 오연주 · 백의현, DTV 포털 서비스, 전자통신동향분석 제21권 제5호, 2006.10.

박진우, 광대역통합연구개발망 발전 모델 연구, 한국정보사회진흥원, 2007.

방송광고 현황에 대한 광고업계 의견조사, 한국방송광고공사, 2002.

방송영상산업진흥원, "방송영상산업 2012", 방송영상산업진흥원, 2008.2.

방송통신위원회, 방송통신망 고도화계획, 방송통신위원, 2009.

방송통신위원회, 세계 일류 Green-IT인프라 구현을 위한 방송통신망 중장기발전 계획(안), 방송통신위원회, 2008.

방통위 업무보고 자료, 2008.9.
백의현・박광로, IPTV 서비스 기술, IT SoC Magazine, 2007.03.
복잡계 개론, 삼성경제연구소, 2008.1.
사내 방송시장에도 IPTV 바람이 불고 있다, 전자신문, 2008.10.13.
새로운 인터넷 경제의 미래, KT, 2008.12(원내 발표자료).
새뮤얼 팔미사노(IBM), 더 똑똑한 IT 시스템으로 위기의 시대 뚫고 나가야, 조선일보, 2009년 2월 7일자, C5면.
서창호・박종열・문진영・백의현, IPTV 접근제어 표준 및 서비스 기술, TTA Journal No.110.
西澤秀樹外, 將來のネット-ワを目指す日米EUの硏究開發動向, NTT技術, 20(11), 2009, p.51.
석호익, 방송통신 융합 산업전망 및 국민경제적 파급효과, 2006.
성정식・이성용・송호영・김봉태, IPTV 서비스 및 표준화 동향, 전자통신동향분석 제21권 제3호, 2006.06.
송영화 외, "디지털 컨버전스 신규사업의 성장과 고객 수용 : 위성 DMB 사업 시장조사 결과의 시사점," 정보통신 정책연구, 제12권 제1호, 2005.3.
신봉규・신동일・정종일・최종화・김강・이태헌, IPTV 등 신규 홈네트워크 서비스에 대한 효율적인 인증메커니즘 연구, 2006.12.31.
양선희・조기성・최준균, IPTV 서비스 기술현황 및 단계별 발전 전망, 주간기술동향 통권 1286호, 2007.03.07.
양용석, 해외 IPTV 서비스 동향, 정책연구센터@한국소프트웨어진흥원, 2007.06.
유태열, 통신과 방송의 융합 : 현실과 이상, KT경영연구소, 2006.
유희관, IPTV 서비스 추진방향, ktoa 2006.38호, IPTV 시스템 구성요소 및 기능, IT SoC Magazine.
윤영삼, 박석, 국내 IPTV 사업자 전략과 경쟁력 비교분석, 산업이슈, 2008.04.
윤일재・김남훈・최승훈, IPTV 서비스 시장 전망 및 관련 산업 파급효과 분석, 산업연구시리즈 제8호, 2008.03.25.
이명수・지헌수, 통신방송 융합시대의 기술 및 시장동향.
이민석, IPTV의 기술적 이해 및 유럽 규제 현황, 정보통신정책 제19권 5호 통권 412호, 2007.03.16.
이봉호・엄기문・이현・허남호・김진웅, "3DTV 방송기술동향", 방송공학회 논문지 제13권, 2007, pp.4-15.
이완복・노창현・우제학, IPTV 방송 콘텐츠의 보호 기술, 한국콘텐츠학회 2005 춘계종합학술대회 논문집 Vol. 3 No. 1.
이종호・박성진・이현재・이광기, IPTV 수신기 표준화 동향, TTA Journal No.107.
이준기・임일, "웹 2.0 비즈니스 전략", Sigma Insignt, 2006.
이준욱, 텔레매틱스 기술 및 테스트베드 동향, 전파 제 126호(2005. 9~10월호), 한국전자통신연구원, 텔레매틱스・USN연구단.
이진호, IPTV 미들웨어, 텔레콤 제 22권 제 1호, 2006.06.
이해석, IPTV와 웹2.0 서비스, DigiEog.
이현노, IPTV 산업동향, IT Soc Magazine.
이현호, 텔레매틱스 개요 및 정책추진 방향, 전파 제 126호, 2005.9.
이혜진, '텔레매틱스 표준화 포럼 운영방안', KOTBA 춘계 워크샵 발표자료, 2005.4.
장범진 외, "유무선 통합에 따른 통신 서비스 시장의 구조 변화," 연구보고서 05-09, 정보통신정책연구, 2005.

장석권 "컨버전스 서비스 아키텍처와 컨포먼스 경쟁이론의 모색," 정보통신정책연구, 제12권 제1호, 2005.3.

전국 교통혼잡비용/국가물류비 산출과 추이분석, 한국교통연구원.

전자부품연구원, IP 셋톱박스 신제품 개발동향, 2005.10.

전혜숙, "스마트 TV 시장에서 주도권 확보와 국가 경쟁력 강화를 위한 정책개선 과제" 국회문화체육방송위원회. 2010.10.

전황수, 차량종합서비스 텔레매틱스, ETRI CEO Information 제30호, 2005. 9.30.

정보통신국제협력진흥원, 글로벌 방송통신 융합현황 백서(IPTV를 중심으로), 2009.02.

정보통신부 홈페이지(http://www.mic.go.kr)

정보통신부, "광대역통합망 구축 기본계획," 2004.2.

정보통신부, DMB 판매현황 보고, 2008. 1.

정보통신부, 광대역 융합 서비스(IPTV) 정책방안, 정보통신부, 2007

정보통신부, 텔레매틱스 산업 활성화 기본 계획, 2005.10.

정보통신부, 텔레매틱스 서비스 활성화 기본 계획, 2004.4.

정승교・김동준, 산업분석 정보통신-IPTV, 2006.04.06.

정일영, IPTV의 표준화 방향, TTA Journal No.104, Backspace Communications, LLC, "IPTV System Design Guide", 2008.06.01.

조은기, "방송통신 융합시장의 경제적 특성과 미디어 기업의 시장 전략", Telecommunications Review, 제13권, 제4호, 2003, pp.567-575.

조창식・마평수, IP 셋톱박스 S/W 플랫폼 기술, TTA Journal No.97.

지경용 외, 휴대인터넷의 이해(개정판), 전자신문사, 2006.

지은희, 통신방송 융합시대의 킬러서비스, HN FOCUS vol.11, 국내 기술표준의 국제표준화 추진전략, 2006 정보통신 표준화 백서.

진태석, 디지털 IPTV의 국내외 최근 서비스 동향, 주간기술동향통권1295호, 2007.5.9.

차양신, 융합시대의 전파정책방향, Telecommunications Review・제19권 1호・2009년 2월.

차종환, 'IPTV2.0' 차세대 방송통신 융합 이끈다, 한국정보통신, 2008

천왕성・이상홍・윤혜정, 동영상 내 시청자 선택 의미 객체의 부가 정보를 제공하는 대화형 방송 서비스 구현.

總務省, ICT 成長力懇談會報告,「xICT ビジョン: あらゆる産業・地域とICTとの深化した融合に向けて」, 平成20年7月3日.

총무성, Radio Policy Vision, 2003.

총무성, Radio Policy Vision, 2003.

총무성, Strategies for Future Spectrum Management in Japan, 개방형 스펙트럼 정책 및 이용기술 국제워크샵, 2007.3.28.

총무성, Strategies for Future Spectrum Management in Japan, 개방형 스펙트럼 정책 및 이용기술 국제워크샵, 2007.3.28.

최락권・김대건・이상수・권순홍, IPTV 서비스 기술, TTA Journal No.104.

최락권・송치양, IPTV서비스 구현을 위한 핵심 기술 연구, 전자공학회지 제35권 제3호, 2008.03.

최락권・정대균, IPTV 유무선 융합 핵심기술 및 표준화활동 추진전략, 제4회 정보 통신 표준화 우수논문 공모전(2008).

최재천, 생명의 본질과 지식의 통섭, http://astro1.snu.ac.kr/home/kor/colloquium/file/jchoi.pdf

최재천 · 주일우, 지식의 통섭-학문의 경계를 넘다(통섭원총서)(1), 이음, 2007
최지훈 · 장병태, 텔레매틱스 기술 및 서비스 동향, IITA 주간기술동향, 제1157호, 2004.8.
통신방송 융합 정책 및 규제 이슈 연구, KT 경영연구소, 2005.
프리초츠 카프라, 김용정 · 김동광(역), 생명의 그물 범양사, 1998
하원규 · 김동환 · 최남희, 유비쿼터스 IT혁명과 제3공간, 전자신문사, 2002, p.276.
하원규 · 최문기, "방송통신 융합대국 기본구상 2020"Telecommunications Review · 제19권 1호 · 2009년 2월.
한겨례신문, SPEED 경쟁 한계에 다다른 초고속 인터넷, 2008년 11월 4일자
한국 전자정부, 아프리카 간다, 전자신문, 2008.10.29.
한국무선국관리사업단, "디지털 통신방송 융합시대의 방송정책에 관한 연구", 2006, p.11.
한국방송영상산업진흥원, "방송통신 융합시대 디지털콘텐츠의 현황과 미래전략", 2006.
한국방송영상산업진흥원, "방송통신 융합 구조개편의 원칙과 과제", KBI 포커스 06-04, 2006.
한국방송영상산업진흥원, 독일의 방송통신 융합 대응 규제 및 법체계, KBI Issue paper, 05-3.
한국방송영상산업진흥원, 미국의 미디어 규제현황과 시사점, KBI Issue paper, 05-04.
한국방송영상산업진흥원, 영국의 방송통신 융합 구조개편과 그 함의, KBI Issue paper, 05-08.
한국방송영상산업진흥원, 프랑스의 방송통신 융합 법제개편 및 규제기구의 현황, KBI Issue paper, 05-06.
한국방송영상산업진흥원, 호주의 방송통신 융합 관련 법제 현황, KBI Issue paper, 05-9.
한국인터넷진흥원, IPTV와 경쟁매체들의 비교, issue ABC, 2007.06.
한국인터넷진흥원, 인터넷 방송 서비스.
한국전산원, 2006 국가정보화 백서, 2006.8.
한국전자통신연구소 기술평가팀, 텔레매틱스 기술 및 시장 동향, 2005.6.
한국전자통신연구원, " DMB 서비스 이용실태조사 보고서," 2007.8.
한국전자통신연구원, "유비쿼터스 서비스를 위한 BcN 기술 워크숍," 2004.9.
한국전자통신연구원, ETRI 기술비전 2020, 한국전자통신연구원, 2008.3, p.71.
한국전자통신연구원, EU의 IT기반 미래 기술연구 동향 및 시사점, 주간기술동향, 2006.
한국정보통신기술협회, IT839 전략표준화로드맵 Ver.2007 종합보고서, 2006.12.30.
함창용 · 오성백 · 곽정호 · 나상우 · 천병준, "IPTV시장의 국 · 내외 현황 및 시사점", 정보 통신 정책연구원 이슈리포트, 2008.9.29.
허필선 · 임명환, 미국 텔레매틱스 서비스 및 사업 동향, IITA 주간기술동향, 제1170호, 2004.11.
홍상균, TV 포털서비스 : 수직적 제휴 vs 수평적 결합, SW정책연구센터@KIPA, 2006.08, SeaChange International, VoD over IP.
홍식직, 대학 중용, 고려원 북스, 2005.
홍인화 · 이석필, IPTV 기술동향, IT SoC Magazine, IPTV 동향 및 해결과제, 개별연구.
환준호 · 이상우, 방송통신 융합시대 콘텐츠 계층의 규제방안 연구. KISDI 이슈 리포트, 2007.07.16.
100년 감동의 킬러콘텐츠 육성전략, 문화체육관광부 보도자료, 2008.11.24.
2007년 소비자행태조사, 한국방송공사, 2008.
2007년 해외 디지털 콘텐츠 시장조사 : 총괄편, 한국소프트웨어진흥원, 2008.
2007년 해외 디지털콘텐츠 산업 시장조사 총괄편, KIPA, 2008.1.
2008 IPTV Evolution Conference, 전자신문사, 2008.1.22
AEI-Brookings Joint center for Regulatory Studies, 2006

AKARI プロジェクト, 新世代ネットワ-クア-キテ クチャAKARI 概念設計書, 2007.

Baumol, William J and Robyn, Dorothy, Toward an Evolutionary Regime for Spectrum Governance

Baumol, William J and Robyn, Dorothy, Towardan Evolutionary Regime for Spectrum Governance, AEI-Brookings Joint center for Regulatory Studies, 2006.

BcN Technology & Convergence Service Conference, 방송통신위원회 2008.11.4.

BcN포럼, "광대역통합망(BcN) 기술 및 전략세미나," 2003.11.

BcN포럼, "광대역통합망(BcN) 기술 워크숍," 2004.6.

Brian petryna, "Meeting the engineering challenges of VoIP communication," EDN, 2000.7., pp.125-136.

Coase, Ronald, Journal of Law and Economics, FCC, Oct. 1959, pp.1-40

Coase, Ronald, Journal of Law and Economics, FCC, Oct. 1959, pp.1-40.

CS89712, Cirrus Logic. http://www.cirrus.com

D.Clark and M.Blumenthal, Rethinking the Design of the Internet : The end to end Argument vs. the brave new world, TPRC submission, Sep., 2000.

Datacraft Korea, "콘텐츠 차단 서비스 및 트래픽 제어 시스템", 2004.

E.M, Rogers, Diffusion of Innovations, 5th ed., NewYork: Free Press, 2003.

ETRI, "미래 통신방송 융합 미디어산업 육성 계획(안)에 관한 연구 보고서", ETRI 연구 보고서, 2007. 11.

ETRI, "방송통신 융합 시장동향 분석을 통한 UCA 서비스 모델 개발에 관한 연구 보고서", ETRI 연구 보고서, 2007. 11.

EU, Beyond the Horizon Thematic Group: Pervasive Computing and Communication, Jan 2006, p.2.

EU, ICT-Information and Communications Technologies, EU Work Programme 2007-08.

F.D. Davis, "Perceived Usefulness, Perceived Easy of Use, and the User Acceptance of Information Technology," MIS Auarterly, Vol.13, No.3, 1989, pp.318-339.

FIRE Scientific and Industrial Preparatory Expert Groups, The European FIRE Future Internet Research and Experimentation Activity, Draft Version 14, Jun. 2007.

Gartner Dataquest, "Worldwide Switching Market Share and Forecast," 2003.5.

Handbook of Telecommunications Economics, Elsevier

IDC, "Worldwide Standalone VoIP Gateways Forecast and Analysis," 2002.3.

IEEE 802.21," MEDIA INDEPENDENT Handover Draft Specification", 2007.

Igor Faynberg, etc. "Converged Networks and Services," John Wiley & Sons Inc., 2000.

Igor Faynberg, etc".Converged Networks and Services," John Wiley & Sons Inc., 2000.

IITA 주간기술동향 1393호 오돈성외 2, LTE관점의 차세대 이동통신기술동향 P26-34

IMS, Mobile TV-A Complete Analysis of the Global Market, 2007.5.

Initiative Report 1 & 2, Feb. 2004

IPTV 도입의 영향분석 연구, 방송위원회, 2007.12.

IPTV 사업 추진 현황 및 계획, KT, 2008.11(NIA원내 발표자료).

IPTV 서비스의 미래 모습은?, 연합뉴스, 2008.11.08.

IPTV 심층 기술 워크샵, 한국방송공학회 등, 2008.6.11.~12.

IPTV 혁명, 하원규 역, 전자신문사, 2008.

IPTV, 2013년 국내 IPTV 가입자 467만 명 전망, 전자신문, 2008.10.23.

IPTV로 사교육비 확 줄인다, 전자신문, 2008.11.11.

IPTV를 활용한 공공서비스 구축, NIA, 2008.11.

IPTV와 디지털 콘텐츠 저작권의 이해, 박석규 외 2인, Jinhan M&B, 2008.

IPTV와 방송통신 융합 시장동향과 전망.

IPTV의 현재와 미래, ATLAS, 2008.3.

IST, E2R Project, "Workshop Materials", 2004.

Jaeyoung Choi, Addressing in Future Internet: Problems, Issues, and Approaches, 3rd International Conference on Future Internet Technologies(CFI08), 2008. http://as.icu.ac.kr/cfi08/program.php.

Juniper Research Limited, Mobile TV: Opportunities for Streamed & Broadcast Service, 2007. 9.

Karyn Y. Lu, INTERACTION DESIGN PRINCIPLES FOR INTERACTIVE TELEVISION, In Partial Fulfillment Of the Requirements for the Degree Master of Science in Information Design and Technology, 2005.05.

KBS, "방송기술연구 : 방송통신 융합 서비스 동향 분석", KBS 방송기술연구, 2008.

KBS, "방송산업의 미래전망연구 보고서", KBS 연구 보고서, 2007.12.

KCTV, 디지털 방송 개요, 2006.05.22.

KI 컨버전스 본부, "디지털 미디어 콘텐츠의 보안", 2005.

KIICA, "디지털콘텐츠-품목별 핵심보고서", 정보통신 국제협력진흥원 연구 보고서, 2008.3.13.

KIPA, "2007년 해외 디지털콘텐츠 시장조사 보고서", KIPA 연구 보고서, 2008.1.

KIPA, "2007년도 국내 디지털콘텐츠산업 시장조사 보고서", KIPA 연구 보고서, 2008.1.

KIPA, "디지털 방송 콘텐츠시장의 생산 및 서비스 구조 분석연구 보고서", KIPA 연구 보고서, 2007.11.

KIPA, "디지털콘텐츠산업 기본법으로서의 온디콘법 정비방안 연구 보고서", KIPA 연구 보고서, 2007.11.

KIPA, "방송통신 융합시대 디지털콘텐츠 진흥(유통) 촉진 선진사례 조사 보고서", KIPA 연구 보고서, 2007.8.

KISTEP, 10대 미래유망기술, KISTEP, 미래예측 시리즈(2009-02), 2009, p.42.

KOTBA, 국내 텔레매틱스 시장 규모, 2005.6.

KOTBA, 텔레매틱스 편람, 2005.5.

KT 경영연구소, "통신 방송의 융합 : 현실과 이상", 2006.

KT 메가TV, 시청자가 만드는 UCC, "채널 U" 신설, 전자신문, 2008.10.22.

KT 실시간 IPTV, 잘 나갑니다, 디지털 타임즈, 2008.12.17.

KT의 IPTV 서비스 전략, KT, 2008.1.

L. Hettick, "Building Blocks for Converged Applications," Business Communications Review, June 2003, pp.38-41.

Martin Cave, Summit Majunmdar, and Ingo Vogelsang,

Martin Cave, Summit Majunmdar, and Ingo Vogelsang, Handbook of Telecommunications Economics, Elsevier Science Company, Sep. 2002, chapter 14.

MindBranch Asia Pacific Co. Ltd, 글로벌 IPTV Service 동향, 2005.12.

National Intelligence Council CONFERENCE REPORT, Disruptive Civil Technologies: Six Technologies With Potential Impacts on US Interests Out to 2025, Apr. 2008.

NGcN 포럼, "차세대 통합 네트워크 기술 워크숍," 2003.6.

NGcN 포럼, "차세대 통합망을 위한 개방형 서비스 기술 워크숍," 2003.7.

NIC, Disruptive Civil Technologies, Apr 2008.
Nova Spivack, The Third-Generation Web is Coming, KurzweilAI.net. 2006.
Ofcom, Application of Spectrum Liberalisation and Trading to the mobile sector, 2007
Ofcom, Application of Spectrum Liberalisation and Trading to the mobile sector, 2007.
Ofcom, Spectrum Framework Review, Sep. 2005, Section 4
Ofcom, Spectrum Framework Review, Sep. 2005, Section 4.
Ovum, "Market Strategies for Telcos and ISPs," 2000.
President's Council of Advisors on Science and Technology, Leadership Under Challenge, Aug. 2007.
Science Company, Sep. 2002, chapter 14
Sean Dodson, The internet of things, The Guardian, Oct. 2003.
Second Report and Order and Memorandum Opinion and Order, FCC 08-260, Nov. 14 2008
Second Report and Order and Memorandum Opinion and Order, FCC 08-260, Nov. 14 2008.
Tech News at TechWhack, "OneSeg : Mobile TV Services Very Popular in Japan," 2008. 2. 18.
The GENI Project Office, GPO GENI Overview 24 Telecommunications Review · 제19권 1호 · 2009년 2월 Presentation, Mar 2008.
TTA, 정보통신 중점기술 표준화로드맵 종합보고서(Ver.2005-vER.2007).
TV2.0 서비스 동향, 한국소프트웨어진흥원, 2007.9.
U.S. Department of Commerce, Spectrum Policy for the 21st Century-The President's Spectrum Policy
U.S. Department of Commerce, Spectrum Policy for the 21st Century-The President's Spectrum Policy Initiative Report 1 & 2, Feb. 2004.
Waldner, Jean-Baptiste, Inventer l'Ordinateur du XXIeme Sie ' cle. Hermes Science, 2007, p254. ISBN 2746215160.
Waldner, Jean-Baptiste, Nanocomputers and Swarm Intelligence, ISTE, 2008, p227-p231. ISBN 1847040020.
Yoffie, D.B., "Competing in the Age of Digital Convergence", Harvard Business School Press, Boston, Mass achusetts, United States, 1997.

3GPP: http://www.3gpp.org
AT75C220, Atmel Data Sheet note http://www.atmel.com
Au1100, Au1101, AMD http://www.amd.
Audacity-T2/T2U processor, Netergy http://netergymicro.com
Azurite VoIP chipset, Virata http://www.virata.com
BCM1100, BCM1101 Broadcom product brief http://www.broadcom.com
drive.nate.com
ETSI: http://www.etsi.org
http://cordis.europa.eu/fp7/ict/programme/challenge1_en.
http://www.3gpp.org/
http://www.innodigital.net/
http://www.itu.int/ITU-T/ngn/
http://www.itu.int/ITU-T/studygroups/com19/
http://www.kaonmedia.co.kr

http://www.keti.re.kr
IEEE P1520: http://www.ieee-pin.org
IETF: http://www.ietf.cnri.reston.va.us/home.html
IETF: http://www.ietf.org
ISC: http://www.softswitch.org
IST: http://www.cordis.lu/ist/
ITU-T FGNGN Ouput Documents: http://ties.itu.int/fgngn/fgngn
ITU-T: http://www.itu.int/ITU-T/
k-ways.magicn.com
MBCo, 2005.
MSF: http://www.msforum.org
NGIX, http://www.ngix.ne.kr/
NPF: http://www.npforum.org
Ofcom, Annual Plan 2008/09
Ofcom, Annual Plan 2008/09, www.ofcom.org.uk/about/accoun /reports_plans/annual_plan0809/updated_projects/spectrum/
OSGi: http://www.osgi.org
Parlay: http://www.parlay.org
STLC1502, STMicroelectronics http://www.st.com
T8301/T8302, T8300 Agere product brief note http://www.agere.com
TMS320vc5471 TI http://www.ti.com
www.ami-c.org
www.debitel.de
www.drdb.org
www.dvb-h.org
www.ertico.org
www.everway.co.kr
www.mozen.com
www.museum.tv39
www.ofcom.org.uk/about/accoun /reports_plans/annual_plan0809/updated_projects/spectrum/
www.osgi.org
www.renaultsamsungm.com
www.terms.co.kr
www.vics.or.jp

찾아보기

저자 약력

■ 남 상 엽

- 공학박사
- 삼성종합기술원 정보시스템연구소 근무
- 모토로라 반도체통신(주) 기술연구소 근무
- (현) 국제대학 IT계열 교수

■ 강 민 구

- 연세대학교 전자공학과(공학박사)(1994)
- 삼성전자 연구원(1985~1987)
- 국무총리실산하 방송통신 융합추진위원회(전문위원) (2006~2007)
- 방송통신위원회 전파연구소 정보통신기술규격 심의위원 (2007~현재)
- 한신대학교 정보통신학과 교수(2000~현재)

■ 백 종 호

- 중앙대학교 전자전기공학부(공학박사)(2007)
- KETI 모바일단말연구센터 센터장(1997~현재)
- 서울여자대학교 정보미디어대학 겸임교수(2007~현재)
- 경향신문 정보통신분야 자문위원(2005~현재)
- 한국방송협회 월간방송문화 집필위원(2009~2011)

■ 황 준

- 중앙대학교 컴퓨터공학과 졸업(학사)(1985)
- 중앙대학교 대학원 컴퓨터공학과 졸업(석사)(1987)
- 중앙대학교 대학원 컴퓨터공학과 졸업(박사)(1991)
- 서울여자대학교 정보미디어대학 멀티미디어학과 교수 (1992~현재)

차세대 방송통신 시스템

2011년 3월 20일 1판 1쇄 발행

저 자 남 상 엽 · 강 민 구
백 종 호 · 황 준
발행인 남 승 우

발행처 도서출판 상尙 학學 당堂

서울시 동작구 사당로9가길 6(사당동 220-43)
TEL : 02) 595-1692~4
FAX : 02) 595-1394
E-mail : namdoo6@unitel.co.kr

신고 : 2-155호 (1968. 11. 29)

정가 25,000원

ISBN 978-89-6587-022-7 93560